国家重大专项 2017ZX0513002“低渗、特低渗油藏水驱扩大波及体积方法与关键技术”

PORE SCALE PHENOMENA FRONTIERS IN ENERGY AND ENVIRONMENT

能源与环境领域孔隙尺度渗流理论新进展

［美］John Poate，Tissa Illangasekare，Hossein Kazemi，Robert Kee　著

雷征东　李熙喆　译

石 油 工 业 出 版 社

内 容 提 要

本书共22章，分别由科罗拉多矿业学院和斯坦福大学等诸多名校的知名专家完成，是关于能源与环境领域中孔隙级现象的物理性质和化学性质的前沿研究成果，涉及地球科学、物理、化学、材料科学、生物学、大气水循环等领域，是一部研究孔隙尺度流动基础理论研究的合集。

本书可供从事孔隙尺度渗流理论研究的科研人员以及大专院校相关专业师生参考使用。

图书在版编目（CIP）数据

能源与环境领域孔隙尺度渗流理论新进展／（美）约翰·波特（John Poate）等著；雷征东，李熙喆译. —北京：石油工业出版社，2019.1

书名原文：Pore Scale Phenomena Frontiers in Energy and Environment

ISBN 978-7-5183-2895-6

Ⅰ.①能… Ⅱ.①约… ②雷… ③李… Ⅲ.①地下渗流力学 Ⅳ.①O357.3

中国版本图书馆CIP数据核字（2018）第209150号

Pore Scale Phenomena：Frontiers in Energy and Environment
edited by John Poate，Tissa Illangasekare，Hossein Kazemi，Robert Kee
ISBN：978-9814623056

北京市版权局著作权合同登记号：01-2018-9162

出版发行：石油工业出版社
（北京安定门外安华里2区1号楼　100011）
网　址：www.petropub.com
编辑部：（010）64523712
图书营销中心：（010）64523633
经　　销：全国新华书店
印　　刷：北京中石油彩色印刷有限责任公司

2019年1月第1版　2019年1月第1次印刷
787×1092毫米　开本：1/16　印张：20.25
字数：520千字

定价：170.00元
（如发现印装质量问题，我社图书营销中心负责调换）

《能源与环境领域孔隙尺度渗流理论新进展》
编　译　组

组　　长：雷征东

副 组 长：李熙喆

成　　员：杨正明　陶　珍　蔚　涛　袁江如　彭缓缓

王文环　熊生春　赵　辉　王锦芳

序

本书包括22章，主要讲述在能源和环境界中孔隙级现象的物理性质和化学性质，这些现象的特性范围从原子尺度到地理范围，具有巨大的经济意义和社会意义。这一努力的起源是通过在科罗拉多州矿业大学召开的一系列会议，我们发现学校有一批师资队伍在研究孔隙级现象的关键问题。在本书中我们试图捕捉到研究的本质，这些章节中反映了研究的多样性，科罗拉多州矿业大学从成立之日起就在应用研究和工程方面有着骄人的记录，并对美国和世界的采矿业产生了影响。我们现在致力于能源和环境研究的许多领域，相信本书展示了这种多样性。

我们要感谢科罗拉多州矿业大学的同事，以及来自合作伙伴大学、国家实验室和公司的作者们，他们带着一腔热血投入到这项研究中。特别要感谢 Luis Zerpa、Giovanny Grasso、Jeff Brown 和 Lisa Kinzel 等专家的帮助，如果没有他们的协助，我们不可能及时完成这部专著。

John Poate，Hossein Kazemi，Tissa Illangasekare，Robert kee

Colorado School of Mines

Golden，Colorado

2014. 9

前　　言

孔隙级现象领域在当今已兴起为科学界和许多工程学科的前沿之一。地球地下的传递现象在能源和环境领域发挥了关键作用，例如页岩气和石油繁荣正带来一场世界能源组合革命，从纳米级尺度到中尺度的孔隙级现象控制了这些资源的开采。同样地，在环境领域，孔隙储存和孔隙级物理现象影响着水资源利用和水质保护，在区域和全球水循环影响气候和气候变化的背景下，近地表孔隙中的水体流动和气相传输对于理解土壤水分蒸发作用至关重要。

同样地，孔隙级现象在材料科学和生物学领域也起着关键作用，例如许多能源装置和膜技术由孔隙中的物理性质和化学性质所控制，识别和分析这些孔隙的性质已成为表征科学的前沿。

该书首次综合概述了工程与科学之间的相互关系，作者和投稿人为来自科罗拉多矿业学院和斯坦福大学的知名专家，本书将引起地球和环境科学家、材料科学家、物理学家和化学家的兴趣。

目　　录

第一部分　油　气　藏

第二部分　水文地质学

第三部分　材料科学、能源、设备和生物学

第1章　概　　述

John M. Poate

Research and Technology Transfer, Guggenheim Hall,
Colorado School of Mines, Golden, CO, USA
jpoate@ mines. edu

孔隙尺度现象及其网络结构在许多科学领域中盛行。本书主要集中在与能源和油气藏环境、地下水文学和能源转化等有关的领域，并详细介绍了其运移特性。本章介绍本书的主要内容。

1.1 引言

什么是孔隙尺度现象？为什么现在对此现象如此感兴趣呢？答案是十分复杂的，因为涉及地球、材料和生物科学的奇幻历史。天然多孔介质以多孔气腔的形式存在于地球（如膨润土、多孔石灰岩）以及有机物中（如乳突骨），且目前许多人造材料和结构中均有非常复杂的多孔结构。根据其结构和输运特征来理解孔隙特征是从微观世界或纳米级到宏观世界的一大挑战，从纳米级到宏观世界的过度学科叫做中尺度科学。

毫无疑问，页岩气革命是孔隙尺度现象在地球科学领域内的推动者，通过水力压裂从页岩或岩石的纳米级孔隙中开采天然气已经改变了美国的能源计划。人们开始研究关于流体流动机理和改善流动效果的基础问题。目前，人们也对与之具有相似过程的水资源开发和保存方面越来越感兴趣。那些能源转化装置的多孔结构中原子和分子运动的相关知识是很深奥的，这些设备的动态极度依赖于传递现象。

这是一个非常广泛的科学和技术领域，本书主要研究推动研究和工程计划的地球和材料科学三个领域。尖端学科和跨学科的研究机会是非常大的，如材料表面的物理化学分析及材料的体特征研究等领域。分析孔隙及其特征打开了物理化学分析技术的一个新领域。传统材料和地球、生物学科之间的合作或协作可能开创新的发现和理解。

1.2 油气藏

本书的第一部分是由 H. Kazemi 引入的，主要讨论油藏渗流的物理性质。图 1.1 展示了近年来美国页岩气产量的急剧增长情况。正如 H. Kazemi 所说，如果没有创新的工程技术和科学的发展，页岩气产量的快速增长是不可能发生的。这一能源对社会和经济的影响是很深远的。引用世界顶尖的能源经济师和分析师 Daniel Yergin 所说“页岩气是自 21 世纪以来

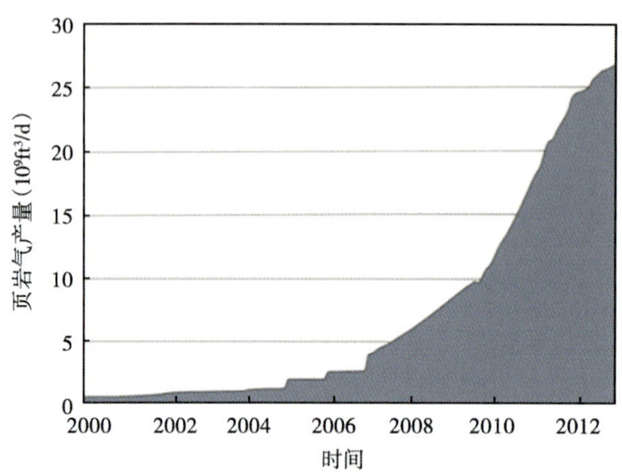

图 1.1 美国页岩气产量占干气总产量的 40%
（www. eia. gov/energy in brief/article/about shale gas. cfm）

最大的能源革命，它已经将美国枯竭的能源状况改变为可以供应一百年，并且在世界其他地方也能实现；它也极大地改变了从核能到风能的竞争格局，它在非常短的时间内、非常新的环境中也是相当振奋人心的”。

这一非同寻常的革命是由美国潜力天然气委员会规划和预测的，这个机构由来自工业、学院、洲和联邦政府机构的 100 位地球科学和石油工程师志愿者组成。这一委员会独立行使功能，但其技术和管理由科罗拉多矿业大学的潜力天然气局辅助进行开展。自 1964 年以来，此委员会一直评价美国的技术可采天然气资源量。在 2008 年以前，此委员会认为页岩储层中天然气的体积是相对较小的。然而，由于水平井技术和多段水力压裂技术的发展，2006—2008 年在页岩储层中钻井和产量均得以增加，委员会的成员们应用公开和非公开的数据对页岩油藏开展评价。尽管人们对可采资源量的大幅度增加持怀疑态度，但是 2008 年以来页岩气的产量证实了委员会的评价结果。的确，美国科学家的工作引领了世界其他国家对页岩油气储层开展评价研究。图 1.2 是世界页岩油气资源的技术可采资源量分布。

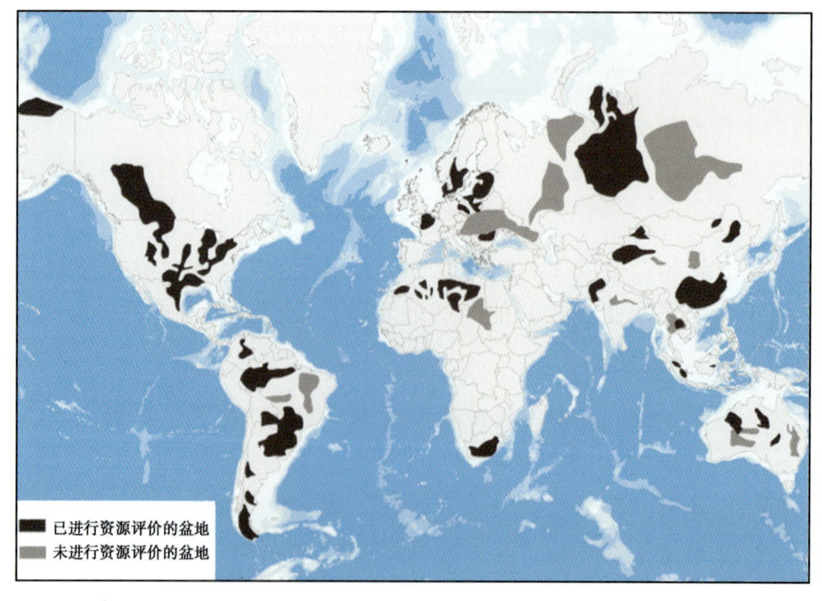

图 1.2 页岩油气储层盆地评价图（www. eia. gov/analysis/studies/worldshalegas/）

油、水或气在油藏中的流动由达西定律描述。达西（D）是对排出速度的丈量方式，或者经过流体黏度和驱动压力梯度校对了的流体流动。砂岩和碳酸盐岩油藏渗透率主要分布在 $10^{-1} \sim 10^{3}$mD 之间，如在中东地区有一些高渗透率且高产的油藏；而在美国 Marcellus 盆地的致密页岩是一种与泥岩具有相同渗透率级别的岩石，渗透率在 $10^{-6} \sim 10^{-3}$mD 之间。图 1.3 展示了可进入和不可进入油藏的固有渗透率与岩石类型的关系曲线。侧向钻井和水力压裂生产能够将致密砂岩和页岩的渗透率提高许多数量级以利于油气生产。本书列举了很多关于页岩的实例，这些页岩中碳质材料（油、气）和水吸附在页岩基质的孔隙中。

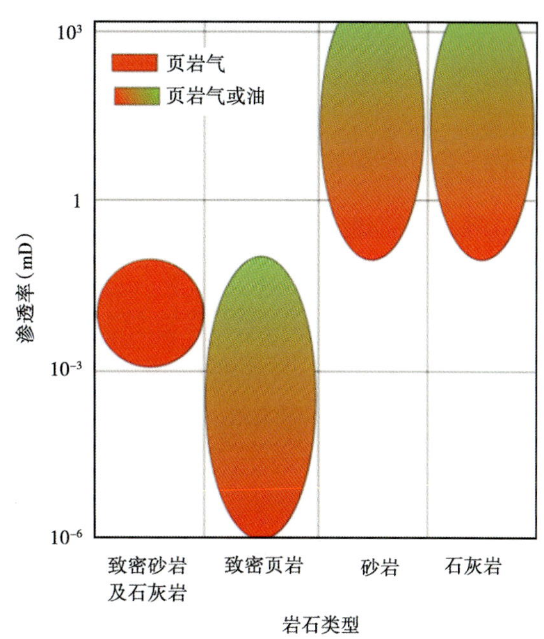

图 1.3　渗透率和岩石类型关系

地层压裂前后在模拟、建模和页岩特性的理解方面存在着相当大的挑战。本部分的章节实际上讲解科学和工程的各个方面。图 1.4 展示了在模拟裂缝网络[3-4]中流体流动的理论和实验交会图，这个裂缝网络建立在一个二维聚合物基质材料中；这种透明的微模型能够展示流体在人工设计的网络中流动的可视化过程。在油田现场，一般向水力压裂液中加入一些添加剂来降低黏度，增加渗透率。在这个实验中，通过加入表面活性剂来降低黏度，从而大幅改善了水驱效果。通过这样的实验，就可以制作模型来预测油田的多相流。气藏和能量吸引人的方面在于甲烷水合物。Humphrey Davy 先生于 1811 年[5]对这种水气晶体进行了首次记载，并被认为是科学奇迹。之后，当气水固体物质在高压、低温条件下堵塞了天然气管道后，认识到了甲烷水合物在工业上的重要性。目前，全球研究表明，在多孔介质中存在有大量的气体水合物，问题是这些天然气资源能否通过一种高效、经济的方式开采出来。这些问题将在关于水合物的分解和运输机理的相关章节中进行讨论。这些研究直接加大了人们对环境的关切度，由于全球气候变暖及其他一些地质事件而引起甲烷气的释放引起环境问题。页岩储层天然气产量的增加导致二氧化碳的大幅度减少。燃气发电厂产生的二氧化碳气体

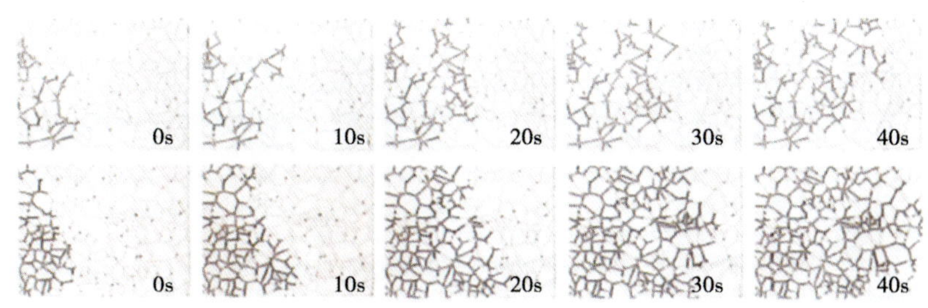

图 1.4　水驱（上面）和表面活性剂驱（下面）过程

是燃煤厂的50%。无论是什么资源，均需要隔离二氧化碳。图1.5展示了一个非常新颖的建议[6]，即二氧化碳能形成笼形水合物，这种水合物从热动力的角度来看对甲烷从水合物中分解出来是非常有利的，目前人们正在研究向水合物中注入二氧化碳驱替甲烷，因此产生燃料并隔离了二氧化碳。

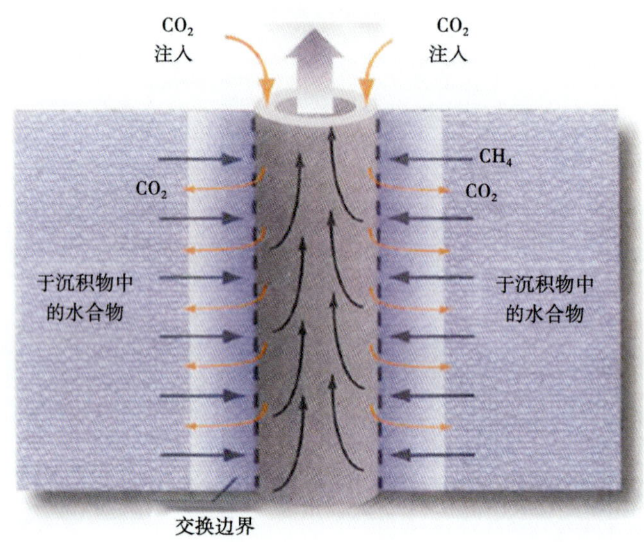

图1.5　单井中通过注入二氧化碳从水合物气藏中生产甲烷的过程示意图[6]

1.3　水文学

本节由T. Illangasekare，K. Smits，R. Fucik和H. Davarzani等人引入。第一部分主要讲解油气藏的开发，以及推动世界能源经济的油气产量。受社会同样关注的领域，如可持续性和食物生产是水资源领域。虽然相对于油气工业来说，水资源对经济的推动力相对较小，但是这种情况是不断发生变化的。随着干旱期的延长，气候的异常模式变得非常明显。正如Ben Franklin[7]在1746年所说的“当井干了，我们才知道水的珍贵”。现在，政府和当局提高了研究地球与水文气象系统之间耦合性的紧迫性。

图1.6是Trenberth经典图中展示的水文循环图[8]，这里的驱动力是辐射和能量。比如，大气循环过程引起了降雨，并在地面和地下完成了水的循环过程。本部分将讲解将纳米级或更小尺度的污水运输到地下场过程中的问题，并讨论了最新的模拟和实验技术。对孔隙尺度的研究，特别感兴趣的领域是地球化学反应的研究。孔隙化学反应能严重影响为了隔离注入CO_2或者注入工作地热流体。

正如在油气部分所述，水平钻井和水力压裂技术已经达到了相当高的水平，现在人们对通过应用这些技术来改善地热系统从而产生能量的技术有极大的兴趣。举个例子，钻两口井，分别是注入井和生产井，将流体注入具有裂缝的热岩石中，流体被加热之后通过裂缝流入生产井，最后采出地面。在地面，热量用于发电。为了使这个系统得以成功运行，很有必要了解并控制裂缝系统和多孔介质中的传输，以便通过这种方式得到清洁且耗之不竭的能源。如果这项技术成功，它将提供一个从化石燃料能源到最终的陆地可再生能源的明显过渡。

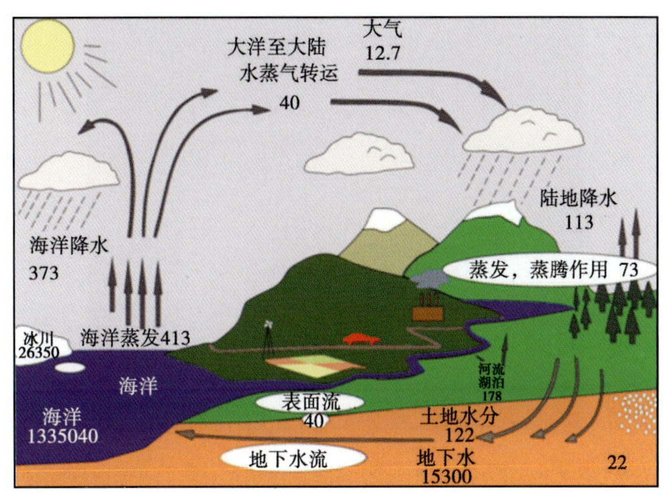

图 1.6　水文循环（单位：10^3m^3 储存，$10^3km^3/a$ 交换）[8]

1.4　材料科学、能源、装置和生物学

材料科学、固态物理学和化学已经经历了一个从大块晶体及其特性到纳米粒子及其性质的过程。

在如何理解多孔固体物质的性质方面出现了新的挑战。在本节中，R. Kee、H. Zhu、G. Goldin 和 S. Barnett 研究了多孔介质中的传输和能量转化设备中的化学方面的议题。这是孔隙尺度研究中的前沿学科区域，取得了非常大的进展。

本书给出了很多分析技术的实例，用来分析多孔介质中的微观结构。本节主要回顾和检查了整个分析技术组合。确定体积尺度和原子尺度的孔隙结构及其物理和化学在许多方面给分析科学带来了很大的挑战。如前所述，近年来取得了很大的进展。

在多孔材料的研究和开发方面，最有前途的领域是制造用于分离气体和液体的膜，研究了在能源和海水淡化方面的应用。纳米多孔材料的制备，尤其是介孔二氧化硅，在生物燃料和水净化工业中对其化学功能进行了研究。一个新兴的研究和开发领域是泡沫或气体凝胶的制造。在许多方面，这些泡沫是典型的孔隙材料，它们有非常低的密度和高的内表面积。图 1.7[9] 展示了一种具有巨大内表面积（$3100m^2/g$）的碳气凝胶。这样的结构可以用于多种能量应用，如超级电容器或氢存储。

最后一章讲述了流体和溶质通过多孔生物介质的传输。水力裂缝的渗透率和分散度决定了流体传输的速率，这个数据提供了血栓形成的重要信息。本书涉及了能源和环境领域内的很多孔隙级现象。在血液传输章节中涉及很多学科和概念。

图 1.7　具有活化表面积 3100m²/g 的碳气凝胶电子扫描显微图像[9]

致　谢

Hossein Kazemi、Luis Zerpa 和 John Curtis 为本文提供了很大的帮助。

参考文献

[1] D. Yergin. *The Quest: Energy, Security, and the Remaking of the Modern World.* Penguin Group US (2011).

[2] P. G. Committee. Potential gas committee reports significant increase in magnitude of u. s. natural gas resource base. Technical Report, Potential Gas Committee (2013). URL http://potentialgas.org/press-release.

[3] W. Xu. Effect of pore geometry on water and surfactant flooding by pdms microfluidic micromodels. Master's thesis, Colorado School of Mines, Golden, CO, USA (2012).

[4] W. Xu, J. T. Ok, F. Xiao, K. B. Neeves, and X. Yin, Effect of pore geometry and interfacial tension on water-oil displacement efficiency in oil-wet microfluidic porous media analogs, *Physics of Fluids.* 26 (9): 093102 (2014).

[5] H. Davy. On some of the combinations of oxy-muriatic gas and oxygen, and on the chemical relations of the principles to inflamable bodies, *Phil. Trans. Roy. Soc. Lond.* 101, 1 (1811).

[6] C. A. Koh, A. K. Sum, and E. D. Sloan, Gas hydrates: Unlocking the energy from icy cages, *Journal of Applied Physics.* 106 (6): 061101 (2009).

[7] B. Franklin. Poor Richard's Almanac (1746).

[8] K. E. Trenberth, L. Smith, T. Qian, A. Dai, and J. Fasullo, Estimates of the global water budget and its annual cycle using observational and model data, *J. Hydrometeor.* 8 (4), 758-769 (2007).

[9] J. Biener, M. Stadermann, M. Suss, M. A. Worsley, M. M. Biener, K. A. Rose, and T. F. Baumann, Advanced carbon aerogels for energy applications, *Energy Environ.* Sci. 4, 656-667 (2011).

第一部分　油 气 藏

第 2 章　地下孔隙：油藏渗流物理

Hossein Kazemi

Department of Petroleum Engineering，Colorado School of Mines，
Golden，CO，80401，USA

hkazemi@ mines. edu

孔隙是一个微小的敞开空间，为流体的运移提供通道。孔隙在很多普通物质中发育，例如：在土壤、煤和泥页岩中，在叶子、皮肤和生物组织中，在地下水层、油藏、晶体花岗岩和片麻岩中，在有机物和无机物中，以及在人工合成材料和天然材料中。地下孔隙在形态、大小和连通关系方面千差万别。在石油行业应用中，岩石颗粒和骨架之间的纳米级和微米级的孔隙空间组成了油藏孔隙。地下孔隙也包括岩石基岩中的微裂缝，以及油藏沉积有机物中的纳米级孔隙空间。

由于人们对清洁能源和水资源的需求日益增长，出现了一个新的科技领域——运移纳米学，需要对在分子、纳米级和宏观级的流动物理学进行理解（本书第 1 章介绍孔隙科技，J. Poate）。除了能源和水文之外，纳米科学超越了材料和生物科学领域。本章提出了一种含有地下孔隙的石油运移实用观点，支撑材料包括在常规油藏和非常规页岩油藏中通过流体膨胀、注水、注气、提高采收率技术等来采油，以及油藏渗流的数值模拟。

2.1　引言

在油藏中，孔隙建立了油、气、水储存的空间，孔隙大小通常是指孔隙喉道的直径或者裂缝平均宽度（从 1 纳米到几微米不等）。油藏中也有一些镶嵌在一堆小孔隙中较大的溶蚀洞（vugs），在常规（传统）油气藏中孔隙大小处于微米级，而在非常规油藏中（即页岩或特低渗透碎屑岩），孔隙大小以纳米级为主。

油藏中的渗流是非常复杂的，并受孔隙大小、形态、弯曲度、矿物、多相、相的出现和消失、界面张力和毛细管力、重力、流体流变，以及包括孔隙—流体界面之间离子交换的流固反应等的影响。

在一个油藏的经济生命期，平均约有三分之二的原油留在地下，这点认识与实践是一致的，即物性好的油藏能产出原始地质储量的约百分之五十，而物性差的油藏能产出约百分之十的原始地质储量。尽管如此，所有油藏都能以非常低的速度生产几十年，超过了它们的经济寿命。产油速度较低主要是由于渗流通道、相吸附和驱替效率差引起的。

注水开发和加密钻井是世界上最常用的提高采收率技术（IOR），注蒸汽用来激动黏度较大的稠油使之流动，而混相驱如注气（包括二氧化碳），主要用来提高轻质油的产量。连

续注入二氧化碳，或水—二氧化碳交替注入，在水驱后提高采收率方面是非常有效的。二氧化碳也是一种有效的稠油溶剂。最后，低浓度的碱—表面活性剂—聚合物水性溶液主要用在水驱开发后的提高采收率。这些复杂的技术就是提高采收率技术（EOR），EOR技术通常都是资金型和劳动力密集型的，并且蒸汽发生的能量消耗非常大。目前对提高非常规页岩油藏采收率技术的相关研究正在进行中。尽管如此，在一个井组中，循环注入二氧化碳，或二氧化碳与液态天然气混合物吞吐，能够提高页岩油藏的采收率。

采用连续数值模拟方法来模拟油藏渗流，在连续模式中，流体完全填充了孔隙空间，质量和能量守恒，并且达西速度和分子扩散代替了动量守恒。虽然这种方法可成功解决工程方面的问题，但是从渗透率非常低的页岩油藏中生产油气需要对微观、中等和宏观孔隙和喉道中的流动有一个深刻的理解。为了实现这一目的，许多学者求助于Lattice-Boltzmann离散粒子模拟方法（LBM）。LBM是一种高效的计算机方法，在分子动态（MD）模拟和连续模拟[1,2]之间提供了一个桥梁。直到现在，多孔介质中LBM被用来解密孔隙尺度的与相分布、相捕集、孔壁，以及相间作用有关的主要问题。我们认为LBM将会在小孔隙渗流的分散物理学与多孔介质达西流之间搭好桥梁。

本章概述了油藏渗流和传输，接下来的七章，即油气部分，提出了与油气生产有关的研究前沿课题，概括如下：

第3章：纳米和微观尺度岩石的定量描述（M. Prasad，S. Zargari和M. Saidian），论及包括孔隙度、孔隙大小分布、用核磁共振（NMR）测量页岩的机械特征、压汞法（MIP）、扫描声学显微镜（SAM）、原子力声学显微镜（AFAM）、纳米动力学机械分析（NanoDMA）。本章也简单描述了扫描电子显微镜（SEM）和微观X—射线计算机成图（MXCT）。

第4章：页岩油藏中表面力对耦合流动、声学和地质力学特征的影响（A. Tutuncu），本章提出了一种非Hertzian、颗粒接触模型，用于确定表面力对岩石变形和页岩油藏声学特征的影响。这些结果影响岩石破裂计算和地震图像解释。

第5章：富含泥质的碳酸盐岩储层中的微孔隙表征（T. D. Jobe和J. R. Sarg），本章描述了五种不同的、低渗透率、白垩纪碳酸盐岩泥质相。一种定量的SEM仪器确定矿物成分，而孔径分布由汞侵入孔隙度测定方法（MIP）测量。结果对评价烃类在特低渗透碳酸盐岩泥质储层中的渗流和运移具有很重要的价值。

第6章：新研究前沿：多孔介质中的水合物（L. E. Zerpa和C. A. Koh），本章介绍了在海洋和北极沉积体系中天然气水合物的现状。天然气水合物作为清洁能源，其生产是非常有意义的，但是面临着重大挑战。

第7章：天然气水合物沉积体中孔隙尺度成像和超声波速度测量（M. Sheindler和M. Barzle）。文章的结论是，基于微观X—射线计算机成图和超声波测量，由孔隙中溶解在水中的气体形成的甲烷水合物大部分远离颗粒表面，只有少量水合物黏附在晶粒表面。这个信息对评估天然气水合物沉积物的承载特性和关于从天然气水合物中生产甲烷的决定是非常重要的。

第8章：应用于油气开采的微观流体和纳米级流体的多孔介质模型（J. T. Koy，K. Neeves，W. Wu，X. Yin），本章提出了与地下孔隙类似的微观流体和纳米级流体的多孔介质模型的结构和使用。微模型为纳米级和宏观尺度的孔喉物理测量提供了新的方法。

第 9 章：孔隙中流体运移数值模拟（M. S. Newman，F. Xiao 和 X. Yin），本章提出了应用 Lattice-Boltzmann 模拟孔隙渗流和运移的数值模拟。LBM 是一种介观的、离散粒子、数值模拟方法，用于确定孔隙级的流动和运移特征。LBM 可以更深入地了解微观、中观和宏观孔隙级中流动和运移的规律。

本书中的其余章节涉及水体、地热储层、材料和生物科学中孔隙的物理学。

2.2　常规油藏

对孔隙尺度的物理意义和化学意义的理解是新技术发展的关键，这些技术能提高油气产量，满足世界不断增长的能源需求。孔隙是在沉积岩中微小的敞开空间，是流体流动的通道。大量微小孔隙聚集在一起构成了油藏中油气聚集的主要储存空间。类似地，孔隙也为水体中的淡水或盐水提供了储存空间。图 2.1 对比了碳酸盐岩储层、常规砂岩储层和非常规页岩储层中的孔隙。在碳酸盐岩岩心［图 2.1（a）］中，有两种孔隙，分别是在岩石基质中看不见的小孔和厘米级的溶蚀孔（孔洞）。在砂岩样品［图 2.1（b）］，孔隙直径约为 60μm，这取决于孔隙度和孔隙连通性，这个数值相当于在一个直径为 1in、长度为 1in 的岩心柱塞中有数百万个孔隙。

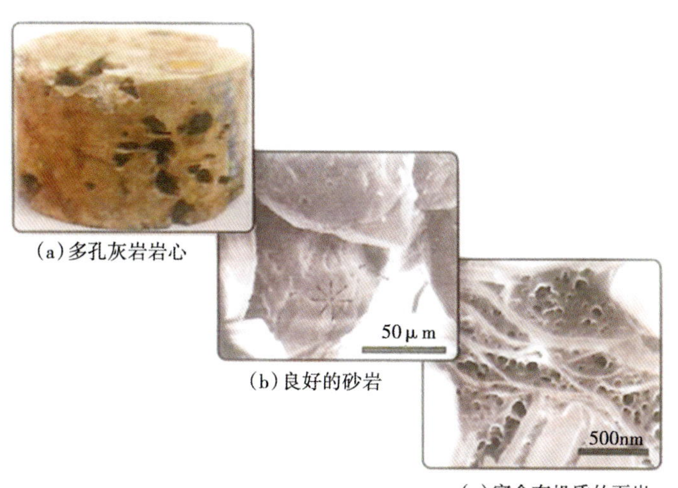

(a)多孔灰岩岩心
(b)良好的砂岩
(c)富含有机质的页岩

图 2.1　两个常规油藏和一个非常规页岩储层中孔隙尺寸图像

(a) 低渗透（$K_m=2.0$mD）、油湿白垩系石灰岩[3]；(b) 细粒砂岩 SEM 图像[4]；(c) 离子研磨 Barnett 富有机质页岩的 SEM 图像[4]。注意：砂岩储层的孔隙比页岩储层的孔隙大至少两个数量级，碳酸盐岩储层中的溶蚀孔（溶蚀腔）在厘米级范围内

在页岩样品［图 2.1（c）］中，孔隙直径约为 10~100nm。

如果我们知道孔喉直径 d（从孔隙大小分布值得到）、基质孔隙度 ϕ_m 和胶结指数 c 等参数，可以用下面的公式预测基质渗透率 K_m 和弯曲度 τ_m。第 5 章介绍了中东地区富含泥岩的碳酸盐岩中孔径分布的例子。对于高度固结材料来说胶结指数为 2.2，未固结的砂岩沉积胶结指数为 1.3[5]。现已使用这些方程得到了工程应用上的渗透率的可靠值。

$$K_m = \frac{d^2}{32}\frac{\phi_m}{\tau_m} \tag{2.1}$$

$$\tau_m = \phi_m^{1-c} \tag{2.2}$$

本章所有的方程单位是统一的。如方程（2.1）和方程（2.2）中，在砂岩岩心柱塞中如果平均孔喉直径为 20×10^{-6}m（20μm），孔隙度是 0.2，胶结指数为 2.0，弯曲度 τ_m 为 5.0，基质渗透率 K_m 为 $5.0\times10^{-13}\text{m}^2$（或 500mD）。同样地，假设在页岩样品中，孔喉直径为 100nm，孔隙度为 0.05，那么我们可以计算弯曲度为 20，渗透率为 $781\times10^{-21}\text{m}^2$（或 0.000781mD）。

2.3 一次开发和提高采收率开发

为了让读者了解油田开发过程，我们介绍了 Weyburn 油田油藏开发历史（图 2.2）。Weyburn 油田是一个典型的常规油田，其开采始于一次开发，并采用了大井距垂直井。一次开发主要依靠油藏天然能量（压力和流体压缩性）生产油气。随着油藏天然能量的下降，原油产量下降。一般情况下，在一次开发中通过水驱开发补充油藏能量，驱替剩余油从生产井采出。图 2.2 很好地描述了一次开发和水驱过程。如果水很快突破到生产井，那么说明有水流通道，Weyburn 油田很有可能就是这种情况，因为该油藏是一个复杂的断块油藏。为了缓解这个问题，在渗流通道之间未水淹的区域内钻了很多垂直加密井。最后，通过钻水平井进一步提高了油藏波及体积。通过水驱开展了提高采收率（IOR）过程，最后采用了加密水平井结束了提高采收率过程。在油田生命周期的一次开发阶段，有近 30%的原始

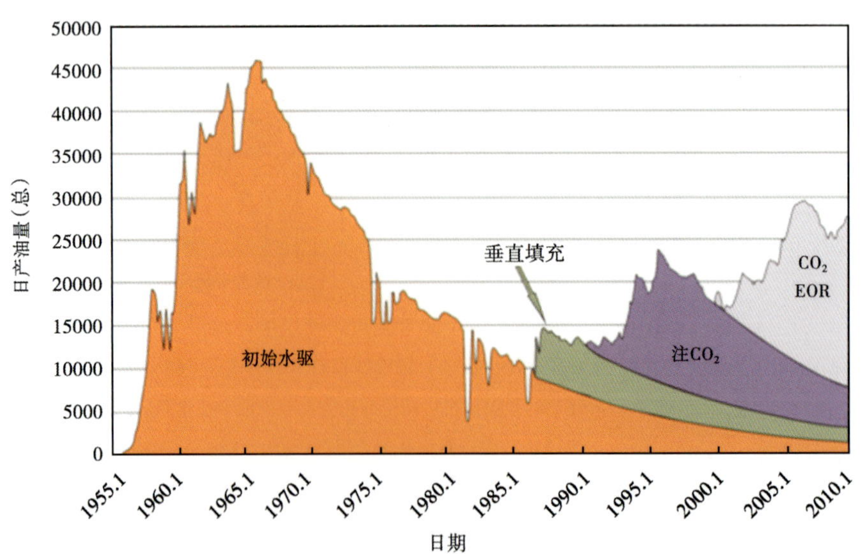

图 2.2　Weyburn 油田开发历史：60 年来有远见的开发过程及管理方法提高了采收率[6]

地质储量被采出。为了生产更多的油，通过注入二氧化碳来提高采收率（EOR），目前正在进行中。随着二氧化碳的注入，一部分二氧化碳封存在油藏中。Weyburn 油田是世界上最大的二氧化碳封存示范点之一。

Weyburn 油田的生产历史展示了 IOR 和 EOR 的使用过程。有趣的是，虽然油田管理者采用了有远见的油田开发和管理技术，但此油田中采出的原油最终产量将会达到原始地质储量的 40%[6]。这个项目证明了这一事实，即多孔岩石中的渗流和运移是非常复杂的。类似地，在常规油藏中，尽管有很多工程新技术可提高原油采收率，但是三分之二的已发现储量仍然留在油藏中。

2.4　提高采收率（IOR 和 EOR）

在前一节中讲述了 Weyburn 油田的开发历史，我们举了这个油田的一次开发、IOR 和 EOR 技术。从广义上说，IOR 提高采收率包括一次开发后通过注水或注干气驱动原油的过程，而 EOR 提高采收率技术包括注入富含烃类的气体、二氧化碳、稀释水性化学品和蒸汽等。根据目前的统计数据[7]和对未上报数据的校对，可得出结论：EOR 对全世界原油日产量的贡献大概有 3.1%（即 9000×10^4bbl/d 的世界原油总产量中有 280×10^4bbl/d 的产量来自 EOR 技术）。具体来说，注入蒸汽产出原油 100×10^4bbl/d；二氧化碳、氮气、空气、富含碳氢化合物的天然气和贫气生产原油 150×10^4bbl/d；加水聚合物和表面活性剂生产了 30×10^4bbl/d。

在对常规油藏 EOR 工程的分析中得到了大量的经验和知识，特别是在美国。我们相信这些经验可对非常规油藏中开发 EOR 技术提供非常好的指导和借鉴。例如，在常规油藏中，流体驱替是 EOR 技术的主要机理。然而，在非常规油藏中，从裂缝—基质的界面采出流体是 EOR 的主要机理。因此，在非常规页岩油藏中，EOR 应用技术包括注入二氧化碳、液化天然气（NGL），或二氧化碳和液化天然气的混合物。

通常根据孔隙度、渗透率、相对渗透率和毛细管压力来评估地下渗流特征。但是，这些评估还必须包括诸如孔隙与孔隙之间的连通性、孔隙内岩石—流体的反应、孔隙表面的润湿性，以及非常规油藏中纳米级孔隙（当孔隙很小时）热动力学等。

润湿性和润湿性改变是影响 IOR 效果的两个重要参数。以下是对润湿性如何影响石油生产的一些认识：砂岩岩石的孔壁上有黏土和硅酸盐，其表面通常带负电荷。因此，砂岩变成了亲水性（水湿），因为极性水分子通过氢键被吸附到带负电荷的孔隙表面。在碳酸盐岩中，表面电荷是正的，这可能是造成碳酸盐岩表面亲油性（油湿）的主要原因，这种亲油性也是当负羧酸根离子（来自原油酸性成分的离子）键合到带正电荷表面时产生的。当孔隙是油湿的，那么水驱产油量较少，当孔隙是水湿的，水驱会产生更多的油。有趣的是，通过与含有硫酸根离子的海水混合可以改变地层水的组成，能够提高碳酸盐岩储层的原油采收率。在海水驱替中，润湿性从油湿变为水湿，主要原因是在孔壁上发生了有利的离子交换[8]。

我们用图 2.3 来说明石油生产中机理的多样性。图 2.3（a）为高渗透率水湿 Berea 露头岩心，首先用束缚水和可动油饱和，然后放在装有盐水的烧杯中。在这个水湿岩心中，吸入盐水来驱动呈油滴状的原油。除了毛细管吸入，重力和浮力使得油滴沿着岩心长度方向上的分布逐渐减少。图 2.3（b）显示了一个来自美国 Yates 油田 San Anderes 的中等渗透率的油湿型碳酸盐岩岩心。岩心包括束缚水和可动油，然后在烧杯中用盐水包围。在这个油湿岩石中，水不会被轻易吸收。而重力和浮力使原油以油滴的形式运移到岩心顶部表面。该图像表示油湿型的岩石表面接触角小于 90°，这证实了油湿状态。图 2.3（c）是 Bakken 油田的一个高矿化度的非常规油藏岩心，被低矿化度海水包围。低矿化度海水通过渗透压或毛细管进入岩心，从而驱替原油[9]。

图 2.3　润湿性影响原油产量的过程

2.5　非常规油藏

非常规油藏（包括页岩油和页岩气）中的油气生产在过去十年已经为美国国内能源供应作出了很多贡献，并随着水平井钻井技术和水力压裂技术的进步得到了快速发展。这些油藏这样分类是根据烃源岩是否是油藏岩石的一部分（自生的，如 Eagle Ford），或者与油藏较近（局部生油，如 Bakken），或者与油藏距离较远，需要有油气运移（外源的，如 Austin Chalk）[10]。在非常规油藏中，我们通过在水平井上采用放射状的多段水力压裂，以增加表面积，改善从油藏到孔隙的流动能力（图 2.4）。

通常，孔隙形态、内部界面特征和孔隙与孔隙的连通性是非常复杂的，影响着常规油藏和非常规油藏中地下流体的动态。具体地说，由于受流体相捕集、流动通道、油藏匹配性、差的波及效率等的影响，有效地进入或者驱替地下孔隙是非常困难的。这就是为什么我们在油田钻很多垂直加密井来驱动未动用区域，以接触更多的油藏孔隙。在非常规油藏中，这些问题的影响更大。这也是为什么通过水平井接触更多的油藏孔隙来进行注入或采出，以及为什么通过在平面上部署很多与水平井垂直的裂缝，以增大与孔隙的接触面积，从而便于流体流动。

多段水力压裂增加了页岩油藏的有效渗透率，我们用方程（2.3）来计算并预测：

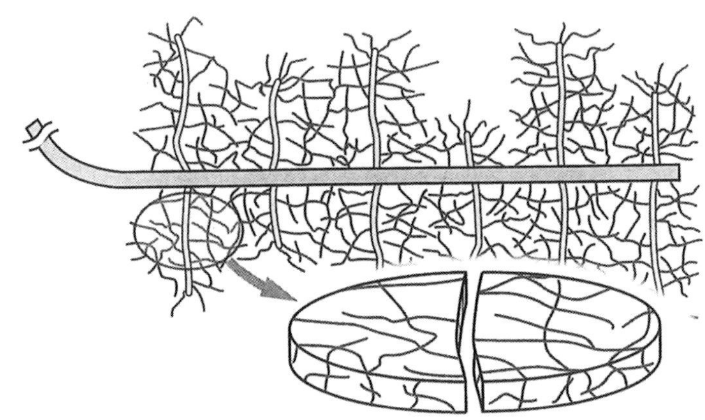

图2.4　水平井的理想模型（包括几段水力裂缝），多级水力压裂增加了油藏孔隙的可进入性

$$K_{f,eff}=K_m+K_f\phi_f \tag{2.3}$$

其中：

$$K_f=\frac{w_f^2}{12} \tag{2.4}$$

$$\phi_f=\left(\frac{w_f}{L_x}+\frac{w_f}{L_y}\right) \tag{2.5}$$

式中　K_f 和 K_m——分别是裂缝和基质的渗透率；

ϕ_f——裂缝孔隙度，其值由平均裂缝宽度为 w_f、缝长为 L_x 和 L_y 的大裂缝计算而来。

在页岩油藏应用中，如果平均裂缝宽度 $w_f=3.0\times10^{-6}$m（或3.0μm），裂缝长度为1m，那么裂缝渗透率 K_f 变为 $0.75\times10^{-12}\text{m}^2$（或750mD），孔隙度为 0.6×10^{-5}。我们假定基质渗透率 K_m 与岩心渗透率是一样的。用方程（2.3）计算的渗透率应该与瞬态流测试得到的油藏有效渗透率进行比较，从而验证压裂的有效性。

在油藏衰竭开发中，当井和油藏生产相对稳定时，产量持续递减。方程（2.6）是一个经验公式，为常规油藏中产量作为时间的函数提供了一个很好的工程近似值（由Arps于1944年提出；Gard和Smith于1987有补充），工程师用同样的方程来预测非常规油藏中单井的未来动态。

$$q(t)=q_i(1+bD_it)^{-1/b} \tag{2.6}$$

式中　D_i——时间 t 为0时的名义递减率，s^{-1}；

b——递减指数。

在方程（2.6）中，当 $b=0$ 时，为指数递减；当 $b=1$ 时，为调和递减；当 $0<b<1$ 时，为双曲递减。然而，在非常规页岩油气藏中，方程（2.6）中 bD_it 项通常大于1。因此，投产后不久，方程式（2.6）可以重写为：

$$q(t)=q_i(bD_i)^{-1/b}t^{-1/b} \tag{2.7}$$

当 $b=4$ 时，方程（2.7）具有与理想有限传导垂直裂缝的早期渗流阶段双线性流的数学解相似的功能形式。当 $b=2$ 时，方程（2.7）符合过渡段的线性流。最终，当外部边界效应占优势，并且产量呈指数递减时，b 趋近于零。我们使用油田数据证实了这个分析。此分析结果与参考文献［11］和［12］中的分析结果是一致的。

对于工程应用，需重写方程（2.7），将地面产量转化为地下条件的产量，并考虑了井底压力对流量的影响：

$$\frac{\Delta p(t)}{q(t)B}=\frac{(bD_{\mathrm{i}})^{1/b}\Delta p(t)}{q_{\mathrm{i}}B_{\mathrm{i}}}t^{1/b} \tag{2.8}$$

方程（2.8）只是经验流量—递减方程的延伸。方程（2.8）的双线性流（$b=4$）对应的产量公式是方程（2.9），线性流（$b=2$）对应的产量公式是方程 11。Torcuk 等在早期的文章中推导了这些方程[13]。

方程（2.9）具有绘图和工程分析的以下形式：

$$\frac{\Delta p(t)}{(qB)_{\mathrm{t}}}=\frac{\sqrt{2\pi}\lambda_{\mathrm{t}}^{-1}}{2\pi hn_{\mathrm{hf}}\sqrt{w_{\mathrm{hf}}K_{\mathrm{hf}}}}\left(\frac{\lambda_{\mathrm{t}}}{(\phi c_{\mathrm{t}})_{\mathrm{f+m}}K_{\mathrm{f,eff}}}\right)^{1/4}t^{1/4}+\frac{\lambda_{\mathrm{t}}^{-1}}{2\pi K_{\mathrm{f,eff}}hn_{\mathrm{hf}}}s_{\mathrm{hf}}^{\mathrm{well}} \tag{2.9}$$

$$\frac{\Delta p(t)}{(qB)_{t}}=m_{\mathrm{bl}}\sqrt[4]{t}+b_{\mathrm{bl}} \tag{2.10}$$

$$\frac{\Delta p(t)}{(qB)_{\mathrm{t}}}=\frac{(\pi/2)\lambda_{\mathrm{t}}^{-1}}{2\pi\sqrt{K_{\mathrm{f,\ eff}}(hn_{\mathrm{hf}}y_{\mathrm{hf}})}}\left(\frac{\lambda_{\mathrm{t}}}{(\phi c_{\mathrm{t}})_{\mathrm{f+m}}}\right)^{1/2}t^{1/2}+\frac{\lambda_{\mathrm{t}}^{-1}}{2\pi K_{\mathrm{f,eff}}hn_{\mathrm{hf}}}s_{\mathrm{hf}}^{\mathrm{face}} \tag{2.11}$$

方程（2.11）可以写为下面的简化形式：

$$\frac{\Delta p(t)}{(qB)_{\mathrm{t}}}=m_{1}\sqrt{t}+b_{1} \tag{2.12}$$

如果我们能得到渗流测试数据，那么我们可以使用方程（2.10）确定 $K_{\mathrm{f,eff}}$。例如，图 2.5 给出了 Eagle Ford 储层中某井的产量及归一化压力曲线，此图包括油、气和水的瞬时产量。

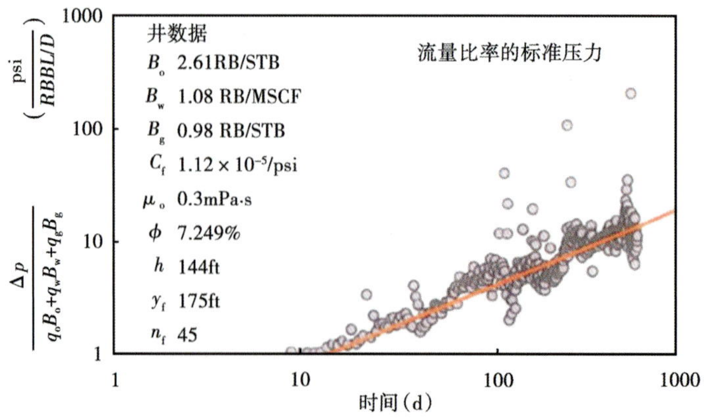

图 2.5　Eagle Dord 页岩油藏流量归一化曲线

从该图计算出的渗透率 $K_{f,eff}$ 约为 0.0007mD，而基质或岩心的渗透率 K_m 为 0.00002mD。这两个渗透率差别如此之大传递了一个很重要的信息，即通过水力压裂，由于应力分布不均，使得储层中产生了一些大裂缝。对于油藏模拟和工程分析来说，此两个渗透率均为油藏的关键输入参数。

为了从非常规油藏中成功开发油气，需要开展现场数据的综合评价、岩心实验和油藏模拟，理由如下：

（1）烃类流体（天然气和轻质油）的黏度低（图 2.6）。

（2）流体的高压缩性。

（3）烃类流体中，分子量极低的组分占优势（表 2.1）。

（4）可能产生微裂缝的异常高的初始储层压力。

（5）由于多级水力压裂造成的天然微观和宏观裂缝（图 2.4）。

（6）储层烃类混合物的有利相包络位移，烃类化合物两相中纳米级孔隙中有利的气油分离比（图 2.7）。

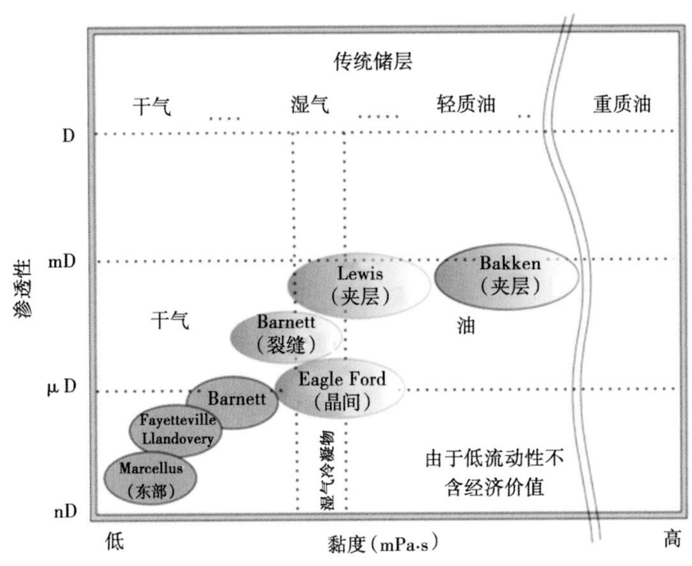

图 2.6　作为岩石渗透率和流体黏度函数的页岩油藏的相对位置[14]（有修改）

2.6　数值模拟

传统工程应用中，流体连续性假设是渗流和运移方程中数学公式的基础。这些方程是很复杂的，通常需要数值解。油藏数值模拟的起步可以追溯到 20 世纪 50 年代中期美国石油工业[16]，这种模型的商业应用开始于 20 世纪 60 年代中期。到 1970 年年初，数值模型成为主要的计算机工具，用于评估石油储层的性能，满足短期和长期的需要。数值模型由包括整个储层的网格单元（体积域）、时间步长（总时间中的离散时间步）和一组渗流和运移离散方程组组成，这些方程是通过在每个子域上的控制微分方程的体积积分产生。数值模型为每个子域在每个时间步生成离散解。水体和水热模型也使用类似的模拟技术（本书第 15 章）。

表 2.1 从 Eagle Ford 非常规油藏中取得的两种流体样本

成分	流体 1 组分（%）	流体 2 组分（%）
H_2S	0.00	0.00
N_2	0.19	0.18
C_1	72.42	69.77
C_2	9.26	8.93
C_3	5.18	4.99
iC_4	1.19	1.15
nC_4	2.04	1.96
iC_5	0.93	0.90
nC_5	1.00	0.96
FC_6	1.42	1.37
FC_7	1.09	1.42
FC_8	0.792	1.21
FC_9	0.517	0.93
FC_{10}	0.347	0.73
FC_{11}	0.233	0.58
FC_{12}	0.157	0.45
FC_{13}	0.106	0.36
FC_{14}	0.072	0.28
FC_{15}	0.049	0.22
FC_{16}	0.033	0.18
FC_{17}	0.023	0.14
FC_{18}	0.016	0.11
FC_{19}	0.011	0.09
FC_{20}	0.0075	0.07
FC_{21}	0.0052	0.06
FC_{22}	0.0036	0.05
FC_{23}	0.0025	0.04
FC_{24}	0.0018	0.03
FC_{25}	0.0012	0.02
$+C_{26}$	0.003	0.02
属性	样品 1	样品 2
STO API	51.4	47.5
OGR（STB/MMSCF）	30	100
GOR（SCF/STB）	33333	10000

注：流体 1 是轻质油，API 为 51.4，流体 2 为重油，API 为 47.5[15]。

图 2.7 中清晰地显示，纳米级孔隙中在非常低的露点压力处会发生穿过相位包络线的情况，因此延迟了液体在纳米级孔隙中的缩合。

自 20 世纪 80 年代中期以来，新的数学模型，如以孔隙级渗流和运移为主的 Lattice-Boltzman 模型（LBM），已经越来越受欢迎[17]。LBM 在分子动力学（MD）和传统的连续方

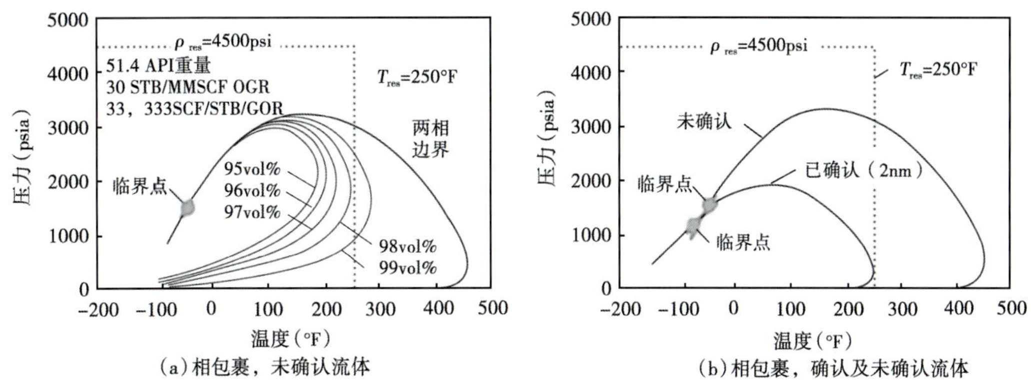

图 2.7　来自 Eagle Ford 非常规页岩储层的未相变和相变的流体系统

（a）PVT 中的相包裹，被认为与常规油藏中的大孔（直径大于 50nm）大致相同；

（b）非常小的微孔中（直径小于 2nm）可能的相包络变化

法之间占有重要地位[2]。LBM 是介观（2～50nm）模拟方法，解决了流体颗粒分布的离散 Boltzmann 方程，以获得不可压缩流体动力学问题的宏观解决方案。参考文献［18］中详细解释了 LBM 技术，并给出了角形孔隙毛细管压力的解。此外，他们应用 LBM 技术，通过使用其微结构图像来模拟 Bentheimer 砂岩中的两相流。本书第 9 章中也描述了在微观和纳米级模型中的孔隙级渗流和运移的 LBM 模拟，并比较了模拟结果。本书第 8 章介绍了纳米级孔隙和微尺度多孔介质的制作，用于模拟油气藏的多孔介质，观察水气实验中水的毛细管滞留现象。最后，图 2.8 中提出了数学缩放的原理图并平均描述从随机到确定性的进程工程应用中使用的建模方法。

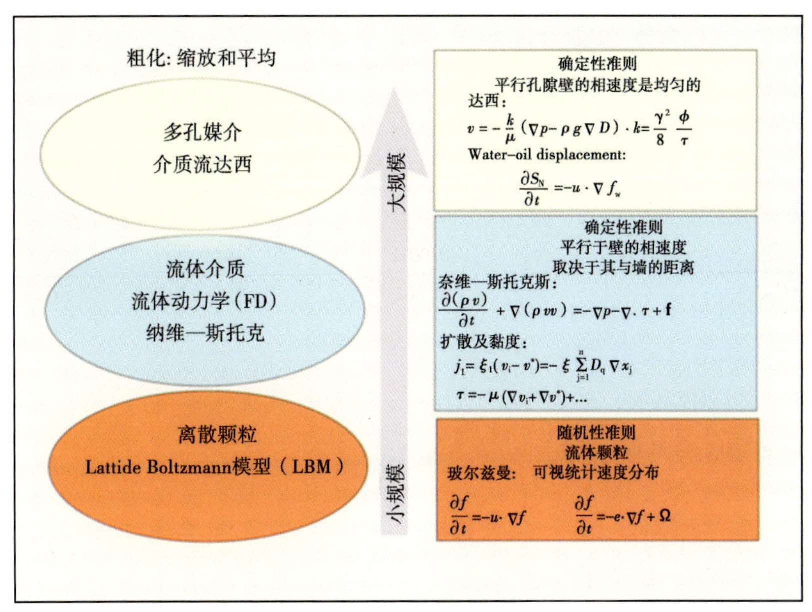

图 2.8　用数学中的缩放和平均来描述进展的原理图从随机到液体等温流动的确定性配方

2.7 思考

本章概述了石油储层和孔隙尺度问题，并没有深入研究质量和能量传递、热动力学、数学模型和解决方法的细节问题。幸运的是，在油藏工程应用中，数学模型和数值解方法已经发展到成熟阶段，并且可高效计算[19]。然而，出现了基于离散粒子动力学的新模型，包括 Lattice-Boltzmann 模型（LBM），其中以介观尺度进行计算（本书第 9 章）。LBM 应填补孔隙级模拟中分子动力学和流体动力学之间的不足，即常规公式遇到物理和热动力学的问题。除了数值模拟，微观和介观实验为孔隙级渗流和运移问题提供了新见解（例如第 8 章）。

2.8 命名

基本符号和单位

F——力，N；

L——长度，m；

M——质量，kg；

p——压力，Pa；

T——时间，s。

符号、单位和尺寸

b——递减指数，无量纲；

b_1——线性流方程的截距，Pa/(m^3s^{-1}) [$FL^{-2}/(L^3T^{-1})$]；

b_{bl}——双线性方程截距，Pa/（m^3s^{-1}） [$FL^{-2}/(L^3T^{-1})$]；

B——地层体积因子，m^3/m^3 [L^3/L^3]；

B_g——气体体积系数，m^3/m^3 [L^3/L^3]；

B_o——原油体积系数，m^3/m^3 [L^3/L^3]；

B_w——地层水体积系数，m^3/m^3 [L^3/L^3]；

c_g——气体压缩系数，Pa^{-1} [L^2F^{-1}]；

c_ϕ——岩石压缩系数，Pa^{-1} [L^2F^{-1}]；

c_t——油藏流体的总压缩系数，Pa^{-1} [L^2F^{-1}]；

$c_{t,f}$——裂缝总压缩系数，Pa^{-1} [L^2F^{-1}]；

$c_{t,m}$——基质总压缩系数，Pa^{-1} [L^2F^{-1}]；

c_w——水的压缩系数，Pa^{-1} [L^2F^{-1}]；

d——直径，m [L]；

D_i——初始递减率，s^{-1} [T^{-1}]；

h——地层厚度，m [L]；

K——渗透率，m^2 [L^2]；

K_f——裂缝渗透率，m^2 [L^2]；
$K_{f,eff}$——有效储层裂缝渗透率，m^2 [L^2]；
K_{hf}——水力压裂渗透率，m^2 [L^2]；
K_m——基质渗透率，m^2 [L^2]；
L_x——x 方向的平均裂缝间距，m [L]；
L_y——y 方向的平均断裂间距，m [L]；
m_l——线性流的斜率，$Pa \cdot s^{-\frac{1}{2}}/(m^3s^{-1})$ [$FL^{-2} \cdot T^{-1/2}/(L^3T^{-1})$]；
m_{bl}——双线性流的斜率，$Pa \cdot s^{-\frac{1}{2}}/(m^3s^{-1})$ [$FL^{-2} \cdot T^{-1/2}/(L^3T^{-1})$]；
n_{hf}——裂缝总数；
p——孔隙压力，Pa [FL^{-2}]；
p_i——初始油藏压力，Pa [FL^{-2}]；
p_{wf}——井底流压，Pa [FL^{-2}]；
q——产量，m^3s^{-1} [L^3T^{-1}]；
q_g——天然气产量，m^3s^{-1} [L^3T^{-1}]；
q_i——初始产量，m^3s^{-1} [L^3T^{-1}]；
q_o——原油产量，m^3s^{-1} [L^3T^{-1}]；
q_w——水产量，m^3s^{-1} [L^3T^{-1}]；
s_{hf}^{face}——水力压裂面的表皮因子；
s_{hf}^{well}——井筒和水力压裂面的表皮因子；
S_g——气体饱和度；
S_o——原油饱和度；
S_w——水饱和度；
t——时间，s [T]；
w_f——裂缝长度，m [L]；
w_{hf}——裂缝宽度，m [L]；
y_{hf}——裂缝半长，m [L]。

希腊字母

λ_g——气体的流度，$(Pa \cdot s)^{-1}$ [$(FL^2T)^{-1}$]；
λ_o——原油的流度，$(Pa \cdot s)^{-1}$ [$(FL^2T)^{-1}$]；
λ_t——总流度，$(Pa \cdot s)^{-1}$ [$(FL^2T)^{-1}$]；
λ_w——水的流度，$(Pa \cdot s)^{-1}$ [$(FL^2T)^{-1}$]；
Δp_{sf}——水力压裂模拟井中表皮压力降，Pa [FL^{-2}]；
Δp——流动压力降，Pa [FL^{-2}]；
ϕ_f——裂缝孔隙度；
ϕ_m——基质孔隙度；
μ——黏度，Pa [$FL^{-2}T$]；

ω——储容比；

τ_m——基质弯曲度，$\tau_m \geq 1$。

致　谢

我很感谢科罗拉多矿业学院（CSM）、油藏优质研究马拉松中心（MCERS）、非常规天然气和油研究所（UNGI）和沙特石油公司的支持。我也感谢本人现在和过去的研究生们为此文章所作出的贡献，他们是：Najeeb Alharthy、Ilkay Eker、Basak Kurtoglu 和 Mehmet Torcuk。

参 考 文 献

[1] S. Succi, *The Lattice Boltzmann Equation for Fluid Dynamics and Beyond* Oxford Science Publications (2001).

[2] M. G. Sukop and D. T. J. Thorne, *Lattice Boltzmann Modeling*. Springer (2010).

[3] M. Kiani. *Field Pilot Testing of EOR Surfactants in Dual-porosity Naturally Fractured Reservoirs: Single-well vs. Multiple-well Approach*. PhD thesis, Colorado School of Mines, Golden, CO (2011).

[4] Q. R. Passey, K. M. Bohacs, W. L. Esch, R. Klimentidis, and S. Sinha. From oil-prone source rock to gas producing shale reservoirs - geologic and petrophysical characterization of unconventional shale gas reservoirs. In *International Oil and Gas Conference and Exhibition in China*, Beijing, China (8-10 June, 2010). SPE-131350-MS.

[5] S. J. Pirson, *Oil Reservoir Engineering*, 2 edn. McGraw-Hill (1958).

[6] P. T. R. C. (PTRC). Weyburn field, URL http://www.prtc.ca/weyburn_statistics.php (2012).

[7] L. Koottungal, 2014 worldwide EOR survey, *Oil & Gas Journal*. pp. 79-91 (April 7, 2014).

[8] S. J. Fathi and T. Austad. Water-based enhanced oil recovery (EOR) by "smart water" in Carbonate reservoirs. In *SPE EOR Conference at Oil and Gas West Asia*, Muscat, Oman (16-18 April, 2012), SPE 154570.

[9] B. Kurtoglu, *Integrated Reservoir Characterization and Modeling in Support of Enhanced Oil Recovery for Bakken*. PhD thesis, Colorado School of Mines, Golden, CO (2013).

[10] B. Tepper, G. Baechle, J. Keller, and R. Walsh. Petrophysical evaluation of shale oil &gas Opportunities in emerging plays; some examples and learning from the Americas. In *IPTC*, Beijing, China (26-28 March, 2013).

[11] T. W. Patzek, F. Male, and M. Marder, Gas production in the barnett shale obeys a simple scaling theory, *Proceedings of the National Academy of Sciences* (2013).

[12] J. Lacayo and J. Lee. Pressure normalization of production rates improves forecasting Results. In *SPE URC*, the Woodlands, TX (1-3 April, 2014). SPE-168974-MS.

[13] M. A. Torcuk, N. Kurtoglu, B. Alharthty, and H. Kazemi, Analytical and numerical solutions for multiple-matrix in fractured reservoirs: Application to conventional and unconventional reservoirs, *SPE Journal*, 18, 969-981 (2013). SPE-164528-PA.

[14] K. M. Bohacs, Q. R. Passey, M. Rudnicki, W. L. Esch, and Q. R. Lazar. The spectrum of fine-grained reservoirs from shale gas to shale oil/tight liquids: Essential attributes, key controls, practical characterization. In *IPTC*, Beijing, China (26-28 March, 2013).

[15] C. H. Whitson and S. Sunjerga. Pvt in liquid-rich shale reservoirs. In *SPE ATCE*, San Antonio, TX (8-10 October, 2012). SPE 155499.

[16] J. Douglas, Jim, D. W. Peaceman , and J. Rachford, H. H. , A method for calculating multi-dimensional immiscible displacement, *SPEJ*. pp. 297-308 (1959). SPE-1327-G.

[17] Y. Keehm, T. Mukerji, and A. Nur, Cmputational rock physics at the pore scale: Transport properties and diagenesis in realistic pore geometries, *The Leading Edge*. 20 (2), 180-183 (2001). doi: 10.1190/1.1438904.

[18] T. Ramstad, P. -E. ren, and S. Bakke, Simulation of two-phase flow in reservoir rocks using a lattice boltzmann method, *SPE Journal*, 15, 917-927 (2010). doi: 10.2118/124617-PA. SPE-124617-PA.

[19] H. Kazemi, M. S. Al-kobaisi, B, Kurtoglu, A. Heris, S. Charoenwongsa, P. Fakcharoenphol, and J. Akinboyewa, Mathematical modelling of petroleum reservoirs, *Exploration and Production: The Oil and Gas Review*. 10 (2), 45-50 (2012).

第3章　纳米和微观尺度岩石的定量描述

Manika Prasad，Saeed Zargari，Milad Saidian

Department of Petroleum Engineering，Colorado School of Mines，Golden，CO，USA

mprasad @ mines. edu

非常规资源的快速发展需要应用更先进的技术来评估在这类岩石中所含的碳氢化合物资源。考虑到这些术语和概念对非常规资源来说是相对较新的，经常缺少这些技术的定义和范围，而不像在别的著作中那样普遍出现。在本书中，我们重新温习了一些概念和定义，并讨论了一些让这些资源成为标准表征技术的新方法。我们也提出目前定量表征微米—纳米孔隙度、孔径分布和基体力学性能的相关。这些技术包括扫描声学显微镜（SAM）、纳米压痕、纳米动态机械分析（NanoDMA®）、原子力声学显微镜（AFAM）、压汞法（MIP）、核磁共振（NMR）和氮气吸附。我们展示了如何使用这些技术进行量化声阻抗和模量，以及孔隙度和孔径分布（除了量化成像技术），我们主要关注岩石物理属性的定量测量。由于图像解释存在一些主观性，这里只简要讲解了辅助纹理特征，如扫描电子显微镜（SEM）和CT成像等。

3.1　引言

非常规页岩圈闭已成为美国石油和天然气产量的主要来源。尽管有大量的已证实储量和潜在储量，但其开发面临着许多挑战。迄今为止，在非常规油气开采中取得的成功在很大程度上归功于水力压裂的工程和技术的创新和进步。然而，仍然需要证明新的油藏表征技术在这些资源开发中的重要作用。

低渗透非常规油藏通常是指页岩油藏，它们不一定含有任何黏土矿物或具有相似的岩性。一些页岩油藏是碳酸盐类泥质，而其他是硅质的。具体来说，页岩被定义为一种细粒粒径小于64μm的、易裂变、富含黏土或有机质的硅质沉积岩。在页岩油气藏中，有机质是岩石组成中的关键成分。虽然页岩油气藏也有一些其他的替代术语，如非常规油气藏、自生型油源岩石、富含有机质的岩石和泥岩已被使用，但页岩油气藏这一术语最终被保留下来。

非常规资源和自生型系统术语缺乏正确的岩性定义。在常规资源中，生源岩和油藏是分开的；烃类从生源岩通过渗流通道运移进入到储层，而二次运移由浮力控制。非常规资源有不同的聚集过程。在这些聚集体中，油藏往往是生源岩，通过驱动力被填充。生源岩的成熟水平控制了流体相的分布，在这种分布中油分布在盆地较浅的区域，而气体分布在盆地较深的部位。自生源系统（SRS）是指非常规油气聚集体中一组相邻的致密地层，这些聚集体被来自生源岩的成熟油气填充。

页岩油气藏的勘探开发是一项令人兴奋的冒险活动，这激发了能源工业的振兴，促进了页岩微观和纳米级尺度的表征技术的发展，甚至也促进了对一些基本属性的表征技术，如孔隙度和微粒硬度。随着技术和人们认识水平的进步，研究了一些新的方法来证明在有机物中存在一些更小的、纳米级的孔隙。这些小孔隙通过岩石物理近似性，甚至已经被证明影响地震尺度现象及其建模。但是，在地球物理勘探技术应用在 SRS 开发之前，有以下几个方面急需关注，比如尺度效应、地层应力、流体压力、流体敏感性、非均质性、各向异性和地震衰减。储量预测、“甜点”确定和井动态预测需要一些岩石物理的数据，这些数据通常来自地球物理技术和实验室测量。但这样的储量预测注定是有缺陷的，因为常规油藏中的概念和岩石物理参数的确定方法（如有效孔隙度和流体渗流）不适用于非常规石油系统。

关于有机物和黏土矿物中的孔隙度和流体渗流机理的研究，人们知之甚少。尽管有几种孔隙体系的分类归因于大范围的含孔隙微粒（例如参考文献［1］），但是对孔隙体系在整个成藏历史和成熟过程中的演化过程的研究很有限。几个因素的组合也补偿了常规孔隙度和渗透率测量技术中的不一致性和耗时的缺点。这些因素包括但不限于细粒纹理、复杂的纳米级孔隙网络、低渗透率、富含黏土矿物和富含有机物。

微粒表面物性、孔径大小和连通性的变化造成了渗流机理和储容空间的不同。这些变化主要是由于烃类物质的吸附和吸收、干酪根和黏土结合烃中的微粒内孔隙度。因此，孔隙系统对岩石储容性和流动能力的贡献可能会有所不同。因此，为了渗流模拟和储量估算的目的，需要用一个更好的定义，即有效孔隙度，可更好地理解孔隙的自然特性。

本文介绍了采用先进技术解决主要岩石特征问题和对结果的合理代表性给出了相关定义。第一部分讲解矩阵：有助于我们研究岩石成分、复合岩石，以及地质条件、矿物质和成熟度等的相关变化。第二部分讲解孔隙：孔径大小的定量分析方法，及其在基体内的优先位置，以及孔隙性质和其矿物结合的变化。

这里描述的技术能够对岩石物理性质进行定量表征。通过扫描电子显微镜（SEM）和 CT 成像得到的辅助特性通常用于评估纹理的各向异性[2]。这里没有包括用于孔隙定量的图像分析方法，因为它们易受主观解释的影响而导致结果的不准确性。这种不准确性在大孔隙的定量解释中是最小的。考虑到纳米级多孔岩石的表面积很大，微粒边界的探测会导致孔隙定量化解释中的偏差。

3.2　基质描述

了解 SRS 地层的弹性特征及其与成熟度的相互关系可以从地震测量的角度提供烃类生成量和储层地质力学特征方面的关键信息。由于 SRS 的生产只有通过水力压裂在经济性上才是可行的，关于对硬度和脆性的了解是一项成功的增产措施的关键所在。当岩石是脆性的，对于水力压裂增产是有利的。脆性因子和“易碎性”[3]，由测井解释中得到的杨氏模量、泊松比共同定义。

脆性比通常用于确定更好地适用于水力压裂的区域。该脆性比由动态弹性参数、杨氏模量和泊松比等计算得到，而这些参数是从声波测井数据中确定得到[3]。然而，刚度、模量和速度是弹性参数，脆性（或其同源词，新造的术语“破裂性”）、硬度和柔韧度是断裂或静态变形属性参数。脆性是硬度与柔韧度之比，其中，硬度是耐变形性，柔韧度是耐断裂性[4]。在将弹性参数与静态变形特性相关联时，我们需要将定点的动态参数转化到静态参数。杨氏模量和泊松比由来自测井中测得的压缩速度（v_p）和剪切速度（v_s）推导而来，测量时假设储层是各向同性且为均质系统。如果储层岩石是各向异性的，泊松比计算将会有错误。此外，杨氏模量—泊松比率曲线也随着饱和状态的变化而发生变化。

岩石模型将岩石体积力学性能参数与岩石物理性质参数相关联，而这些物理参数使用了单个微粒或微粒聚集体的纹理特征和力学性能特征。由于一些关键部件和复合材料的机械性能存在一些不确定性，因此生成具有代表性的岩石模型来描述富含有机质岩石的特征是富有挑战性的。尽管前期关于富含有机质岩石性质的研究认为与它们的弹性性能、各向异性[5]和微粒的力学特性[6-10]等有关，但是人们仍然对一些基本成分，比如黏土和有机质特征方面的知识知之甚少。此外，在成熟过程中，人们很少能理解这些特征参数的变化。在下一节我们介绍微米—纳米级基质表征方法。

3.2.1 基质表征技术——声学成像

在不透明矿物中，如油母岩和黄铁矿，光学和 SEM 方法只提供表面的信息。在本节中将展示我们如何使用声波探测地下信息，并提供 3D 阻抗微构造信息。扫描声学显微镜（SAM）的非破坏性技术采用了高频声波。在岩石物理学中，有关扫描声学显微镜应用的完整描述可在参考文献［6］中找到。SAM 仪器中的声学换能器能够产生集中在一个样品上的高频（10~200MHz）声波。假设进行了耦合剂和样本之间的阻抗对比，这些声波可实现部分模式转换，部分传输到样品中，并有部分反射回传感器。在地球物理学中，SAM 是侧扫声呐和反射地震成图的微观模拟工具，也是医学界超声波的模拟工具。

通过应用声波反射，得到地面和地下微观构造图像，阻抗的表现在样品中发生了变化。反射系数变化控制了信号强度，并可以从材料的弹性常数来计算。声学阻抗的变化影响了波的反射特性，并通过绘制反射波来研究。图 3.1 显示了具有不同胶结强度和应力集中造成的地层伤害的砂岩样品在 1GHz 时的声学表征结果。在图 3.1（a）中，石英砂岩具有孔隙填充胶结物和完整的石英微粒，微粒中含有杂物和裂缝。图 3.1（b）显示了由于点载荷和应力集中而引起的石英微粒变形带的压实破坏。应注意在石英微粒中通过声波映射了丰富的微观晶间孔隙空间。图 3.1（c）展示了一个微粒接触关系的例子，微粒接触关系会对渗透性产生不利影响。

3.2.2 基质表征技术——机械探测

通过纳米压痕、纳米 DMA 和 AFAM 等技术可以获得纳米级尺度机械性能参数，在下文中，我们为每一项技术都提供了相应的例子。

纳米压痕技术是准静态模量测量方法，其中，包括尖锐端循环穿入标本[11]。记录了位移与装载力和卸载力之间的关系。在考虑了压痕端几何形状和模量之后，通过卸载载荷曲线的斜率计算得到硬度。由于受压痕大小、底层材料感应和聚集的粒子[12]等影响，纳米压

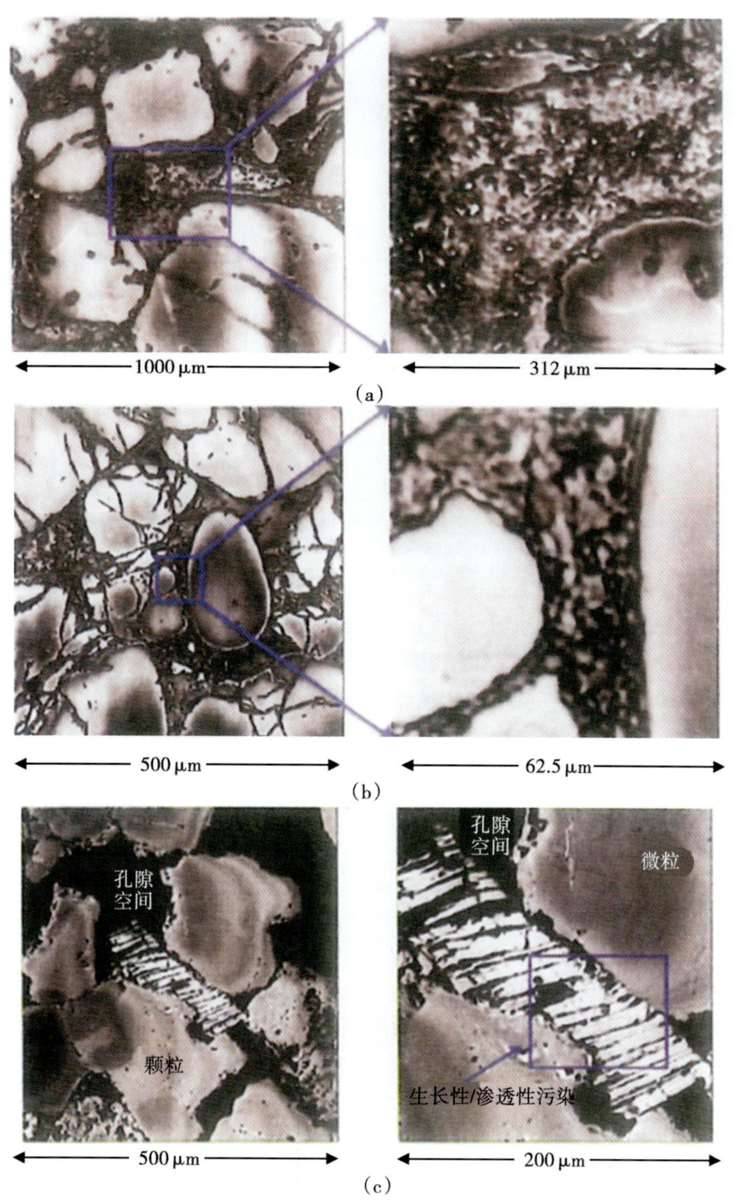

图 3.1　(a) 具有孔隙填系物胶结（黑色区域）的石英砂岩和完整的石英微粒（光面积）的声像；(b) 显示了由点载荷和应力集中引起的变形带石英微粒的压实伤害；(c) 显示由于微粒之间的各向异性胶结造成的渗透性伤害

痕的定量解释数据通常非常不准确。当应用到有机质丰富的页岩中时，比微粒更大的压痕尺寸增加了探测具有不同物理性质的多微粒的机会。因此，测量值将是感测微粒的平均值[13]。这种效果如图 3.2 (a) 所示，一个具有压痕阵列 (8000μN 载荷) 的区域进行了 SEM 成像。压痕的印记 SEM 图像模式下清晰可见 [图 3.2 (b)]。将压痕尺寸与微粒尺寸进行比较显示，页岩中的一些微粒小于压痕的印记；因此，结果受聚集粒子的机械性能参数的控制。压痕点的可视化监测是一种有用的方法，可从单个微粒中抽取机械性能参数来筛选数据点。

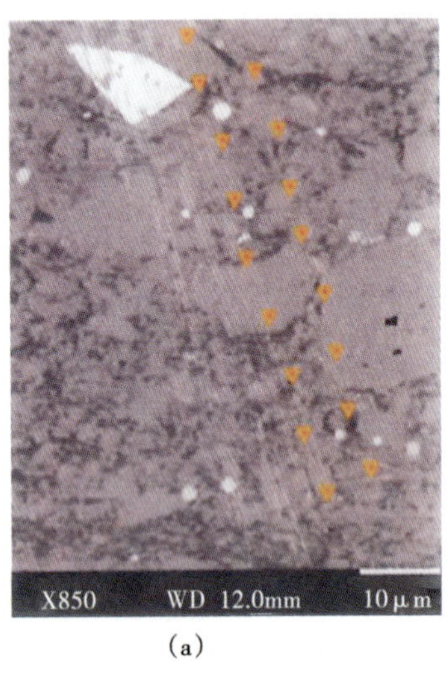

(a)

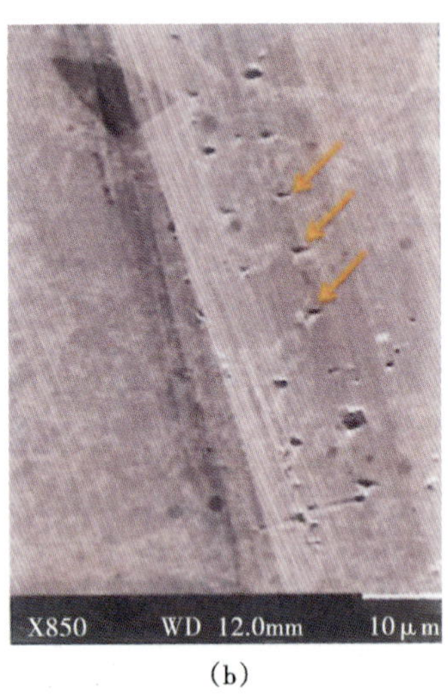

(b)

图 3.2 页岩样品的 SEM 图像。(a) 中显示了缩进的表面和探测位置，(b) 中显示了相同的地形图。通过定位 (b) 中的缩进区域，我们可以确定探针下测量的矿物组。显然，在很多缩进中，缩进大小比页岩粒度大，造成参数的聚集

纳米动态力学分析（NanoDMA ®）技术是非常有用的，可用于克服与压痕尺寸和调查深度相关的错误。NanoDMA ®是一种探测技术，这种技术通过分析材料对静载荷和超额动载荷的响应而得到特殊的模量图。由于机械性能参数是由对应于静态和动态载荷大小的位移振幅计算得到，因此，通过增加额外的正或负位移振幅引起了图形的误差。在复合材料中，具有一些高机械对比度的成分，对动态负载的响应也有所不同，主要取决于所探测微粒的硬度。为了测量所有元素的可靠的性能参数，必须选择动态负载幅度，以至于在探测所有粒子时，位移幅度保持在噪声之上合理的水平。因此，在应用 NanoDMA ®技术时需要考虑的另一因素是周边环境的噪声水平。图 3.3 显示了 Bakken 页岩样品的一个 SEM 图像和相应的离子碾磨的动态模量图。SEM 图像［图 3. 3 (a)］显示了出现在方解石、黏土和干酪根样品中主要成分的形态和分布。图 3.3 (b)、(c)、(d) 中包含三个可视化图形，从左到右分别为地形、损耗模量和储存模量。应注意来自更坚硬微粒区域的模数图应以低分辨率显示，因为减小负载幅度以优化干酪根微粒中的应变测量。为了避免这个问题，必须用不同的载荷幅度多次扫描生成复合图，每个都适合测量不同硬度的微粒应变。坚硬的微粒需要更高的载荷使之变形。然而，载荷越大，在很多柔顺的部分可能会引起塑形变形（即干酪根和黏土）。

原子力显微镜（AFM）是另一种技术，可以使我们从悬点平衡点通过悬臂挠度对样品表面特征进行成像。原子力声学显微镜（AFAM）是在 AFM 技术基础上的改进技术，可用于测量动态弹性模量。超声换能器在样品或在原子力显微镜（AFM）悬臂中产生声波，通过 AFM 悬臂和样品表面之间的接触共振频率[14]确定动态杨氏模量。除其他参数外，这些共

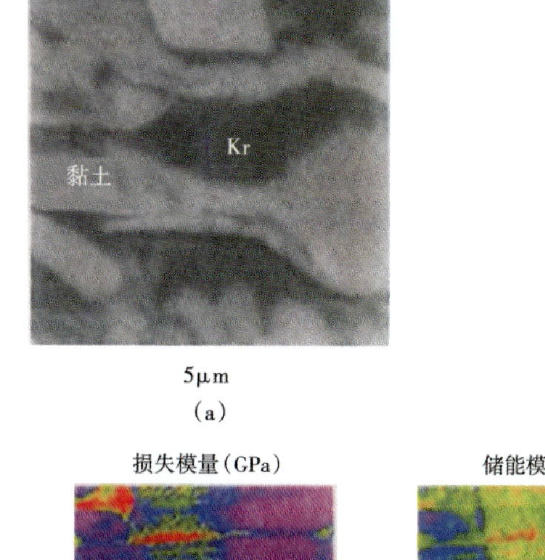

(a)

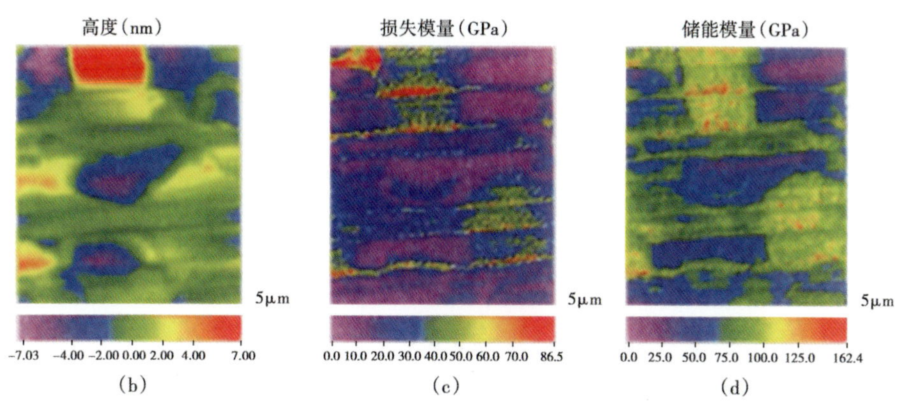

(b)　(c)　(d)

图 3.3　一张抛光的 Bakken 页岩样品 $55m^2$ 的共位 SEM 图像（a）和动态模量可视化图（b）。SEM 图（a）显示样品中主要成分的形态和分布，主要成分包括方解石（Ca）、黏土和油母质（Kr）。可视化地图包括地形（b）、损失模量（c）和储能模量（d）

注意：来自坚硬微粒区域的模量图分辨率较低，因为降低负载幅度以优化干酪根微粒中的应力测试。为了避免这个问题，必须生成具有不同负载幅度的多次扫描复合图，每个均适合于不同硬度微粒的应变测量

振频率取决于样品端部接触面的硬度，这反过来是样品和尖端处杨氏模量、泊松比、悬臂端部半径和形状、施加在端部的载荷，以及样品表面的几何形状等参数的函数。图 3.1（c）中砂岩的 AFM 图像和声像见图 3.4。

AFM 图像（图 3.4）制作在 4μm×4μm 的区域上，是图 3.1 中蓝框标记的声像。请注意微粒与胶结区之间的地形差异为 1～3μm。

图 3.5（a）和图 3.5（b）分别为黏土矿物、金云母和黑云母的 AFM 图像。在这些图像中，地形差异分别约为 10nm 和 25nm。这种低地形变化对于制作纳米级 AFAM 测量是理想的选择。

图 3.6 中对比了典型金云母和硅的第一接触共振和第二接触共振的原子力声谱。如图所示，黏土矿物（金云母）的第一接触共振和第二接触谐振光谱的频率均比在二氧化硅中的低。与高 Q 熔融石英相比，在有损黏土矿物材料中谐振频率也明显扩大。

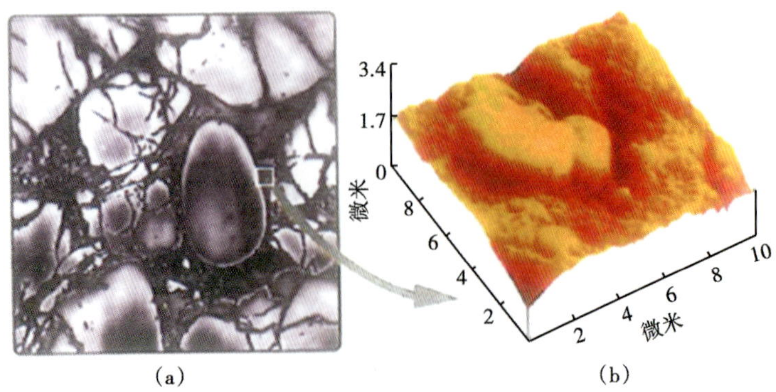

图 3.4　砂岩中石英晶粒之间接触区的 AFM 图像。(a) 声像；(b) 显示了微粒和胶结区域之间的 AFM 图像；地形尺度为 1.7μm 每分区

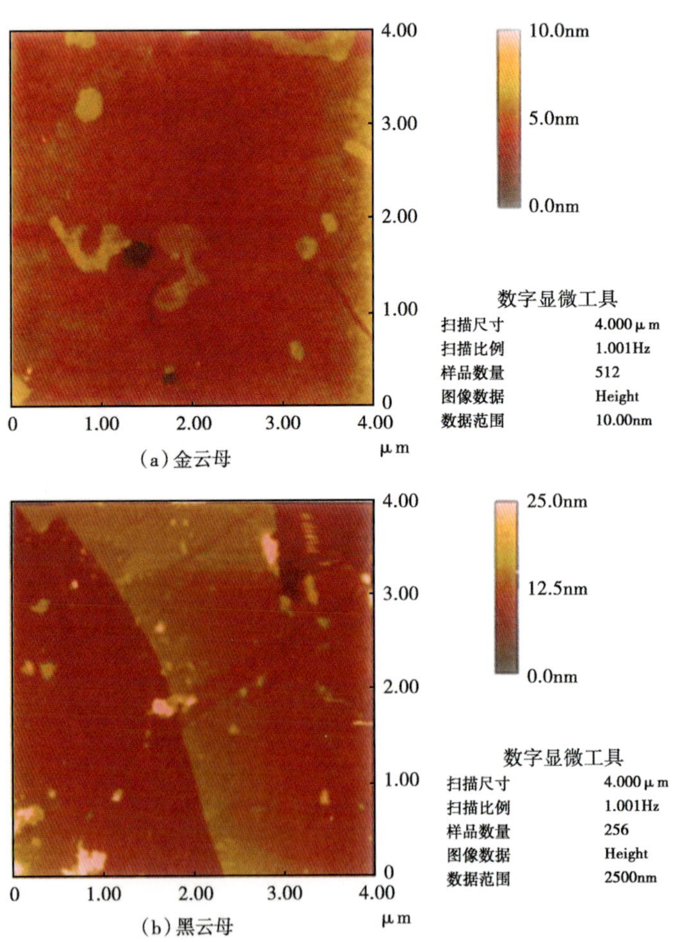

图 3.5　黏土矿物的 AFM 图像

在这两个 4μm×4μm 图像中，地形差异分别约为 10nm 和 25nm。这种低地形变化是制备纳米级 AFAM 测量的理想选择

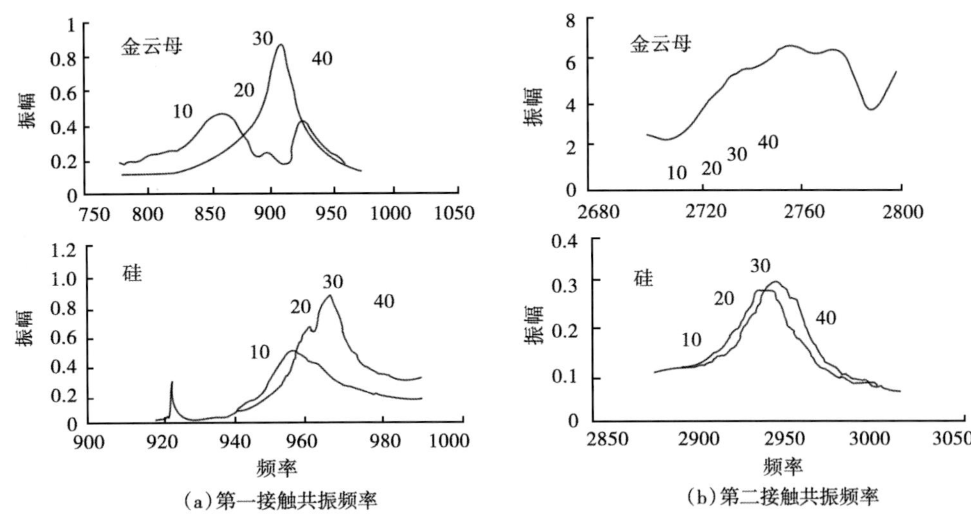

图 3.6　黏土矿物金云母和硅中测量原子力声共振频率

注意：与硅相比，有损黏土材料中第一共振频率显著扩大，金云母的共振频率比高 Q 硅低且宽

3.3　孔隙表征

预测自生源系统（SRS）的运移和存储能力的主要挑战之一是对孔隙演化、孔隙分布、关联矿物及粒度大小等的了解不足。孔隙空间的定量化是可视化技术（SEM、CT 扫描）和非可视化技术（氮气吸附、水银侵入、水浸式孔隙率、弹性模量和声阻抗绘图）的混合包。更好地了解孔隙形态、孔喉网络的性质及总孔隙度与有效孔隙度的关系是非常关键的。孔隙控制着微粒孔隙网络的不同方面；孔隙大小、形状、纵横比和表面性质主要受岩石组成的控制，这些方面影响了岩石的岩石物理性质，同时也影响我们对孔隙度和孔隙大小分布（PSD）的测量。应用传统的测量孔隙度和孔隙大小分布（PSD）的方法对细粒度的 SRS 通常会导致不一致的值[15-17]。驱替液在孔隙系统中的可及性、润湿性和微粒的表面性质是获得可靠且一致的实验数据的决定因素。

流体对孔体和矿物表面的可及其相互作用是开展可靠、可重复实验测量的主要考虑因素。主要问题是孔隙小、渗透率低、孔隙结构复杂、矿物非均质性差。对于每种技术来说，重复性可能由不同的预处理组成，如磨碎、筛选，或者实验条件，如相对湿度和温度。不管使用相同的测量技术或比较不同的方法，重要的是在预测体积、微粒和孔隙体积时需要有统一的预处理方式和环境条件。

在下文中将简要介绍不同的孔隙度和孔径分布测量技术。我们还讨论了每种技术的局限性，并用不同的测量技术提出了一些综合解释的结果。

3.3.1　孔隙表征技术

3.3.1.1　孔隙度

孔隙度测量技术，如氦膨胀、流体驱替和吸入、汞吸入孔隙度测量术（MICP）和核磁共振（NMR）均是常规应用技术。因为不同的测量技术记录了孔隙结构的不同方面，下面简要讨论一下每种技术的优缺点：

（1）使用压碎或完整的样品进行氦气膨胀测量，测量孔隙的连接关系和氦气的可进入性。在完好无损的纳米级达西渗透率的岩石中，温度波动导致压力不平衡和精度降低。但是，通过粉碎这些样品，气体可能进入“孤立”的孔隙，这些孔隙在完好的情况下是不可进入的。

（2）用水或油作为饱和流体进行侵入法测量孔隙度，这种方法可以测量可被饱和流体占据的孔隙。在这种方法中，流体类型、孔隙表面的润湿性和饱和方法影响孔隙度值。参考文献［18］显示不受控制的预处理方法和实验室条件显著影响着孔隙度。

（3）MICP 测量孔隙度和孔喉尺寸分布。由于技术的局限性，这种技术理论上测量相互连通的孔隙，并且喉道大小大于 3.6nm（压力为 60000psi）。在细粒岩石中，通过 MICP 技术有很大一部分孔隙空间是无法测量的。对孔隙体与喉道大小之比的合理估计可用来计算 MICP 孔喉大小分布的孔径范围。这个比例不是储层岩石或样品的具体数量。对每个孔隙系统来说，需要确定此数值，并且主要取决于孔隙类型、矿物类型和胶结程度。通过采用一种补充方法（如氮气吸附法）可以预测一些易被忽略的孔隙度，用这种方法能够测量比采用 MICP 方法测量的最小孔隙还要小的孔隙。

（4）氮吸附方法主要用于通过采用亚临界氮气测量比表面积，这种技术也能够准确测量孔径在 1.7~200nm 范围内的孔隙。

（5）核磁共振 NMR 技术主要测量岩石中的氢核浓度，采用这种方法可以直接转化为孔隙体积，从而通过校对得到孔隙度。样品的部分饱和导致孔隙度偏小。可靠的 NMR 孔隙度和 PSD 测量取决于孔隙表面弛豫效能和工具分辨率。

不同的方法可测量孔隙网络的不同方面和尺寸范围。结合这些技术有助于我们了解岩石中复杂的孔隙结构。

3.3.1.2 孔隙大小分布

上述的一些方法，如水银侵入法、氮气吸附法和核磁共振法 NMR 可用于评估孔隙和喉道大小分布。由于每种方法都使用特定的驱替流体和机理来评估孔隙大小分布，结合所有的方法可以提供一整套完整的孔隙大小分布谱，并提供合理的孔隙喉道比。由于在细粒岩石中孔隙大小的范围广泛，这种方法在研究 SRS 的孔隙系统中具有重要的意义。

如前所述，只有汞侵入法和氮气吸附法覆盖孔隙喉道和孔隙大小的有限范围。汞侵入法只适合于喉道大小大于 3.6nm 的情况。因此，这种方法可以忽略与尺寸小于 3.6nm 孔喉相连的任何孔隙（不管孔径有多大）。另一方面，氮气吸附法测量那些孔隙大小和孔径分布范围在 1.7~200nm 的孔径。从 MICP 数据得到的孔隙—喉道大小分布与从氮气吸附法得到的孔隙—岩体大小分布的组合方法可以揭示 PSD 的全谱。

核磁共振法 NMR 主要测量氢核浓度和横向弛豫时间（T_z）分布。受仪器的分辨率和微粒表面性质的影响，可测量的最小孔径是变化的（一个回波间隔为 60μs 的 NMR 工具可以在一个球形孔隙中检测氢核，其表面弛豫度为 10μm/s，半径大于 1.8nm）。由于显性表面松弛，与大孔隙相比，较小的孔隙具有较快的松弛度。在典型的 T_2 分布中，在光谱较低值的较快弛豫时间与较小的孔隙相关。

孔隙表面松弛度是将 NMR 时间分布转化为孔隙大小分布的关键。计算表面弛豫的常用方法是将汞侵入孔喉尺寸的分布与核磁共振 NMR 的 T_2 分布关联起来。在这种方法中，我们假设岩石中孔喉大小与孔体大小之间的比例是一致的，该比值体现在有效表面弛豫度上。这种方法在 SRS 中是不可行的，有两个原因：首先，水银不能进入并占据纳米级孔隙的大部分孔隙空间；第二，矿物孔隙中的有效表面松弛度不同于有机质孔隙中的有效表明松弛度。计算表面松弛度更准确的方法包括两个步骤：第一步，用氮气吸附测量得到的 PSD 来校准核磁共振 T_2 分布中快速松弛部分中的表面松弛度；由于两种方法测量孔径，对孔隙形状作任何简化假设都不会使校准有偏差；第二步，用汞侵入法测得的 PSD 来校准核磁共振 T_2 分布中慢速松弛部分中的表面松弛度。

图 3.7 展示了用三种方法评价两个样品的孔径分布。盐水饱和下的 NMR 结果［图 3.7（a）］显示了两个样本之间的明显差异。样品 1 显示了双峰分布，说明岩石中有两套孔径，而样本 2 为单峰分布。采用 1μm/s 的表面松弛度将 NMR 分布中的时域转换为大小域。图 3.7（b）中展示了两个样品的汞侵入测试结果。在这种情况下，水银侵入在样品 1 中没有

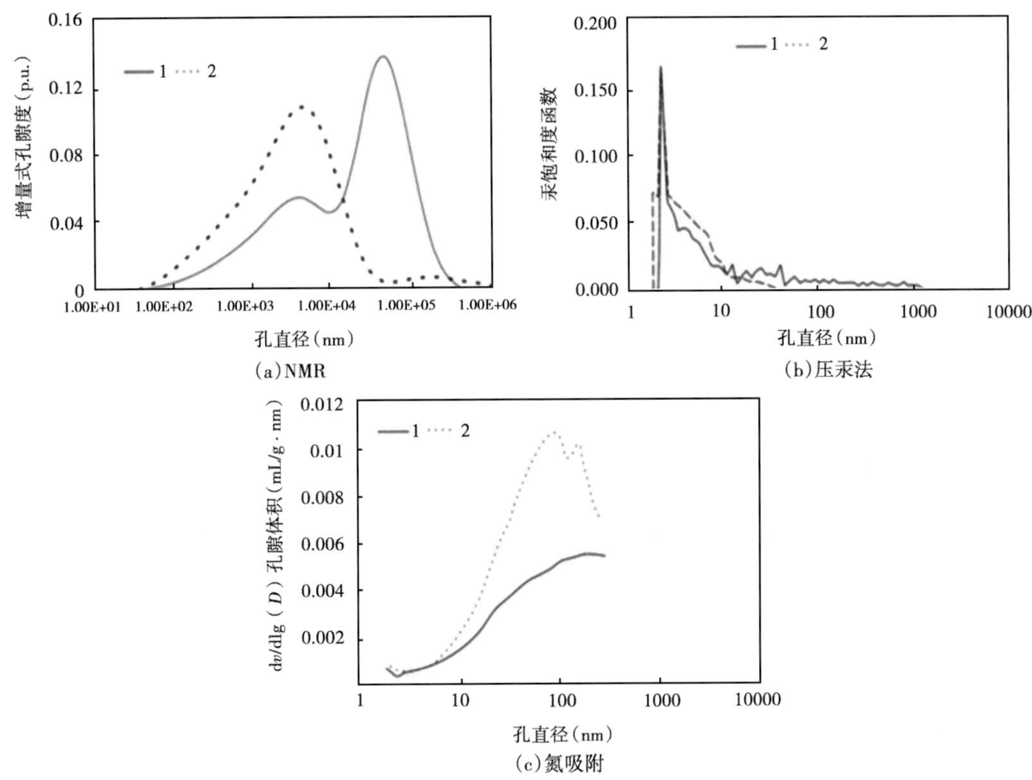

图 3.7　是两种 Monetary 页岩样品的孔径分布（a）盐水饱和的 NMR 测量结果[19]（b）水银侵入测量结果和（c）氮吸附测量结果[20]

NMR 数据分别显示了样品 1 和样品 2 的双峰和单峰分布。使用 1μm/s 的表面弛豫将 NMR 时间分布转化成孔径分布。两个样品的汞入侵数据相似，在孔径分布方面未有发现差异。假设在 NMR 光谱中快速松弛成分代表较小的孔隙，我们可以将快速松弛峰值与氮气吸附数据进行比较，氮气吸附发现了两个样品之间的差异

出现双峰分布，对应于水银侵入峰的 NMR 峰也是未知的。图 3.7（c）中显示了氮气吸附中得到的孔径分布，可以看出此分布类似于 NMR PSD，两种方法采集了小孔隙中的幅度差异。

3.4 结论

页岩表征需要高分辨率技术来分析孔隙度（NMR 和 MIP）、孔径分布（NMR、MIP、气体吸附）和基质力学性能（SAM、AFAM、NanoDMA ®）。我们提出了微观孔隙和纳米级孔隙表征的组合技术，以便更好地描述细粒、致密页岩沉积。我们还得出结论，在不同的埋藏阶段，掩埋历史和成熟过程会影响地层的机械性质和岩石物理性质。

致　谢

我们非常感谢科罗拉多州立大学 OCLASSH 联盟的成员在本研究中给予的财政支持。我们也感谢前 Fraunhofer 研究所 M. Kopycinska 博士和 Walter Arnold 提出的建设性的实验方法，感谢 Germany 博士和 Kopycinska-Mueller 博士，以及前 NIST 的 D. C. Hurley 在 AFAM 和声学成像方面给予的帮助，感谢 Corinne Packard 和 Taylor Wilkinson 提供 NanoDMA ®扫描仪，感谢 Saul Rivera 为我们提供孔径分布的数据。

参考文献

[1] R. G. Loucks, R. M. Reed, S. C. Ruppel, and U. Hammes, Spectrum of pore types and networks in mudrocks and a descriptive classification for matrix-related mudrock pores, *AAPG Bull*, 96, 1071-1098 (2012).

[2] T. Mukerji and M. Prasad. Image processing of acoustic microscopy data to estimate textural scales and anisotropy in shales. In ed. M. P. Andre, *Acoustical Imaging*, vol. 28, pp. 21-29. Springer Netherlands (2007).

[3] R. Rickman, M. Mullen, E. Petre, B. Greiser, and D. Kundert. A practical use of shale petrophysical for stimulation design optimization All shale plays are not clones of the barnett shale. In *SPE Annual Technical Conference and Exhibition*, vol. SPE 115258, Denver, Colorado (2008).

[4] B. R. Lawn and D. B. Marshall, Hardness, toughness, and brittleness an indentation analysis, *J. Amer. Ceram. Soc.* 62, 7-8 (1979).

[5] L. Vernik and A. Nur, Ultrasonic velocity and anisotropy of hydrocarbon source rocks, *Geophysics*. 57, 727-735 (1992).

[6] M. Prasad, Mapping impedance microstructures in rocks with acoustic microscopy, *The Leading Edge*. 20 (2001).

[7] J. C. Zeszotarski, R. R. Chromik, R. P. Vinci, M. C. Messmer, R. Michels, and J. Larsen, Imaging and mechanical property measurements of kerogen via nanoindentation, *Geochimica et Cosmochimica Acta*. 68 (20), 4113-4119 (2004).

[8] R. Ahmadov, T. Vanorio, and G. Mavko, Confocal laser scanning and atomic-force microscopy in estimation of elastic properties of the organic-rich bazhenov formation, *The Leading Edge*. 28 (1), 18-23 (2009).

[9] A. Pal, Bathija, H. Liang, N. Lu, M. Prasad, and M. L. Batzle, Stressed swelling clay, *Geophysics*. 74

(4), A47–A52 (2009).

[10] K. Mba, M. Prasad, and M. Batzle. The maturity of organic–rich shales using microimpedance analysis. In *SPE Annual Technical Conference and Exhibition*, vol. SPE 135569, Florence, Italy (2010).

[11] A. C. Fischer–Cripps, Critical review of analysis and interpretation of nanoindentation test data, *Surface & Coatings Technology*. 200, 4153–4165 (2006).

[12] S. Zargari, M. Prasad, K. C. Mba, and E. D. Mattson Organic maturity, elastic properties, and textural characteristics of self resourcing reservoirs, *Geophysics*. 78 (4), D223–D235 (2013).

[13] G. Constantinides, K. Ravi Chandran, F. –J. Ulm, and K. Van Vliet, Grid indentation analysis of composite microstructure and mechanics Principles and validation, *Mater. Sci. Eng. A*. 430, 189–202 (2006).

[14] U. Rabe, K. Janser, and W. Arnold, Vibrations of free and surfacecoupled atomic force microscope cantilevers: Theory and experiment, *Rev. Sci. Instrum*. 67 (9) (1996).

[15] T. J. Katsube and N. Scromeda, Effective porosity measuring procedure for low porosity rocks, *Geological Survey of Canada*. 91–1E, 291–297 (1991).

[16] J. J. Howard, Porosimetry measurement of shale fabric and its relationship to illite /smectite diagenesis, *Clays, Clay Min*. 39, 355–361 (1991).

[17] J. Dorsch and T. J. Katsube, Effective porosity and pore – throat sizes of mudrock saprolite from the nolichucky shale within bear creek valley on the oak ridge reservation Implications for contaminant transport and retardation through matrix diffusion, *Technical Report Oak Ridge National Lab.*, *Environmental Sciences Division*. ORNL/GWPO 025 (1996).

[18] K. Utpalendu. *Measurement and Interpretation of Porosity and Pore–Size Distribution in Mudrocks The Hole Story of Shales*. PhD thesis, Colorado School of Mines, CO, USA (May, 2013).

[19] S. Rivera. Petrophysical properties of the Monterey formation, San Joaquin Valley (2013).

[20] J. Godinez, Lemuel. Control factors for fluid saturation and pore size distributions based on gas adsorption, CEC and 2D dielecric microscopy: A case study of the quartz phase porcelanites in the miocene monterey formation (April, 2014).

第4章　页岩油藏中表面力对耦合流动、声学和地质力学特征的影响

Azra N. Tutuncu

Department of Petroleum Engineering，Unconventional Natural Gas and Oil Institute（UNGI）& Colorado School of Mines，Golden，CO，USA

atutuncu@ mines. edu

地球沉积物可以认为是一些矿物微粒及与其相邻的微粒形成的固体骨架。然而，为了模拟沉积变形、声学和破坏特性，我们必须结合各种应力状态下的流体和微粒之间的相互作用。表面力和施加的外力控制着两个接触凹凸面之间的间隔距离。在致密油气藏（特别是在页岩气藏和致密气藏）中，流体与固体之间的相互作用具有重要的影响，在这些致密油藏中小微粒控制着微观结构，而较大的表面积影响着地质力学、岩石物理、运移和破坏特征。我们使用非赫兹微粒接触模型来研究表面力对页岩储层的变形和声学特性的作用，并对表面力如何影响变形，以及孔隙流体的相互作用如何影响骨架模量、变形特征和声学特征等提供定量分析。

4.1　引言

页岩储层的矿物组成对页岩孔隙结构、岩石物理特征、固—固和液—固间的相互作用、岩石变形和破坏特征等有重要的影响。页岩储层的质量好坏是基质组成中黏土含量的函数(图4.1)。通常，密封页岩层含有大量的表面黏土，会引起延性变形和破坏。另一方面，储层页岩通常由相对少量的惰性黏土组成，其中混合有石英、长石和碳酸盐矿物。后者在复杂诱导和天然裂缝网络中会变得更加脆弱[1]。图4.1中绘制了从几个页岩盆地的CT扫描中观察到的矿物变化的页岩矿物学叠合图，显示了孔隙结构与矿物学的关系。

矿物成分影响页岩储层的地质力学、声学、破坏特性和运移特性。耦合地质力学、运移、声学和岩石物理学模型的预测能力依赖于孔隙中流体与固体间的相互作用与岩心和油藏尺度数据的集成效应，而这些岩心和油藏尺度的数据来源于为了页岩油藏经济性、环境友好性及可持续发展的需要而开展的室内实验、地震、微地震、测井、试井等。综合预测模型也应包括流体类型和溶解盐离子浓度，以便解释它们与油藏中的基质、天然裂缝和诱导裂缝网络之间的相互作用。在下一节中，通过非赫兹变形模型简要介绍这些作用对页岩储层中的变形、声学和破坏特征的重要意义。

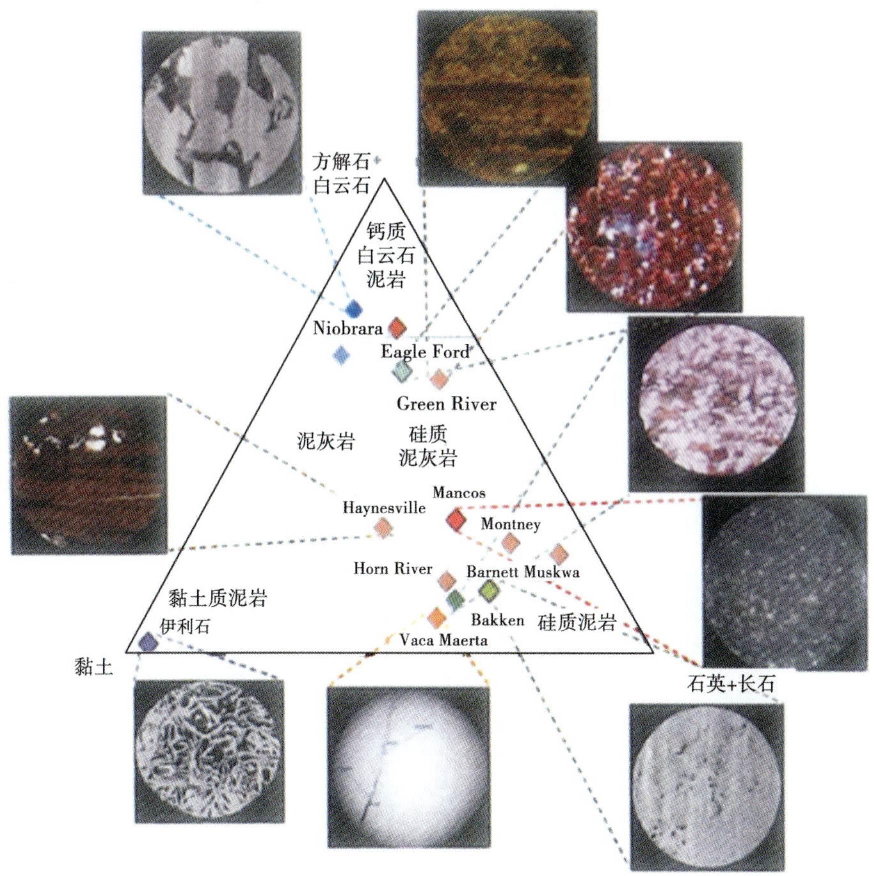

图 4.1　页岩储层中孔隙结构随着矿物变化而变化

来自几个已知页岩盆地的 CT 扫描被列入三元图以呈现矿物和孔隙结构之间相互关联

4.2　非赫兹微粒接触粘附模型

赫兹（Hertz）接触变形理论没有考虑到表面力的影响，而本研究中引入了非赫兹模型（赫兹模型的延伸），本模型通过计算变形、微粒接触半径和微粒之间的间隔距离等，考虑了表面力对岩石力学计算的影响。因此，当赫兹接触模型作为两球之间接触载荷的函数而被用于形变和接触面积计算时，仅考虑了机械力的影响，如由 Timeshenko 和 Goodier 于 1951 年推导的方程（4.1），

$$a^3 = \frac{3\pi}{4}\left(\frac{1-\vartheta_1^2}{\pi E_1} + \frac{1-\vartheta_2^2}{\pi E_2}\right) E F_0$$

$$\alpha = \frac{a^2}{R} \tag{4.1}$$

式中 E，ϑ——分别为弹性粗糙的静态杨氏模量和静态泊松比；

R——平均微粒半径，用公式［$R_1R_2/(R_1+R_2)$］计算；

R_1，R_2——分别为两个微粒的半径；

α，a——分别为微粒接触面积的形变和接触半径。

在计算公式中，页岩基质的杨氏模量和泊松比可以分别使用公式（4.2）和等式（4.3）来确定。这些方程的输入参数包括目标页岩储层的XRD分析，并分配在基质中具有适当体积分数的纯矿物模量（$f_{黏土}$、$f_{石英}$、$f_{方解石}$），如图4.1中三角图形所示。通常情况下，在页岩储层中，杨氏模量、泊松比、声学特性和渗透率具有严重影响的各向异性特征，这也会影响实验和建模表征及预测研究。

在本章中，除了页岩—流体互作用之外，我们还从以前保存的岩心中通过实验得到了关于页岩各向异性特征的相关数据，应用在垂直的、水平的和各种倾斜角度层理的模型模拟。方程式（4.2）和方程式（4.3）包括垂直和水平杨氏模量，以及黏土矿物泊松比的各向异性（E_{vclay}、E_{hclay}、ϑ_{vclay}、ϑ_{hclay}），假设各向异性是由于黏土在不同方向上的分布变化造成的结果。如果方解石和石英也对目标储层的各向异性水平有所贡献，那么石英和方解石对各向异性的贡献率可以合并在方程式（4.2）和方程式（4.3）中，加上石英和方解石成分的（E_v、E_h）和泊松比之和。通过SEM和聚焦离子束FIB测量发现，干酪根（即TOC）也存在于基质和孔隙，TOC成分包含在黏土中。图4.2是Eagle Ford油田保存在页岩样品的TOC分布实例的聚焦离子束的SEM图片，可以看出，Eagle Ford油田页岩中的纳米孔是细长的，并且与有机质微粒边界是平行的，从而导致了页岩的方向性，即各向异性。

$$
\begin{aligned}
E_v &= f_{clay}F_{vclay} + f_{quartz}E_{quartz} + f_{calcite}E_{calcite} \\
E_h &= f_{clay}E_{hclay} + f_{quartz}E_{quartz} + f_{calcite}E_{calcite}
\end{aligned}
\tag{4.2}
$$

$$
\begin{aligned}
\vartheta_v &= f_{vclay}\vartheta_{clay} + f_{quartz}\vartheta_{quartz} + f_{calcite}\vartheta_{calcite} \\
\vartheta_h &= f_{hclay}\vartheta_{clay} + f_{quartz}\vartheta_{quartz} + f_{calcite}\vartheta_{calcite}
\end{aligned}
\tag{4.3}
$$

(a) 10μm×10μm×10μm的立方体

(b) 完整样品的FIB-SEM图像

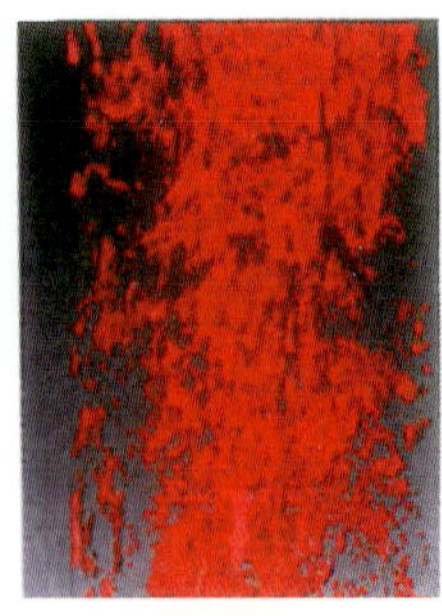

(c) 样品中的干酪根分布

(d) 样品中的孔隙分布[2]

图4.2　Eagle Ford保存的页岩样品的FIB-SEM图像

参考文献［3］中的纳米级室内实验显示了在没有施加外力情况下的有限接触半径，然而，当没有外力加载时，方程式（4.1）预测的接触半径和变形系数为零[4,5]。微粒和粗糙面之间的表面力与粗糙度的大小、变形的程度、干扰流体中粗糙度的表面化学参数等有关。当孔喉尺寸随着应力的变化而发生变化时，表面力对耦合变形、失效和渗流参数有显著影响，而这种应力又依赖于骨架模量和流体参数的变化而发生变化。改进的赫兹接触理论用于计算微粒接触处的孔隙流体膜厚的变形和两个球形变形接触面积，易受接触微粒外部载荷的影响，如图4.3（a）所示。在本章中，非赫兹微粒接触模型已经开展研究，用于研究页岩油藏中的骨架模量如图4.3（b）所示。

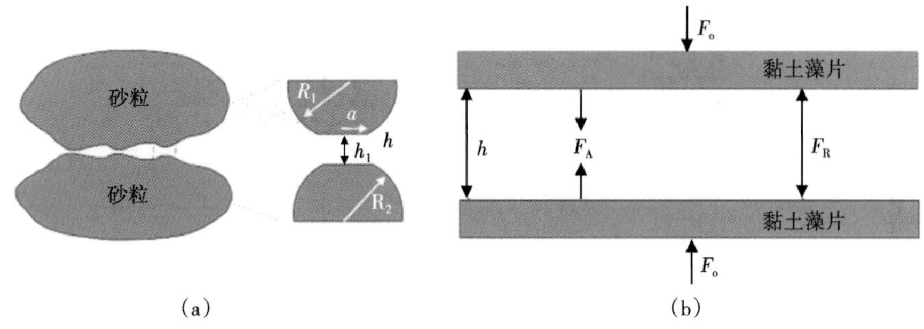

图4.3　两个砂粒接触面示意图（a）和两个黏土薄片接触示意图（b）

由于静电斥力作用的影响，已经将生物排斥、结构和范德华吸引力等组合在一起来确定在基质和相关流体压力变化，并集中在页岩油藏的变形中，在接触区域和非接触区域内的相互作用的总能量。通常认为微裂缝的微粒与颗粒接触面具有很高的纵横比，因此在这些计算中也将微裂缝考虑在内。实际上，每一个这样的接触由接触处的几个粗糙度组成，并且单个粗糙度纵横比可以用非赫兹微粒接触模型来计算。页岩—油—盐水系统的润湿性可以用非赫兹接触理论中的类似原理来描述，因为接触角、孔壁曲率和毛细管压力是影响润湿性和平衡条件的重要因素。对于这样的系统，由改善的杨氏—拉普拉斯方程定义界面：

$$P^{\alpha} - P^{\gamma} = \Pi + 2H^{\alpha\gamma}\sigma^{\alpha\gamma} \tag{4.4}$$

式中　$H^{\alpha\gamma}$——平均曲率；

$\sigma^{\alpha\gamma}$——界面张力；

P^{α}-P^{γ}——拉普拉斯或毛细管压力[6]。

$$\Pi = P_{\text{stosal}} = -\frac{A}{6\pi h_0^3} + \left(\frac{64nkT}{\kappa}\right)\beta^2\kappa\exp(-\kappa h_0) + K_i\exp\left(-\frac{h_0}{l}\right) + \frac{1}{45}\frac{A\sigma\varphi^6}{h_0^9} \tag{4.5}$$

式中　A——Hamaker 系数；

n——流体相的离子浓度；

K_1，l——结构常数；

φ——碰撞直径；

κ——Debye-Heckel 长度参数。

Hirasaki 认为，在半月板部分，即界面间的间隔相对较大，$\Pi=0$ 的区域，等式（4.4）

可以简化为著名的杨氏—拉普拉斯方程。他还认为，对于其中一相固相是平面的情况中，正如黏土薄片或两个砂岩微粒的接触面，流体—流体接触面的平均曲率是零，因为界面是并行的。因此，毛细管压力等于分离压力，用等式（4.5）表示。

随着每个粗糙度外部应力的增加，它们彼此接近，分离距离发生变化。因此，必须满足以下机械平衡条件：

$$\frac{\partial F_s}{\partial h} < K_s \tag{4.6}$$

式中　K_s——粗糙接触的有效弹性常数。

在黏土含量较高的页岩中，分离距离的变化相对于两种砂粒接触产生较大的不可逆变形、表面力滞后及柔韧性的情况更大一些。具有较高含量的方解石和（或）石英—长石含量的硬质页岩会发生较小的变形，并且与韧性页岩相比，其滞后性也是小得多，除非引入流体会导致流体—固体之间发生很大的反应而显著改变了表面力。如果薄板和（或）微粒之间的分离距离越小，施加外力（F_o）越大，表面斥力越高。因此，即使在没有施加外力的情况下，由于受作用于微粒和（或）薄板上表面力的影响，仍然有一些有限变形。当外力发生变化时，由此产生的表面力也将发生新的变化，以便达到平衡状态，例如在页岩薄片中，如果外力比较大，表面力主要是斥力，允许黏土薄片可以吸收水。如果外力增加，则导致黏土薄片之间的平衡分离距离变小。在这些小分隔距离内，吸引力是主导的。从而，流体不是被吸收到页岩，而是由于吸引力的作用将被采出，导致页岩脱水。表面之间的分隔距离是流体—页岩作用关系的强函数，与离子浓度和其他化学参数有关。其中，关键参数之一是 Hamaker 系数，这是一个化学常数，它控制不同微粒之间的范德华吸引力，将补充外部施加的压缩力。

使用 Lifshitz 理论计算 Hamaker 系数，而 Lifshitz 理论将所涉及的基质材料的介电常数和折射率整合在了一起。在本章中，在计算沉积微粒材料的 Hamaker 系数时，使用了两种与流体介质 3 发生反应的相同材料（介质 1）：

$$A_{131} = A = \frac{3}{4}kT\left(\frac{\varepsilon_1 - \varepsilon_3}{\varepsilon_1 + \varepsilon_3}\right)^2 + \frac{3h\vartheta_e}{16\sqrt{2}}\frac{(n_1^2 - n_3^2)^2}{(n_1^2 + n_3^2)^{\frac{3}{2}}} \tag{4.7}$$

式中　ε_1——固体球的介电常数；

ε_3——球体之间流体的电介质常数；

h——普朗克常数；

ϑ_e——流体的吸收频率；

n_1——固体的折射率；

n_3——球体之间流体的折射率。

外部应力改变了接触几何关系，反过来又会改变测量波速。在低应力下，当微粒接触和（或）断裂面相对较粗糙时，在给定的接触区域内不是所有的接触都是实际接触的。因此，与应力较大时对应的刚度相比，本文情况的刚度较小（图 4.4）。当地层被饱和时，流体流入和流出微粒将会产生附加刚度，由参考文献［7］定义为 k_{gap}。另一方面，接触粗糙度和基质矿物的数量决定着基质刚度（$k_{n_{matrix}}$、$k_{t_{matrix}}$）。因此，以下关系应该满足以下条件：

$$k_{\mathrm{n_{effective}}} = (\sigma,\ \omega,\ S) = k_{\mathrm{n_{matrix}}}(\sigma,\ S) + \gamma k_{\mathrm{gap}}(\sigma,\ \omega,\ S)$$
$$k_{\mathrm{t_{effective}}} = (\sigma,\ S) = k_{\mathrm{t_{matrix}}}(\sigma,\ S) \tag{4.8}$$

式中　σ——有效应力；

S——液体饱和度；

γ——耗散触点的数量密度。

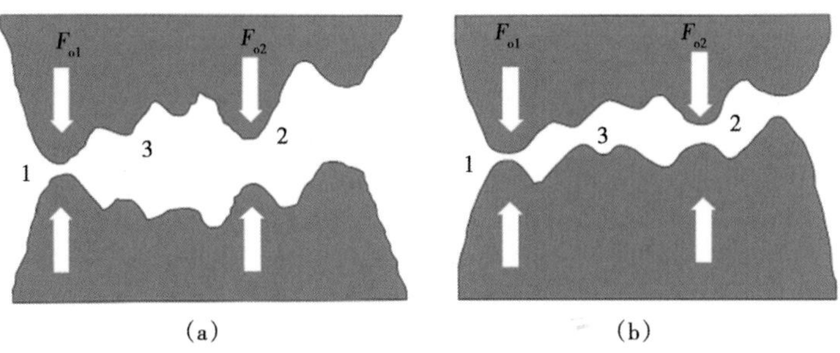

图 4.4　应力对变形和微粒接触面流动的影响示意图

在施加应力（F_o）较低时，在粗糙度为 1（$F>F_o+F_{min}$）时，分离距离最小，使粗糙度 1 成为阻流（降低渗透率），并且经历由于表面力引起的最大变形和最大能量损失，粗糙度为 1（a）。流量限制和变形对粗糙度的贡献 2 和 3 在较低的应力下不显著，而在较高的应力下，其贡献将变大压力（b）

通过非赫兹接触模型，即方程式（4.9），可以获得微观级别的 $k_{\mathrm{n_{matrix}}}$ 和 $k_{\mathrm{t_{matrix}}}$，在油藏级别中，从测量的干压缩速度 V_p 和剪切速度 V_s 可以计算 $k_{\mathrm{n_{matrix}}}$ 和 $k_{\mathrm{t_{matrix}}}$。如果页岩储层表现为很强的各向异性特征，那么应用方程式（4.9）可以计算正向和切向硬度，在垂直和水平方向上分别用 E_v、E_h 代替 E，并用快速和慢速剪切波速度替换 V_s。

$$k_{\mathrm{n_{matrix}}}(\sigma,\ S) = \frac{Ea}{1-\vartheta^2};\quad k_{\mathrm{t_{matrix}}}(\sigma,\ S) = \frac{2Ea}{(1+\vartheta)(2-\vartheta)}$$
$$k_{\mathrm{n_{matrix}}}(\sigma,\ S) = \frac{12\pi\rho_{\mathrm{matrix}}R}{c_n}\left[v_p^2(\sigma,\ S) - \frac{4}{3}v_s^2(\sigma,\ S)\right] \tag{4.9}$$
$$k_{\mathrm{t_{matrix}}}(\sigma,\ S) = \frac{24\pi\rho_{\mathrm{matrix}}R}{C_n}\left[v_s^2(\sigma,\ S) - \frac{1}{3}v_p^2(\sigma,\ S)\right]$$

在本章中，假设为单相流体流动，并完全饱和基质和孔隙体积。施加在每个粗糙度的力可以用方程式（4.10）的球体随机填充计算[8]：

$$F_{\mathrm{o,\ asperity}} = \frac{4\pi R^2\sigma_{\mathrm{effective}}}{C_n(1-\phi)} \tag{4.10}$$

式中　$\sigma_{\mathrm{effective}}$——有效应力，在这个应力下可以测得实验室和（或）现场的速度数据。

4.3　结果与讨论

应力和流体类型影响沉积层中的变形声学特性，即使是干净的砂岩，流体—微粒之间相互作用的影响可以纳入变形特征，这些特征在来自现场和实验室测试数据中获得的静态模量和动态模量中发挥着作用。在变矿化度水与石英微粒接触中，应力和流体矿化度的影响是非常明显的（图 4.5）。作为有效应力和测量频率的函数，相关的压缩和剪切速度的变化也可以通过耦合非赫兹粒度接触和波速模型来确定（图 4.6、图 4.7），这是浓度为 3%的 KCl 溶液的页岩储层。

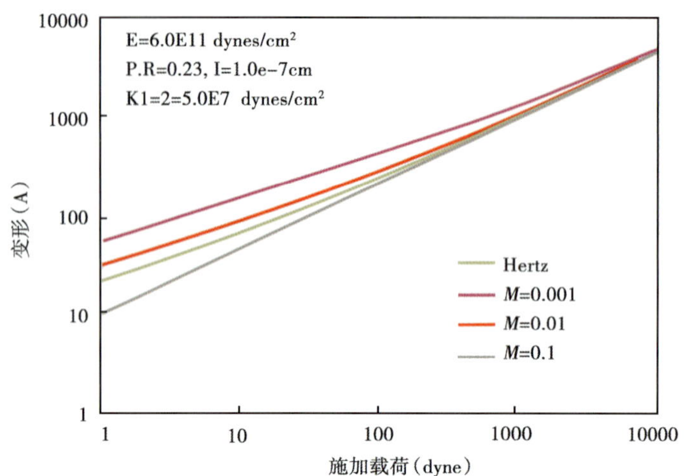

图 4.5 施加载荷和流体分子浓度对两个直径为 200μm 的石英微粒变形的作用，这两个石英浸在不同矿化度的盐水中[5]

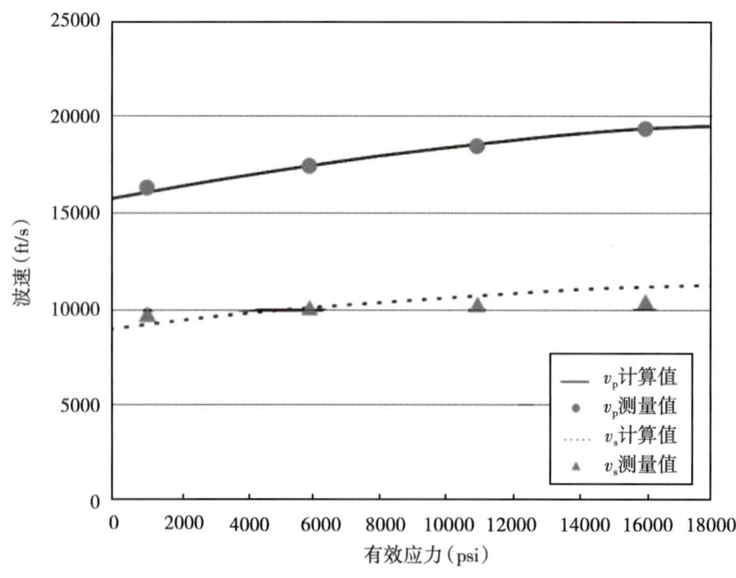

图 4.6 波速对有效应力的依赖性，主要用耦合修正非赫兹微粒接触模型和页岩储层中速度模型

如参考文献［9］和图 4.8 中详细讨论的那样，富含有机质的材料所处位置对变形和破坏特征有影响，这些特征也可以用本章提出的模型预测。为了用矿物组成变化来测试模型

的可靠性，采用了同一盆地中页岩油藏的低 TOC 值和高 TOC 值的实验室超声速度测量结果。除了页岩基质的石英、方解石和黏土含量之外，在确定粗糙接触的有效基质特征时也包括 TOC，在模型中用具有页岩材料的代表性的混合材料来实施计算。

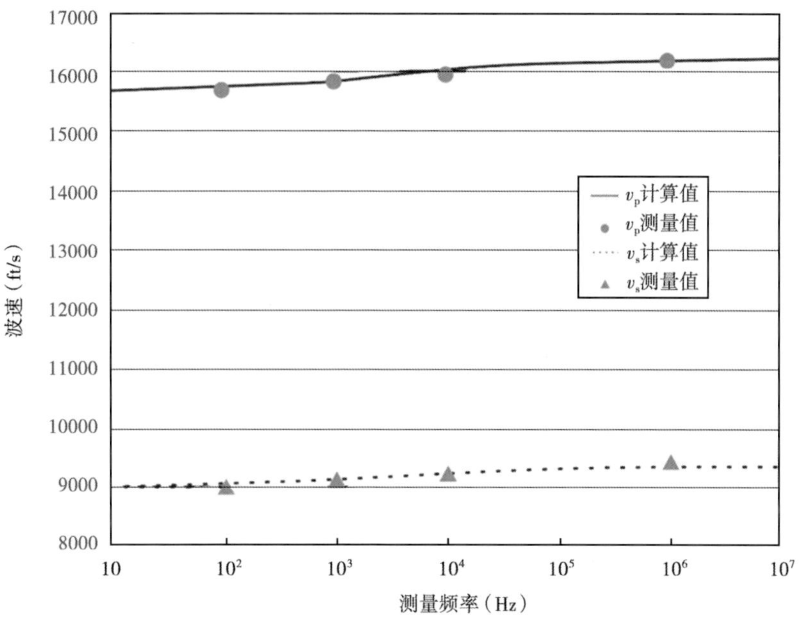

图 4.7 波速对耦合模型测量频率的依赖性

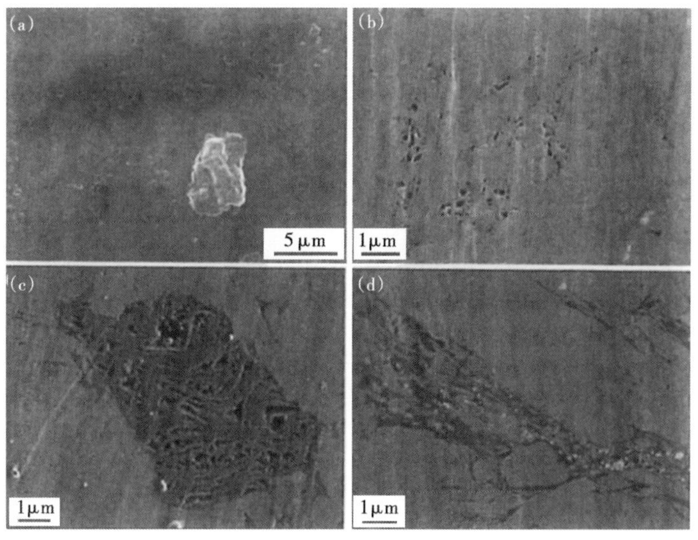

图 4.8 在 Barnett 页岩有机材料中的纳米级孔隙[9]

在图 4.6 中使用的页岩储层岩心测量也收集在实验室测井、超声、低频中，也提供了良好的一致性模型结果。

模型的预测结果和实验室测量结果之间具有很好的一致性（图 4.9）。

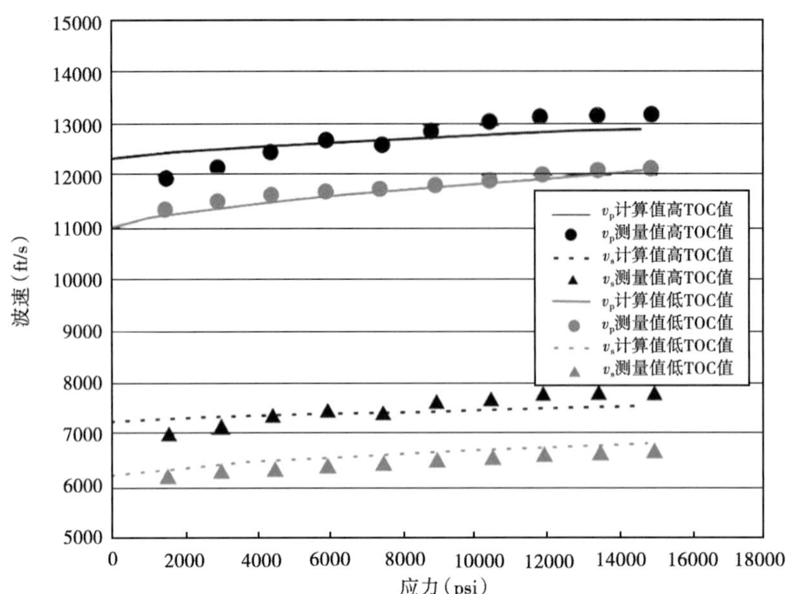

图 4.9　在低 TOC 值和高 TOC 值页岩中，波速对应力的依赖性，应用修正的非赫兹微粒接触模型预测应力依赖性

4.4　结论

本章研究的非赫兹微粒接触模型提供了在微粒接触和页岩骨架模量中表面力对页岩变形的定量分析方法。该模型验证方法如下：即将实验室超声波压缩和剪切波速作为接收端，之后用不同离子浓度的盐水进行饱和。除了饱和流体的黏度和密度外，Hamaker 系数和流体与微粒之间的电化学作用及裂缝表面力就可以确定了。除了实验室测量外，也从文献调研中得到了一些页岩储层的数据，用来说明应力和饱和流体对纳米级和油藏级波速的依赖性。使用修正的赫兹理论和微粒接触粘附概念，随着 Hamaker 系数变化的速度变化进行了研究。本次页岩实验结果和模型计算结果高度吻合，表明了压缩波速和剪切波速对应力、频率、盐度和表面力的依赖性。

致　谢

作者要感谢主办方非常规天然气和石油研究所（UNGI）在财政方面的支持，感谢 CIMMM 联盟（耦合综合多尺度测量和模拟）在页岩研究、页岩岩心和现场数据方面给予的支持。

参考文献

[1] A. N. Tutuncu. Anisotropy, compaction and dispersion characteristics of reservoir and seal shales. In *Procedings of the 44th US Rock Mechanics Symposium and 5th US-Canada Rock Mechanics Symposium*, *Salt*

Lake City, *UT* (2010).

[2] A. N. Tutuncu. Unconventional natural gas and oil institute couple integrated multiscale measurements and modeling (cimmm) annual meeting report (2014).

[3] J. N. Israelachvili, *Intermolecular and Surface Forces*, third edn. Academic Press Inc. (2011).

[4] A. N. Tutuncu. *Velocity Dispersion and Attenuation of Acoustic Waves in Sedimentary Granular Media*. Phd dissertation, The University of Texas at Austin (1992).

[5] A. N. Tutuncu and M. M. Sharma, The influence of fluids on grain contact stiffness and frame moduli in sedimentary rocks, *Geophysics* 57, 1571-1582 (1992).

[6] G. J. Hirasaki, Wettability: Fundamentals and surface forces, *SPE Formation Evaluation* pp. 217-226 (1991).

[7] W. F. Murphy, K. W. Winkler, and R. L. Kleinberg, Acoustic relaxation in sedimentary rocks: Dependence on grain contacts and fluid saturation, *Geophysics*. 51, 757-766 (1986).

[8] H. Brandt, A study of the speed of sound in porous granular media, J. *Applied Mech.* 22, 479-486 (1955).

[9] G. Louck, R. Reed, S. C. Ruppel, and D. M. Jarvie, Morphology, genesis and distribution of nanometer-scale pores in silicious mudstones of the mississippian barnett shale, *J. Sediment. Res.* 79, 848-861 (2009).

第 5 章　富含泥质的碳酸盐岩储层的微孔隙表征

T. D. Jobe[*], J. F. Sang

Department of Geology & Geological Engineering,
Colorado School of Mines, Golden, CO, USA
jsarg@ mines. edu

微孔基质是影响泥岩储层中烃类的传导率和储存能力的重要控制参数。基质孔隙网络通过扩散运移向孔隙洞及裂缝输送烃类物质。从微米级孔隙到纳米级孔隙中有很大一部分无法由传统的光学显微镜捕捉到。应用 5 种不同的低渗透油藏对碳酸盐泥岩的微孔隙进行评价，这些泥质碳酸盐岩储层来自下白垩统油藏。应用地球物理图像分析和定量 SEM 工具（QEMSCAN®）可确定每相的岩石矿物和孔隙度。预测的孔隙度与用 CMS-300® 自动渗透率测量仪上测得的渗透率进行了比较。孔隙度和孔喉分布由汞孔隙度法和气体吸附试验确定，以便得到微观孔隙和纳米级孔隙分布。结果表明，5 种不同岩相的孔隙度、渗透率、表面积和弯曲度等存在明显差异，尽管它们有相似的泥岩纹理。孔径分布表明，从微米级孔隙至纳米级孔隙范围孔径分布呈现双峰特征。一般来说，水银孔隙度法、气体吸附法和 CMS3QQ® 等实验方法测得的孔隙率与通过 QEMSCAN® 分析的孔隙度具有很好的一致性，通过所有的方法测得的孔隙度均明显大于通过岩相图像分析得到的孔隙度。孔径分布及弯曲度随着岩相的不同而发生变化，这可能与岩石物理性质的微妙差异有关。我们相信这些差异严重影响流体在这些岩石中的流动。

5.1　引言

由于碳酸盐岩油藏具有三重孔隙度分布，即基质孔隙度、孔洞孔隙度和裂缝孔隙度，因此碳酸盐岩油藏的非均质性是非常复杂的。随着低渗透油藏完井技术的进步与发展，量化基质微孔隙度、理解孔径大小、孔喉分布及弯曲度是至关重要的。传统常规油藏孔隙度表征方法不适用于低渗透、微孔隙储层。在碳酸盐岩油藏中，基质孔隙度的贡献常常被孔洞和裂缝的孔隙度的贡献所掩盖，但正是基质孔隙网络通过扩散传输作用为孔洞和裂缝有效地“喂养”流体。

本研究主要集中在碳酸盐岩泥岩和粒泥灰岩（泥质岩石，大颗粒数量大于 10%）中微

* 现在在 Aramco Services

孔隙度的表征。评价了来自白垩系油藏的低渗透率岩心柱塞，并基于详细的岩心和薄片描述识别得到了 5 种不同的油藏岩相。通过岩相图像分析及确定孔隙度的新技术 QEMSCAN®（通过扫描电子显微镜方法定量评价矿物和孔隙度）的测定分析[1]确定了每相的孔隙度。并将预测的孔隙度与通过 CMS-3QQ（岩心测量系统）自动渗透率仪测量的孔隙度进行比较。通过水银孔率法和气体吸附实验确定孔隙度和孔喉分布，以便得到微孔级孔隙和纳米级孔隙的分布。本研究结果表明，在这些岩石相中孔隙度、渗透率、表面积和弯曲度存在明显的差异，尽管它们与泥岩和粒泥岩表面上具有相似的纹理特征。

5.2　背景信息

盐酸盐岩油藏因其复杂的非均质性、较大的孔隙体积、高渗透率孔洞和裂缝网络而闻名。本研究主要聚焦在常常被忽略的基质特征描述，包括孔隙度、渗透率、孔隙大小和孔隙形状分布、表面积和弯曲度等，也就是这些因素限制了流体在储层中的流动，有效控制了传导率，更重要的是影响了烃类的储存能力。理解这些参数如何与岩相相关是理解和表征油藏中流体流动的重要一步。微孔隙被认为是中东地区，尤其是阿拉伯平台[2-9]侏罗系和白垩系碳酸盐岩油藏中油藏体积的主要贡献者。与那些多孔、高渗透率的油藏相比，这些油藏的体积相对较小，然而，随着世界石油和天然气供应的逐渐消耗，理解如何控制这些低渗透率储层变得至关重要。

泥岩储层微孔隙被认为是油藏储存能力的重要贡献者，在孔隙类型的识别、表征和光谱分类方面做了大量的工作[10-14]。但如何充分量化微孔隙，并确定其对烃类有效储存能力的贡献仍然是一个问题。这项研究提出了一种评估碳酸盐岩油藏及碎屑泥岩系统中微孔度的最佳实践方法。提出了很多解析技术，各种分析技术都具有特定的分析精度限制。通过传统技术收集了定性数据和定量数据，这些传统技术包括岩石图像分析[15-21]、CMS-3QQ®渗透测量仪[22-25]和水银侵入或排出[26,27]。然后将这些数据与非传统分析方法进行比较，这些方法包括 QEMSCAN® -BSE 模式分析[1]和氮气吸附实验[28-37]。另外，对每个样品计算弯曲度[38]。

这项针对泥岩和粒泥岩储层开展的微孔研究数据来自阿拉伯联合酋长国海上大型油田研究中收集到的一系列地下岩样。所研究的碳酸盐岩以基质岩石中的泥页岩到粒泥岩为主，这类基质岩石的渗透率非常低。表 5.1 列出了本研究中所收集样本的岩石纹理特征、生物群和岩相诊断特征。

表 5.1　本研究中所采用的 6 种样品的岩相和岩石特征总结

样品/岩石结构	生　物　群	鉴别特性	孔隙类型
F3：厚壳蛤玄武岩	丰富的骨骼碎片（厚壳蛤贝类、棘皮动物，罕见的珊瑚），底栖有孔虫（Miliolida，Textularia，Orbitolina）	多孔微化石 及潜穴	微观 宏观
F4：松藻岩盆泥岩/泥灰岩	常见的松藻岩盆及骨骼碎片，丰富的底栖有孔虫（Miliolida、Textularia，Orbitolina），一些远洋有孔虫	柱状/非均质 裂缝及潜穴	微观 宏观

续表

样品/岩石结构	生　物　群	鉴别特性	孔隙类型
F5a F5b：松藻岩盆石灰岩	丰富的 Lithocodium Bacinella，常见棘皮类，珊瑚，双壳类动物骨骼碎片，底栖有孔虫（Miliolida，Textularia，Orbitolina）	非均质生屑灰岩	微观 宏观
F6：松藻岩盆泥岩/泥灰岩	丰富的贝壳状松藻岩盆，常见底栖有孔虫（Miliolida Textularia），无 Orbitolina	白云质潜穴	微观 宏观 裂缝
F7：厚壳蛤贝类泥灰岩	常见厚壳蛤贝类，球粒、骨骼、珊瑚、棘皮动物残骸，罕见底栖生物	强压实	微观 裂缝

注：岩相基于岩石纹理、生物群、诊断特征和主导孔隙类型。

5.3 结果

从薄片分析中定性评估了矿物组成、纹理特征和孔隙类型。样品主要是方解石，其原始纹理范围从有孔虫和生物碎屑粒泥灰岩到藻类分布。样品 F5a 和 F6 含有部分结晶纹理，这些纹理中已经有一些微菱形、糖粒状白云石的重结晶体。这些样品中的白云岩化是局部现象，优先集中在 Thallasinoides 洞穴内。在所有样品中，基质由微晶泥岩和相关泥岩微孔组成。主要的孔隙类型包括晶间泥岩微孔、铸模微孔、粒间孔和晶间中孔（宏观孔）及小微裂缝孔隙。表 5.2 总结了每种分析方法确定的孔隙度值。

表 5.2　本研究结果的比较

样品/岩石组构	主要孔隙类型	PIA %ϕ	QEMSCAN-BSE 模式分析		CMS 300 %ϕ	压汞法 %ϕ	气体吸附 %ϕ	水银+气 %ϕ	曲率
			%ϕ	%ϕ，max					
F3：厚壳蛤灰岩	粒内或粒间宏观至微观	4.4	10.8	18.3	19.1	17.5	0.5	18.0	2.7
F4：松藻岩盆泥灰岩	粒内或粒间宏观至微观	1.3	9.6	21.6	21.8	18.0	1.4	19.4	2.5
F5a：松藻岩盆石炭岩	粒内或粒间宏观至微观	2.1	6.7	13.2	17.6	15.6	1.0	16.6	2.8
F5b：松藻岩盆石灰岩	粒内或粒间宏观至微观	0.9	5.8	16.6	17.0	12.5	1.2	13.7	2.9
F6：生屑泥灰岩	泥岩微孔隙	NVP	13.3	32.6	23.7	27.1	1.3	28.4	2.4
F7：厚壳蛤泥灰岩	泥岩微孔隙	NVP	12.0	28.2	20.8	22.7	1.6	24.3	2.6

注：显示了从岩相图像分析得到的孔隙度百分比和应用 QEMSCAN® -BSE 孔隙度图得到的孔隙度和最大孔隙度值，以及由 CMS300 确定的孔隙度、水银孔隙度和氮气吸附实验得到的孔隙度。

图 5.1 是典型的显微照片和 QEMSCAN® -BSE 模式孔隙度图，图中也展示了用图像分析和 QEMSCAN® -BSE 模式分析得到的孔隙度定量分析结果。岩相图像分析在样品中一般

很少出现可见孔隙度，两个 2 个样品（F6、F7）没有可见孔隙率（NVP）。相比之下，QEMSCAN® -BSE 模式孔隙度图表明孔隙度大得多，特别是在那些未出现可见孔隙度的样品中。

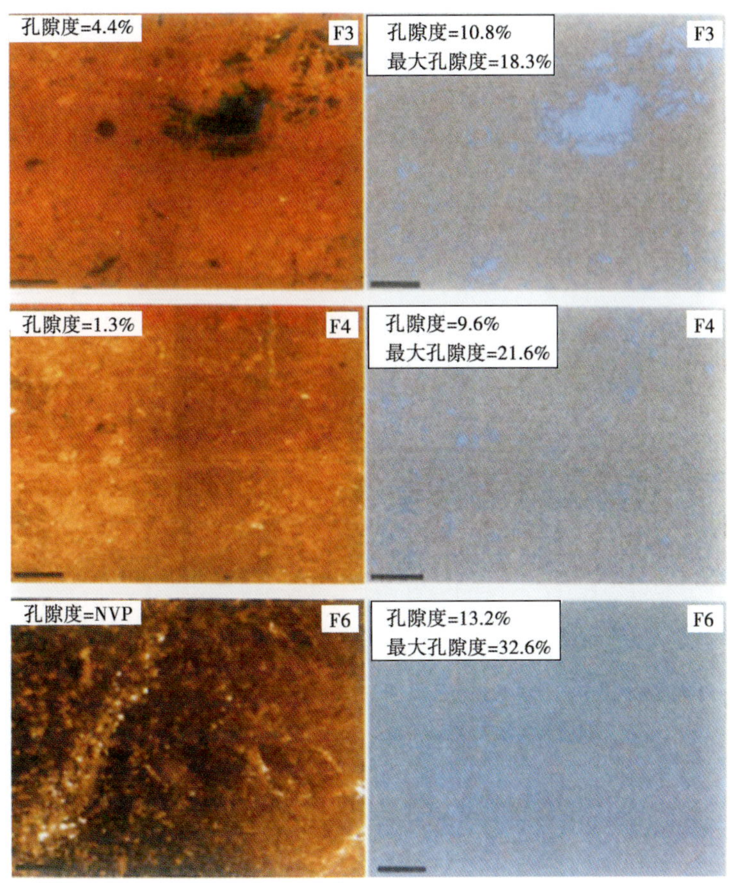

图 5.1　显微照片和 QEMSCAN® -BSE 模式孔隙度图的比较

像素计数法用于计算 QEMSCAN® -BSE 模态丰度，其中，灰色为矿物，蓝色为孔隙，绿色为孔隙—矿物的过渡带。蓝色和绿色像素之和表示最大孔隙度值。比例尺为 1mm。显示的是厚壳蛤类灰岩（F3），其粒内和粒间具有宏观到微观的孔隙。请注意，这种大洞穴具有丰富的蓝色环氧树脂。岩藻杆菌灰岩（F4），具有粒间和粒内的宏观和微观孔隙，蓝色环氧树脂代表骨架和微裂缝。具有白云岩穴的厚壳蛤类石灰岩（F6）左侧和未可见蓝色环氧树脂的泥岩微孔

除了孔隙度（%ϕ，表 5.2），QEMSCAN® -BSE 孔隙度图也展示了最大孔隙度值（%ϕ_{max}）。这个值包括孔隙度值（%ϕ）及在 QEMSCAN-BSE 模式分析过程中测量的“孔隙矿物转变值” PMT 值（%PMT）。PMT 值代表介于被称为孔隙度和矿物质之间的一个过度区域[1]。尽管 PMT 值有一定程度的不确定性，但其和为孔隙度或最大孔隙度提供了上限值。最大孔隙度值远高于从岩石图像分析预测得到的孔隙度。

应用 QEMSCAN® -BSE 模式孔隙度图计算了样品 F3、F4、F5a、F5b 和 F6 的孔径尺寸和形状分布。由于计算的局限性，样品 F7 不能得到有意义的结果。图 5.2 是孔径和形状分析的结果。

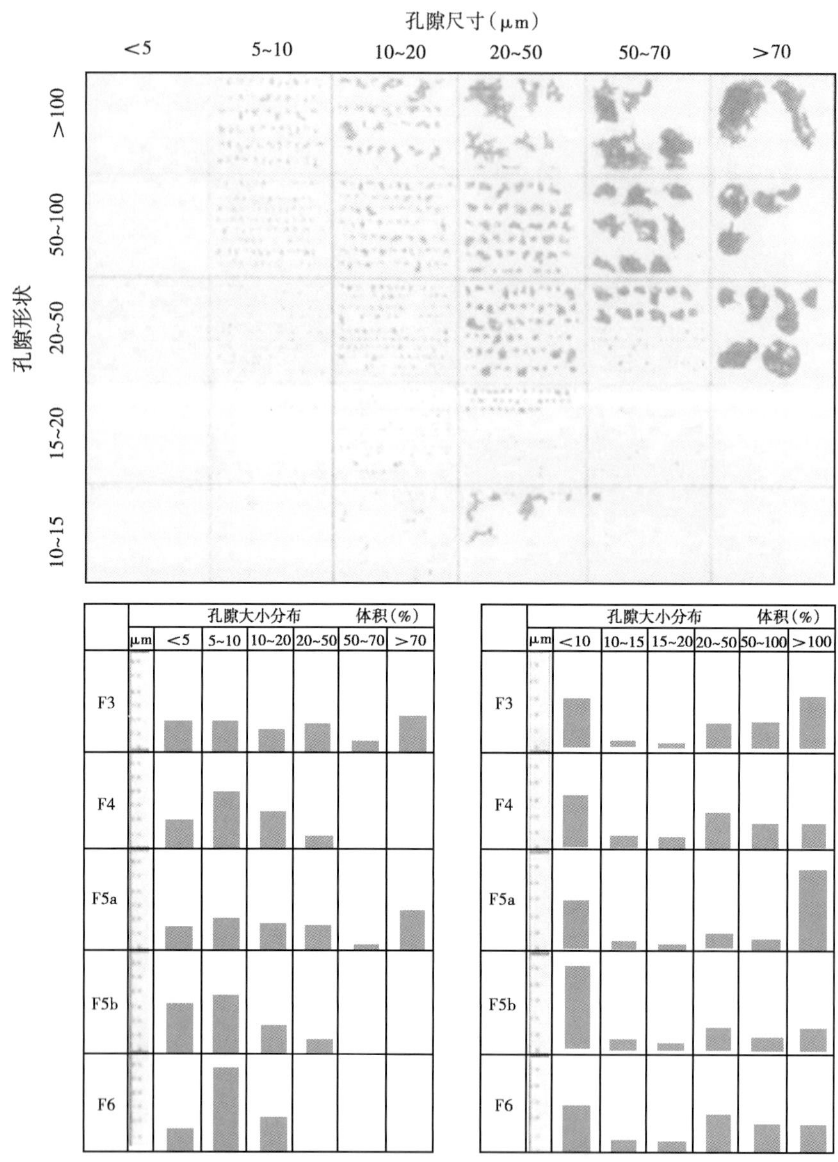

图 5.2 从样品 F4（顶部）进行提取的数字孔隙，计算的孔径（左下）和形状分布（右下）。孔径在微米级范围内从<5μm、5~10μm、10~20μm、20~50μm、50~70μm、>70μm，而体积百分比范围从 0%~70%。无因次长宽比范围从<10、10~15、15~20、20~50、50~100、>100，而体积百分比范围为 0%~60%

注意：孔径和形状之间存在线性关系。由于形状不规则，大孔隙空间具有较大的纵横比，而小孔隙空间具有小的纵横比，因为它们具有很好的磨圆度。为了对比不同样品的孔隙分布，用图形方式进行了显示。请注意，由于受计算的限制，样品 F7 没有可用的数据

孔隙度分布直接由 QEMSCAN® -BSE 孔隙度图计算得到，主要通过数字化抽取单个孔隙，测量长短轴，并计算无因次纵横比实现。样品的孔径总体上不超过 70μm，但样品 F3 和 F5a 例外，这两个样品多于 20%的孔隙孔径大于 70μm。所报道的大部分孔径小于 10μm，

尤其是样品 F4、F5b 和 F6 中大部分孔隙度落在微孔的范围内[13,14]。

所有样品均呈现非高斯孔形分布模式，没有任何两个样品具有相同的孔形分布（图 5.2）。除了样品 F5b 外，其余样品中约 30% 的孔隙其纵横比小于 10（近圆形）。样品 F5b 大于 52% 的孔隙其纵横比小于 10，相比之下，样品 F5a 约 50% 的孔隙其纵横比大于 100（长的、不规则形状的孔隙）。孔隙形状分布的变化和分布的非高斯特征表明了单个样品内部及不同样品之间存在非均质性。

图 5.3 是孔隙度测量的压汞和退汞曲线、计算的孔径分布和孔隙度。压汞和退汞曲线显示，存在 6 种不同的孔隙体积和滞后效应，表明样本之间有明显的区别。不同样品之间

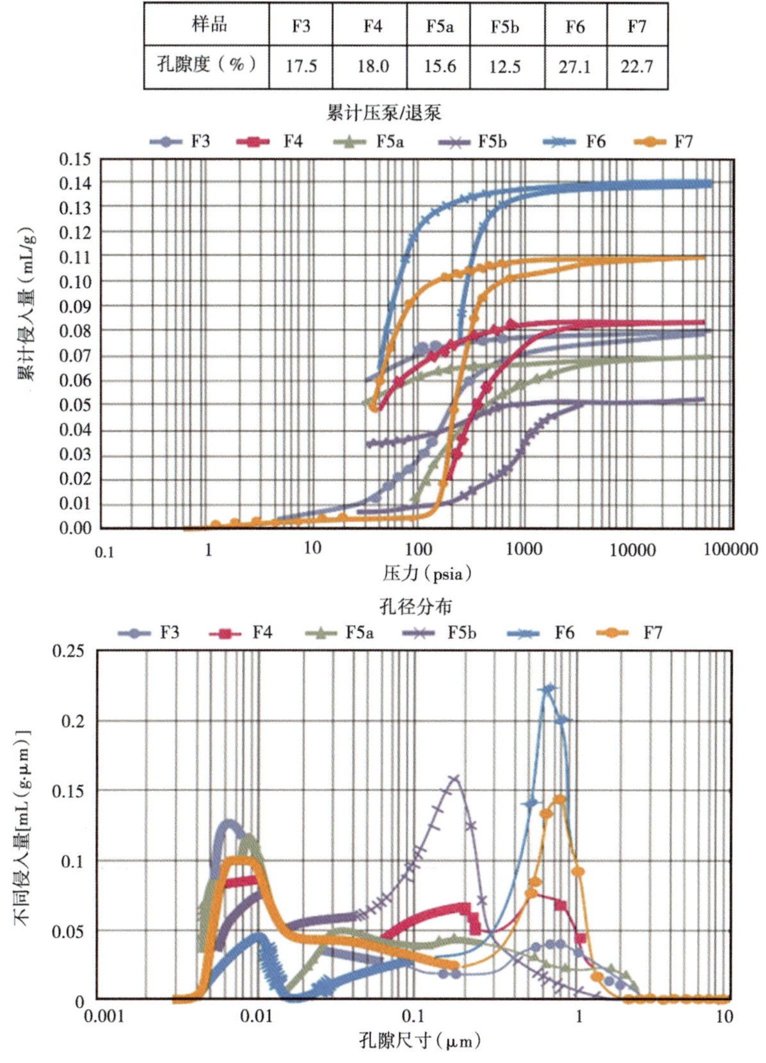

样品	F3	F4	F5a	F5b	F6	F7
孔隙度（%）	17.5	18.0	15.6	12.5	27.1	22.7

图 5.3 汞的孔隙度测量结果

重要的是曲线的相对幅度大小，考虑到进入的汞数量，不同样品之间有很大的区别，曲线形状也是不同的。曲线形状和每个样品的滞后性略有不同，这对晶粒尺寸有影响分布。在样品 F5b、F6 和 F7 中显示出明显的差异，显示为双峰分布；F3、F4 和 F5a 分布更广泛孔径范围和异质性增加

的孔径分布是不同的，但它们的分布均具有双峰分布的大致特征。每个样品的主峰值范围为0.2~0.9μm，而次峰值范围为0.005~0.01μm（5~10nm）。这些样品的孔径位于由Loucks等定义的纳米级孔隙到微孔隙的范围内[14]。

为了得到纳米级孔隙的相关信息，进行氮气吸附实验。图5.4是氮气吸附—解吸附等

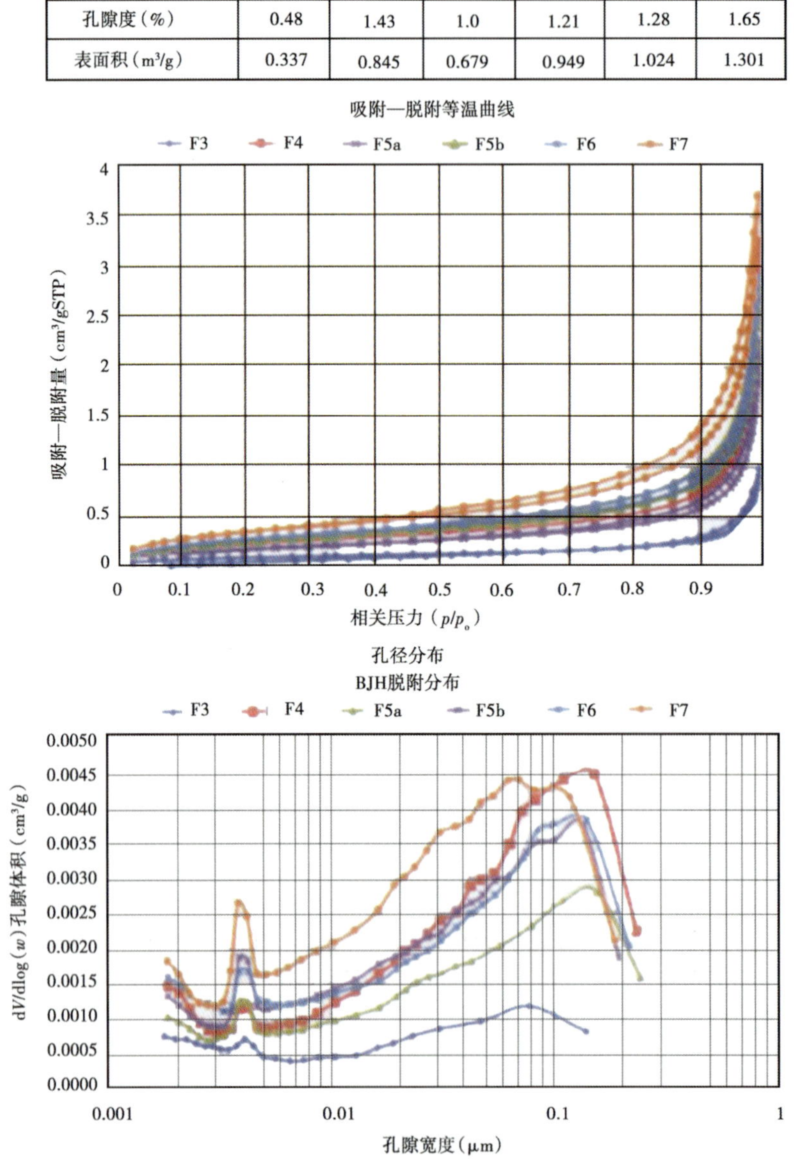

样本	F3	F4	F5a	F5b	F6	F7
孔隙度(%)	0.48	1.43	1.0	1.21	1.28	1.65
表面积(m^3/g)	0.337	0.845	0.679	0.949	1.024	1.301

图5.4　氮气吸附实验结果

和汞实验一样，样品之间的数据有差异，易于区分。所有样品的孔径分布呈现双峰分布，主峰均为0.07~0.15μm和次峰为0.004μm（4nm）。报道的孔隙度小于2%，但是应该注意的是这些孔隙度中包括了样品中的纳米级到微米级的孔隙，大约占总孔隙度的10%

温线，计算的 BET 表面积、孔隙度和 BJH-Halsey 孔径分布。所得的吸附—解吸附等温曲线显示每个样品具有独特的模式和滞后效应。所有样品通过氮气吸附测定的孔隙度小于 2%，这可能看上去很小，但与总孔隙度相比，这些孔隙占总孔隙的 1/10 或以上。计算得出的表面积非常低，只有样品 F6 和 F7 的表面积大于（$1m^2$），说明这些样品中的粒度确实比其他样品的小。孔径分布呈现大致双峰分布，主峰范围从 0.06~0.15μm，而次峰均显示相同的孔径，约为 0.004μm（4nm）。

从 CMS-300® 实验中测量的孔隙度以及计算的弯曲度列于表 5.2 中，供比较。

5.4　讨论

在本章中介绍了各种分析技术来帮助提高从微米级到纳米级尺度的油藏评价。收集到数据覆盖广泛的解析分辨率，那么，整合并理解这些数据的意义成为挑战。以下讨论概述了可以从每个分析中获得的有意义的信息，比较孔隙度、孔径分布和弯曲度的结果，并将这些发现与岩相相关联。

5.4.1　分析注意事项

本研究提出的所有分析中，地质学家常用的评估孔隙度的方法是最传统的光学显微镜和岩相薄片图像分析。这种技术是孔隙度测量中分辨率最低的方法。岩石成像分析所研究的孔隙度值与样品 F6、F7 所研究的孔隙度值具有一致性，没有探测到可见的孔隙。出现这种情况是因为光学显微镜的分辨率大约是 60μm[13,14,39]，任何小于 60μm 的东西都不会被检测到，这使得光学显微镜检查和岩相图像分析具有不可靠性，特别是对于微孔隙而言。

由 QEMSCAN® -BSE 模式孔隙度图报道的孔隙度值比那些通过岩相图像分析报道的要高得多。这些孔隙度值代表了存在于样品中的可量化的孔隙空间。QEMSCAN® -BSE 模式分析工作在微米级尺度上开展，并且其分辨率比光学显微镜高得多。由于这一点，高分辨率扫描能够检测到低于光学分辨率（60μm）的孔隙。QEMSCAN® -BSE 模式的分辨率可以低至 0.5μm，对于大多数微孔隙评价而言，这种方法是理想的选择。

QEMSCAN® -BSE 模式分析报告了两个值，即孔隙度值和最大孔隙度值。孔隙度值是那些绝对置信度内测量样品中所有孔隙的和，而最大孔隙度值是不确定的，因为它包含一些小于 2μm 的孔隙，用于本研究中的扫描分辨率也是 2μm。尽管有不确定性，但本研究中的最大孔隙度值更接近于 CMS-300® 测量得到的值，水银孔隙度法和氮气吸附实验。这表明有很大一部分的微孔隙，它们低于 2μm 的扫描分辨率。增加分辨率，将扫描分辨率升到 0.5μm，将会降低孔隙度和最大孔隙度值的不确定性。然而，目前研究的孔隙度值当与其他结果进行校准时，本研究是有意义的。在本研究中，目前的分辨率为 2μm，最大值孔隙度值是样品中孔隙度的更准确的估计值。

CMS-300® 和水银孔隙度测量是石油与天然气行业中获得孔隙度、渗透率和毛细管压力信息的标准做法。这两种技术对传统的微观多孔介质到宏观多孔介质的样品均具有很好的适用性，但在纳米级多孔材料中必须格外小心。CMS-300® 使用渗透率和改进的达西定律计算孔隙度，并且在测量低渗透率样品时，在解释结果中必须小心。例如，样品 F6 和 F7

中测量的渗透率小于 2mD。从 CMS-300 计算的孔隙度略小于用其他技术预测的孔隙度值。这些样品的低渗透率解释了从 CMS-300® 实验测得的较低孔隙度值。

本研究的所有样品中微观到纳米级孔隙的比例较高，特别是样品 F6 和 F7。小孔径、孔隙导致了样品的低渗透率，并且明显增加了与之相关的毛细管压力。油藏岩石的毛细管压力控制着非混相流体（如水和油）在孔隙中的流动。

水银孔隙度实验直接测量毛细管压力和相关的孔隙大小。水银孔隙度实验方法是一般用于微观孔隙到宏观孔隙系统，尤其在低压环境下的压力测量。这里呈现的用水银孔隙度测量得到的结果中包含有相当大量的纳米级孔隙，孔径小于 0.01μm（10nm）。与该孔径分布对应的毛细管压力大于 18000psi，而这些压力远大于用水银孔隙度测量法得到的数值。因此，在低压环境下测得孔隙度比在高压环境下测得的孔隙度具有更高的可信度，很有必要对表观纳米级孔隙度进行独立校对。

为了表征样品中的纳米孔隙，进行了氮气吸附实验，每个样品必须得有一定的表面积（约 $1m^2$）（ISO 15901-2：2006）以确保实验成功。计算得到的 BET 表面积表明，样品 F3、F4、F5a 和 F5b 不能满足实验要求的临界表面积。这一结论与用其他方法的结果是一致的，表明这些样品具有较大的颗粒和孔隙；并且考虑到表面积与颗粒大小成反比的情况，这个结果并不奇怪。然而，样品 F6 和 F7 各自均有超过 $1m^2$ 的表面积。根据 QEMSCAN® -BSE 模式分析法和水银孔隙度测定法，这两个样本具有最大的孔隙度和最大比例的纳米级孔隙度。这些结果表明，氮气吸附实验更适合于具有较大表面积的微孔碳酸盐岩，包括微晶泥岩、白垩和碳酸钙含钙质纳米化石。

5.4.2 孔隙度比较

通过比较 CMS-300® 测得的孔隙度、最大孔隙度和汞+氮气孔隙度值（表 5.2），表明这些孔隙度之间存在微小的差异。样品 F3 和 F4 的最大孔隙度值与 CMS-300® 和汞+氮测得的孔隙度值是一致的，这些是具有最大孔径分数的样品。然而，样品 F5a 和 F5b 的孔隙度值的一致性是很差的。这些样品来自 Lithocodium-Bacinella Boundstone 岩相，富含各种大小和形状的生物碎片，因此非均质性强。孔隙度估计之间的这种差异最有可能是因为抽样不足造成的。例如，即使来自同样的岩心柱塞，但较薄的部分很有可能将无法得到样品内部的非均质性。因为 CMS-3QQ® 使用了整块岩心进行测量，这将相对薄片岩心来说更有可能得到更多的孔隙（即大孔隙或洞穴），而在薄岩心中不会得到。这也能够解释样品 F5a 和 F5b 中的异常孔隙度，在分析时需要考虑非均质性的影响。

样品 F6 和 F7 在孔隙度估计中具有较好的一致性，但最大孔隙度值始终高于那些通过 CMS-3QQ® 和汞+氮测得的值。这些是两个从岩相图像分析中无可见孔隙的样本，意味着所有孔隙都是微孔隙，这也解释了最大孔隙度值如此之高的原因。CMS-3QQ® 和汞+氮两种方法报告了孔隙度值，但这些孔隙度值远低于最大孔隙度值；这是由于最大孔隙度具有一定的不确定性。提高扫描分辨率可以减少这种不确定性，在分析微观孔隙样品时孔时应该考虑到这种不确定性。

5.4.3 孔隙大小分布

由 QEMSCAN® -BSE 模式孔隙度图确定的孔隙大小分布与那些用汞孔隙度测量方法和

氮气吸附实验方法测得的孔隙大小具有定性一致性，意味着虽然孔径大小分布的峰值不一定完全对应，但是其分布形状是一致的。比如，样品 F3 在所有的三个分析中其孔径分布呈现宽阔、均匀分布。孔径分布广泛表明这个样本的非均质性较强，这与样品 F6 是相反的，样品 F6 在所有的分布中显示了非常显著的峰值，意味着其具有均匀分布的孔径。这并不难理解，因为 F6 来自 Lithocodium-Bacinella Wackestone 岩相。这种岩相的特点是具有丰富的洞穴，充满了糖粒状白云岩；这种白云石形成了等距微菱石白云岩晶体，因此，这些微菱形体之间的孔隙空间是比较均匀的。样品 F6 中，均匀的孔隙占了很大的比例。

孔隙大小分布的幅度差异是采样点解析精度的函数。QEMSCAN® -BSE 模式分析相对水银孔隙度测量及氮气吸附孔隙度测量方法的精度低，用 QEMSCAN® -BSE 模式方法得到的孔径较大。大孔径被解释为是那些小孔隙的组合，这些小孔隙比用 QEMSCAN® -BSE 方法测得的值还要小。水银孔隙度测量法和氮气吸附孔隙度测量法的精度较高，取决于物理测量，并且能够检测到较小的孔径。这些方法更准确地表示了微孔样品中真实的孔径分布。

5.4.4　迂曲度

计算的迂曲度范围从 2~2.3，迂曲度最高的值出现在样品 F5a 和 F5b，而样品 F6 和 F7 的迂曲度较低。样品 F6 来自白云岩沉积的 Lithocodium-Bacinella Wackestone，它的迂曲度是最小的。这与孔洞的连通性和颗粒的均匀程度有关系，如果连通性好且颗粒较均匀，则迂曲度较小。这与样品 F5a 和 F5b 不同，这两个样品属于 Lithocodium-Bacinella Boundstone 岩相，是由骨架和具有较宽范围或孔径和形状的生物碎片组成的。这种非均质性最终导致了更大的迂曲度，很少有比较直接的路径。

5.4.5　孔隙结构

表 5.1 中列出了岩石纹理、生物群和诊断的岩性特征，从这些岩性特征中可以采集到研究需要的样本。下面的讨论中将岩相、岩石物理性质与其相关的实验响应联系起来。选择了两种极端的岩相进行进一步的讨论，分别是代表各向异性的（F3）样品和代表各向同性的（F6）样品。

图 5.5 所示的样品 F3 来自多孔厚壳蛤类—双壳类动物粒泥灰岩到泥粒灰岩，它被原油彻底侵蚀过，含有丰富的油渍和骨架碎片，包括厚壳蛤类、其他双壳类动物、腹足动物，腕足类和棘皮动物片段，很少有珊瑚碎片。保存不良的海水浴洞以及大的完整的大型化石也是存在的，最常见的是厚壳蛤类的化石。这个岩相也包含丰富的熔铸模溶孔和常见的多孔孔隙，这些孔隙可能没有胶结。QEMSCAN® -BSE 孔隙度图展示了一些很容易识别出来的大孔隙（黑洞或洞穴）及与微观孔隙相关的丰富的基质。SEM 图像也展示了各种粒度的大小和与之相关的孔隙大小。这与用 QEMSCAN、水银孔隙法和氮气吸附等方法表明的宽孔径分布是一致的。这种岩相的非均质性也体现在计算的迂曲度 2.7 中，这个数值与其他岩相相比相对较高。

图 5.6 所示的样品 F6 来自 Lithocodium Bacinella 岩相，其特征是含有丰富的白云岩海藻类洞穴，这些洞穴遍布整个岩相并被糖粒状白云岩所填充。这种岩相是一种大型的粒泥状

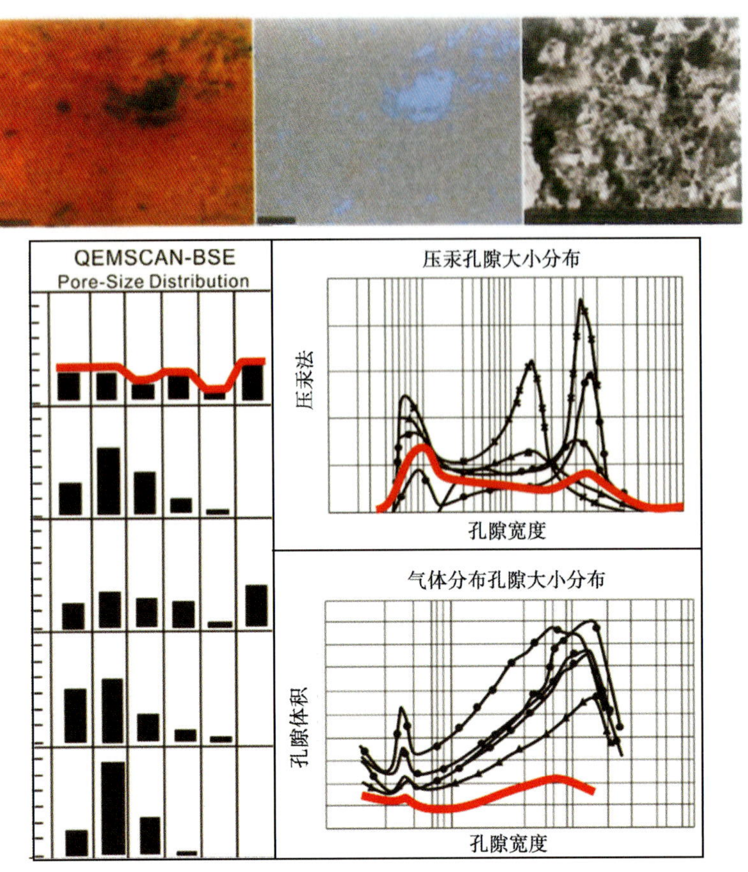

图 5.5　是样品 F3 所有分析结果对比，以红色突出显示。图 5.1 至图 5.4 显示了更大尺寸和更清晰的图片。样本 F3 是厚壳蛤类粒泥状灰岩，具有颗粒内和颗粒间的宏观到微观的孔隙（注意那些填充有蓝色环氧树脂的大洞穴）。QEMSCAN® -BSE 孔隙度图也显示了富含基质，这些基质与那些显微照片中因分辨率原因而看不到的孔隙有关。SEM 图像显示了具有很大尺寸范围的孔隙类型。这种大范围的孔径也在孔隙分布中有所体现，表现为较低分布宽度的孔径，表明样品具有很强的非均质性

灰岩，含有丰富的鳞片状 Lithocodium-Bacinella，被原油彻底侵蚀，含有微裂缝和缝合页面。QEMSCAN® -BSE 孔隙度图展示了与白云岩洞穴有关的大孔隙和与基质有关的小孔隙。水银孔隙度和氮气吸附孔隙度测量数据表明，那些纳米级孔径到微米级孔径对双峰孔径分布具有重要的贡献。SEM 图像展示了这个样品中粒度大小和孔隙大小的均匀分布特征。

这个样品的均质性是非常明显的，尤其与样品 F3 的 SEM 图像进行对比时更加凸显了它的均质性。大部分连接的孔隙在 1μm 的范围内，并与白云岩洞穴有关。这种岩相也有最低的迂曲度，这也与通过互相连通的、等效的白云岩孔隙网络时的“最小阻力路径”有关，在这个油藏中这种岩相的产量占了绝大部分。

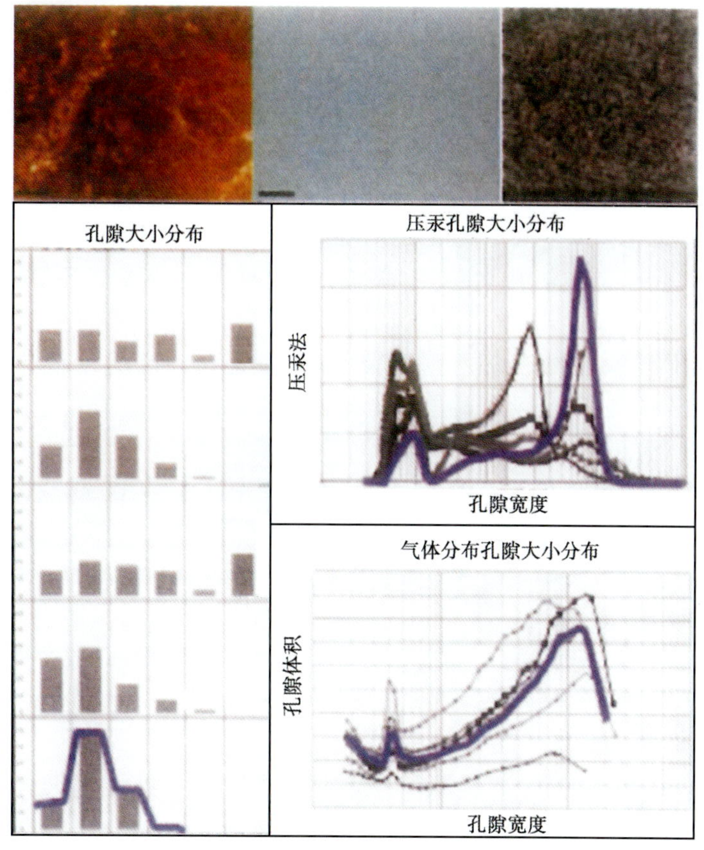

图 5.6　是样品 F6 所有分析结果对比，以蓝色突出显示。图 5.1 至图 5.4 显示了更大尺寸和更清晰的图片。样本 F6 是厚壳蛤类粒泥状灰岩，具有白云岩洞穴（左图）和富含泥质微孔隙。这个样品的显微照片中看不到蓝色环氧树脂，而 QEMSCAN® -BSE 孔隙度图显示了富含与孔隙有关的基质。SEM 图像表明本样品具有相对均匀的颗粒大小和孔隙大小。通过单峰孔径分布也说明了这个样品的均质性。来自 QEMSCAN® 分析的孔隙大小分布平均孔径为 5~10μm，这些与白云岩洞穴内部相互连通的孔隙有关，而水银和氮气孔隙大小分布表明，那些平均孔径小于 1μm 的与基质微晶相关

5.5　结论

本章综合了具有不同分析精度的各种不同的研究技术，评估了一系列碳酸盐岩油藏和粒泥灰岩中的微孔隙度。具体来说，这项研究吸收了几套数据，为了量化系统中的基质微孔隙度，了解孔径分布，确定迂曲度，将这些参数与岩相关联。通过研究得到如下结论：

（1）所有分析得到的结果表明，样本之间的区别较明显，这也说明每个岩相具有很大的不同，且可以得到不同的孔隙度、渗透率、表面积、大小和形状分布、毛细管压力和迂曲度的值。

（2）岩相图像分析和光学显微镜方法不适合用于评估微孔隙度，因为大多数显微镜的

光学分辨率较低，不能检测到孔径小于 60μm 的孔隙。

(3) 采用 QEMSCAN-BSE 方法得到的最大孔隙度值，虽然具有不确定性，但是在这项研究中，这种方法也是对孔隙度的粗略估计。

(4) 最大孔隙度值与由 CMS-3QQ® 和水银+氮气方法测得的孔隙度值是一致的。通过分析样品 F6 和 F7 中的孔隙度表明，有很大一部分微孔隙的分辨率小于 2μm。以更高的分辨率进行扫描可以减少这种不确定性，并且在分析微孔隙样品时应该考虑到这一点。

(5) 在低压系统中，测量微孔隙到大孔隙的孔隙度时水银孔隙度测量法是理想的选择，但是在解释高压数据时应该慎重。在高压系统中，应该单独对纳米级孔隙的存在进行校对验证。

(6) 氮气吸附技术是纳米级孔隙系统的理想选择，这些系统中孔径小于 50nm (0.05μm)。这项技术在表面积大的碳酸盐岩泥岩层的解释中尤其有用，比如微晶泥岩、灰岩和含钙质化石的泥岩中。

(7) 通过所有技术测得的孔隙度值具有一致性，并且也表明在这些样品中存在大量的微孔隙和纳米级孔隙。

(8) 通过所有的分析技术，表明孔隙大小和形状分布具有定性的一致性，不同点在于所采用技术的分析精度不同。

(9) 所有样品表明，迂曲度的变化具有一致性；具有纳米级孔隙的样品总是有最低的迂曲度，而非均质性较强的样本普遍具有较高的迂曲度，尽管改变了计算方法或者孔隙度的原数据发生变化。

该微孔度评估结果表明每个岩相具有一套独有的数据，包括孔隙度、孔径分布和迂曲度，这些参数也是控制流体在基质中如何流动的重要参数。在一个油藏中，不同的岩相(即不同的岩石纹理)具有不同的流体渗流响应特征。随着全世界油气供给量的逐渐减少，理解低渗透、多孔介质油藏中这些参数的控制作用对于油田开发是非常关键的，这也在本文中有所描述。本章提出了计算微孔隙度的一系列技术，这些技术能够且应该用于评价低渗透、多孔介质油藏中的孔隙结构和流动特征。

致　谢

这项研究工作是与科罗拉多矿业学院和阿布扎比石油工程学院联合研究的一部分内容。阿布扎比国家石油公司及其附属公司支持这项研究工作的开展，并为本研究提供了数据。我们感谢 ADNOC 允许发表本文。我们感谢 Katharina Pfaff 博士和科罗拉多矿业学院的其他同事，提供了 QEMSCAN 设备，以及在收集、简化和处理数据过程中提供的帮助。我们也感谢 Waleed Alameri 博士、Tedesse Teklu 博士和 Hossein Kazemi 博士在岩心准备、测量，以及在方法理解和操作标准方面提供的帮助。

参考文献

[1] T. D Jobe. *Sedimentology, Chemostratigraphy and Quantitative Pore Architecture in Microporous Carbonates: Examples from a Giant Oil Field Offshore Abu Dhabi, U. A. E.* Ph. d dissertation, Colorado School of Mines, Golden, CO (2013).

[2] D. A. Budd, Micro-rhombic calcite and microporosity in limestones: A geochemical study of the Lower Cretaceous Thamama group, U. A. E., *Sedimentary Geology*. 63, 293-311 (1989).

[3] S. O. Moshier, Microporosity in micritic limestones: A review, *Sedimentary Geology*. 63, 191-213 (1989).

[4] S. O. Moshier, Development of microporosity in a micritic limestone reservoir, Lower Cretaceous, Middle East, *Sedimentary Geology*. 63, 217-240 (1989).

[5] R. D. Perkins, Origin or micro-rhombic calcite matrix within Cretaceous reservoir rock, West Stuart City Trend, Texas, *Sedimentary Geology*. 63, 313-321 (1989).

[6] D. L. Cantrell and R. M. Hagerty, Microporosity in Arab Formation Carbonates, Saudi Arabia, *GeoArabia*. 4 (2), 129-154 (1999).

[7] A. A. Al-Awar and J. D. Humphrey, *Diagenisis of the Aptian Shuaiba Formation at Ghaba North Field*, *Oman*, In eds. A. S. Alsharahan and R. W. Scott, *Middle East models of Jurassic/Cretaceous carbonate systems*, pp. 173-184. SEPM Special Publication 69. SEPM, Tulsa (2000).

[8] L. Lambert, C. Durlet, J. P. Loreau, and G. Marnier, Burial dissolution of micrite in Middle East carbonate reservoirs (Jurassic-Cretaceous): Keys for recognition and timing, *Mar. Pet. Geology*. 23, 79-92 (2006).

[9] E. A. Clerke, H. W. Mueller III, E. C. Phillips, R. Y. Eyvazzadeh, D. H. Jones, R. Ramamoorthy, and A. Srivastava, Application of Thomeer hyperbolas to decode the pore systems, facies and reservoir properties of the Upper Jurassic Arab D limestone, Ghawar field, Saudi Arabia: A "Rosetta Stone" approach, *GeoArabia*. 13 (4), 113-160 (2008).

[10] F. Javadpour, Nanopores and apparent permeability of gas slow in mudrocks (shales and siltstones), *J. Can. Pet. Technol.* 48 (8), 16-21 (2009).

[11] G. R. Chalmers, R. M. Bustin, and I. M. Power, Characterization of gas shale pore systems by porosimetry, pycnometry, surface area, and field emission scanning electron microscopy/transmission electron microscopy image analyses: Examples from the Barnett, Woodford, Haynesville, Marcellus, and Doig units, *AAPG Bulletin*. 96 (6), 1099-1119 (2012).

[12] M. E. Curtis, C. H. Sondergeld, R. J. Ambrose, and C. S. Rai, Microstructural investigation of gas shales in two and three dimensions using nanometer-scale resolution imaging, *AAPG Bulletin*. 96 (4), 665-677 (2012).

[13] R. G. Loucks, R. M. Reed, S. C. Ruppel, and D. M. Jarvie, Morphology, genesis, and distribution of nanometer-scale pores in siliceous mudstones of the Mississippian Barmett Shale, *J. Sediment. Res.* 79, 848-861 (2009).

[14] R. G. Loucks, R. M. Reed, S. C. Ruppel, and U. Hammes. Spectrum of pore types and networks in mudrocks and a descriptive classification for matrix-related mudrock pores, *AAPG Bulletin*. 96 (6), 1071-1098 (2012).

[15] F. S. Anselmetti, S. M. Luthi, and G. P. Eberli, Quantitative characterization of carbonate pore systems by digital image analysis, *AAPG Bulletin*. 82 (10), 1815-1836 (1998).

[16] R. Ehrlich, S. K. Kennedy, S. Crabtree, and R. L. Cannon, Petrographic image analysis, I. Analysis of reservoir pore complexes. *J. Sediment. Petrol*. 54, 1365-1378 (1984).

[17] R. Ehrlich, S. J. Crabtree K. O. Horkowitz, and H. J. P., Petrography and reservoir physics I: Objective classification of reservoir porosity, *AAPG Bulletin*. 75 (10). 1547-1562 (1991).

[18] J. B. Ferm, R. Ehrlich, and G. A. CrawFord, Petrographic image analysis and petrophysics: Analysis of crystalline carbonates from the permian basin, west texas, Carbonates and Evaporites. 8, 90-108 (1993).

[19] A. Lønøy, Making sense of carbonate pore systems, *AAPG Bulletin*. 90 (9). 1381-1405 (2006).

[20] C. A. McCreesh, R. Erlich, and S. J. Crabtree, Petrography and reservoir physics II: Relating thin section porosity to capillary pressure, the association between pore types and throat size, *AAPG Bulletin*, 75, 1563-1578 (1991).

[21] T. T. Mowers and D. B. Budd, Quantification of porosity and permeability reduction due to calcite cementation using computer-assisted petrographic image analysis, *AAPG Bulletin*, 80 (3), 309-322 (1996).

[22] D. K. Keelan. Automated core measurement system for enhanced core data at overburden conditions. SPE 15185, Society of Petroleum Engineers (1986). Presented at the Rocky Mountain Regional Meeting of the Society of Petroleum Engineers, Billings, Montana, USA, May 19-21, 1986.

[23] V. V. Petunin, A. N. Tutuncu, M. Prasad, H. Kazemi, and X. Yin. An experimental study for investigating the stress dependence of permeability in sandstones and carbonates. ARMA 11-279, American Rock Mechanics Association (2011). Presented at the 45th US Rock Mechanics/Geomechanics Symposium, San Francisco, CA, June 26-29, 2011.

[24] V. V. Petunin, X. Yin, and A. N. Tutuncu. Porosity and permeability changes in sandstones and carbonates under stress and their correlation to rock texture. Canadian Society for Unconventional Gas/Society of Petroleum Engineers 147401, Society of Petroleum Engineers (2011). Presented at the Canadian Unconventional Resources Conference, Calgary, Alberta, Canada, November 15-17, 2011.

[25] Y. Cho, O. G. Apaydin and E. Ozkan. Pressure-dependent natural-fracture permeability in shale and its effect on shale-gas well production. SPE 159801, Society of Petroleum Engineers (2012). Presented at the Society of Petroleum Engineers Annual Technical Conference and Exhibition, San Antonio, Texas, USA, October 8-10, 2012.

[26] E. W. Washburn, The dynamics of capillary flow, *Phys. Revi.* 17 (3). 273-283 (1921).

[27] H. L. Ritter and D. L. Drake. Pore-size distribution in porous materials , Ind. Eng. Chem. 17, 782-791 (1945).

[28] I. Langmuir, The adsorption of gases on plane surfaces of glass, mica and platinum, *J. Amer. Chem. Soc.* 40, 1361-1402 (1918).

[29] S. Brunauer, P. H. Emmett, and E. Teller, Adsorption of gasses in multimolecular layers, *J. Amer, Chem. Soc.* 60, 309-319 (1938).

[30] P. H. Emmett, *Surface area measurements: A new tool for studying contact catalysts*, In ed. W. G. Frankenburg, *Advances in Catalysis*. Academic Press, New York, NY, USA (1948).

[31] S. J. Gregg and K. S. W. Sing, *Adsorption, Surface Area, and porosity*, 2nd edn. London, Academic Press (1982).

[32] K. S. Sing, Reporting physisorption data for gas/solid systems with special reference to the determination of surface area and porosity, *Pure and Applied Chemistry*. 57, 603-619 (1985).

[33] G. Leofanti, G. Padovan, M. Tozzola, and B. Venturelli, Surface area and pore texture of catalysts, *Catalysis Today*. 41, 207-219 (1998).

[34] F. Rouquerol, J. Rouquerol, and K. S. W. Sing, *Adsorption by powder and Porous Solids: Principles, Methodology and Applications*, Academic Press, London (1999).

[35] R. Richards, ed., *Surface and Nanomolecular Catalysis*. CRS Press, Taylor and Francis Group, Boca Raton, FL, USA (2006).

[36] E. P. Barrett, L. G. Joyner, and P. P. Halenda, The determination of pore volume and area distributions in porous substances- (i) computations from nitrogen isotherms, *J. Amer. Chern. Soc.* 73, 373-380 (1951).

[37] P. A. Webb and C. Orr, *Analytical methods in fine particle technology*. Micromeretics Instrument Corporation, Norcross, GA, USA (1997).

[38] W. O. Winsauer, H. M. Shearin Jr., P. H. Masson, and M. Williams, Resistivity of brine saturated sands in relations to pore geometry, *AAPG Bulletin*. 36 (2), 253-277 (1952).

[39] P. W. Choquette and L. C. Pray, Geologic nomenclature and classification of porosity in sedimentary carbonates, *AAPG Bulletin*. 54, 207-244 (1970).

第6章 新研究前沿：多孔介质中的水合物

Luis E. Zerpa

Department of Petroleum Engineering, Colorado School of Mines, Golden, CO, USA

lzerpa@ mines. edu

Carolyn A. Koh

Department of Chemical & Biological Engineering, Colorado School of Mines, Golden, CO, USA

ckoh@ mines. edu

气体水合物是指存在于一种立方体状晶体格架中的气体分子（如甲烷），而这种格架是指由氢原子连接而成的网格与其中的水分子共同形成的一种笼状物。在海相及北极地区的沉积层中自然生成的甲烷水合物所蕴含的能量要比已知矿物燃料储量多一个数量级。根据热力学驱动力、水合物饱和度及沉积微粒类型，对在水合物形成与分解过程中甲烷水合物与沉积微粒之间孔隙级别的相互作用的深入理解，将改善目前用于进行从甲烷水合物沉积层中开发天然气的技术可行性评价的水合物储层模型。这一新的技术认识也将有利于评价在开采水合物或自然释放过程中释放出的甲烷天然气对环境的影响。本章将对目前对天然水合物的研究成果进行总结，并为未来水合物的研究及其开发寻求机遇。

6.1 引言

在高压、低温环境下，当水与气体分子（如甲烷、丙烷及二氧化碳）接触时，就会形成一种透明的包合物——气体水合物（图6.1）。水合物可以将气体体积高度压缩，缩小倍数可达164倍，此类化合物可广泛应用于工业及技术能源领域，同时也对赋存于多孔介质中天然生成的气体水合物所蕴含的能量潜力（比常规的矿物燃料所包含的能量高一个数量级）产生巨大的兴趣。气体水合物是由水分子自动排列在客分子周围而形成，进而形成一种连接在一起的氢原子所组成的三维晶格，其内部包含由水分子组成的多面状笼状物，而笼状物内部圈闭着这些客分子。因此存在一种每个水分子笼状物（简称水笼物）都会包含一个最大客分子的典型情形。但是由于这些化合物是非化学计量的，这就意味着并不是所有的水笼物都会被一个客分子所占据。在一个笼状物中的客分子在不会与相邻笼状物的客分子发生相互作用的前提下，每个客分子与其相关的水笼物仅会发生微弱的范德瓦尔斯相互作用，因此气体水合物可近似认为是固溶体[1][2]。

判定水合物是否形成的重要标准是压力与温度条件是否处于水合物热动力稳定条件内。

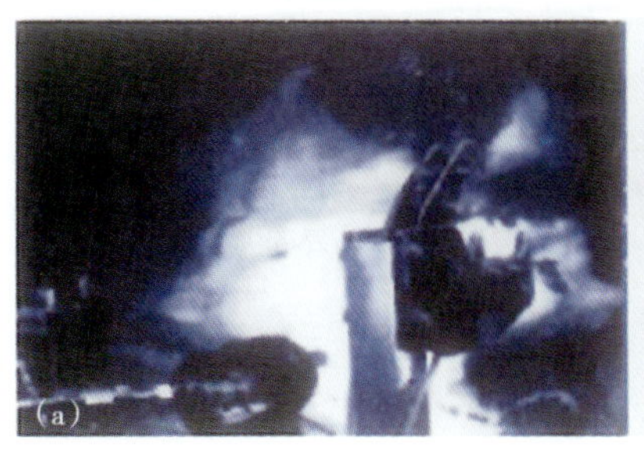

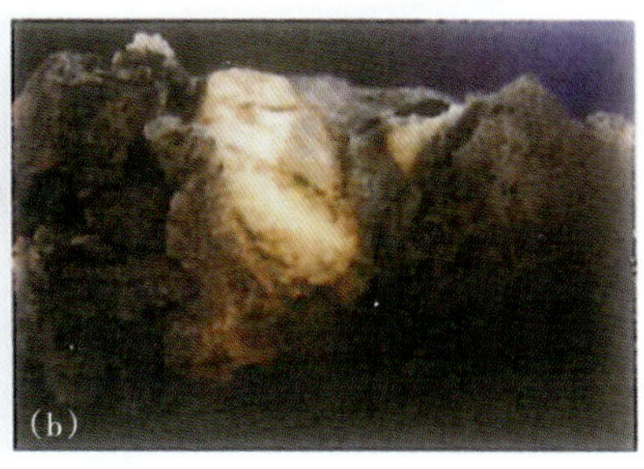

图 6.1　天然存在的水合物。(a) 位于 Barkley Canyon, off Vancouver Island 的海底沉积的照片 (P. Walz. MBARI 拍摄，封面见文献［2］)；(b) 从位于 Godavari Basin, India 的海底沉积层中采出的水合物 (M. Walsh 拍摄)

图 6.2 (a) 可看出天然气体水合物与压力和温度的关系。此外，当某一水笼物的空间足以容纳客分子时，那么此客分子就可以被包含进水合物的水笼物中，如甲烷分子直径大约为 0.436nm，因此它可以包含于 sI 型水合物中较大与较小的水笼物中，如图 6.2 (b) 所示，其中 sI 型水合物中较大与较小的水笼物的半径分别为 0.395nm 和 0.433nm。相反，丙烷分子直径为 0.628nm，因此其就不能包含于 sI 型水合物中的水笼物中，但可以包含于 sII 型水合物中较大的水笼物中，其半径为 0.473nm。sI 型水合物与 sII 型水合物是最常见的气体水合物结构，但本章仅对只有 sI 型水合物进行介绍，这是由于本章所关注的在多孔介质中天然形成的气体水合物，主要包含甲烷水合物 (sI 型水合物结构恰好源于生化细菌类所生成

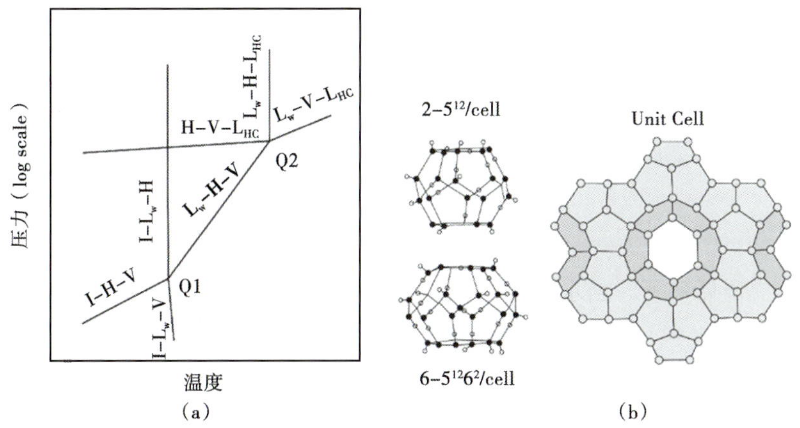

图 6.2　碳氢化合物与水相的图。(a) 用来介绍取决于压力和温度的水合物稳定性，以及针对冰—水合物—水蒸气 (I-H-V)、冰—液态水—水合物 (I-LW-H)、冰—液态水—水蒸气 (I-LW-V)、液态水—水合物—水蒸气 (LW-H-V)、水合物—水蒸气—液态碳氢化合物 (H-V-LHC)、液态水—水合物—液态碳氢化合物 (LW-H-LHC)、液态水—水蒸气—液态碳氢化合物 (LW-V-LHC)。Q1 和 Q2 点为四重点 (Q1 指 272.9K 与 2.563MPa 下的甲烷状态；而 Q2 处不存在甲烷)[2]。(b) 每个结构 I (sI) 的水合物的单体包含 6 个大的规模为 $5^{12}6^2$ 的笼状物 (即在每个大笼状物的外表面上有 12 个五角形和 2 个六边形) 和两个小的规模为 5^{12} 的笼状物 (即 12 个五角形位于每个小笼状物的表面)。sI 型水合物晶体的单元体包含 46 个水分子，其位于氢原子所连接而成的网状结构上 (其改进来自文献[2] 和[3])

的甲烷），而 sII 型水合物结构则较为少见（其所含气体经热动力过程形成）。因此，但提及多孔介质中赋存的天然形成的甲烷时，会用“甲烷水合物”这一词来代替。

需要注意的是，在研究气体水合物的动力学、与时间有关的性质（如水合物形成与分解的速率）之前，首先要理解其基本的热动力学性质。虽然对处于多孔介质之外的水合物（块状水合物）的热动力学性质有了较好的研究成果，但是对多孔介质中的水合物的研究仍然较少，而其动力学性质在这两种情形中的研究均较少。此外，尽管自从 Sir Davy 在 1910 年首次发现气体水合物后，块状气体水合物的结构和物理性质方面已有很多的研究成果，但是对赋存与多孔介质中的气体水合物的物理化学性质的研究仍然有很大的发展空间。这两类水合物研究成熟度的差异也许是由他们研究起始时间的差异所造成的。在管道中的块状气体水合物的形成是由 Hammerschmidt 于 1934 年首次发现的，并在接下来的 80 余年中进行了广泛而持续的研究，主要用于进行疏导由于气体水合物的存在而在管道中形成的堵塞物，在过去的十余年里，这些研究主要利用基于 CSM 的水合物堵塞模型而进行的[2,5,6]。而在 1965 年的俄罗斯麦索雅哈[7]，赋存于多孔介质中（有时也称之为含油水合物的沉积层）的天然形成的气体水合物才被首次发现，但是对赋存于多孔介质中的这些水合物的研究始终不连续，仅 20 世纪 70 年代有过 2 次、80 年代有过 7 次、90 年代有过 5 次[2]知名的全球范围的水合物储量计算，以及在上一个十年间的至少 3 次全球范围和 6 次区域及国家范围（美国、加拿大、印度、日本、GoM、ANS）的水合物储量计算[2,3,8,9]。在过去的十年中，随着日本、印度、中国、韩国、新西兰、加拿大及美国逐步启动国家级水合物研究项目，对水合物的研究正在大规模的全面展开。2011 年，在 E. D. Sloan 举办的气体水合物国际会议（ICGH）中 ICGH1 有 30 篇论文，及 ICGH7 有 400 篇论文（占总论文数 70%）均是关于多孔介质水合物研究的，而 1993 年那届会议，则有占 50%总论文数的论文是关于这些水合物的，这说明全球学者针对这些水合物的研究的兴趣有了巨大提高。赋存于海洋及沿着大陆边缘的北极区域的水合物沉积层中的能量的巨大利用潜力，以及与其相关的先进技术、概念验证测试，是促使提升国际对开发这些能量的兴趣的巨大推动力。2010 年的 Malik Well、MacKenzie Delta，2012 年 Ignik Sikumi、Alaskan North Slope（位于永久冻土下的区域），2013 年的 Nankai Trough、日本的近海，在这些区域均进行了很知名的水合物试验开采[10]。由于水合物储层及对其的开采均会释放天然气到大气中，因此伴随着对开采这部分能量的兴趣的提升，天然气对环境的影响也会被关注[2,3]。本文的综述将会对赋存于多孔介质中的气体水合物的最新研究进行介绍，同时也会此类水合物开发的技术可行性及其安全性等这些悬而未决的话题进行讨论。

表 6.1　目前用于甲烷水合物勘探的典型多维方法[12]

地　震	二维地震、三维地震，高分辨率地震数据电磁勘探
井下工具	地层压力和温度及导热系数测量
钻　井	钻取甲烷水合物样品（包括压力岩心）随钻测井或电缆； 在核心异地和原位物理性能测量； 高分辨率流体化学

6.2　天然甲烷水合物赋存特征

6.2.1　天然甲烷水合物赋存位置分布及其储量估计

图 6.3 中介绍了在全球范围内已发现的赋存于多孔介质中的天然气体水合物的分布位置，从图中可看出，主要位于沿着大陆边缘的海相沉积中及北极区域的永久冻土下[3]。这些水合物赋存位置主要是通过在 1965—2010 年间进行的多种钻井勘探（包括国际 IODP 及 IDP 公司与美国、加拿大、印度、日本等国家进行的海洋钻井研究项目）及在 1970—2012 年间进行的地震勘探发现的[11]。在地震探测中利用底部模拟接收器（BSRs）会产生假阳性与伪阴性，从而会预测到气体水合物的存在，但有时会发生在同一区域进行钻井勘探后未发现气体水合物的情形，反之亦然。因此，需要利用多种方法来获取较为可靠的气体水合物的赋存位置。表 6.1 中介绍了多维模型方法，包含了地震、成像及取心等，这些都可以用来进行较为精确的水合物探测。

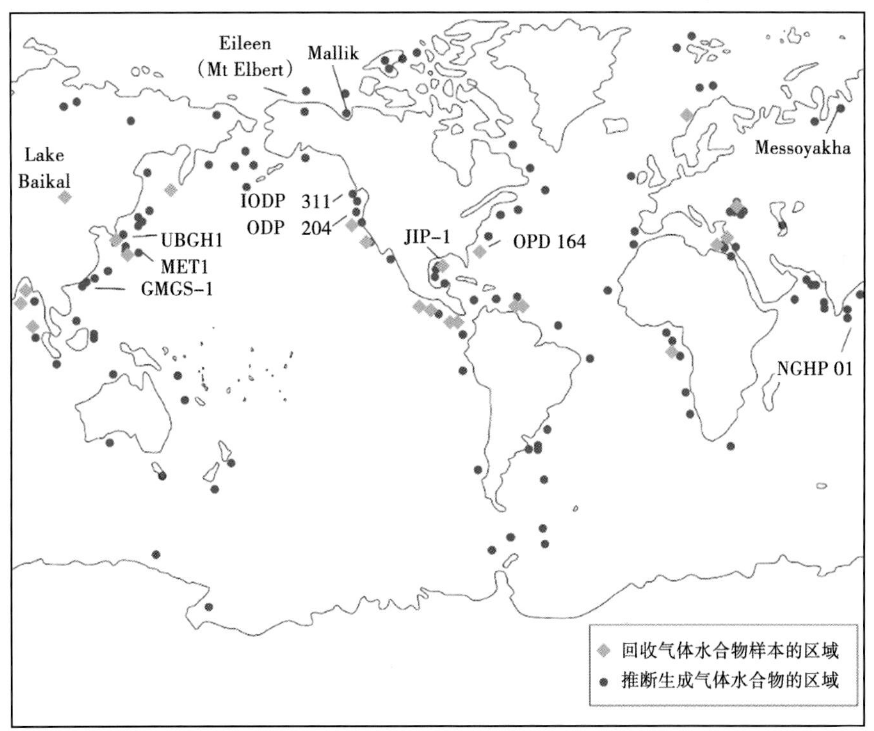

图 6.3　全球范围内利用钻井勘探获得的多孔介质中天然存在的气体水合物，具体探勘过程为将含有气体水合物的岩心样品取出，然后测试此水合物的存在，或者通过地震的方法来获得

GMGS：广州海洋地质调查局；IODP：一体化海洋钻井项目；JIP：由美国 DOE 甲烷水合物项目支撑的联合工业工程；METI：日本国际贸易与工业部门；NGHP：印度国家气体水合物项目；ODP：海洋钻井项目；UBGH：郁陵盆地气体水合物。通过以上的介绍可以了解不同的工程或者钻井勘探[3]，改进自 1988 年的 Kvenvolden 研究成果

表 6.2 一些全球范围内的甲烷水合物储量计算结果（2，3）

方案提出者：	永久冻土的甲烷水合物（$10^{16}m^3$）	海洋天然气水合物（$10^{16}m^3$）
Trofimuk 等，1977	0.57	0.5~2.5
McIver，1981	0.31	0.31
Dobrynin 等，1981	340	760
Makogon，1988	1.0	1.0
MacDonald，1990	7.4	2.1
Milkov，2004	15.0	（永久冻土和海相都适用）
Klauda 和 Sandler，2005	120.0	（永久冻土和海相都适用）

在确定水合物位置之后，就要对这些水合物的储量进行评价，但这项工作的难度很大。且除了多维、多工具等方法，储层及孔隙建模也将用来提升水合物储量计算的精确性。表 6.2 中介绍了在最近几十年中对水合物储量计算结果的变化情形，这些结果均是由不同的建模方法得到的。从表 6.2 中可看出，由不同方法得到的储量计算结果的差异很大。因此，目前需要一种综合的多维计算及建模方法，以改善储量计算的精确度。从主要的国家及国际级的水合物研究项目可以看出，水合物赋存位置探测、储量估计及最终的开发（见 6.3 节）将是此研究领域未来长期的目标。在提高水合物储量及开发评价精确度中所具有的巨大局限性，来源于用于对其研究的储层及孔隙模型的关键输入数据的缺失。赋存于多孔介质中的甲烷水合物的诸多物理性质的关键参数（如孔隙度、渗透率、抗张强度等）在很多情况下的计算式不确定的，随之带来其他物理性质的严重缺失，如水合物饱和度、沉积储层微粒大小及类型等[12]。在目前缺少准确物理认识的条件下，这些参数的确定具有很大程度上的主观性。在下节将会讲到，矿场试验研究与监测、在一定条件下的系统的室内实验研究，都可以用来解决上述问题。

虽然前边讨论了水合物赋存位置探测、储量估计及用来研究二者的多维评价方法，但是在考虑这些水合物复杂性质之前，首先要对位于永久冻土及海相沉积下面赋存的水合物的热动力稳定性进行评价，且这是最基本的步骤。进一步研究将是在有水合物赋存的海洋沉积、永久冻土下环境里，其深度、温度及空隙中水的化学性质等条件会使水合物的稳定存在吗？图 6.4 介绍了一些关于在不同环境下水合物热动力相平衡边界的曲线剖面。甲烷水合物相边界包围着其稳定区域，在较高温度或较浅深度下，都会不稳定。为了将甲烷水合物开采出来，可通过提高温度或降低压力来使环境状态从热动力稳定区域移出，进而释放赋存于分裂状态的沉积层中的天然气，而此时同时包含着水和天然气，正如下面的化学方程式介绍的那样。分离出甲烷水合物是一个吸热过程，这对于赋存在永久冻土下水合物要重点考虑，因为这一吸热过程会导致冰的形成，进而会限制天然气从水合物中的分离程度[2]。

$$CH_4\ (H_2O)_6 \rightarrow CH_4 + 6H_2O$$
$$\Delta h_{diss} = +54.2\text{kJ/mol}\ (\text{gas})$$

参考文献［14］中进行了从水合物中开采天然气的经济可行性研究。结果表明，经济得从水合物中开采天然气并不会比 2009 年北美天然气市场价格高很多。但是这些经济评价都在很大程度上是基于开采井动态、沉积类型、初始天然气储量、储层热动力条件及现有的开采设施等基础上进行的。这项研究同时也认为，有理由相信开发气体水合物是有利于全球能量的开发与供给的。

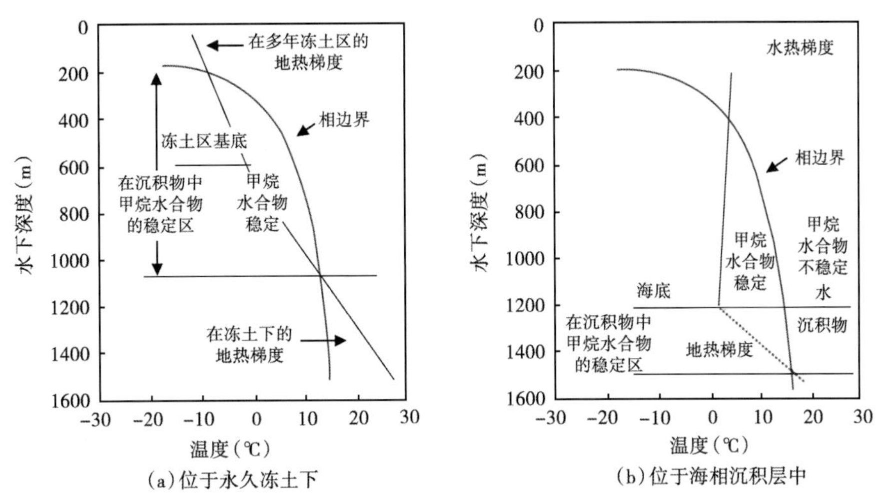

图 6.4　多孔介质中甲烷水合物的热动力学相平衡曲线剖面（基于参考文献［3］和［13］，有改动）

6.2.2　环境因素

甲烷自发地从水合物中释放，以及水合物不稳定性会导致其分解，二者对环境的影响是需要考虑的，尤其是在从水合物中开采天然气的过程中。需要注意的是，有人认为甲烷对环境温室效应的影响程度是二氧化碳的近 20 倍。但是由于缺少对这些影响的数据评价，因此甲烷水合物对环境的影响仍然处于不确定的状态。基于国家学术委员会在美国[3]及加拿大[4]进行的甲烷水合物研究项目，在或许是长期的试验开采过程中应进行环境监测工作。图 6.5 介绍了在开采水合物过程中其释放到外界的过程。在水合物稳定存在的储层中及天然水合物聚集处进行传统石油开发时，图 6.5 中那样的情形也有潜在的危险性，可能致使水合物流失到大气中。这些潜在的危险性会严重到致使作业公司离开或改变开采位置，而将一些水合物具有稳定特征的区域作为作业及开采位置，这些举动甚至会发生在较为成熟的开发阶段，例如将要建立正式开采井的时候。在这些情形下，水合物分解的危险及其不稳定性都会导致应避免在这一区域进行传统石油开采。为了精确评价在天然气开发过程中从水合物中释放出的天然气对环境的影响程度，应进行综合了矿场、室内实验及建模等方法的研究，包括对多孔介质中的水合物的物理性质及岩石地质力学稳定性的考虑。

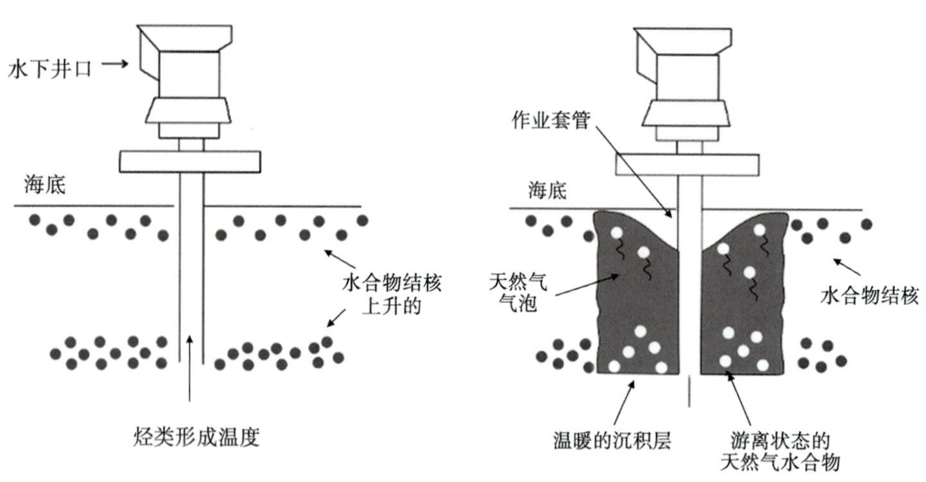

图 6.5　在天然气开采过程中，或在水合物稳定区域及天然水合物赋存的区域进行传统石油开采时，甲烷水合物在井口的流失示意图[3,16]

6.3　气体水合物储层特征实验研究方法

6.3.1　多孔介质中甲烷水合物分布模型

用来描述甲烷水合物在多孔介质中分布的精细孔隙模型对确定水合物的位置、储量估计及天然气开采都至关重要。基于前人研究成果的孔隙模型[17,18]描述了水合物由微粒接触处及表面处逐步生成，并进入孔隙空间的过程，此过程也称之为孔隙充填［图 6.6（a)］，同时也介绍了水合物在气水界面及微粒接触处形成的情形，此过程也称之为微粒胶结［图 6.6（b)］。可以体现特定的甲烷水合物沉积特征的这类模型，对此水合物的物理性质、储量评价及天然气开采等具有重要影响。特别是相比于孔隙充填型的水合物，微粒胶结型的水合物更能够破坏水合物沉积储层的岩石地质力学稳定性。因此，建立这种可以应用于特定水合物形成类型的孔隙模型非常重要，同时也是许多实验研究项目所关注的焦点，这将在后文详细介绍。

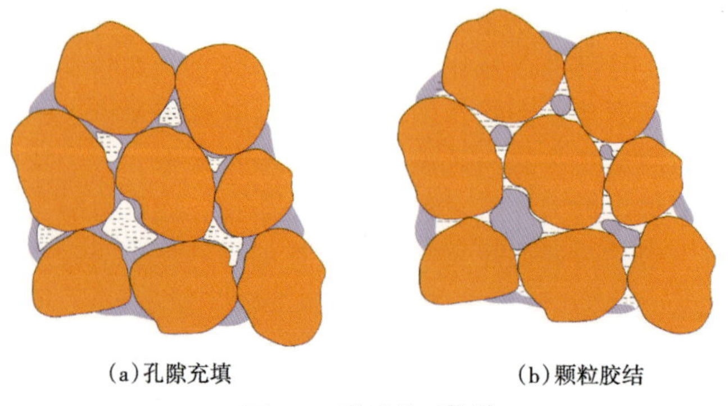

图 6.6　孔隙模型[3,17]

6.3.2　室内合成的水合物及其岩心样品

多孔介质中的甲烷水合物的孔隙模型的进一步改进及其有效性，以及水合物饱和度、沉积类型、压力、温度对水合物—多孔介质间相互作用的影响（这种相互作用又会影响到岩心样品的孔隙度和渗透率），均会有利于储层模型的建立与应用。这也将对水合物位置及储量的预测可靠性、开采可行性，以及水合物对环境的影响的评价等至关重要。通过室内实验的方法来改善孔隙模型是一种有效且成本较低的方法，因为直接获取矿场的实际资料具有很大的局限性，且室内人工合成的样品允许研究者在确定条件下进行系统的测试研究。

甲烷水合物室内实验的一个重要难题是制作可再利用的具有代表性的水合物样品。其中制作可再利用的样品是较容易实现的，而制作具有代表性的样品则不易，这是由于代表性的样品需要模拟天然水合物样品，而这些样品是经过了相当长的地质年代才形成的。基于一些北美（CSM，GaTech，LBNL，USGS，U. Calgary，cOp）、欧洲（U. Southampton）、亚洲（KIGAM）等重点水合物研究实验室的研究成果，可知试图合成一种甲烷水合物样品并对其进行基本特征参数测试，这会引起不同数据集之间很大的差异。室内实验合成样品的标准会分配给所有相关的实验室，来帮助相关实验室形成类似的合成样品条件，同时使用相同的合成材料（此材料为渥太华 F110 砂）。但是，由于孔隙充填的非均质性及不同测试方法的差异，会使合成样品的测试数据产生差异。此次不同室内实验之间的研究是首次进行的，且非常有助于精细样品的准备过程，同时也会有利于室内条件下多孔介质中水合物的研究。此研究也强调了将多孔介质样品中水合物的成像与其他物理测试手段相结合的必要性。通过对样品进行成像（例如利用 X 射线进行计算机成像[20]，可以确定样品内部结构的非均质程度，也可以在某些情况下获得有关水合物与孔隙间相互作用的进一步信息。

在室内实验室利用合成样品来模拟真实水合物形成，具有相当大的难度，且在很多方面都是不可行的。但是，可以考虑将合成多孔介质中的水合物裁剪成合适的大小，进而不同的孔隙模型可以系统地被测试及研究，并获得许多有用的数据，这些数据可以用来对复杂的矿场数据进行度量及解释。合成的方法可应用于赋存于一系列水合物储层中的甲烷水合物（天然气水合物）形成的研究[17]。这些合成方法涵盖两类水合物的形成，一类是来自于可以导致孔隙充填型水合物形成的溶解气，还一类是来自于可以导致微粒接触型水合物形成的部分饱和的水[12,17]。因此，利用不同的合成方法，可以试图去控制孔隙级别的水合物形成机制。可以利用物理方法，如 CT-X 射线成像、渗透率测试、水合物分布测试及超音速测试等，进行合成水合物储层样品的研究。这些测试方法可以在不同的温度、压力、沉积类型、水合物饱和度等条件下进行，同时也可以在天然气开采之前、之中或之后进行。下一章中（Schindler 和 Batzle）会详细介绍在合成多孔介质中水合物形成的例子，这是在利用 CT-X 射线成像和超音速测试进行的。

目前有越来越多的研究都致力于利用对天然岩心加压来进行测试，这样就不必制作合成的水合物储层样品，同时也会避免当水合物从储层中取出时所产生的状态紊乱。但是考虑到数量与类型等问题，这种加压真实岩心的可获得性较低，因此如果实验室合层的样品能够与这些加压后的真实岩心进行交叉对比，那么这是研究者最希望看到的情形。用于对岩心样品进行加压的设备已经有了重大的进展（例如 PCS、HYACINTH、Fugro、PCCT），这些设备可以将天然水合物岩心在一定压力下取出，这样就降低了水合物样品在取出过程中分解的可能性[12]。更大的技术进步是，这些取心设备包含了许多具有不同功能的腔体，这些腔体允许进行加压岩心（也会在一定有效应力下）的即时分析，进而测试水文学、热学、化学、生物及力学等性质[11]。加压取心等技术的进步，对于深入理解多孔介质中天然水合物及其赋存、运动特征，降低样品结构的变化不确定性（样品在不加压下进行取心，其特征会发生较大的变化），都具有重要意义。

6.4 在气体水合物储层中模拟流体运移

模拟从水合物储层中开采天然气包含了一系列物理化学机制，如水合物形成与分解的反应、相间传质、多孔介质中多相流、热传导与热对流等。这些机制需要利用组分数值方法来进行实现，同时要考虑对物质与能量的平衡方程的求解。在模拟水合物系统中基本的组分包括水与甲烷，其他组分为盐、抗氧剂及其他水合物形成气体（如乙烷、丙烷、二氧化碳及氮气）。这些组分可以处于不同的相中，如液相、气相、不可流动的固化水合物相及不可流动的固体冰相。为了建立水合物储层中水合物的初始状态，在压力及温度条件下的水合物的平衡条件需要利用相平衡计算来确定（见 6.4.1 节）。局部的地热梯度控制着水合物稳定区在纵向上的延伸（图 6.4）。已形成的水合物的数量可通过平衡反应关系式（假定基于化学计量学）或本征动力学而获得（见 6.4.3 节）。应用最新的数值模型的建模方法，可以用来进行模拟水合物储层中流体运移（见 6.4.3 节），其具体介绍了在一定假设条件及限制条件下的基本的控制方程及其基本的子模型。

6.4.1 气体水合物的相平衡计算

块状的气体水合物相的相包络区被定义为其在一定压力温度下的处于平衡的条件。基于具有精确的工程误差的范德瓦尔斯及普塔图模型的热动力学闪蒸计算可以确定上述平衡条件[21]。一些商业化的热动力学计算程序（如 Infochem Computer Services 的 Multiflash，Calsep 的 PVTSim）利用改进的这一模型进行气体水合物性质的预测[2]。另外一种自于科罗拉多矿业大学且基于吉布斯能量最小化方法（CSMGem）的计算程序来，也可以用来估计气体水合物平衡条件[22]。气相与水相的组成可作为这些程序的输入数据，进而获得水合物相平衡条件。由针对小孔隙中水合物分解温度的实验测试结果，可知水合物相平衡温度会有见效的趋势。在足够大的孔隙中（一般大于 60nm），水合物的平衡转变是可以忽略的，即多孔介质中水合物平衡条件与块状水合物的平衡条件相同[23]。在给定的水合物稳定区中，其垂向延伸受地热梯度控制，此时水合物易在较大孔隙中形成。而在是否在较小孔隙中形成水合物则取决于储层温度是否低于水合物反转时的平衡温度。这些研究成果与从海相取心并进行的观察存在关联性，这些取心得到的水合物一般都赋存于较粗微粒的孔隙中或发育在有裂缝的储层中。这些观察将水合物饱和度与储层的质量联系在一起，进而可知如果孔隙尺寸分布是已知的，那么位于水合物稳定区的水合物饱和度及其在多孔介质中的分布是可以被估计的。

6.4.2　水合物形成与分解的平衡及动力学模型

气体水合物的形成及分解的反应式控制着不可动水合物相、可动水相及气相间的传质。在水合物形成过程中，水与用于形成水合物的气会由于水相或气相转化为水合物时逐步被消耗掉。相反的，在水合物分解过程中，当水合物相转化为水相或气相时，水与用于形成水合物的气会被逐步释放出来。用于描述水合物形成及分解的两类模型正好可以用于水合物储层的建模，这包括平衡反应关系及本征动力学[24]。

平衡反应关系是在化学计量学基础上进行的，其要求用于形成水合物的气体分子可以与 NH 水分子反应，进而在合适的热动力学平衡条件下形成水合物，其中，NH 指在水合物相中水与气的比值，成为水合作用数：

$$g(G) + N_H H_2O(W) \leftrightarrow g \cdot N_H H_2O(H) \tag{6.1}$$

式中　g——用于形成水合物的气体分子（如甲烷）；

G，W，H——分别指气相、水相及水合物相。

针对甲烷水合物，其水合作用数大于为 6。在方程（6.1）中的双箭头指这个平衡反应式可逆的，即还可用于水合物的分解。而相的转变是由组分的存在及相对于平衡条件的目前的热动力学条件（主要指温度和压力）所决定的。

本征动力学模型表征在水合物形成过程中甲烷气体的消耗速率，或者在水合物分解过程中（r_m）甲烷气体的释放速率，其中 r_m 是动力速率常数 K_0 的常数，A 为发生反应的物体的表面积，T 为系统温度，在系统压力 p、温度 T（f）及水合物表面处于平衡状态 f_e 下，气相不同的逸度值造成了反应的驱动力，具体见式（6.2）：

$$r_m = K_0 \exp\left(-\frac{E}{RT}\right) A(f_e - f) \tag{6.2}$$

式中　E——水化作用的活化能；

R——通用气体常数。

此处的本征动力学是基于以下理论假设：在水合物形成区域的条件下，可以进行快速的水合物成核作用，而在水合物形成区域以外，则会进行快速的分解，这类似于反应模型的平衡作用。水合物形成或分解的速率是在估计不同相间传质（基于质量守恒方程）的基本要素，同时可以用来估计水合物形成过程中所释放的热量，或者水合物分解过程中所消耗的热量（基于能量守恒方程）。

通常，平衡反应模型要优于本征动力学模型，这是由于前者具有简单、低计算量等优点。并且，参考文献［24］中观察到当利用数值模拟进行长时间是大规模的天然气开采模拟时，两类模型的计算结果差异并不大，但是在进行短时间内孔隙级别的模拟时，二者之间具有巨大的差异。这两类模型可以为水合物的形成与分解提供最好的模拟结果。但是，气体水合物在储层中的分解仍然是一种尚未研究不透彻的现象。

6.4.3　气体水合物储层中流体运移的控制方程

水合物储层中流体运移的基本控制方程包含每个组分间的质量守恒方程及能量守恒方

程。这些控制方程会受到储层的地质层系分布、初始及边界条件、流体与岩石性质、相间传质与传热等影响。通过求解模型当中的方程，可以获得相压力、相饱和度及组成、温度等参数。

这里，我们对两个基本的组分——水与甲烷，建立质量守恒方程，并将其应用在气体水合物系统中，来解释此方法模拟水合物储层中流体运移的过程。质量守恒方程中的水组分在本方法中是位于一个无穷小的控制单元体重，具有质量变化是瞬间完成的，水相及气相的平流运移遵守达西定律，同时包括气相中水蒸气的分子扩散，外界的源汇相及与质量传递速度有关的水合物反应。

$$\begin{aligned}\frac{\partial}{\partial t}\left(\sum_{\beta=\mathrm{A,G,I,H}}\phi S_\beta\rho_\beta X_\beta^\omega\right) &= \nabla\cdot\left[\frac{kk_{\tau\mathrm{A}}}{\mu_\mathrm{A}}\rho_\mathrm{A}X_\mathrm{A}^\omega(\nabla P_\mathrm{A}-\gamma_\mathrm{A}\nabla D)\right]\\ &+\nabla\cdot\left[\frac{kk_{\gamma\mathrm{G}}}{\mu_\mathrm{G}}\rho_\mathrm{G}X_\mathrm{G}^\omega(\nabla P_\mathrm{G}-\gamma_\mathrm{G}\nabla D)\right]\\ &+\nabla\cdot\left[\phi S_{\mathrm{G}\tau\mathrm{G}}D_\mathrm{G}^\omega\rho G\nabla X_\mathrm{G}^\omega\right]\\ &+\sum_{\beta=\mathrm{A,G}}X_\beta^\omega+\psi^\omega\end{aligned}\tag{6.3}$$

与水组分的质量传递速度有关的水合物反应仅当本征动力学模型用来模拟水合物形成及分解时会被考虑，其相关式如下：

$$\psi^\omega=N_\mathrm{H}\gamma_\mathrm{m}\tag{6.4}$$

一个针对甲烷组分的与式（6.3）相似的质量守恒方程如下：

$$\begin{aligned}\frac{\partial}{\partial t}\left(\sum_{\beta=\mathrm{A,G,I,H}}\phi S_\beta\rho_\beta X_\beta^\omega\right) &= \nabla\cdot\left[\frac{kk_{\tau\mathrm{A}}}{\mu_\mathrm{A}}\rho_\mathrm{A}X_\mathrm{A}^\omega(\nabla P_\mathrm{A}-\gamma_\mathrm{A}\nabla D)\right]\\ &+\nabla\cdot\left[\frac{kk_{\gamma\mathrm{G}}}{\mu_\mathrm{G}}\rho_\mathrm{G}X_\mathrm{G}^\omega(\nabla P_\mathrm{G}-\gamma_\mathrm{G}\nabla D)\right]\\ &+\nabla\cdot\left[\phi S_{\mathrm{A}\tau\mathrm{A}}D_\mathrm{A}^\omega\rho_\mathrm{A}G\nabla X_\mathrm{A}^\omega\right]\\ &+\sum_{\beta=\mathrm{A,G}}X_\beta^m+\psi^m\end{aligned}\tag{6.5}$$

与甲烷组分的质量传递速度有关的水合物反应如下式：

$$\psi^m=\gamma_\mathrm{m}\tag{6.6}$$

能量守恒方程考虑了所有相及岩石骨架在无限小控制单元体中的瞬间的热聚集、岩石与所有相的热传递、水相与气相中的热对流、注入的流体及流体被采出时的热损失及热增加以及与水合物反应有关的能量源汇项。如下式：

$$\begin{aligned}&\frac{\partial}{\partial t}\left(\sum_{\beta=\mathrm{A,G,I,H}}\phi S_\beta\rho_\beta\mu_\beta^\omega\right)=\frac{\partial}{\partial t}[(1-\phi)(\rho_\mathrm{R}C_\mathrm{R}T)]\\ &=\nabla\cdot\{[(1-\phi)K_\mathrm{R}+\phi(S_\mathrm{A}K_\mathrm{A}+S_\mathrm{G}K_\mathrm{G}+S_\mathrm{H}K_\mathrm{H}+S_\mathrm{I}K_\mathrm{I})]\nabla T\}\\ &+\nabla\cdot\left[\frac{kk_{\gamma\mathrm{A}}}{\mu_\mathrm{A}}\rho_\mathrm{A}h_\mathrm{A}(\nabla P_\mathrm{A}-\gamma_\mathrm{A}\nabla D)\right]\end{aligned}$$

$$+\nabla\cdot\left[\frac{kk_{\gamma G}}{\mu_G}\rho_G h_G(\nabla P_G-\gamma_G\nabla D)\right]$$

$$+\sum_{\beta=A,G}h_\beta\rho_\beta+S_{E,hyd} \tag{6.7}$$

与水合物形成及分解有关的能量源汇项如下式：

$$S_{E,hyd}=\gamma_m\Delta h_H \tag{6.8}$$

式中　Δh_H——与水合物形成或分解有关的热能。

控制方程受下列关系式的限制：每个相中的所有组分的质量分数的和等于 1。

对每一个 β 和 $i=\omega$，m 而言：

$$\sum_i X_\beta^i=1 \tag{6.9}$$

所有的相饱和度的和等于 1。

对每一个 β 而言：

$$\sum_i S_\beta=1 \tag{6.10}$$

流动相的压力与毛细管压力有关，而毛细管压力是饱和度的函数：

$$p_c=p_G-p_A \tag{6.11}$$

针对空间利用积分有限差分方法及针对时间利用一阶有限差分方法，可以将控制着质量与能量守恒方程的微分方程进行差分，进而得到一组共轭非线性代数方程。利用全隐式数值方法在每一个控制单元体中对这些非线性方程同时进行求解。这个求解方法已经应用于最新的程序代码当中，并特意将应用在水合物储层研究当中[25,26]。目前可用的水合物储层模拟器的诸多模拟结果已经在内核对比研究中进行了对比，并得到如下认识：所有的代码都可以完全体现质量与热量传递、水合物分解等基本机理。

深入理解在气体水合物存在条件下的储层流体性质，对建立描述从水合物储层中开采甲烷的模型是有必要的。不可流动水合物相的存在降低了流动流体的有效孔隙度，也会影响多孔介质本身的渗透率及毛细管压力。目前气体水合物储层建模方法假定，作为一种普通的孔隙充填固体，水合物将会降低储层孔隙度及绝对渗透率[27]。决定于水合物在储层中的微观排列方式，水合物饱和度对渗透率、相对渗透率的影响是很大的[28]。从模型预测渗透率及实验测定渗透率的对比结果可看出，孔隙充填型水合物的模型可以提供最好的渗透率预测结果[29]，但是这个结果是利用有限的关于单相水合物储层的数据得到的。含有水、气及水合物的水合物储层，其多相流的本质需要控制着单相流体的相对渗透率（其为饱和度的函数）的附加关系的发展才能够有更深入的理解。参考文献［28］中进行了多相流在水合物储层中流动的室内实验研究，同时利用 X 射线 CT 扫描图像来改进渗透率模型，这是基于水合物的孔隙空间的存在及其对气与水流动的影响而进行的。他们的实验研究仅包含了一组关于在未饱和砂样品中水合物形成的实验。计量矿场数据尤为关键，估计甲烷开采速度是为了确定在开采天然气过程中作为水合物饱和度、岩石微粒的分布、泥质含量等函数的渗透率。此渗透率测试方法对矿场生产数据的解释、预测模型的发展及有效性而言至关重要。

6.5 结论

这种具有高能量并赋存于天然气体水合物储层，并具有清洁型燃料特征（如甲烷）的物质，已经引起了众多学者将这种非常规能源作为未来能源供给的兴趣。将水合物储层中的天然气开采出来的可能性取决于对孔隙级别中某些关键现象的理解，这些现象目前仍在研究中。这些现象与多孔介质中的水合物的形成与分解密切相关，其控制着水合物的赋存特征及水合物与其他相、岩石微粒的相互作用，并影响着多孔介质的某些参数，如孔隙度、渗透率及储层层系的地质力学完整性。深入理解这些现象，对预测水合物储层的分布位置及其储量的估计，开发可行性及开采出来的天然气对环境的影响等至关重要。本章中，我们对关于天然气水合物系统的研究成果进行了总结，并为未来研究的方向进行了展望，以此来进一步推动有关水合物开采及其对环境影响评价的技术及基本知识的发展。

符号注释：

A——表面积，m^2；

C_R——干燥岩石的热熔，J/kg/K；

D——深度，m；

D_β^ω——当不处于多孔介质中时，水组分在相 β 中的分子扩散系数，m^2/s；

E——水合作用活化能，J/mol；

f——气相在压力 P 和温度 T 时的逸度，Pa；

f_e——气相在水合物表面达到平衡时的逸度，Pa；

K——渗透率，m^2；

K_0——动力速率常数，$kg/m^2/Pa/s$；

K_β——相 β 的热传导系数，J/m/K/s；

$K_{r\beta}$——相 β 的相对渗透率；

h_β——相 β 单位质量下的热焓，J/kg；

N_H——水合作用数（在水合物相中水与气的比值）；

p——压力，Pa；

p_β——相 β 的压力，Pa；

p_c——毛细管压力，Pa；

q_β——相 β 的体积流速，m^3/s；

R——通用气体常数，J/mol/K；

r_m——在水合物形成过程中单位体积下甲烷质量消耗速率，$kg/m^3/s$；

S_β——相 β 的饱和度；

$S_{E,hyd}$——与水合物放热有关的能量源项，J/kg/s；

T——温度，K；

t——时间，s；
u——明确的相β的内部能量，J/kg；
X_β^m——相β中甲烷的质量分数；
X_β^ω——相β中水的质量分数。

希腊字母：

Δh_H——水合物形成的热焓变化量，J/kg；
γ_β——相β的静力学压力梯度，Pa/m；
ρ_β——相β的密度，kg/m^3；
ϕ——孔隙度；
ψ^κ——组分κ的质量传输速率，kg/（m^{3}s）；
μ_β——相β的黏度，Pa·s；
τ_β——相β的迂曲度，大于等于 1。

参考文献

[1] C. A. Koh, Towards a fundamental understanding of natural gas hydrates, *Chem. Soc. Rev.* 31（3），157–167（2002）. doi：10. 1039/B008672J.

[2] E. Sloan and C. Koh, *Clathrate Hydrates of Natural Gases*, 3rd edn. CRC Press, Boca Raton, FL（2007）. ISBN 9780849390784.

[3] C. Paull, W. Reeburgh, S. Dallimore, G. Enciso, C. Koh, K. Kvenvolden, C. Mankin, and M. Riedel, Realizing the energy potential of methane hydrate for the united states, *National Research Council of the National Academies*：*Washington*, *DC*（2010）.

[4] E. G. Hammerschmidt, Formation of gas hydrates in natural gas transmission lines, *Ind. & Eng. Chem.* 26（8），851–855（1934）. doi：10. 1021/ie50296a010.

[5] E. D. Sloan, C. A. Koh, and A. K. Sum, *Natural Gas Hydrates in Flow Assurance.* Gulf Professional Publishing, Burlington, MA, USA（2011）. doi：10. 1016/B978–1–85617–945–4. 00010–8.

[6] L. E. Zerpa. *A practical model to predict gas hydrate formation*, *dissociation and transportability in oil and gas flowlines.* PhD thesis, Colorado School of Mines, Golden, CO（2013）.

[7] I. Makogon, *Hydrates of Hydrocarbons.* PennWell Books（1997）. ISBN 9780878147182.

[8] T. S. Collett, M. W. Lee, M. V. Zyrianova, S. A, Mrozewski, G. Guerin, A. E. Cook, and D. S. Goldberg, Gulf of mexico gas hydrate joint industry project leg ii logging–while–drilling data acquisition and analysis, *Marine and Petroleum Geology.* 34（1），41–61（2012）. doi：10. 1016/j. marpetgeo. 2011. 08. 003.

[9] M. Frye, W. Shedd, and R. Boswell, Gas hydrate resource potential in the terrebonne basin；northern gulf of mexico, *Marine and Petroleum Geology.* 34（1），150–168 doi：10. 1016/j. marpetgeo. 2011. 08. 001.

[10] R. Boswell and T. S. Collett, Current perspectives on gas hydrate resources, *Energy Environ. Sci.* 4（4），1206–1215（2011）. doi：1754–569210. 1039/COEE00203H.

[11] T. Collett, M. Frye, D. Goldberg, J. Hasubo, C. A, Koh, M. Malone, C. Shipp, and M. Torres. Historical methane hydrate project review. Report, Consortium for Ocean Leadership（2013）. URL http：//oceanleadership. org/scientific–programs/methane–hydrate–field–program/.

[12] T. S. Collett, J. J. Bahk, M. Frye, D. Goldberg, J. Husebo, C. A. Koh, M. Malone, C. Shipp, M. Torres, D. Myers, G. and Divins, and M. Morell. Marine methane hydrate field research plan. Topical report, Con–

sortium for Ocean Leadership (2013). URL http: //oceanleadership. org/wp-content/uploads/2013/01/MH_Science_Plan_Final, pdf.

[13] K. A. Kvenvolden, Methane hydrates and global climate, *Global Biogeochem. Cycles*. 2, 221-229 (1988). doi: 10. 1029/GB002i003p00221.

[14] M. R. Walsh, S. H. Hancock, S. J. Wilson, S. L. Patil, G. J. Moridis, R. Boswell, T. S. Collett, C. A. Koh, and E. D. Sloan, Preliminary report on the commercial viability of gas production from natural gas hydrates, *Energy Economics*. 31 (5), 815-823 (2009). doi: 10. 1016/j. eneco. 2009. 03. 006.

[15] J. Grace, T. Collett, F. Colwell, P. Englezos, E. Jones, R. Mansell, J. Meekison, R. Ommer, M. Pooladi-Darvish, M, Riedel, J. Ripmeester, C. Shipp, and E. Willoughby. Energy from gas hydrates & Assessing the opportunities and challenges for Canada (2008).

[16] W. S. Borowski and C. K. Paul, The gas hydrate detection problem: Recognition of shallow-subbottom gas hazards in deep-water areas. In *Offshore Technology Conference* (1997). doi: 10. 4043/8297-MS. OTC-8297-MS.

[17] W. F. Waite, J. C. Santamarina, D. D. Cortes, B. Dugan, D. N. Espinoza, J. Germaine, J. Jang, J. W. Jung, T. J. Kneafsey, H. Shin, K. Soga, W. J. Winters, and T. S. Yun, Physical properties of hydrate-bearing sediments, *Reviews of Geophysics*. 47 (4), RG4003 (2009). doi: 10. 1029/2008RG000279.

[18] M. B, Rydzy. *The effect of hydrate formation on the elastic properties of unconsolidated sedifment*. PhD thesis, Colorado School of Mines, Golden, CO (2014).

[19] W. Waite, J. Santamarina, M. Rydzy, S. Chong, J. Grozic, K. Hester, J. Howard, T. Kneafsey, J. Lee, and S. Nakagawa. Inter-laboratory comparison of wave velocity measurements in a sand under hydrate-bearing and other set conditions. In 7*th International Conference on Gas Hydrates* (2011).

[20] T. J. Kneafsey, Y. Seol, A. Gupta, and L. Tomutsa, Permeability of laboratory-formed methane-hydrate-bearing sand: Measurements and observations using x-ray computed tomography, *SPE Journal*. 16 (1), pp. 78-94 (2011). doi: 10. 2118/139525-pa.

[21] L. Ballard and E. D. Sloan, The next generation of hydrate prediction iv: A comparison of available hydrate prediction programs, *Fluid Phase Equilibria*. 216 (2). 257 - 270 (2004). doi: 10. 1016/j. fluid. 2003. 11. 004.

[22] A. L. Ballard and E. D. Sloan, The next generation of hydrate prediction: Part Ⅲ. gibbs energy mimmization formalism, *Fluid Phase Equilibria*. 218 (1), 15-31 (2004). doi: 10. 1016/j. fluid. 2003. 08. 005.

[23] D. J. Turner, R. S. Cherry, and E. D. Sloan, Sensitivity of methane hydrate phase equilibria to sediment pore size, *PPEPPD* 2004 *Proceedings*. 228-229 (0), 505-510 (2005). doi: 10. 1016/j. fluid. 2004. 09. 025.

[24] M. B. Kowalsky and G. J. Moridis, Comparison of kinetic and equilibrium reaction models in simulating gas hydrate behavior in porous media, *Energy Convers. Manage*. 48 (6), 1850-1863 (2007), doi: 10. 1016/j. enconman, 2007, 01. 017.

[25] H. Hong and M. Pooladi-Darvish, Simulation of depressurization for gas production from gas hydrate reservoirs, *J. Can. Pet. Tech*. 44 (11) (2005). doi: 10. 2118/05-11-03.

[26] G. Moridis, Numerical studies of gas production from methane hydrates, *SPE Journal*. 8 (4), 359-370 (2003). doi: 10. 2118/87330-pa.

[27] G. J. Moridis, M. B. Kowalsky, and K. Pruess. Tough-fx/hydrate v. 1.0 user's manual: A code for the simulation of system in hydrate-bearing geologic media, Report, Lawrence Berkeley National Lab. (2005).

[28] Y. Seol and T. J. Kneafsey, Methane hydrate induced permeability modification for multiphase flow in

unsaturated porous media, *Joutrnal of Geophysical Research: Solid Earth.* 116 (B8), B08102 (2011). doi: 10. 1029/ 2010JB008040.

[29] R. L. Kleinberg, C. Flaum, D. D. Griffin, P. G. Brewer, G. E. Malby, E. T. Peltzer, and J. P. Yesinowski, Deep sea nmr: Methane hydrate growth habit in porous media and its relationship to hydraulic permeability, deposit accumulation, and submarine slope stability, *Journal of Geophysical Research: Solid Earth.* 108 (B10), 2508 (2003). doi: 10. 1029/2003JB002389.

第 7 章　天然气水合物沉积体中孔隙尺度成像和超声波速度测量

Mandy Schindler, Michael L. Batzle

Department of Geophysics, Colorado School of Mines, Golden, CO, USA

manschin@ mines, edu, mbatzle@ mines. edu

自然界存在的气体水合物包含大量的天然气，这是未来的重要接替能源。因此，认识水合物藏的孔隙分布特征，尤其是水合物的微尺度分布规律及与沉积物的相互作用是十分有必要的。本研究的目标是：确定水合物的生成过程如何影响孔隙空间的气体水合物分布，研究水合物的微尺度分布对地震波速和声波测井的作用机制，以及提升基于地震波速和声波测井估算水合物饱和度的可靠性。

一般情况下，利用玻璃珠人工合成沉积物，通过室内测量实验获取气体水合物在孔隙空间的分布数据。四氢呋喃（THF）被普遍作为客体分子，这是由于 THF 水合物具备与天然水合物相类似的物理特性所导致的。在室内形成的玻璃珠岩样上，开展微焦点 X 射线 CT 扫描成像和超声波速度测量实验，其结果均表明：THF 水合物主要赋存于孔隙空间内部，仅有少部分与颗粒壁面相接触。随着水合物饱和度的增加，生成的水合物开始桥接并逐渐支撑沉积物颗粒。该水合物沉积物满足一种承载模型，研究结果可以为制订甲烷水合物开采决策提供支撑。

7.1　引言

气体水合物自然存在于陆地永久冻土区和海洋大陆边缘的浅层沉积物中。这些储集环境具备水合物稳定所需的低温、高压条件。水合物藏中的甲烷气储量是常规储层中天然气储量的 10 余倍[1-3]。气体水合物中甲烷的巨大储量规模和广泛分布的地质聚集特征赢得了科学家、政府机构和主要能源公司的青睐。文献［4］和［5］表明，可以采用现有的油气生产技术开采气体水合物藏。为了指导水合物藏的甲烷气开采，有必要研究水合物沉积物的物理性质。定量表征气体水合物最常用的地球物理方法是地震调查和测井分析。为了校正并解释这些野外测试结果，需要借助实验手段确定水合物沉积物的整体物理性质。目前，可通过地球物理测试技术来预测气体水合物的存在，但基于地震数据或测井信息确定水合物饱和度的相关方法仍亟待攻关[6]。在某些情况下，沉积物中的水合物储层仍是不确定的。为了准确地估算水合物饱和度，急需对岩石中的气体水合物分布特征进行深入研究。

气体水合物以斑块状或透镜状分布于细粒沉积物的裂缝中，粗粒度多孔介质中则分布在孔隙空间中。孔隙空间中气体水合物的不同分布特征控制了含水合物沉积物的物理性质。

在第 6 章中，Zerpa 和 Koh 指出，相比于水合物沉积物的物理性质，块状气体水合物的物理性质更易于理解。因此，相比于纯净水合物的物理性质，确定水合物和沉积物微粒相互作用更加紧迫[7]。水合物在孔隙空间的分布特征主要取决于生成方法。自然条件下，气体水合物的生成方式有溶解于水中的甲烷气和自由态的甲烷气两种[3]。自由态甲烷气生成的水合物常存在于微粒界面及接触面处，但水中溶解甲烷生成的水合物更易于在孔隙空间中，几乎不与沉积物微粒接触[10, 11]。

本次研究中，我们侧重于研究人工合成的粗粒度孔隙介质中的气体水合物微尺度分布规律。相比于粉砂质水合物储层，存在于永久冻土区和海相环境中的粗粒度砂质储层具有更大的开采潜力。

研究目标是认识水中溶解气形成水合物的微观分布特征，并考虑以下假设：水中溶解气生成的气体水合物多分布于粗粒度的海域沉积物中，而永久冻土区中的气体水合物来源于自由态的甲烷气[3]，通过微焦点 X 射线 CT 扫描技术观测气体水合物在孔隙空间中的微观赋存状态。此外，还分析了水合物饱和度及其微观分布状态对超声波速度的影响规律。研究水合物微尺度分布特征、生成方法与超声波速之间的关系，对基于地震数据和声波测井推算水合物藏的储量规模具有重要的意义。

7.2　研究背景

7.2.1　微尺度分布模型

理论模型反映了不同的微尺度下的水合物分布特征及其对超声波速度的影响规律。模型之一是参考文献［10］［13］提出的水合物沉积物有效介质理论（图 7.1）。

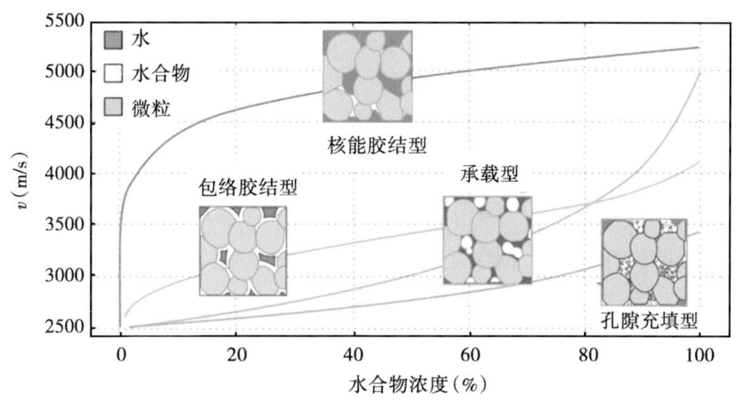

图 7.1　提出有效介质理论划分的水合物微观分布模式及其对超声波速的影响[10,13]

图 7.1 反映了根据沉积物中气体水合物有效介质模型划分的 4 种不同的微尺度分布模式，分别为接触胶结型、包络胶结型、孔隙充填型和承载型。包络胶结模型中，孔隙空间仅有少量水合物，也将导致超声波速急剧增大；基于孔隙充填模型制备的水合物对超声波速影响不显著。自由气生成的水合物多表现为微粒胶结状态，与接触胶结或包络胶结模型相类似[8,9]。水中溶解气生成的水合物几乎不与沉积物微粒发生接触，因此其微观分布状态

更符合承载模型或孔隙充填模型[14]。需要进行更多的实验室测试，以确定水合物微观分布特征与超声波波速相关性的相关函数关系。

7.2.2 天然气水合物的替代物

自然界中分布最广泛的是甲烷水合物。微焦点 X 射线 CT 扫描仪中的实验装置不能控制温度和压力，因此无法对稳定的甲烷水合物样品进行扫描成像。甲烷水合物的相平衡条件包括：压力为 0.101MPa，温度降低至 -78.7℃[15]；温度保持在 4℃，而压力增大至 4MPa[16]。为了简化实验，常利用四氢呋喃（THF）在大气压（0.101MPa）、温度 4℃ 的条件下制备水合物样品[15]。

甲烷在水中的溶解度很低（5MPa、25℃ 条件下，1mol 的水中仅能溶解 1.5×10^{-3}mol 的甲烷），基于水中溶解气实时控制甲烷水合物的合成变得异常困难[17]。极低的溶解度使得水合物生成过程中需要过量流体循环和冗长的实验时间。THF 是一种杂环物质，其分子表达式为 C_4H_8O，完全溶于水[15]，广泛用于近似水中溶解气诱导的水合物生成过程[7, 19, 20]。参考文献［21］表明，THF 水合物和甲烷水合物具有相似的宏观力学、电学和热力学性质。THF 水合物的优势在于，它通过改变化学计量的 THF-H_2O 混合物对水合物饱和度进行密切控制，同时甲烷水合物的生成历史耗时较短。然而，值得说明的是，THF 水合物结构为 SII 型，纯甲烷则形成 SI 型水合物。自然界中源于热成因气的水合物，除甲烷外，常包含长链的碳氢化合物（如乙烷、丙烷等）多表现为 SII 型水合物。THF 水合物常被作为自然存在气体水合物的替代品。

7.3 实验方法

7.3.1 微焦点 X 射线 CT 扫描

研究中，采用 XRadia 公司的微 XCT-400 装置，进行水合物微观赋存状态的微焦点 X 射线 CT 扫描成像。岩样夹持器包含两个干冰容器，分别位于顶部和底部；中间放置一个充填岩样的塑料导管，用于进行实验测定（图 7.2）。这套装置可以对岩样进行暂时冷却，以保证水合物在足够长的时间内处于稳定状态，以完成 CT 扫描成像。采集一张层析图像的数据大概要 20min，可用于监测水合物的分解过程。

图像采集前，在 CT 扫描仪的外面预先合成 THF 水合物。实验样品放置在体积 1.1mL 的圆柱状塑料容器中，包含未胶结的硼硅玻璃珠（直径为 1mm）、去离子水、THF 和氯化钡。CT 扫描确定的样品孔隙度约为 0.35。通过向玻璃珠样品中，注入适量配比的 H_2O-THF 混合物，从而合成饱和度分别为 20%、40%、60%、80%和 100%的 THF 水合物。混合所有样品之后，密封样品，抑制 THF 水合物的挥发和去离子水的蒸发；将样品放置于冰箱中，在 48h 内将温度缓慢冷却至-25℃ ，随后将样品保持在-80℃冷却 1h。必须将温度控制在 THF 水合物的相平衡温度 4.3℃以下，使水合物有足够长的时间处于稳定状态，获取 CT 扫描图像的同时，也避免了水合物的分解。

MXCT 测量根据体积密度的不同识别物质之间的差异，可为孔隙空间内不同样品组分

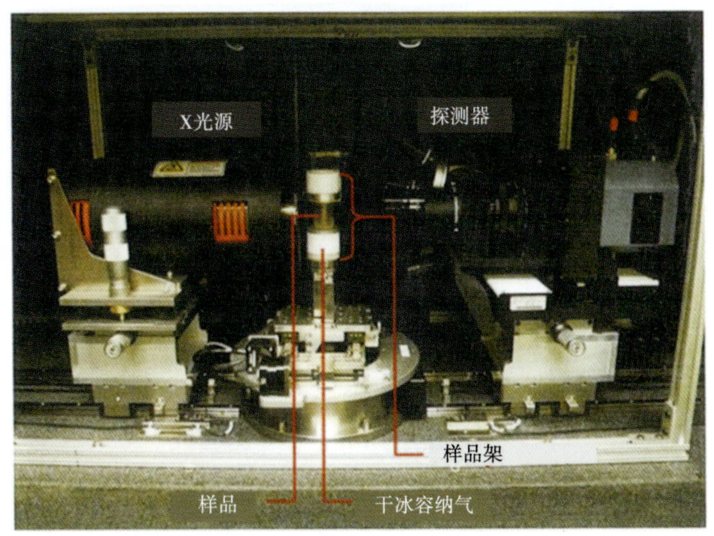

图 7.2　CT 扫描仪中的实验装置

的分布特征提供研究手段。相比于沉积物微粒，玻璃珠存在一致的 X 射线吸光度值、形状和密度（2.23g/cm^3），这使得解释 MXCT 图像变得更简单。

通过向流体混合物中加入浓度为 5%的氯化钡，提高残余水与水合物之间的密度差，例如，当氯化钡加入后，水合物饱和度为 60%的样品中密度差异增大了 5 倍。随着水合物的生成，氯化钡将被水合物结构所排除，并滞留于水相中。由于水合物生成所需要的低温条件，初始状态下样品是同时包括冰和水合物的，根据密度难以识别这两种成分（表 7.1）。差示扫描量热法表明，添加 5%的氯化钡，可以将冰的分解温度降低至-7.9℃，将水合物的平衡温度降低至 3.8℃。THF 水合物分解前，要控制冰相溶化。

通过连续 6 次的层析扫描，监测水合物的分解过程。对每一次扫描，每增加 1°，获取 200 张图像。通过选择最小的图像采集数量和最大的角度增量，实现扫描成像时间的最小化。采用电压 90keV、功率 7W 的 X 射线源进行层析扫描，连续 6 次扫描预计耗时 2h。

MXCT 扫描仪的输出数据是灰度图像，不同的灰度值代表体积、密度不同的物质。黑色灰度区域表示低的体积密度，浅色灰度—白色区域则对应于高的体积密度。

7.3.2　超声波速度测量

脉冲传输超声波速测量的基本原理是向样品中发射一种超声信号，测量信号传播时间。图 7.3 给出了每个末端有一个超声传感器的样品示例说明。

传感器通过压电锆钛酸铅（PZT）晶体发射压缩波（P 波）和两个正交极化的剪切波（S1 波、S2 波）。脉冲发射器通过向 PZT 晶体传送电脉冲激发信号，该电脉冲产生一种频率为 1MHz 的机械应变波传播通过样品，利用传感器在样品的另一端实时采取，并在数字示波器上作可视化处理，然后传输给电脑。每个样品的体积为 9.4mL，样品组成也与 MXCT 测量样品类似。

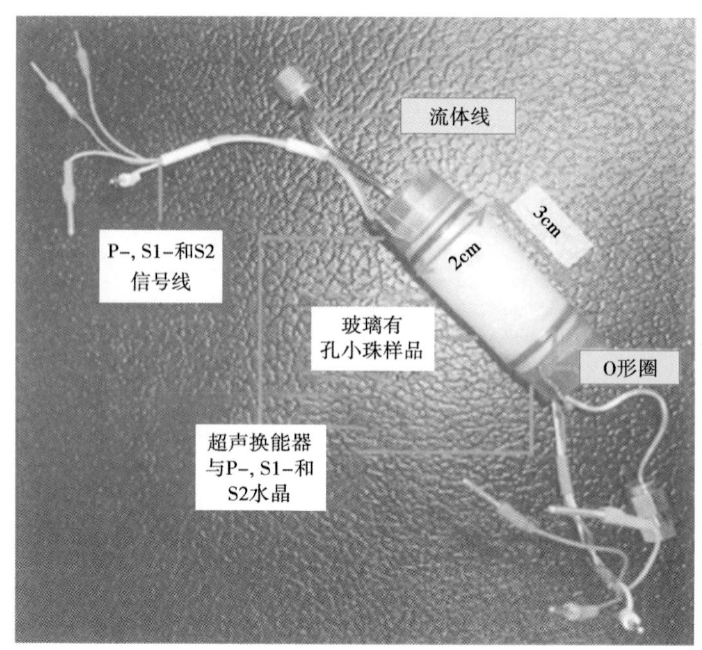

图 7.3　超声波速度测量用的样品管

在图 7.4 所示的热绝缘压力反应釜中，进行超声波实验。两对热电偶记录了压力反应釜中的温度变化，但是分别放置在样品外面的顶部和底部。压力反应釜被一个冷却的线圈

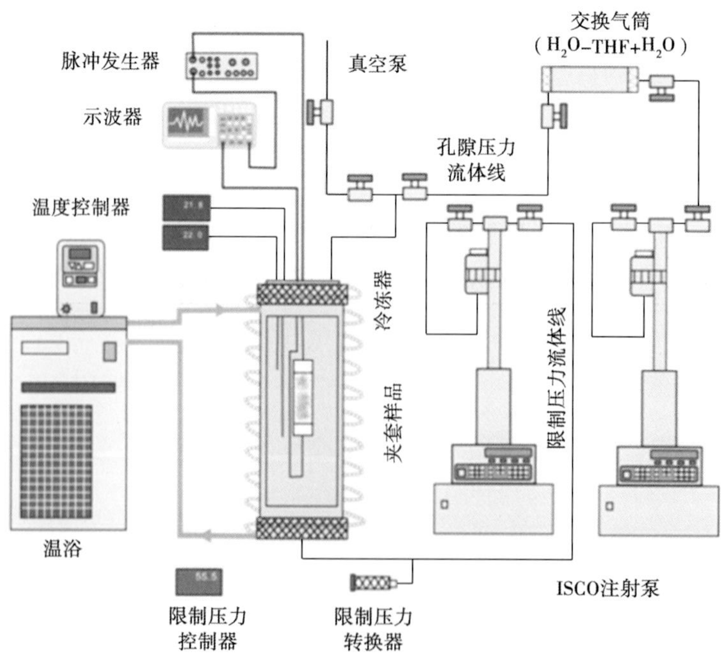

图 7.4　超声波速度测量实验装置

所包裹，并连接到一个温浴调节样品温度。孔压为0.7MPa条件下，将THF—水—氯化钡的混合物泵入样品中，围压增大至3.7MPa，所形成的压差为3MPa。在THF水合物饱和度分别为40%、60%、80%和100%时，对样品进行测量。

水合物形成混合物泵入样品后，将温度逐渐降低至水合物稳定温度之下（对于100% THF水合物，稳定温度是4.3℃）。开始阶段的冷却过程维持在4.5℃/h，但当达到水合物相平衡温度时，冷却速率下降至0.7℃/h。冷却过程中，每间隔1.0℃，记录P、S1和S2三种波形。在接近水合物稳定区域的温度时，更频繁地记录波形。当三种波形都显著增大时，说明样品中开始生成水合物，此时终止冷却过程。开始生成水合物之后，温度保持不变，直至波速趋于稳定；水合物生成后，继续对样品进行冷却，直到孔隙空间的剩余水凝结成冰。冰的形成将进一步诱使波速增大。

从波形中提取最初的达到时间。基于MXCT图像确定样品长度。结合传播时间和样品长度，计算超声波速度，表达式如下：

$$v = \frac{l}{t - t_0} \tag{7.1}$$

式中 l——样品长度；

t——首次到达时间；

t_0——死区时间（每两次采集之间存在着因处理数据而无法采集的时间）。

7.4 结果与讨论

7.4.1 MXCT成像

如图7.5所示，重构的CT图像中包含了样品不同组分的分布信息，但如果要得到定量化数据，还需要额外的计算步骤。CT图像中不同的灰度值代表了样品中组分密度的差异。由于密度低（表7.1），THF水合物和冰相都位于CT图像的低灰度值区域，而氯化钡卤水和沉淀氯化钡由于密度较高则灰度值更高（表7.1）。

表7.1 水合物饱和度 S_h =60%、氧化钡浓度为5%时样品组分的密度

组分	密度（g/cm³）
冰	0.92
水	1.00
氯化钡	3.84
氯化钡卤水（5%）	1.49
THF水合物	0.97
THF—水—氯化钡混合物	1.11

图7.5给出了一系列的水合物饱和度为80%的样品CT图像，表征了THF水合物的分解动力学行为。前两张扫描图像表明，THF和冰分布在孔隙空间内，与微粒表面几乎没有

接触点。沉淀的氯化钡覆盖了大部分的微粒表面，并在相邻微粒间形成架桥。成像过程中，冰逐渐融化。随之，液态水分布在孔隙空间中，与氯化钡发生混合。

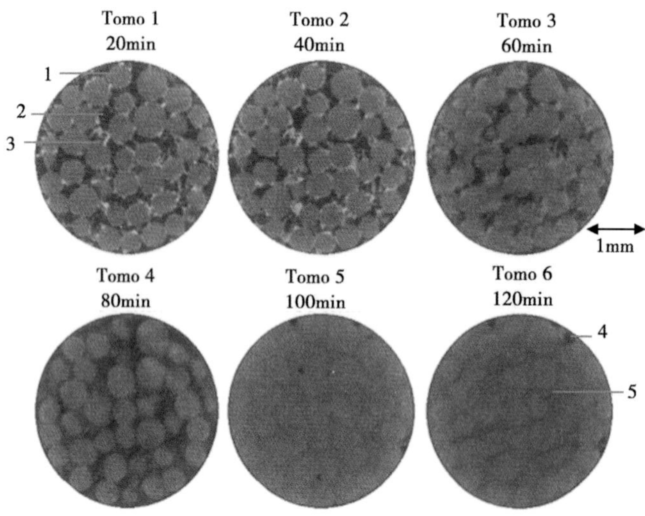

图 7.5 初始水合物饱和度为 80%的玻璃珠样品的一系列 CT 图像

1—玻璃珠；2—冰及 THF 水合物；3—$BaCl_2$；4—气泡；5—$BaCl_2$、H_2O 和 THF 的混合物

数据采集的后期，水合物开始分解。孔隙空间内的分解和融化过程诱发 Tomo4 图像的模糊现象。水合物分解后（Tomo5 和 Tomo6），孔隙空间内充满氯化钡、液态水和 THF 的混合物，它具有适中的密度和灰度值。Tomo5 和 Tomo6 中的黑灰色圆形斑点是气泡。

通过水合物分解前、后组分的密度差解释图像特征，并利用 ImageJ 和 Matlab 对图像进行分析。借助于图像处理技术，确定 CT 样品中不同组分的灰度值大小范围。扫描过程结束时，初始状态下包含 THF 水合物、冰和氯化钡沉淀的孔隙空间被液态水、氯化钡和 THF 的混合物所填充。层析成像两两相减，得到灰度值和密度差异分布。表 7.1 总结了不同样品组分的密度值，THF 和混合物之间、冰和混合物之前的密度差都是负值，氯化钡和混合物之间、氯化钡卤水和混合物之间的密度差是正值。因此，对水合物分解前后的图像进行相减，可以更好地判别冰、氯化钡和 THF 水合物在图像中的位置（图 7.6、图 7.7）。

采用 ImageJ 中的控件“M-B 滤波器”消除图像的噪声，它在保留更大灰度差的前提下对小于特定界限的灰度差范围进行平滑处理，如孔隙空间与玻璃珠之间的接触点（图 7.6）。基于 ImageJ 软件，获取表征玻璃珠的灰度临界值，将该临界值设定为零，从而将图像中的玻璃珠移除（图 7.6）。将两个图像存取为 8 个字节的矩阵，借助于 Matlab 对图像进行相减，并以允许负密度差的形式进一步转换为双矩阵，从而防止数据丢失。图 7.6 为阐明正（蓝色）、负（红色）灰度值差异的 Matlab 图像。然后，微分矩阵被转换为正整数矩阵，并以 8 字节图片的形式输出，用于 ImageJ 的进一步分析。

图 7.7 给出了整个层析扫描图像序列与参考图像 Tomo6 相减得到的直方图和差异图像。扫描过程中，直方图中值逐渐由低灰度值向中灰度值过渡。表征 THF 水合物和冰（蓝色）、纯净氯化钡（红色）的像素数不断减少。图 7.7 中呈现为白色的中等灰度值（125±20）的

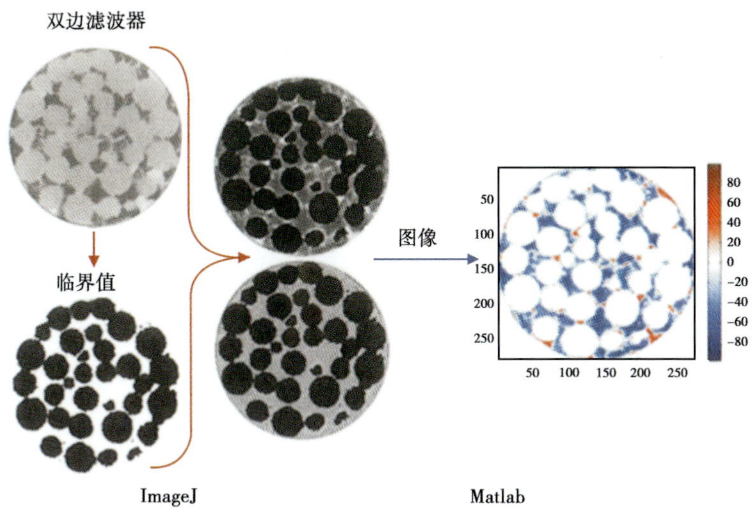

图 7.6　MXCT 图像的处理流程

红色：密度正差异，如氯化钡；蓝色：密度负差异，如冰或 THF 水合物；白色：密度零差异，如玻璃珠

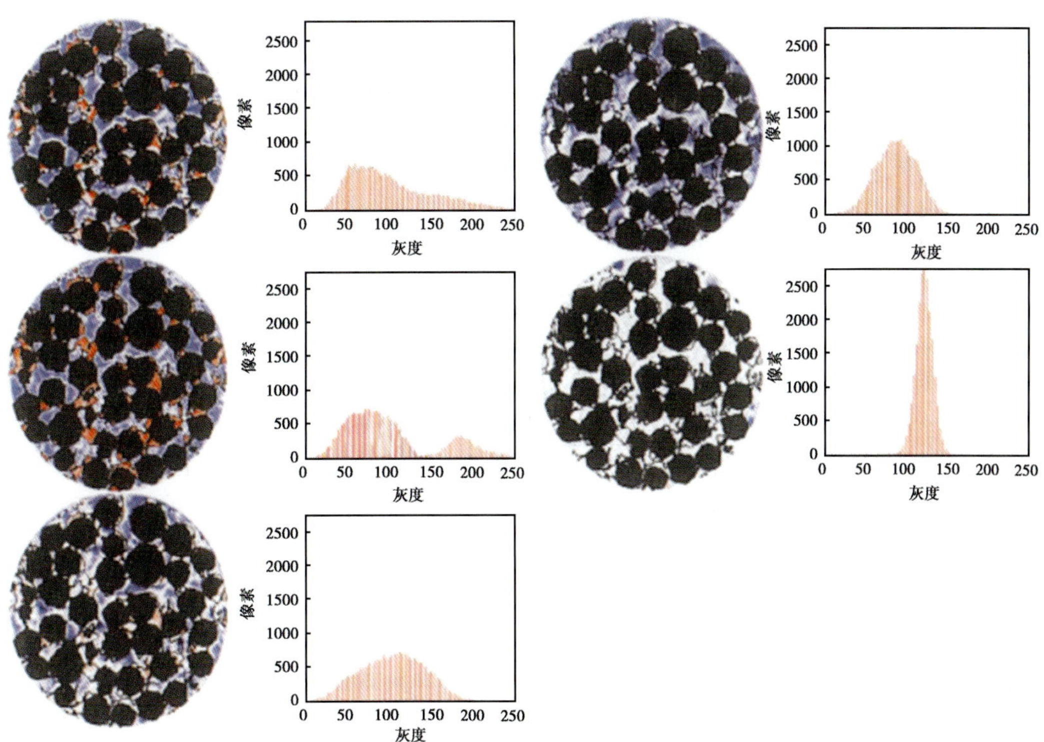

图 7.7　初始水合物饱和度为 80%的样品的灰度直方图及差异 CT 图像

黑色：玻璃珠；蓝色：冰和 THF 水合物；红色：氯化钡沉淀物；白色：氯化钡卤水或 $H_2O/BaCl_2/THF$ 混合物

像素被认为是氯化钡卤水、水/氯化钡/THF 的混合物，或者是高低密度区域交界面处像素误解释引起的模糊现象。图 7.7 进一步说明了扫描过程中，中间灰度值像素数的增大，以及高（>150）、低（<100）密度像素数的减少。高灰度值和低灰度值区域的逐渐消失是由于水合物分解和冰的融化所导致的。在代表水合物分解完成的 Tomo5 中，孔隙空间表现为白色，剩余的蓝色区域为气泡。

如图 7.7 所示，水合物和冰赋存于整个孔隙空间内，微粒界面和接触点前期覆盖氯化钡沉淀物，随后的分解过程中则是氯化钡卤水。研究表明，分解过程是由微粒表面向整个孔隙空间传递，大孔隙中间的水合物最后分解。

7.4.2 超声波速度测量

图 7.8 记录了水合物饱和度为 40%的样品由 23～−8℃冷却过程中 P 波和 S 波的速度变化。P 波和 S 波的速度误差分别为 10%～11%、16%～19%。考虑岩样长度和到达时间选取的不确定性，计算速度误差：

$$\sigma_{v}=v\cdot\sqrt{\sigma_{l}^{2}\left(\frac{\partial v}{\partial l}\right)^{2}+\sigma_{t}^{2}\left(\frac{\partial v}{\partial t}\right)^{2}+\sigma_{t_0}^{2}\left(\frac{\partial v}{\partial t_0}\right)^{2}} \tag{7.2}$$

式中 v——速度；

l——样品长度；

t——到达时间；

t_0——死区时间；

σ_l——样品长度的不确定性；

σ_{t_0}——死区时间的不确定性；

σ_v——速度的绝对误差。

第一个振幅偏零的位置处，用人工方式确定压缩波的到达时间。人工选取有主观性，误差假设为 $\sigma_t=10^{-6}$s。由于剪切波在第一个振幅偏零位置上波形是不可见的，所以振幅最大的位置处确定剪切波的到达时间，引入误差为 $\sigma_t=5\cdot10^{-6}$s。但对于每一种波形，在相同位置确定到达时间，相对误差远小于图 7.8 和图 7.9 所述的绝对误差。

由于添加了 5%的氯化钡和激化水合物生成的冷却过程，水合物在低于 THF 水合物相平衡温度 4.3℃的条件下开始生成。4.3℃是水合物饱和度为 100%时的平衡温度。水合物饱和度愈低，平衡温度越小[15]。虽然水合物的生成温度低于 0℃，但由于加入了 5%的氯化钡，冰的形成温度降低至−7.9℃，因此样品中同时形成的冰能够被排除。

水合物生成之前，超声波速度保持不变。水合物的生成将引起 P 波和 S 波速度的急剧增大，样品中冰的形成将第二次引起速度的增加。如图 7.8 所示，氯化钡的加入，降低了水合物的稳定温度和冰的形成温度。通过对比相同水合物饱和度及在是否存在氯化钡情况下的样品波速大小发现，氯化钡的存在使得压缩波的速度增加了 300m/s，剪切波的波速增加了 200m/s。

图 7.9 反映了不同水合物饱和度（40%、60%、80%和 100%）下超声波速在冷却过程中的变化。波速的增大与水合物饱和度正相关，孔隙空间内水合物越多，超声波速度越高

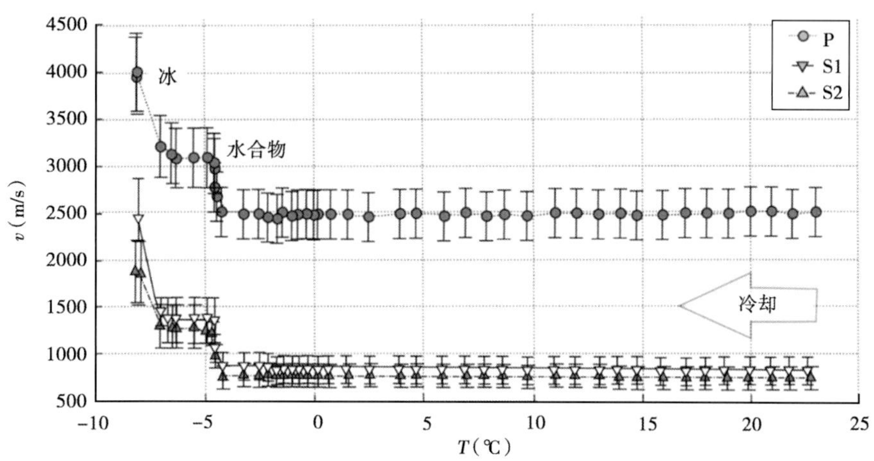

图 7.8　冷却过程中水合物饱和度为 40%的样品的 P 波、S1 波、S2 波的速度变化

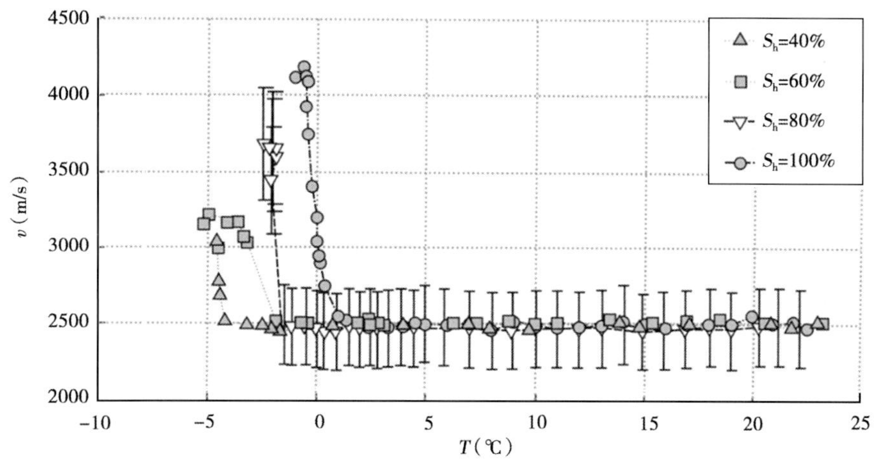

图 7.9　冷却过程中水合物饱和度分别为 40%、60%、80%和 100%时，P 波速度的变化

(表 7.2)。水合物饱和度越低，水合物生成温度越小。文献［22］中的观测结果表明，水合物的相平衡温度随水合物的饱和度减小而降低。可以看出，水合物饱和度为 60%样品的超声波速度整体小于其他样品，这个误差在可允许范围内，却使得水合物生成后的超声波速低于饱和度 40%的水合物样品的波速。

表 7.2　水合物生成后的超声波速度

S_h (%)	v_p (m/s)	v_s (m/s)
0	2500±250	820±123
40±5	3034±315	1356±242
60±5	3162±327	1310±219
80±5	3677±376	1555±281
100±5	4185±482	1801±351

图 7.10 和图 7.11 反映了超声波速测量结果与 Refs[10, 13]提出有效介质模型的对比效果。假定水合物饱和度的不确定性为 5%，P 波和 S 波速度更接近于承载型或包络胶结型特征。但 MXCT 图像表明，基于包络胶结模型将无法生成水合物样品。

水合物饱和度的测试误差同时包含了包络胶结模型和承载模型，一种解释是两种不同形成机制共同导致了波速增加。CT 图像表明，水合物与微粒存在少量接触点，由于玻璃珠界面有杂质，有可能使少量的水合物生成于微粒表面。上述混合形成机制可用于解释超声波速介于承载模型和包络胶结模型之间的原因。

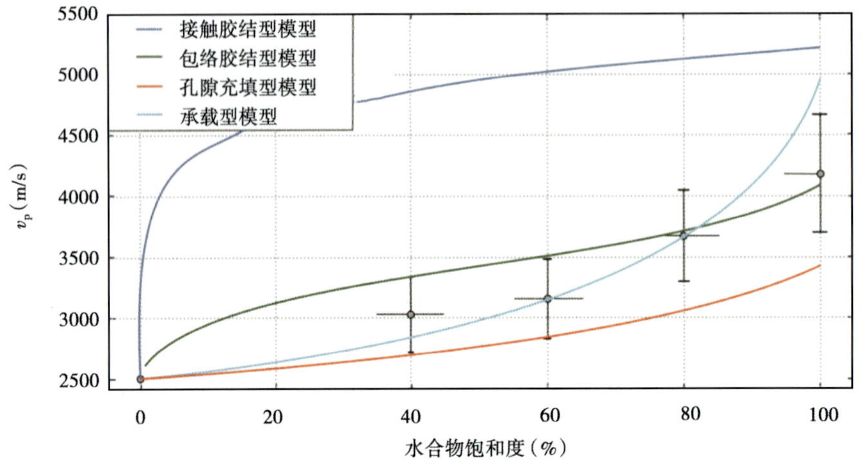

图 7.10　Refs[10, 13]有效介质模型与压缩波速度测量结果的对比

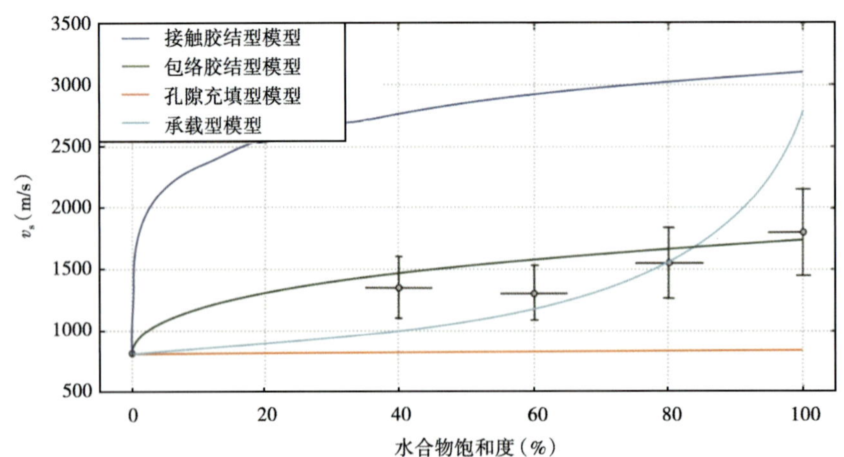

图 7.11　Refs[10, 13]有效介质模型与剪切波速度测量结果的对比

7.5　结论

微焦点 X 射线层析扫描观测结果表明，基于水中溶解 THF 生成的水合物赋存于孔隙空间中，除少量水合物与微粒壁面接触外，绝大部分远离微粒壁面。基于观测得到的结论如下：THF 水合物对超声波速度的影响可以通过有效介质理论中的承载模型和包络胶结模型进行联合解释。为了验证这一认识，进一步测定了超声波速度的变化，并与有效介质模型进行了比较。

由于 THF 水合物代表了自然存在的水合物的一种结构，可以发现，粗粒沉积物中的气体水合物来源于水中溶解气时，主要的赋存状态是非胶结型，这对基于地震和测井数据评价气体水合物饱和度具有重要意义。根据地震波速和声波测井数据计算水合物饱和度的方法都需要可靠地岩石物理变换来表征超声波、地震波速度或者声波阻抗与水合物饱和度的函数关系[23]。

编者注：Mike Batzle 教授是贝克休斯岩石物理学及地球物理学的特约教授。Mike 教授在教学和科研领域内享有世界级声誉。他不幸于 2015 年 1 月去世，我们在此表达深切的怀念之情。

参考文献

[1] R. F. Meyer, Speculations on oil and gas resources in small fields and unconventional deposits, *Long-term Energy Resources*. 1, 49-72 (1981).

[2] V. M. Dobrynin, Y. P. Korotajev, and D. V. Plyuschev, *Gas Hydrates - A Possible Eenergy Resource*. Pitman Publishers, Boston (1981).

[3] T. S. Collett, A. H. Johnson, C. C. Knapp, and R. Boswell, Natural gas hydrates: A review, Natural gas hydrates-Energy resource potential and associated geologic hazards: *AAPG Memoir*. 89, 146-219 (2009).

[4] B. J. Anderson, J. W. Wilder, M. Kurihara, M. D. White, G. J. Moridis, S. J. Wilson, M. Pooladi-Darvish, Y. Masuda, T. S. Collett, R. B. Hunter, et al., Analysis of modular dynamic formation test results from the mount elbert 01 stratigraphic test well, milne point unit, north slope, Alaska, *British Columbia, Canada* (2008).

[5] S. R. Dallimore, J. F. Wright, F. M. Nixon, M. Kurihara, K. Yamamoto, K. Fuji, M. Numasawa, M. Yasuda, and Y. Imasato. Geologic and porous media factors affecting the 2007 production response characteristics of the jogmec/nrcan/aurora mallik gas hydrate production research well. (2008).

[6] T. S. Collett and M. W. Lee, Well Log Characterization of Natural Gas Hydrates 1. *Petrophysics* 53 (5), 348-367 (2012).

[7] T. S. Yun, F. M. Francisca, J. C. Santamarina, and C. Ruppel, Compressional and shear wave velocities in uncemented sediment containing gas hydrate, *Geophy. Res. Lett*. 32 (10) (2005).

[8] W. F. Waite, W. J. Winters, and D. H. Mason, Methane hydrate formation in partially water-saturated ottawa sand, *Am. Mineral*. 89 (8-9), 1202-1207 (2004).

[9] J. A. Priest, A. I. Best, and C. R. I. Clayton, A laboratory investigation into the seismic velocities of methane gas hydrate-bearing sand, *J. Geophy. Res. : Solid Earth*. 110 (B4) (2005).

[10] C. Ecker, J. Dvorkin, and A. Nur, Sediments with gas hydrates: Internal structure from seismic AVO,

Geophysics. 63 (5), 1659-1669 (Sept., 1998).

[11] D. C. Kunerth, D. M Weinberg, J. W. Rector, C. L. Scott, and J. T. Johnson, Acoustic laboratory measurements during the formation of a thf-hydrate in unconsolidated porous media, *J. Seism. Explor*. 9 (4), 337-354 (2001).

[12] R. Boswell and T. S. Collett. The gas hydrates resource pyramid Fire in the Ice: (2006).

[13] M. B. Helgerud, J. Dvorkin, A. Nur, A. Sakai, and T. S. Collett, Elastic-wave velocity in marine sediments with gas hydrates: Effective medium modeling, *Geophy. Res. Lett*. 26 (13), 2021-2024 (jul, 1999).

[14] M. B. Rydzy and M. L. Batzle. Rock physics characterization of THF hydrate-bearing sediment. In *Proceedings of the 7th International Conference on Gas Hydrates* (2011).

[15] E. D. Sloan and C. A. Koh, *Clathrate hydrates of natural gases*. CRC press (2008).

[16] J. Carroll, *Natural gas hydrates: a guide for engineers*. Gulf Professional Publishing (2009).

[17] D. R. Lide and H. P. R. Frederikse, *CRC handbook of chemistry and physics* (1995).

[18] E. Spangenberg, J. Kulenkampff, R. Naumann, and J. Erzinger, Pore space hydrate formation in a glass bead sample from methane dissolved in water, *Geophy. Res. Lett*. 32 (24) (2005).

[19] C. Pearson, J. Murphy, and R. Hermes, Acoustic and resistivity measurements on rock samples containing tetrahydrofuran hydrates: laboratory analogues to natural gas hydrate deposits, *Journal of Geophysical Research: Solid Earth*. 91 (B14), 14132-14138 (1986).

[20] T. S. Collett and J. Ladd, Detection of gas hydrate with downhole logs and assessment of gas hydrate concentrations (saturations) and gas volumes on the blake ridge with electrical resistivity log data. Procs. of the Ocean Drilling Program 164, 179-191 (2000).

[21] J. Y. Lee, T. S. Yun, J. C. Santamarina, and C. Ruppel, Observations related to tetrahydrofuran and methane hydrates for laboratory studies of hydrate-bearing sediments, *Geochemistry, Geophysics, Geosystems*. 8 (6) (2007).

[22] T. Makino, T. Sugahara, and K. Ohgaki, Stability boundaries of tetrahydrofuran+ water system, *J. Chem. and Engin. Data*. 50 (6), 2058-2060 (2005).

[23] Z. Zhang, D. -h. Han, and D. R. McConnell, Characterization of elastic properties of near-surface and subsurface deepwater hydrate-bearing sediments, *Geophysics*. 78 (3), D169-D179 (2013).

第 8 章　应用于油气开采的微观流体及纳米级射流的多孔介质模型

Jeong Tae Ok, Keith B. Neeves, Wei Xu, Xiaolong Yin

Department of Chemical & Biological Engineering, Department of Petroleum Engineering, Colorado School of Mines, Golden, Colorado 80401, USA

xyin@ mines. edu, kneeves@ mines. edu

在进行多孔介质中流体的运移及相行为的可视化研究时，进行微流体或纳米流体孔隙介质模拟（μPMA/nPMA）是很有必要的。本文中，我们将会介绍 μPMA/nPMA 的建立，以及它们在提高油气采收率、在气水吸吮过程中次微米级孔隙里水的毛细管滞后现象等领域研究中的应用情况。利用基于 μPMA 的具有中型润湿特征的聚二甲硅氧烷，我们研究了孔隙几何结构对油水排驱效率的影响。μPMA 的孔隙度与渗透率分别为 0. 19 及 $2\times10^{-13}m^2$。我们发现孔隙尺寸分布及晶簇均会降低排驱效率。尽管表面活性剂的应用会提高所有类型孔隙的排驱效率，但是含有晶簇的非均质孔隙仍然会降低排驱效率。利用反应离子蚀刻技术，可以将 nPMA 刻蚀在硅板表面，然后再刻蚀图像的正面黏上派热克斯玻璃作为盖板。基于 nPMA 的多相流实验用来描述临界气体压力，此过程需要移除纳米级孔道中残余的液体。测得的高压表明一旦压裂液进入低渗透层，那么很难再将这些液体回收。

8.1　引言

透明的网络模型在很多关于多孔介质的文献中被一直认为是微观模型，这类模型已经被应用于多相流可视化研究中[1]。第一款玻璃微观模型于 1961 年研制，其用来进行水驱油可视化的研究[2]。在 20 世纪 70 年末期及 80 年代，微观模型在影印技术下得到很大改善，其可以制作大约 20μm 级别的孔隙尺寸。此时，微观模型可以广泛应用于多相流的实验研究[3,4]。微观模型可以应用于临界多相流现象，如逾渗过程[5,6]、毛细管力现象、黏性指进等[7]。自此，微观模型可以进行多种类型应用，如提高采收率[8]、溶质及胶质的运移[9-11]、微观有机质运移[12]及燃料电池[13]等。在过去的十年里，随着一些新的制造技术的引进，如 LIGA[14]、深反应离子刻蚀[15]及软刻蚀[11]等，微观模型又有了一些改进。其中一个相关的例子就是将珠子充填入微观模型的孔道，进而模拟多孔介质张的固相[16]。将这些技术综合起来，就可以制作出具有任意周期分布、随机分布或不规则分布的几何形状的孔隙，这些孔隙的尺寸可以降低至 1μm 的水平[17]，同时，还可以对孔隙分布的照片进行一比一比例的制作[18]。燃料电池技术、细胞膜技术及近来出现的非常规油气资源开发技术的发展，都对在纳米级水平上进行流体运移的可视化及定量研究提出了迫切需求。在这些纳米级孔隙中，由于其比表面很大，因此对表面能和表面力影响也很大。此外，纳米级孔隙的小尺寸使孔隙中流体的连续性的形成成为了疑问，尤其是针对具有大分子的流体。利用湿（干）刻蚀技术、光刻及压印技术[19]来制备透明的纳米级流体设备，使其成为目前很有用处的研究工作。

在本文中，我们将介绍微流体多孔介质模拟（μPMA）设备及纳米级流体多孔介质模拟（*n*PMA）设备的建立，以及它们在化学驱研究及在次微米级孔隙中流体的毛细管力滞后现象研究中的应用。

8.2 模型建立方法

8.2.1 μPMA 设备的建立

我们利用沃罗诺伊图建立了三类孔隙几何形态具有随机特征的μPMA，同时建立了八类孔隙具有三角形、正方形、菱形及六边形等形式整齐排列的 *n*PMA（图 8.1）。在三类孔隙具有随机分布特征的类型中，其中一种是喉道宽度具有高斯分布特征，其区间为 4~8μm，最大值为 6μm。为了与这些孔隙随机分布的模型作对比，并进一步研究孔喉配位数的影响，建立了具有孔喉规则分布特征的模型，这些模型的孔喉分别按照六边形、正方形、菱形及三角形均匀分布。随机与规则分布的孔喉模型均会在将随机挑选的颗粒移除来生成晶簇之后，而具有非均质特征的网络结构。所有其他的孔隙几何结构具有一致的喉道宽度。μPMA 模型的尺寸为 30mm×3mm（长×宽）。

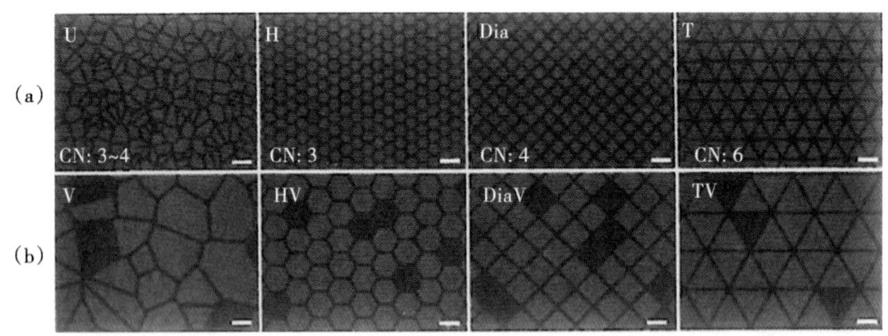

图 8.1 在 11 个具有不同孔隙几何类型的模型中抽提出 8 个，进行水驱油及表面活性剂驱油的研究
U：喉道之间随机连接，但喉道的宽度保持一致，即为 6μm；H：宽度为 6μm 的喉道以六边形的形式均匀排列；Dia：宽度为 6μm 的喉道以菱形的形式均匀排列；T：宽度为 6μm 的喉道以三角形的形式均匀排列；V：宽度为 8μm 的喉道随机排列，期间会存在晶簇；HV、DiaV、TV 分别为：宽度为 6μm 的喉道以六边形、菱形、三角形的形式排列，期间会存在晶簇。还有三类没有在此处展示出来的形式，其分别为正方形（S）、正方形间存在晶簇（SV）及宽度在 4~8μm 之间的喉道随机连接分布，而这些喉道尺寸遵循高斯分布（D）；CN 表示孔隙几何结构的配位数

首先通过光刻技术，并进一步通过软光刻技术转化为聚二甲硅氧烷（PDMS），进而形成了有 3ft 直径的硅圆片，微流体网络模型就会体现在这个硅圆片上面，（图 8.1）。一种负性光刻材料（型号为 KMPR 1010，由 MA、MicroChem、Newton 制作）被用来制作 PDMS 模

具，其深度约为 15μm。在光刻之后，具有硅橡胶基地与固化剂比例为 10∶1 特征的 PDMS 在模具 KMPR-Si 上面制作出来，这里用到了标准的软化光刻技术[21]。在压制出 PDMS 之前，KMPR-Si 要经过气态的三氯甲硅烷（类型包括 Tridecafluoro-1，1，2，2-Tetrahydro-octyl-Trichlorosilane，由 Gelest、INC、PA 生产）处理，来保证表面不易被沾上水，这对缓慢的脱模过程具有重要意义。模型的出口与入口首先被 PDMS 设备打通而得到，然后在 1M 的 HCl 中进行 8min 的声处理，在丙酮中处理 5min，接着在乙醇中处理 5min，最后在对流恒温烤箱中保持 70℃的恒温进行 1h 的干燥。这些设备与玻璃在氧气等离子体中放置 45s，并保持 30W 的状态，然后它们将粘在一起。由于设备较浅的区域较易损坏（大概 15μm），因此需要格外的小心。利用一个滚轴将 PDMS 表面轻轻放置在玻璃基片上面。与等离子体粘在一起的 PDMS—玻璃芯片，连同气态的三氯甲硅烷一同放进真空腔中，保持 4h，来使 PDMS 与玻璃的表面具有不易沾水的特性。

8.2.2　*n*PMA 设备的建立

我们基于不同几何形态来建立纳米级流体多孔介质模型。在这里，结合精选的扫描电子显微镜的图片，介绍常用的建立方法。纳米级流体芯片中的微米级及纳米级孔道均存在于被打磨过的硅圆片（厚度为 250mμm）的两面，同时硅圆片两面还存在低应力的硅氮化物，制作方法见文献［22］。首先，利用基于光刻胶及硅氮化物的反应离子蚀刻可以使模型孔道具有纳米级别的特性，在此过程中，要将腐蚀膜防止圆片的靠前的那面。如图 8.2 中左边的四张图，其展示了一组间隔为 10μm 的相邻的 100 个纳米级孔道。每个孔道的横截面为深 100nm、宽 5μm、长 200μm。图 8.2 图中右侧的图里所示的模型，为一个由纳米级孔道组成的网络模型，平面尺寸为 600μm×400μm。这里的纳米级孔道为宽 3μm、深 300nm，该网络模型孔隙度为 19%。由反应离子蚀刻得到的典型的水平表面的粗糙度，其均方根一般在 $1\mu m^2$ 区域低于 1nm。接下来，在纳米级孔道网络模型的两侧建立了两条微米级孔道。这两条微米级孔道是用来控制穿过纳米级孔道的压差[23]。最终，通过在圆片背面进行较深的反应离子蚀刻，在两条微米级孔道的四端可以制作出入口与出口。通过沿着晶体平面劈

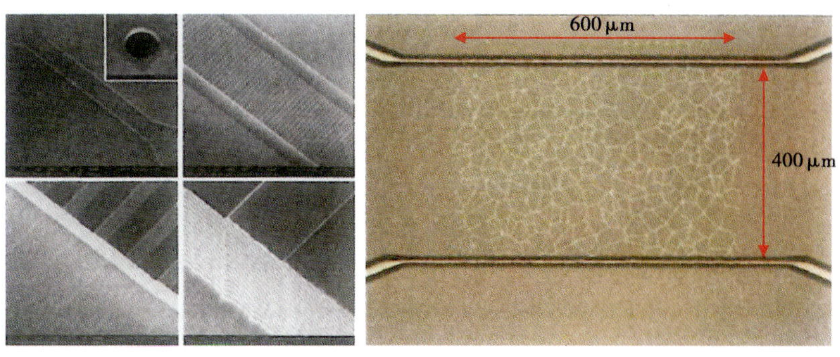

图 8.2　左侧的四个图展示了不同角度下纳米级流体设备的扫描电子显镜图片。从左上角的图顺时针得展示了设备的全景，且入口与出口嵌入其中；在微米级孔道之间平行排列着纳米级孔道；剩下的两张图展示了一条微米级孔道与纳米级孔道之间的连接点。右侧的图展示了一套刻蚀的纳米级孔道网络模型，其位于两条微米级孔道之间，这些均是通过显微镜看到的

开，可以将建立好的设备从硅圆片中移除。每个设备（尺寸为 40mm×20mm×0.25mm）的上面通过阳极键合（环境为 330℃，1kV 并持续 1h）与一块派热克斯玻璃型的盖玻片（具体型号为 Pyrex7740，尺寸为 40mm×20mm×0.3mm，生产公司为 Newport Industrial Glass, Inc. Stanton, CA）粘在一起。在进行这个粘合之前，硅氮化物薄膜会在温度较高的磷酸腐蚀［此环境为 85%（质量分数）H_3PO_4，2h，150℃］程序中被完全移除。为了保证表面干净，整个纳米级流体薄片会使用试剂级水、甲醇等进行漂洗，并在使用之前利用氮气进行干燥。

8.3 实验流程

8.3.1 利用 μPMA 设备进行水驱与表面活性剂驱

在进行两相驱替实验之前，需要利用恒压测通过设备的流速来获得图 8.1 中网络模型的液测渗透率，测试用的流体微去离子水。实验设备包含用来驱替的压缩氮气、泄压阀、用来调节入口端压力的控制器、压电型压力传感器、压力表及用来承接流体的玻璃毛细管。玻璃毛细管与微米级设备相连，此管为具有 0.01ft 小孔的 Tygon 型管，由 Fisher 制作。这种类型的试管被连接在 PDMSμPMA 设备上。给定压力下通过设备的流体的流速是通过测试空气流体流进毛细管 2mm 时所需的时间而获得。这个测试要重复进行 3 次，并且压力均处于 4~20psig。

在两相驱替实验中，驱替流体或者是含有 1.5%（质量分数）的氯化钠溶液，或者是含有 0.5%（质量分数）表面活性剂［型号为 NEODOL 91-8 ethoxylated alcohol（EA）］的氯化钠溶液［其浓度依然是 1.5%（质量分数）］。轻质矿物油被用来作为润湿相。蓝色事物染料（型号为 FD&C#1，由 Spectrum Chemical 制造）加入驱替流体中［加入后浓度为 1.0%（质量分数）］，可以对排驱过程进行可视化研究。利用具有锥板形态的 TA Instruments stress and strain controlled DHR-3 黏度仪（由 Discovery Hybrid Rheometer-3, New Castle, DE, USA 制造）测量黏度，温度环境在 25℃左右（上下浮动 0.1℃），由 Peltier element 来进行温控。盐水与矿物油间的表面张力通过旋滴张力仪（由 SITE100，Kruss 制造）测得。利用精细移液管及精细顶加载式平衡的方法（所用仪器为 Denver Instruments, PI-6001）来测量流体密度。在这套实验中，μPMA 设备经过三氯甲硅烷来处理，进行形成均一的不易沾水的表面，接触角可达 111°。

水驱与表面活性剂驱的实验装置与渗透率测试的装置是一样的。在这些实验中，驱替流体在压力 15psi 下首先注入并充满多孔介质。接下来，矿物油在 15psi 的压力下持续注入 20min，建立不可动水饱和度。第三步，用盐水或表面活性剂对矿物油进行驱替，驱替压力保持在 1.5psi。在注入过程及注入水突破时，对模型进行扫描成像。

由于 μPMA 设备的孔道尺寸很小以至于测量被驱替流体的体积相当很困难，因此一种基于光学的方法被用来测量注入水的饱和度或者注入表面活性剂溶液的饱和度。针对每个 μPMA 设备，利用机动倒置型显微镜（型号为奥林巴斯 IX81）对其进行 20 倍放大的连续 7 连拍，来获取整个 μPMA 设备的图像。首先，对 μPMA 充满水时进行成像。这些成像的照片被用来计算哪些区域存在有效流动及其孔隙度。对驱替过程中的成像进行分析，可以获得被带有染料颜色的注入流体所充满的区域，这些区域的变化是关于时间的函数。注入流体的饱和度可以通过被注入流体所划分的区域计算得到，而这些区域均存在于有效流动的区域。

8.3.2　基于 *n*PMA 设备多相流实验

与 μPMA 的实验设备类似，压缩氮气也是用来驱替 *n*PMA 中多相流体的流动。当这些设备装备了纳米级端口（由 Upchurch Scientific，6-32 Coned Nanoport Assemblies 制造）及毛细管 PEEK 管子（由 Upchurch Scientific 制造，外径为 360m），其操作压力可达 1500psi。通过一款直立的显微镜可以对 *n*PMA 实验进行可视化研究（显微镜型号为奥林巴斯 BX60F，其拥有 10 倍变焦及 CCD 摄像头，型号为 Lumenera Infinity2-1C）。带有卤素灯的标准反光照明可以在深度 30nm 下使气相和液量形成很好的对比效果。通过控制两条微米级孔道见的压差，就使亲水纳米级孔道上面成功形成气液流[23]。起初，利用入口及出口端的压差（5psi）可以使目标流体充满两条微米级孔道，且在纳米级孔道面上不存在压力梯度。通过毛细管作用，在微米级孔道间的具有架桥特征的纳米级孔道所组成的网络可以瞬间被流体充满。为了使氮气驱替 *n*PMA 中的流体，在一条微米级孔道中的气体压差应在 0~150psi 之间，同时保持其他微米级孔道中（一般充填液体）的压差恒定在 5psi 左右。

8.4　实验结果

8.4.1　μPMA 实验

表 8.1 介绍了 μPMA 设备的孔隙度及渗透率。表 8.2 中介绍了实验中流体的性质。轻质矿物油的密度为 0.85g/cm^3，小于驱替流体的密度，但因其黏度较高，造成了较高的流度比，其在水驱与表面活性剂驱中分别可达 45 和 38。应用 0.5%d EA（质量分数）可以大幅降低轻质矿物油与驱替流体间的表面张力。油与水的表面张力为 28.37mN/m，油与表面活性剂溶液的表面张力为 3.57mN/m。

表 8.1　μPMA 设备的参数

芯片名	颗粒号码	孔隙度	渗透率（D）
U	25626	0.190	0.187（0.011）
D	25629	0.191	0.167（0.007）
V	3413	0.185	0.153（0.006）
H	25000	0.190	0.182（0.007）
HV	7344	0.185	0.133（0.005）
S	29088	0.192	0.215（0.009）
SV	6250	0.189	0.161（0.006）
Dia	25170	0.189	0.268（0.011）
DiaV	6568	0.187	0.195（0.009）
T	19074	0.190	0.225（0.011）
TV	4913	0.187	0.148（0.003）

注：括号中的数字表示三次重复的测试带来的标准差

表 8.2 流体性质[24]

流体	密度（g/cm^3）	黏度（mPa·s）	IFT 和油（mN/m）
矿物油	0.848	42.46	—
Di 水	0.998	0.89	—
卤水	1.006	0.94	28.37
表面活性剂溶液	1.007	1.13	3.57

非润湿相在其突破时（BT）的饱和度可以用来衡量驱替效率。突破时间及在突破时非润湿相（盐水或表面活性剂溶液）的饱和度列于表 8.3 和表 8.4。在所有的 μPMA 实验中，表面活性剂均可以提高驱替效率，见图 8.3 中的两个例子。降低表面张力也可以减少低突破时间。对实验数据进行深入分析可知，孔道的几何形态造成了一些实验结果的差异。孔隙尺寸分布、晶簇等这些物理非均质性经常会降低驱替效率。在 μPMA 实验中，表面活性剂在均质模型中的驱油效果往往要比其在非均质模型中的驱油效果要好。

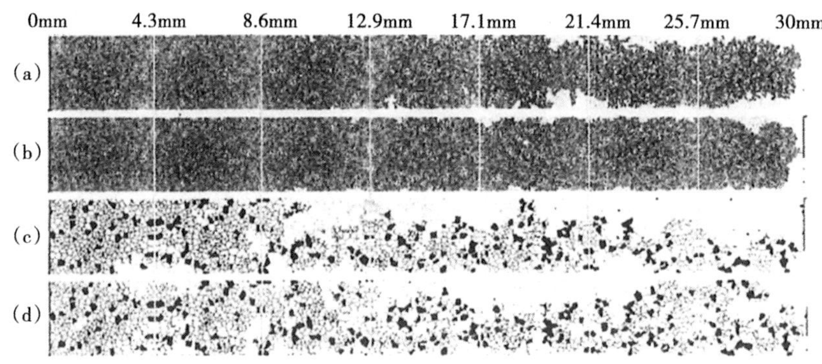

图 8.3 μPMA 实验中典型的水驱及表面活性剂驱的排驱类型：(a) U 中的水驱；(b) U 中的表面活性剂驱；(c) V 中的水驱；(d) V 中的表面活性剂驱；

本次实验中对排驱效率的研究会受到毛细管力不稳定性影响，此不稳定性经常用毛细管数（$Ca=\mu U/\sigma$）来测量，其中 μ 为驱替流体的黏度，U 为注入速度，σ 为界面张力。在此次实验中，注入条件为恒压注入（1.5psi），随着时间的增长，注入速度下降。因此，可以基于突破的时间才计算此时的毛细管数，此时间也可反映平均注入速度。这些毛细管数也会列在表 8.3 和表 8.4 中。

表 8.3 水驱：突破时间（BT）、突破时的含水饱和度、基于突破时间的毛细管数 Ca[24]

芯片名	突破时间（BT）	突破时的含水饱和度	钙（10^{-7}）
U	2.84±0.22	0.859±0.017	3.51±0.27
D	3.17±0.60	0.754±0.029	3.20±0.58
V	2.66±0.17	0.655±0.035	3.75±0.25
H	4.28±0.41	0.810±0.004	2.33±0.23
HV	3.03±0.17	0.713±0.018	3.28±0.19

续表

芯片名	突破时间（BT）	突破时的含水饱和度	钙（10^{-7}）
S	2. 74±0. 15	0. 679±0. 025	3. 63±0. 21
SV	2. 98±0. 42	0. 578±0. 032	3，38±0. 46
Dia	2. 71±0. 21	0. 654±0. 072	3. 68±0. 28
DiaV	2. 84±0. 10	0. 628±0. 075	3. 50±0. 12
T	2. 50±0. 36	0. 679±0. 025	4. 02±0. 54
TV	2. 41±0. 60	0. 622±0. 042	4. 27±0. 93

表 8.4　表面活性剂驱：突破时间（BT）、突破时的含水饱和度、基于突破时间的毛细管数 Ca[24]

芯片名	突破时间（10^3s）	突破时的含水饱和度	钙（10^{-7}）
U	1. 80±0. 20	0. 908±0. 023	53. 3±6. 0
D	1. 72±0. 13	0. 849±0. 014	55. 5±4. 3
V	1. 26±0. 15	0. 734±0. 010	76. 4±9. 4
H	2. 05±0. 23	0. 927±0. 012	46. 8±5. 4
HV	1. 74±0. 09	0. 752±0. 029	54. 6±2. 8
S	1. 72±0. 13	0. 900±0. 028	55. 3±4. 3
SV	1. 48±0. 08	0. 707±0. 049	64. 1±3. 6
Dia	2. 62±0. 09	0. 860±0. 012	36. 2±1. 2
DiaV	2. 52±0. 20	0. 803±0. 034	37. 9±3. 1
T	2. 34±0. 01	0. 768±0. 030	40. 5±2. 5
TV	2. 47±0. 61	0. 752±0. 011	39. 8±8. 7

8. 4. 2　*n*PMA 实验

通过测量压力，来使纳米级孔道中的气体来驱替液体这一过程顺利进行。图 8. 4 展示了一个典型的油田模型的图像序列，其描述了在微米级和纳米级孔道中相的分布，此时穿过纳米级孔道组的压差为 130psi，其驱替流体为含有表面活性剂流体［浓度为 1. 5%（质量分数）］的氯化钠溶液［浓度为 0. 5%（质量分数）］，型号为 NEODOL91-8 乙氧基乙醇（EA）。位于微米级与纳米级孔道上的浅灰色代表气相，深灰色代表液相。一旦气体突破，就会在微米级与纳米级孔道的交界处形成气泡，并立即向出口端流动。当在两条微米级孔道间的压差增加时，被氮气充填的纳米级孔道所占的比例也会上升。同时气泡的尺寸与生成频率也会随着压差的上升而增大。针对异丙醇浓度为 99%的 IPA，纳米级孔道中的气体突破可以在压差 75psi 时观察到。针对水相，压差升高到 145psi 时，不存在驱替的现象。

图 8.4 在纳米流体设备中进行的氮气与水的排驱实验，需要 145psia 的毛细管压力，来使氮气在 100nm 的纳米级孔道中突破

8.5 结论

利用 PDMS 微米流体及 Si-Pyrex 纳米级流体设备进行微米级及纳米级多孔介质中的两相流的基本的运移现象的研究。针对微米级及纳米级薄片的建立方法，是基于传统技术而进行的，如光刻（软光刻）技术、反应离子蚀刻、氧气等离子体与 PDMS 玻璃粘合技术、基于阳极键合的派热克斯玻璃—硅粘合技术。在微流体实验中，孔道的几何形态会对水驱与表面活性剂驱产生较大的影响，且在这些实验中，水相是非润湿相，表面活性剂可以降低界面张力，进而造成更快的突破时间及较高的驱替效率。纳米级流体实验表明，在水力压裂过程中，回收已经注入纳米级孔道中的压裂液是极其困难的。

致　谢

XY 和 KBN 感谢来自同行研究者、美国能源安全局、美国化学石油研究基金会的支持。文章对实验设施的支持来自 Oak Ridge 国家实验室，并与来自密苏里科技大学的 B. Bai 和 Y. Ma 进行了讨论，在此对其表达诚挚的感谢。

参考文献

[1] N. K. Karadimitriou and S. M. Hassanizadeh, A Review of micromodels and their use in two-phase flow studies, *Vadose Zone* J. 11 (3) (2012).

[2] C. C. Mattax and J. R. Kyte, Ever see a water flood?, *Oil Gas* J. 59, 115-128 (1961).

[3] W. E. Soll, M. A. Celia, and J. L. Wilson, Micromodel studies of 3-fluid porous-media systems-pore-scale processes relating to capillary-pressure saturation relationships, *Water Resour. Res.* 29(9), 2963-2974

(1993).

[4] R. Lenormand, Liquids in porous-media, *J. Phys. Condens*, *Mat.* 2 (SA), 79-88 (1990).

[5] R. Lenormand and C. Zarcone, Invasion percolation in an etched network-measurement of a fractal dimension, *Phys. Rev. Lett.* 54 (20), 2226-2229 (1985).

[6] R. Lenormand and C. Zarcone, Capillary fingering-percolation and fractal dimension, *Transport porous Med* 4 (6), 599-612 (1989).

[7] M. Ferer, C. Ji. G. S. Bromhal, J. Cook, G. Ahmadi, and D. H. Smith Crossover from capillary fingering to viscous fingering for immiscible unstable flow: Experiments and modeling, *Phys*, *Rev. E.* 70 (1), 016303 (2004).

[8] M. I. J. Van Dijke, K. S. Sorbie, A. Sohrabi, and A. Danesh, Simulation of wag floods in an oil-wet micromodel using a 2-d pore-scale network model, *J. Pet. Sci. Eng.* 52 (1-4), 71-85 (2006).

[9] Y. Corapcioglu, S. Chowdhury, and S. E. Roosevelt, Micromodel visualization and quantification of solute transport in porous media, *Water Resour. Res.* 33 (11). 2547-2588 (1997).

[10] J. Wan and J. L. Wison, Colloid transport in unsaturated porous-media, *Water Resour*, *Res.* 30 (4), 11-23 (1994).

[11] M. Auset and C. J. Werth, Pore-scale processes that control dispersion of colloids in saturated porous media, *Water Resour. Res.* 40 (3). W03503 (2004).

[12] J. Wan J. L. Wison, and T. L. Kieft, Influence of the gas-water interface on transport of microorganisms through unsaturated porous-media, *Appl. Environ. Microbiol.* 60 (2). 509-516 (1994).

[13] A. Bazylak, V. Berejnov, B. Markicevic D. Sinton, and N. Djilali, Numerical and microfluidic pore networks: Towards designs for directed water transport in gdls, *Electrochim. Acta.* 53 (26), 7630-7637 (2008).

[14] C. Tsakiroglou and D. Avraam, Fabrication of a new class of porous media models for visualization studies of multiphase flow processes, *J. Mater. Sci* 37 (2), 353-363 (2002).

[15] C. Chomsurin and C. J. Werth, Analysis of pore-scale nonaqueous phase liquid dissolution in etched silicon pore networks, *Water Resour. Res.* 39 (9), 1265 (2003).

[16] M. Grumann, M. Dobmeier, P. Schippers, T. Brenner, C. Kuhn, M. Fritsche, R. Zengerle, and J. Ducree, Aggregation of bead-monolayers in flat microfluidic chambers simulation by the model of porous media, *Lab Chip*, 4 (3), 209-213 (2004).

[17] F. Javadpour and D. Fisher, Nanotechnology-based micromodels and new image analysis to study transport in porous media, *J. Can. Pet. Technol.* 47 (2), 30-37 (2008).

[18] V. J. Niasar, S. M. Hassanizadeh, I. J. Pyrak-Nolte, and C. Berentsen, Simulation drainage and imbibition experiments in a high-porosity micromodel using an unstructured pore network model, *Water Resour. Res.* 45, W02430 (2009).

[19] R.B. Schoch, J. Han, and P. Renaud, Transport phenomena in nanofluidics, *Rev. Mod. Phys.* 80 (3), 839-883 (2008).

[20] M. Wu, F. Xiao, R. M. Johnson-Paben, S. T. Retterer, X. Yin, and K. B. Neeves, Single- and two-phase flow in microfluidic porous media analogs based on Voronoi tessellation, *Lab Chip.* 12 (2), 253-261 (2012).

[21] J. C. McDonald, D. C. Duffy, J. R. Anderson, D. T. Chiu, H. Wu, O. J. Schuller, and G. M. Whitesides, Fabrication of microfluidic systems in poly (dimethysiloxane), *Electrophoresis* 21 (1), 27-40 (2000).

[22] P. Mao and J. Han, Fabrication and characterization of 20 nm planar nanofluidic channels by glass–glass and glass–silicon bonding, *Lab Chip.* 5 (8), 837–844 (2005).

[23] Q. Wu, J. T. Ok, Y. Sun, S. T. Retterer, K. B. Neeves, X. Yin, B, Bai, and Y. Ma, Optic imaging of single and two-phase pressure-driven flows in nano-scale channels, *Lab Chip.* 13 (6), 1165-1171 (2013).

[24] W. Xu. Effect of pore geometry on water and surfactant flooding by pdms microfluidic micromodels. Master's thesis, Colorado School of Mines, Golden, Colorado, USA (2012).

第 9 章　孔隙中流体运移数值模拟

Michael S. Newmen，Feng Xiao，Xiao long Yin

Petroleum Engineering Department，Colorado School of Mines，

Golden，Colorado 80401，USA

xyin@ mines. edu

油气开发的预测模型需要对流体在多孔介质中运移的规律有基本的理解。当进行流体运移可视化研究、运移机制研究，将对运移过程在孔隙水平上的研究粗升级至具有代表性体积单元的研究水平上（REV）时，对孔隙进行直接的数值模拟具有重要意义。本文将介绍在孔隙级别上直接进行数值模拟的方法，此方法现正处于发展中，且已经应用于孔隙中流体运移的研究。首先介绍格子玻尔兹曼方法，以及通过对其变形来模拟滑脱流动、多相流及流体运移，进一步我们将介绍福希海默多孔介质中流动规律（Forchheimer）的应用，同时也对在应力压实过程中孔隙度与渗透率降低的模拟应用进行介绍。

9.1　引言

本文将介绍孔隙模拟的方法，并对这些方法在对福希海默流动规律、受应力影响的孔隙度与渗透率变化规律等研究中的应用进行介绍，这些应用与非常规油气开采进展密切相关。在 2010 年，页岩气与致密砂岩气的产量占据了美国 49%的天然气产量[1]。由于这些资源的储层渗透率很低，一般在 $10^{-16}\sim10^{-20}\mathrm{m}^2$，因此将这些资源称之为非常规油气资源。通过水平井及水力压裂，可以对这些油气资源进行开采。在近井地带，天然气在压裂裂缝中高速流动，进而在压差与流速之间产生非线性、非达西的关系，并产生很明显的流动阻力。裂缝的渗透率受应力敏感性控制。生产过程中孔隙压力降低，可以导致裂缝闭合及产能下降。模拟这些孔隙级别下的现象是非常重要的，可以为这类油气的开发提供很好的引导作用，具有很高的参考价值。

我们首先介绍在二维多孔介质中对福希海默流动的孔隙模拟。利用格子玻尔兹曼方法（LBM）对流体流动进行求解。我们将关注点放在孔隙形态特征对达西定律的转变点、福希海默的斯托克斯流态、惯性流态及惯性阻力因子 β 等的影响上面，其中惯性阻力因子用来描述惯性与达西定律间的关系：

$$-\nabla p = \frac{\mu}{K}u + \beta\rho u^2 \tag{9.1}$$

虽然 β 通常被认为是一种多孔介质的性质，但是孔隙结构对惯性因子的影响尚未被清

楚地认识。

孔隙几个形态也对孔隙度与渗透率的应力敏感性有影响。为人们所熟知的是，孔隙度与渗透率会随着应力变化而变化[2-5]。孔隙度与渗透率间的应力敏感关系可以用一个幂次定律关系式来描述：

$$\left(\frac{\phi}{\phi_0}\right)^A = \frac{K}{K_0} \tag{9.2}$$

式中 ϕ_0 与 K_0——分别表示在参考应力条件下孔隙度与渗透率的值；

指数 A——一个随岩石类型变化而变化的参数，其有时也随所应用的应力的范围及历史数值有关。在参考文献［6］、［7］中，指数 A 的值是不同的。基于卡曼—科泽尼方程（Carman-Kozeny）所体现的差异（此方程是基于均质层模型而得到的孔隙度与渗透率的关系式，应用广泛），A 应该接近数值 3[7,8]。真实的多孔介质并不是均质的球形填充层。基于在实验中所观测到的 A 的高数值，网状连接的孔隙的孔隙度可以分为有效与无效两类。由于控制着孔喉渗透率的有效孔隙度相比于无效孔隙度（其对应的孔隙体积为 0），其受应力的敏感程度要强得多，因此 A 值要比 3 大很多[3]。利用离散单元法（DEM），我们将对非均质的三维多孔介质进行单轴压缩模拟。将利用玻尔兹曼流动求解程序来描述多孔介质结构的变化，进而量化指数 A。

9.2 方法论

9.2.1 用于孔隙模拟的模型几何形态

两相物质在无序状态下组成了多孔介质，这两种相一种是固相，另外一种是空洞的空间。固相与空洞空间的分布对流体的运移至关重要。首先需要指出的是，孔隙结构（即相分布）可以用空洞空间的百分数（即孔隙度）来体现。但是，正如许多研究结果所示，单独依靠孔隙度来表征孔隙结构是不够的。早期的工作[9-11]引进了比表面、迂曲度、孔隙大小及岩石颗粒大小等参数，以此作为表征孔隙结构的额外的参数。

由于它们可以从实验中测量得到，在今天依然应用广泛。许多新的统计方法已经被提出，如相关方程、局部孔隙度分布、闵可夫斯基方程等[12-15]。但如何将这些新旧的统计方法与多孔介质中流体的运移特性关联起来，是一个尚未解决的问题。有必要对多孔介质的关键几何参数的特性进行研究，这将对不同流体运移过程产生重要的影响。由于孔隙几何形态主要由球形、管状、多面体等组成，这是较容易建立与修改的，因此我们将利用推断统计学的方法将这些简单的形状组合起来，进而解决前边所提到的复杂问题。

在这项工作中，Voronoi 棋盘形布置[16]被用来生成具有随机孔道结构的多孔介质模型，且模型是由多面体或者管柱组成的。基于一套随机点（称为泊松点），Voronoi 棋盘形布置将空间由进一步分成了多个二维凸多边形或多面体（图 1），其不会体现真实多孔介质中三维连接的特征。但是，他们可以用来代替三维模型，来实现量化研究孔道几何形态的可能性[17]。此外，可以直接利用聚二甲硅氧烷（PDMS）将这些二维介质进行模拟制作，并与玻璃粘合在一起，建立高精度的微流体（纳米级流体的多孔介质模拟[18]。三维多孔介质模型的建立与二维模型类似。如图 9.1 所示，三维模型由颗粒状及管状两类基本形式组成。颗粒状的模型中的孔隙空间由交错相连的裂缝组成，而管状模型中的孔隙空间由一组随机分布的管柱组成。基于几何模型所具有的可解析的特性，各向异性、孔隙尺寸分布、裂缝与晶簇形式的非均质性等，均可以轻易得到并进行研究。通过这个方法，多孔介质的几何特征可以实现精确的自定义及控制。

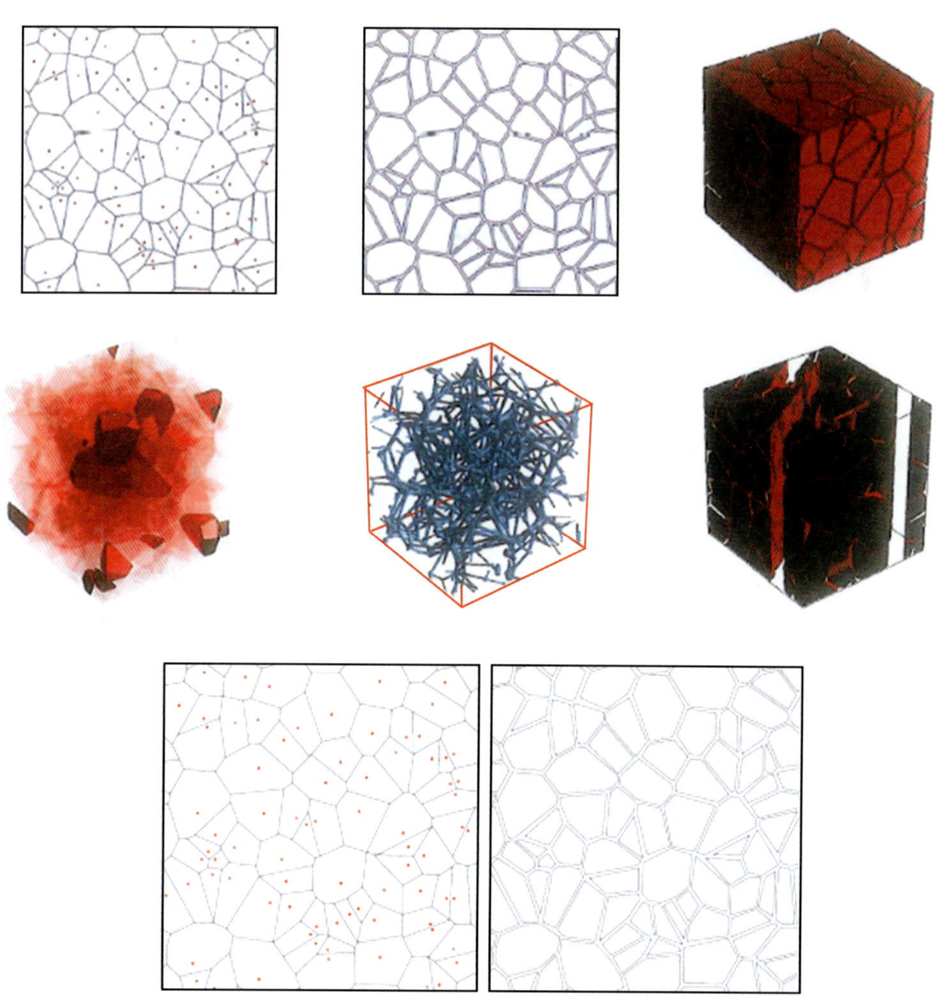

图 9.1　第一行为基于泊松点的 Voronoi 图及孔隙网络模型的形成；下边两行为三维多孔介质模型，从左至右为均质裂缝网络模型、含有晶簇的多孔介质、一组毛细管组成的网络、含油的一条大裂缝和基质的双孔模型

9.2.2　格子玻尔兹曼方法

我们利用格子玻尔兹曼方法对孔隙中的单相流进行模拟，进而获得达西—斯托克斯流区域的渗透率 K，并还可以得到福希海默—惯性流区域的视渗透率 K_{app}。与诸如有限差分、

有限元及有限体积法等传统计算方法不同，格子玻尔兹曼方法不会之间求解非线性 Navier-Stokes 方程。相反，会对一个简化的动力学模型进行求解，进而得到流体分子速率分布，与此同时，又会重新获得 NS 方程。此方法利用一个简单的反弹方案来处理无滑移边界，这对多孔介质是非常有用的。此方法已经被成功应用到了许多流体动力学问题当中，包括单相流、多相（多组分）流、反应流、粒子悬浮、可压缩流、紊流、热流体流、黏弹性流体流及微观流动等[19,20]。

格子玻尔兹曼方法包括平流及碰撞两个过程。在平流步骤，定义在二维或三维格子上面的流体分子速率分布，被移到各自最邻近的点。在碰撞步骤，在每个格子中的流体分子速率分布逐步向局部平衡过渡，进而模拟应力的黏性松弛。在这里的研究中，我们将使用 D2Q9 和 D3Q19D 的增殖模型。碰撞模型在参考文献[21]、[22]中被称之为多项松弛时间（MRT）组合。当增殖经过流固界面而向流体分布发展时，一个简单的回弹方案被应用于恢复无滑移边界条件[23]。回弹条件可以修改，进而可以模拟在气液界面与微米级（纳米级）孔道里的滑移流[24]。当出现多组分及其之间的相互作用时，此方法可以模拟多孔介质中的相间分离及多相流[25,26]。并行计算对模拟三维多孔介质中的流动至关重要，而这些流动的尺度都是研究人员认为有意义的尺寸。在分布式内存机群上面运行的并行计算代码在 MPI（信息传输界面）基础上已经有了进展。如图 9.2 所示，并行模拟器的运算速度很快，效率很高，可以达到 128 个节点（1024 个核心），这已经是经过测试的最大节点数了。

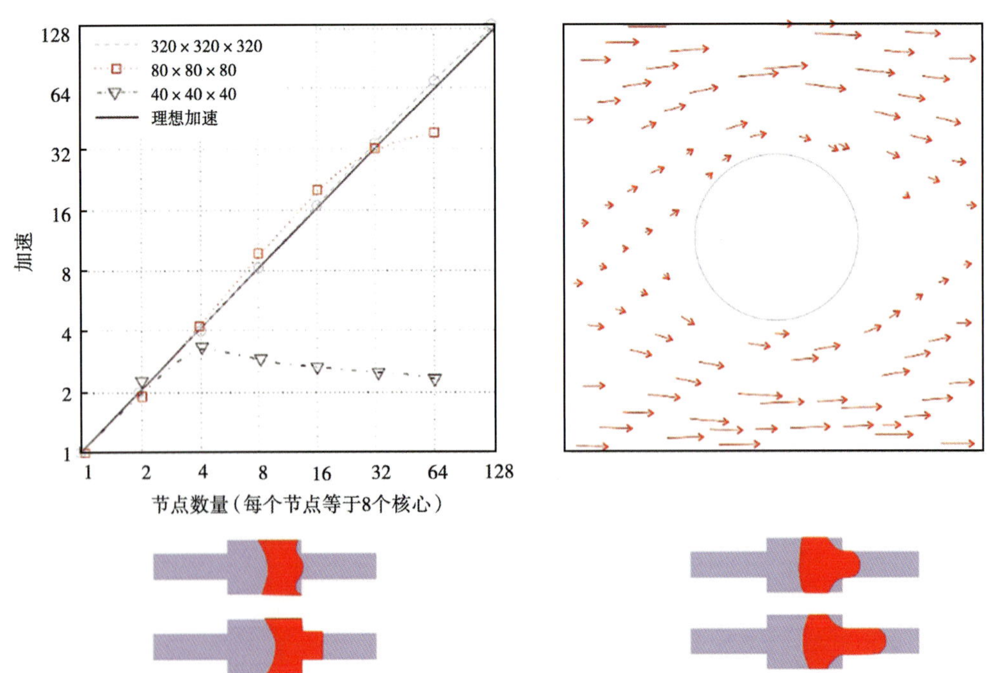

图 9.2 格子玻尔兹曼方法的并行计算及其应用

第一行从左至右：(1) 格子玻尔兹曼模拟器的并行计算速度；(2) 对流经一组周期排列的圆柱的滑移流的模拟。第二行从左至右：(3) 孔隙中的润湿相流体进入喉道的情形；(4) 孔隙中的非润湿相流体进入喉道的情形。在 (1) 中，当节点数量（一个节点等于 8 个核心）变得很大时，计算增加幅度会下降。这是增加了内置核心间进行数据传输负担的缘故

9.2.3　利用离散元素模拟多孔介质压实

在最近的实验研究中[7]，我们针对砂岩、天然与人工裂缝岩心等，进行了在均衡（流体静力学）应力及自定义指数 A 值条件下的孔隙度与渗透率的测试实验。在大部分的碳酸盐岩及所有的裂缝性岩石中，指数 A 值均远大于 3。为了验证实验数据，并深入理解孔隙结构对渗透率应力敏感性的影响，我们利用 DEM 进行了一系列针对单轴压实的系统的孔隙模拟。应用于结合在一起的颗粒模型的 DEM 方法，可以模拟颗粒固体的机械分解[27,28]。在这个方法中，由一套被键连接在一起的相互作用的颗粒来表征这个颗粒模型。一个弹性非常好的脆性模型被应用于此[29]，以此为基础，这些结合在一起的颗粒相互作用，其特征可以被正应力强度及切线刚度常数体现（表 9.1），且此体现过程是线性且具有弹性特征的。其切向力也会受到库仑摩擦的限制。

表 9.1　多孔介质中基于 DEM 的颗粒间相互作用参数

颗粒法向刚度（MN/m）	60.37	杨氏模量（GPa）	18.7
颗粒切向刚度（MN/m）	11.47	泊松比（GPa）	0.21
颗粒摩擦系数	0.5	压缩强度（GPa）	1.27
法向粘合强度（kN）	2.81	抗张强度（GPa）	0.12
切向粘合强度（kN）	1.12		

通过往一个尺寸为 9cm×9cm×9cm 的立方体中充填球形颗粒，建立了非均质多孔介质模型，填充过程使用了密集堆积算法[30]。颗粒的尺寸遵循高斯分布：最小的直径为 0.44mm，最大的直径为 2.88mm，算数平均值为 1.64mm，Sauter 平均值为 1.77mm。生成的多孔介质的所有的属性列于表 9.1 中。充填在立方体中的颗粒的孔隙度为 0.246。为了模拟多孔介质的非均质性，生成了穿过 xy 平面中心的圆柱状的孔隙（直径 3mm），如图 9.3 所示。这将会使净孔隙度增加至 0.322，这也就说明圆柱中的孔隙度为 0.076。针对 x 与 y 方向的流动，圆柱状的孔道被认为是一个独立的晶簇。

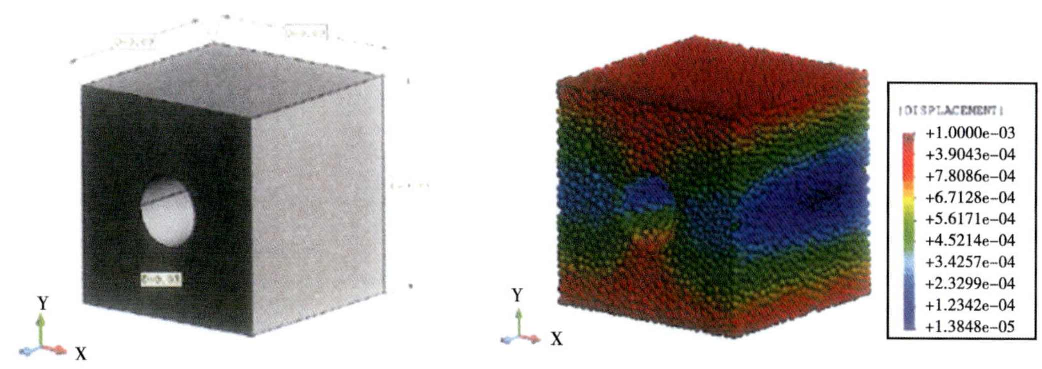

图 9.3　基于 DEM 的非均质多孔介质模型的建立及在单轴压实下的驱替

9.3 模拟结果

在本部分中，将介绍在福希海默流及渗透率发生压实情况下的模拟结果。福希海默流的结果被嵌入惯性阻力因子方程中。渗透率压实的模拟体现了孔隙度与渗透率在压实过程中的幂律型关系。幂律指数与孔隙结构密切相关。

9.3.1 Forchheimer 流动

为了研究孔隙结构对惯性 Forchheimer 流动的影响，建立了 11 组具有不同孔隙几何结构的模型。每组模型含有 5 套有相同输入数据随机生成的几何结构，但是这些几何会由于统计波动会产生较小的差异。这些几何结构的孔隙度范围为 8.8%~30.3%，且都含有均质结构及非均质多孔的结构。针对每一结构，大约会进行 20 组模拟，来获取不同压力梯度下不同流速及不同的流动规律。

利用无因此图版 $K^*=\dfrac{K_{\text{app}}}{K}$ 与雷诺数 $R_{eK}=u\sqrt{K}/v$，来分析由达西流动向 Forchheimer 流动的过渡，如图 9.4 所示。我们可以观察到，将均质孔道的几何结构完全通道化，这种转变在雷诺数在 0.3~0.4 之间时会发生。针对非均质多孔结构，转变将会在雷诺数在 0.1~0.2 之间时会发生。针对这两种转变点的差异，我们可以做如下解释：孔隙与喉道的差异会引起流速的快速变化，这会增强惯性的影响。随着流体流速增加，这种差异会引起较早的由达西（斯托克）流动规律向以惯性为主导的 Forchheimer 流动规律的过渡。

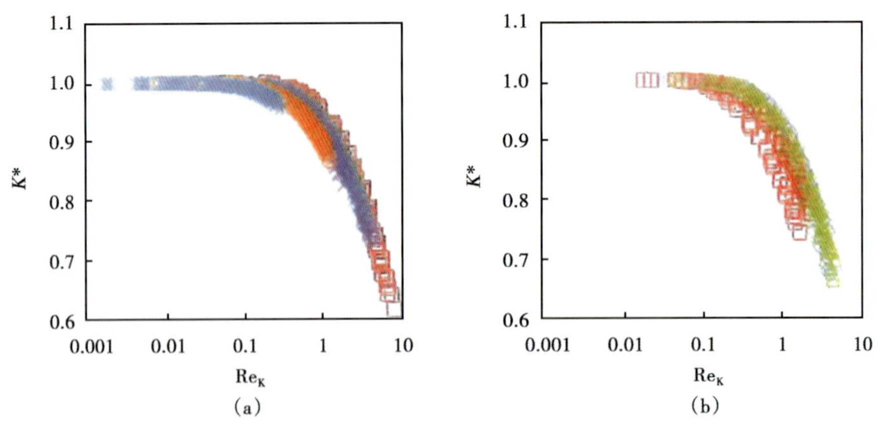

图 9.4 K^* 与 Re_K 的关系体现了由达西（斯托克斯）流向 Forchheimer（惯性）流的过渡。

（a）针对均质几何结构；（b）针对含有晶簇的非均质几何结构

图 9.5 展示了无因此惯性阻力系数 $\beta\sqrt{K}$，其是孔隙度的函数。

可以观察到，随着孔隙度的增加，$\beta\sqrt{K}$ 会降低，这与许多实验结果及关系式是一致的。由均质几何结构（蓝色菱形）得到的 $\beta\sqrt{K}$ 具有低散射特征，这表明它们可以与孔隙度建立很好的函数关系。但是，由非均质几何结构（红色方框与绿色三角形）得到的 $\beta\sqrt{K}$ 具有很高的数值。为了设计一个通用的关系式，以便可以用到均质与非均质几何结构，那么必须将具有多种长度尺度的多孔介质加入这个关系式。在综合考虑了渗透率 K 及比表面积 s 之后，我们得到了一个通用关系式：

$$\beta\sqrt{K} = 0.00993 \frac{\phi}{s\sqrt{K(1-\phi)}} \tag{9.3}$$

由这个方程得到数据与模拟数据相比，偏差程度平均为 16%，最大值为 47%。

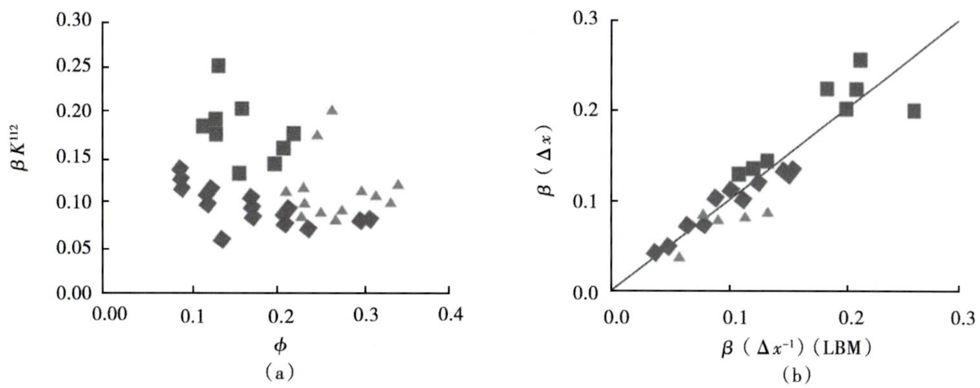

图 9.5　无因此惯性阻力系数 $\beta\sqrt{K}$ 与孔隙度的关系（a）；
针对 $\beta\sqrt{K}$ 改进的关系式的计算质量（b）

遵循达西（斯托克斯）流动规律的多孔介质流动在微观层面与遵循 Forchheimer（惯性）流动规律的流动有很大不同。如图 9.6 所示，遵循达西（斯托克斯）流动规律的流动是完全可逆的。流线均匀地分布在所有的孔隙空间。随着雷诺数的增加，流体的惯性变得很重要，进而成为主导，致使孔隙中成流动回路，以及被称之为惯性核心的高速流动。在 Forchheimer 流动规律中的黏性耗散逐渐在局部发生[17]。

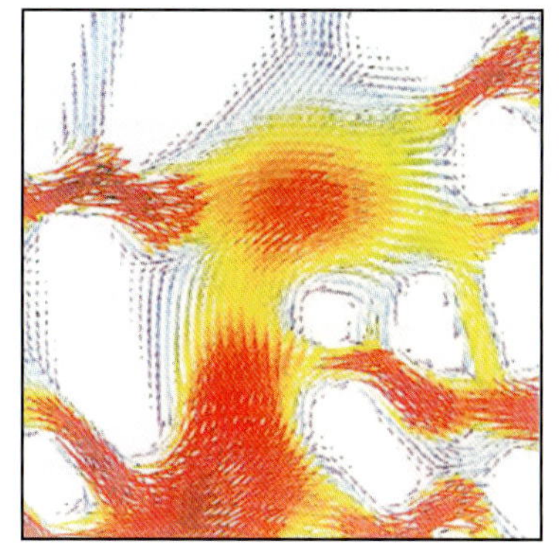

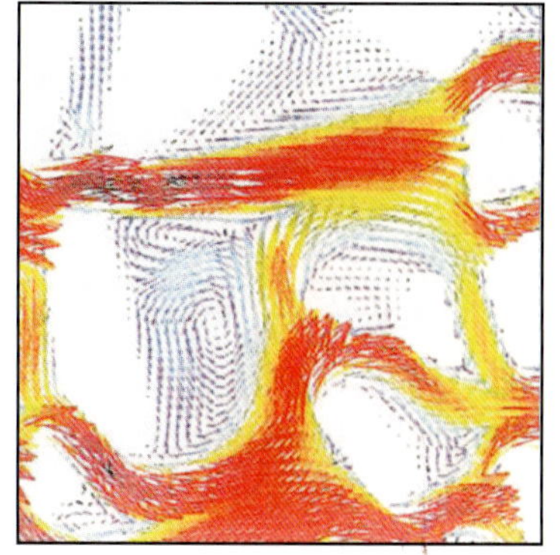

图 9.6　在非均质多孔介质中流体在顺气流方向的流速分布；
（a）达西/斯托克斯流动规律；（b）Forchheimer/惯性流动规律

9.3.2 孔隙度和渗透率的压实

在张力达到2%时，由球形颗粒建立的非均质多孔介质模型，如图9.3所示，在 y 方向将被压缩。利用平行三维格子玻尔兹曼流动模拟器来模拟渗透率的变化。其立方体被离散成 1000^3 个体元，每个体元是90μm。利用基于DEM的球形半径及中心位置，将流体或固体作为每个体元的标志。数字化的多孔介质几何形态的孔隙度为0.329。

由应力诱导产生的形变是非常小的，大约是0.1%的张力，因此这将对利用DEM来获取渗透率变化至关重要。当多孔介质被数字化成 1000^3 个体元时，0.1%的张力（通常是弹性变形）仅会改变体元图中的一个体元，这意味着关于几何形态的改变的问题还未被解决。即使我们的LB程序将并行计算，那么进一步使研究区域的大小增加一个数量级的可能性非常小。我们选取了DEM参数使压缩达到了2%。在这个设定下，计算区域在 y 方向的维数将减小20个体元，进而使多孔介质几何形态的变化的分辨率得到了很大的提高。虽然这些设定会使我们的多孔介质模型相比真实岩心更易于研究，但是需要量化评价孔隙结构对地质响应的影响仍然存在难度。利用64核并行计算进行模拟，平均的计算时间大约为72h。

孔隙度在压实之前与之后分别为0.329与0.3173，x 方向的渗透率在压实之前与之后分别是 $3.77\times10^{-9}\mathrm{m}^2$ 与 $2.88\times10^{-9}\mathrm{m}^2$，$y$ 方向的渗透率在压实之前与之后分别是 $3.77\times10^{-9}\mathrm{m}^2$ 与 $2.98\times10^{-9}\mathrm{m}^2$。当 K_x/K_{x0} 用在了式（9.2）中时，幂律指数 A 为7.4，当 K_y/K_{y0} 用在了式（9.2）中时，幂律指数 A 为6.5。这些数值表明单独存在的晶簇会提高幂律指数的数值，这表明渗透率的应力敏感性较高，这也与参考文献［7］中所发表的实验数据结果一致。但是，需要注意的是，目前的数值模型没有与实验进行量化的对比。但是，DEM与格子玻尔兹曼的组合是一个有前途的方法。未来的研究中将会引入更为真实的应力条件及几何形态，这也会为孔隙结构与孔隙度和渗透率的地质响应等二者之间提供更为量化的联系。

9.4 结论

通过在随机生成的二维几何形态中进行Forchheimer流动模拟，我们可以发现孔隙结构对流动阻力有很大影响。具有非均质几何形态的孔隙模型的惯性阻力比具有相同孔隙度的均质模型要大4倍。利用大量的模拟数据，一种可以体现非均质多孔介质中多种长度尺度的关系式可以被建立起来，并有了长足进展。它可以提供均质模型与非均质模型相同的关于惯性阻力因子的描述。

利用离散元素建模及格子玻尔兹曼模拟的组合，我们可以对三维非均质多孔介质的渗透率应力敏感进行模拟。非均质多孔介质可以提高应力敏感性，这与实验结果是一致的。

致　　谢

这项研究受到了美国能源局的研究同行的支持。XY感谢来自爱丁堡大学的Carlos Labra和Jin Sun提供的基于DEM生成的颗粒集合。同时也感谢科罗拉多矿业大学的金色能源计算组织为我们提供的计算素材。

参考文献

[1] U. S. E. I. Administration, Review of emerging resources: US shale gas and shale oil plays. Technical report, US Department of Energy (July, 2011).

[2] M. A. Biot, General theory of three-dimensional consolidation, *J. Appl. Mech.* 24, 594-601 (1957).

[3] J. Geertsma, The effect of fluid pressure decline on volumetric changes of porous rocks, *Trans. AIME.* 210 (2), 331-340 (1957).

[4] R. F. Sigal, The pressure dependence of permeability, *J. Petrophys.* 43 (2), 92-102 (2002).

[5] The effect of stress-dependent permeability on gas production and well testing, *SPE Formation Eval.* 1 (3), 227-235 (1986).

[6] Y. Bernabé, Pore geometry and pressure-dependence of the transport- properties in sandstones, *Geophysics.* 56(4), 436-446 (1991).

[7] V. V. Petunin, X. Yin, and A. N. Tutuncu. Porosity and permeability changes in sandstones and carbonates under stress and their correlation to rock texture. In *The Canadian Unconventional Resources Conference*, pp. CSUG/SPE-147401, Calgary, Albert, Canada (Nov, 2011).

[8] Y. Bernabé, U. Mok, and J. B. Evans, Permeability-porosity relationshiped in rocks subjected to various evolution processes, *Pure Appl. Geophys.* 160(5-6), 937-960(2003).

[9] J. Bear, *Dynamics of Fluids in Porous Media.* Elsevier (1972) .

[10] P. M. Adler, *Porous Media; Geometry and Transports*, Butterworth-Heinemann (1992).

[11] F. Dullien, *Porous Media — Fluid Transport and Pore Structure*, Academic Press (1992).

[12] D. Stoyan, W. S. Kendall, and J. Mecke, *Stochastic Geometry and Its Applications*, 2nd edn. John Wiley & Sons (1995).

[13] B. Biswal, C. Manwart, and R. Hilfer, Three-dimensional local porosity analysis of porous media, *Physica* A. 255 (3-4), 221-241 (1998) .

[14] C. H. Arns, M. A. Knackstedt, and K. Mecke. *Characterising the Morphology of Disordered Materials*, In eds. K. Mecke and D. Stoyan, *Morphology of Condensed Matter: Physics, and Geometry of Spatially Complex Systems, vol.* 600, *Lecture Notes in Physics*, pp. 37-74. Springer-Verlag Berlin (2002). Vol. 600, *Lecture Notes in Physics*, pp. 37-74. Springer-Verlag Berlin (2002).

[15] S. Torquato, Statistical description of microstructures , *Annu. Rev. Mat. Res.* 32, 77-111 (2002).

[16] G. F. Voronoi, Nouvelles applications des paramètres continus à la thèorie des formes quadratiques, *J. reine angew. Math.* 133, 97-178 (1907).

[17] M. S. Newman and X. Yin, Lattice Boltzmann simulation of non-Darcy flow in stochastically generated 2D porous media geometries, *SPE J.* 18 (1), 12-26 (2013).

[18] M. Wu, F. Xiao, R. M. Johnson-Paben, S. T. Retterer, X. Yin, and K. B. Neeves, Single- and two-phase flow in microfluidic porous media analogs based on Voronoi tessellation, *Lav Chip.* 12 (2), 253-261 (2012).

[19] S. Chen and G. D. Doolen, Lattice Boltzmann method for fluid flows, *Annu. Rev. Fluid Mech.* 30, 329-364 (1998).

[20] C. K. Aidun. and J. R. Clausen, Lattice-Boltamann method for complex flows, *Annu. Rev. Fluid Mech.* 42, 439-472 (2010).

[21] P. Lallemand and L. -S. Luo, Theory of the lattice Boltzmann method: Dispersion, dissipation isotropy, Galilean invariance, and stability, *Phys. Rev. E.* 61(6), 6546-6562 (2000).

[22] D. d' Humières, I. Ginzburg, M. Krafczyk, P. Lallemand, and L-S. Luo, Multiple-relaxation-time lattice Boltzmann models in three dimensions, *Phil. Trans. R. Soc. Lond. A*. 360 (1792), 437-451 (2002).

[23] U. Frisch, D. d' Humieres, B. Hasslacher, P. Lallemand, and P. Yves, Lattice gas hydrodynamics in two and three dimensions, *Complex Sys*. 1, 649-707 (1987).

[24] X. Yin, D. L. Koch, and R. Verberg. Lattice-Boltzmann method for simulating spherical bubbles with no tangential stress boundary conditions, *Phys. Rev. E*. 73 (2), 026301 (2006).

[25] X. Shan and H. Chen, Lattice Boltzmann model for simulating flows with multiple phases and components, *Phys. Rev. E* 47 (3), 1815-1819 (1993).

[26] P. Yuan and L. Schaefer, Equations of state in a lattice Boltzman model, *Phys. Fluids*. 18 (4), 042301 (2006).

[27] D. O. Potyondy and P. A. Cundall, A bonded-particle model for rock, *Int. J. Rock Mech. Min*. 41 (8), 1329-1364 (2004).

[28] C. Labra. *Advances in the Development of the Discrete Element Method for Excavation Processes*. PhD thesis, Universitat Politècnica de Catalunya, Barcelona, Spain (Jun, 2012).

[29] J. Rojek, C. Labra, O. Su, and E. Oñate, Comparative study of different discrete element models and evaluation of equivalent micromechanical parameters, *Int. J. Solids Stuct*. 49 (13), 1497-1517 (2012).

[30] C. Labra and E. Oñate, High-density sphere packing for discrete element method simulations, *Comm. Numer. Meth. En*. 25 (7), 837-849 (2009).

第二部分　水文地质学

第10章　从孔隙到油气田：在水文地质与陆地—大气环境中关于尺度升级的挑战及机遇

Tissa H. Illangasekare, Kathleen M. Smits

CEE, Colorado School of Mines, Golden, Co, USA

tissa@ mines. edu, ksmits@ mines. edu

Radek Fučík

FNSPE, Czech Technical University in Prague, Prague, Czech Republic

Hossein Davarzani

BRGM, Direction Eau, Environnement et Ecotechnologies, Orléans, France

水文地质系统的数值模拟需要可以体现基本物理、化学及生物过程等特征的参数，并将这些参数作为输入参数。这些过程非常基础，会在多孔介质的粒间孔隙出现。在水文地质学的传统应用中，可以构建连续体的最小的尺度，同时也是表征单元体积（REV）的尺度。发生在非连续空间（其包含颗粒及孔隙）的基本的孔隙尺度的过程，不会很精确地发生在特定的表征单元体尺度。一些与环境变化及能源开发的问题逐渐出现，这需要我们理解并模拟这些基本的过程及它们间的相互作用，同时还要考虑物理及化学的非均质性及孔隙内流体界面处传质的动态。涉及多相流的升级研究将被提出，且此项研究具有的重要性非常大。一个在两类流体界面处是如何发生传质的例子将被模拟，且要升级至油气田的尺度，多尺度物理模拟方法是如何有效应用的，这些问题都将被提出。研究结果展示了结合油气田尺度的地质参数，孔隙尺度的物理性质及现象是如何有效升级到油气田尺度的。

10.1　引言

在水文地质科学及油藏工程领域，最主要的挑战之一就是当进行油气田尺度的模拟时，需要使用来自实验室岩心尺度的数据或者有限的现场测试数据。拥有很大尺寸网格的数值模拟模型经常使用这些参数。但是，当尺度很大的模拟网格使用来自小尺度实验室岩心的参数时，在储层岩石测试过程中水文过程的非线性及有效性，就会带来预测的误差。认知的差异存在基本理论方法中，而这些方法是为了升级模型，同时也是为了应用而选择与之最适应的方法。

储层岩石的水力学、地球生物化学及热力学参数经常在小尺度下测量得到，但被人们所公认的是，这些参数在油气田尺度下的天然变化程度是很大的[1]。因此，当从小尺度测量方式中获得参数信息，而将其用在预测大尺度下的运移行为时，问题就会出现。尺度间转换或在地下进行跨尺度研究等问题，与许多传统的水文地质和地球环境问题密切相关，同时也与能源开发密切相关。这些包括地下化学羽流行为、蒸散、地下二氧化碳存储及潜在漏失问题、地下甲烷的排放等等。所有这些问题，用来描述在孔隙尺度下液气特征的参数必须转化至油气田尺度，这样才能进行设计、预测及决策。即使水文学科学及能源（油藏工程）已有了诸多发展，但是尺度升级方法的发展及应用依然存在许多挑战。特别地，这些连接地下与大气的关于多相流及过程的尺度升级，依然对缺乏认识。尺度升级中的主要挑战来自对天然存在的非均质性所体现的复杂性的考虑，且从孔隙尺度到油气田尺度中，这些复杂性均存在。本章将要讨论概念上的问题，其包括以上所提及的关于尺度升级的问题，且给出了一个描述如何在水与非水相界面处发生传质过程的例子，这个过程是发生在孔隙尺度上的，同时还将其升级到了油田尺度。研究表明，将孔隙尺度的物理参数与油田尺度的地质参数结合在一起，可以将油田尺度有效参数化。

第二个例子是关于储层岩石中水蒸发及气体流动的，用这个例子来强调和讨论在一些尺度升级过程中遇到的挑战，且这些过程受到陆地—大气的相互作用。

本部分包含其他几个子章节，其主要是关于水文地质过程的诸多方面，这些方面在地球科学与工程中极其重要的。这些章节的主要内容如下。

第 11 章，在基于孔隙尺度的具有扩散限制的环境中的化学反应（D. Benson）。这一章主要针对孔隙尺度及其对化学反应的影响进行讨论。这一章的地位在地下问题中很高，其中包含了流体流动及化学反应。介绍了两个目前比较流行的问题，分别是关于地下水污染及地层中的溶解的二氧化碳的矿化。经典化学反应差分方程假定完美地将反应物进行了混合。这一章介绍了一种方法，用来纠正关于理论与应用之间的混合假设问题。

第 12 章，地球化学反应系统中的孔隙度（A. Navarre-Sitchler，G. Rother，J. Kaszuba）。本章讨论了孔隙中反应流体的基本问题。反应流体可以生成一个动态系统，其可以影响孔隙的网络结构及在这个系统中的流动。作者指出，许多基本的地质过程及储层岩石中孔隙网络的物理性质并没有得到很好的理解，这是受它们在不同长度尺度下的动态本质特征影响而决定的。岩石风化而形成残余土、受二氧化碳捕集影响的地球化学反应等两个例子，介绍了地球化学反应是如何影响孔隙度的。这两个例子均对地球科学有重要的启示。

第 13 章，岩心驱替中量化岩心的水利学性质的非均质性（R. Pini & S. Benson）。这一章基于实验及数值建模的研究，讨论了小尺度岩心非均质性对多相流的影响。介绍了一些新型实验方法，其允许在传统驱替方法下岩心及子岩心尺度下的水文地质参数的无损测试。这些方法可以测试孔隙度、渗透率、毛细管力与饱和度关系曲线，这些均是多相流模拟中所需要的参数。这些方法相对传统岩心分析有了很大的改善，其可以用来更好地分析地下复杂的水文地质流动。

第 14 章，多孔介质多相毛细管现象分布的蒙特卡洛模拟（B. Zeidman，N. Lu，D. Wu）。这一章介绍了一个可以确定在多相流多孔介质中不同流体（如空气、水、或气体水合物等）组分的空间分布的方法。基于粗粒度的蒙特卡洛模拟的方法，很适合处理具有复杂孔隙空间的问题，并刺激了成像技术的发展，如显微 X 射线 CT（X-ray micro CT），其为了获取高分辨率的孔隙结构。

第 15 章，改进的地热系统中耦合多种热力水文地质过程（Y. S. Wu，Y. Xiong，H. Kazemi）。在裂缝性地热系统中散出的热量，受高温、多相流、岩石降解、化学反应间复杂的相互作用所影响。这一章介绍了关于这些热力、水力、机械、化学等相互作用的概念模型的建立。基于这些概念化模型的数值模拟模型，用于一项研究，即模拟一个典型化的改进的地热储层。

10.2 在出现诸多问题情况下的尺度升级

环境改变及非常规能源开发使大量关于尺度升级的多孔介质科学与技术的地位大幅提高。本部分将简要介绍与环境和非常规能源相关的问题，进而分析与孔隙尺度及其升级至油气田尺度的应用有关的基本问题。

10.2.1 二氧化碳捕集与储存

为了从技术角度解决由矿物燃料燃烧而将温室气体排放至大气中这一挑战，二氧化碳的捕集与存储有很大的应用潜力。存储过程包含将所捕集的二氧化碳注入地下深处，如注入已经衰竭的油气藏和地下水储层深处。其目标是将二氧化碳以超临界液体状态圈闭在地层的孔隙中，最终溶解在地层水中并矿化，形成稳定长期的封存。

注入地层后，比地层水轻的超临界二氧化碳会运移至低渗盖层的下部。基于对地下非水相流体行为的理解，可以进行概念典型化：在非均质系统中，超临界二氧化碳倾向于移至高渗区域，并受到毛细管现象遮挡（当非湿相驱替湿相时，需要很大的阈值压力），其会进一步聚集在低渗层的边界处[2-4]。溶解二氧化碳的地层水较重，并倾向于向低处运移，进而导致不稳定的指进现象，其也有助于对流混合[5]。这个长期的溶解过程被认为有助于二氧化碳的永久圈闭，此时部分溶解的二氧化碳将会矿化。

与地下二氧化碳封存相关的问题（其中气体溶解受广大研究者关注）是，何时二氧化碳从地下深处，或者沿着盖层裂缝、断层或废弃井套管破损处而泄露。如果超临界液体二氧化碳泄露，它将会上升至顶部地层，直到遇到另外一个边界层。并且，有种可能性是存在的：当这些超临界液体二氧化碳发生泄露时，其将会运移到浅层，此时二氧化碳会失去超临界状态，变成气体或者由于其高溶解度溶解在地层水中。实验研究结果表明，当溶解有二氧化碳的地层水遇到顶层处的岩性与构造过渡带时，二氧化碳就会以气体的形式从水中解溶出来，进而在浅层处低渗层下部聚集[6]。由于气体分子在岩石孔隙中或者岩石颗粒粗糙表面聚集，此处气泡成核现场经常发生，因此此时容易形成气泡[7]。成核速度是溶解度和孔隙尺寸分布（控制着形成气泡的尺寸）的函数。一旦气体形成，它将会由于浮力、膨胀及压力下降而向上运移，直到它遇到一个不渗透层。聚集的气体继续运移，直到它找到一个容易运移的通道，进而继续向上运移至浅层，因此其会对地下大范围水体产生很大的影响，并最终会影响到地面。当纯净水经过这些圈闭气体的区域时，传质将会发生在气水界面，这将会有助于二氧化碳气体的溶解。圈闭气体及其溶解的综合效应，会有助于防止二氧化碳的泄露，进而间接地降低大气受温室效应的影响。所有有关圈闭、溶解及气体运移的过程，都会在孔隙尺度上发生，且需要升级到油气田尺度上，从而对圈闭效率及泄露风险进行评价。

10.2.2 甲烷气的泄露

在非常规能源开发中，赋存于页岩孔隙中的甲烷气和轻质油通过水力压裂被采出。开采气时，会有造成二次泄露的风险，进而造成气体通过上覆地层而运移的现象。在开采气的地点、管线分布处或位于地层中页岩层上方的天然裂缝处，均会发生泄露。甲烷气对全球变暖的影响，激起了针对其泄露研究的浓厚兴趣。20 年时间里，甲烷对温室的影响程度是二氧化碳的 72 倍，而在 100 年时间里，其是二氧化碳的 25 倍[8]。多项油气田研究均是评估甲烷泄露的局部影响，其中，在检测空气与水质量前提下，依靠水力压裂技术来开采甲烷天然气。从天然气藏中开采甲烷的量估计和 2009 年所排放的二氧化碳一样多，均为 221.2 百万吨[9]。针对在未饱和浅层和大气边界层中的气体运移的耦合过程的理解，提出用于评估对大气温室效应的影响和开发而有效降低泄露的模型，至关重要。在部分水饱和的岩石中的孔道，可以发展为从气源处运送气体通过近地面未饱和层的通道（孤立点及其分布均存在）。这取决于储层岩石中含水饱和度的气液相对渗透率的空间分布，控制着这些相互连接的通道。在天然多孔介质中，储层岩石性质的空间分布，与岩石中含水饱和度分布有直接关系。控制浅层中气相流速的一个驱动力，是在陆地与大气交界处的压力。因此，大气中任何的压力波动都会潜在影响气体的运动，进一步影响可以在近地面处检测到的泄露信号。地面的风速、压力波动，以及气体是如何在储层岩石中运移的，对这些仍然理解不深入。许多大气及地面条件（如微观地势、地面粗糙度、植被等）将会对这个过程有影响。例如，在液相中，平流、分子扩散及水动力扩散等主要机制对气相的传质有不同程度的贡献。在一些情况中，由地面与大气交界处的压力波动引起的气相中的小压力梯度会带来平流通量大幅高于扩散通量的情形（如大气抽吸）。

文献［10］在一个垃圾场评价了由风诱导的压力波动对二氧化碳运移及排放的影响。他们分析了由风诱导的气体排放的影响，并将其作为压力变化中标准偏差的函数。他们发现土—气渗透率及压力波动幅度会严重影响气体排放，且所有气体排放流量的 40%来自风湍流诱导的气体传输。文献［11］也发现了风湍流诱导的压力泵入可占据扩散流量的 60%。

与尺度升级相关的一些挑战，首先来自确定哪些孔隙尺度的处理程序在耦合地下多相流与大气中自由流动过程中是重要的。其次，当储层岩石条件在横向及纵向发生变化时，那么这些程序是如何正确进行尺度升级的。地面地势及植被的影响也应被考虑进去。

10.2.3 蒸汽侵入

以 NAPLs 为主要形式的氯化物溶液经常通过意外泼洒或者不正当处理而进入地下，这在工业垃圾处很常见。当这些化学物品进入水源被人喝入，或蒸发被人吸入，那么很有可能会致癌，进而造成很严重的健康问题。在被泼洒之后，NAPL 会以分离相的形式存在，其存在地点大都位于储层岩石孔隙中所圈闭的地下水下面的渗流带及饱和带。在渗流带的气相 NAPL 会轻易地进入空气中、储层岩石的孔隙空间，或者在导致蒸汽侵入的结构的下部，或者这种挥发性的化学物质从储层岩石及地下水中的潜在污染处进入室内空气[12]。已经有过报道，平均每个美国人每天在室内要待超过 21 个小时，且每在户外待 1 小时，那么就会在室内待大约 18 小时[13]。虽然还并不完全知道，针对人们长期暴露在那些有毒蒸汽浓度较低的封闭环境（如建筑物、地下室等）中的情形，蒸汽侵入是否是一个很广泛的问题，目前还不能准确得出结论，但是一些实例已经引起了国家级关注。在一篇来自美国环境保护局（EPA）的一篇综述文章中指出[14]，由于通过室内样品检测很难完全判定哪些有毒蒸汽从地下流到室内，因此研究者们建议将有毒蒸汽侵入的研究移到室外。这些控制着在非均质储层岩石中的蒸汽传输的过程是很复杂的，其为了评估潜在的流通通道的取样也受制于空间与时间的变化。空间变化由大量的因素控制，如变化的储层岩石的湿度条件，而时间变化受到瞬时加热、风、大气压力及在地面—大气界面处水流量边界的条件等控制。此外，大量的物理及地球化学过程也许会减弱这些地下有毒蒸汽沿着通道由气源向着建筑物运移的程度。缺乏对这些过程基本的科学解释，且也不能基于样品完全刻画蒸汽流通通道，这些不确定性都会影响对泄露危险的预测及有效运输策略的设计。如果在理想条件下，不能够解释在渗透带中 NAPL—水和 NAPL—空气的界面处的分配，那么地面管理者就不能对补救效率及气源寿命作出准确的估计。理解有毒蒸汽的传输及降低其在未饱和层中的浓度，对理解地下的补救措施，以及通过蒸汽流通通道描述对人类健康产生的危害，都至关重要。与之相同的问题，即由孔隙尺度升级到油气田尺度，是与多相流系统相关的基本问题及过程，且这个系统会受到地面传热及传质的复杂影响，这些影响对地下整体传输通道的形成是有利的。

10.2.4　地雷探测

对抗技术已经在军事及人道主义排雷等工作中成为了全球感兴趣的主题。联合国及美国国务院宣布地雷将成为一项分布最广的、致命的、持续时间最长的污染物之一[15]，将花费超过 330 亿来清理位于 64 个国家的大概 1 个亿的地雷[16]。虽然有很多的传感器可以探测埋在地下的地雷，即使有些探测器表现还很好，但是人们仍然认为没有一个探测器可以精确地探测出地雷（尽管有时探测的假警报率很低）[17]。探测率很低的一个主要原因是地雷的多样性的存在，并且地雷存在的环境也存在很强的多样性。在一个大范围区域探测体积相对很小的地雷是很困难的，尤其是这个区域的非均质性很强，以至于可以很好地掩盖地雷。由于地雷探测器（如地层穿透性雷达与热影像）是通过探测土壤及环境的条件来分辨地雷与其他物质，所以目前的探测技术需要对关键环境条件（气候、植被、土壤类型、水位线的深度、地势等）的空间与时间的变化进行充分理解。如果很好理解这些因素及拥有在不同条件下模拟它们的能力，那么传感器及模拟算法可以很真实地形成特定的操作策略及技术[18]。但是，在地雷探测上付诸的研究可以向着传感器开发及其融合方向发展，而很少的研究精力被用来评价影响传感器行为的环境条件[19-21]。虽然已经进行了许多数值模拟及实验模拟研究，但是它们都关注技术的回馈及有效性，或者忽略了一些重要参数，如土壤非均质性、土壤湿度的空间及时间的多样性、热力学参数等。因此，在信号处理技术与发生在浅层的基本现象过程（受近地面条件影响）之间存在认知差异。加深这种地下水文—热力学性质及行为对地雷信号的影响的理解，有利于减少前面提到的认知差异，进而更好地理解、建模（模拟）、预测环境条件，且这些环境条件会对地雷探测行为有很强的动态影响。浅层土壤的湿度的发展会受位于地面—大气界面处的质量与热量的流量边界条件控制，这对利用传感技术进行地雷探测是至关重要的。因此，随着发展关于在探测区域进行信号解释的模型，将多相流在浅层中进行尺度升级的一系列问题将会变得非常有意义及明确。

10.3 多相流

系统中的水、超临界二氧化碳、NAPLs 及气等这些物质的行为的基本原理（与前面提到的诸多问题相关），控制着多孔介质中的多相流。在本部分，控制着多相流方程的非均质性、连续性等特性，会被首先介绍。随后，会介绍一个常用的典型模型，然后对应用在这个典型模型上的尺度升级理论进行简要综述。

10.3.1 非均质性

受土壤非均质性影响，在对土壤中的液体与气体流动的理解与参数化中，存在很多不确定性。油气田与室内实验研究结果表明，土壤的非均质性控制着流动与传输，包含优势流动。如图 10.1 所示，大部分的地层都会在所有方向存在不同的空间相关性，即具有非均质特征。

图 10.1（a）展示了一个来自被柴油污染的地方的例子，用来说明与沙子、泥沙、黏土的混合物相关的质地多样性是如何导致地下非均质性的。图 10.1（b）（来自一个公路切面）展示了一个拥有不同粒度沙子沉积的冲积地层，这些地层又促使了非均质性及意义明确的岩性变化的出现。当岩样被取出，且土壤的物理参数得到了确定时，岩样的尺寸决定了参数的取值。利用孔隙度作为特征参数，在多孔介质流动的连续性表征而确定表征单元体积（REV）时，如何将孔隙度的变化多样性考虑进去，这在图 10.2 进行了展示。孔隙度用下式表征：

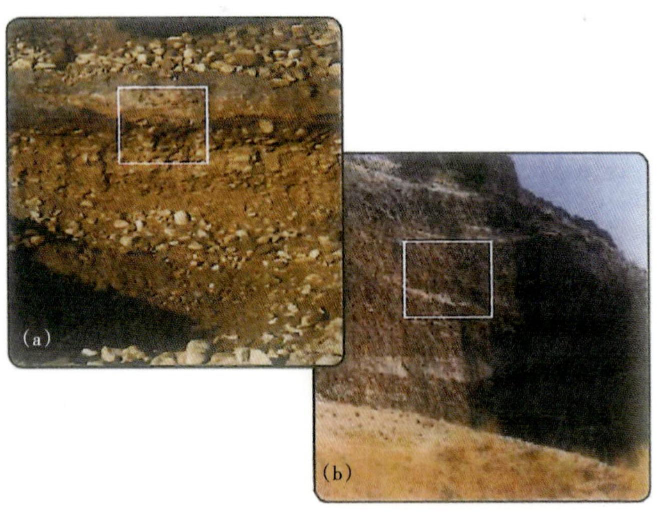

图 10.1 基于岩性变化的矿场尺度下所体现的非均质性

$$\phi(X_0) = \frac{1}{V_\gamma}\int_{V_\gamma} \chi(X)\,\mathrm{d}X \tag{10.1}$$

其中，χ（X）[-] 是孔隙空间指示函数，体积 V_γ [L^3] 是一个球体的半径 γ [L]，周围有空间分布的点 X_0 [L^3]。V_γ 即为 REV，其存在微观半径 r_{micro} 及宏观半径 r_{macro}，孔隙度根据式（10.1）得到，在图 10.2 所示的范围中孔隙度与半径 r 是相互独立的。微观尺度 $r<r_{micro}$ 描述的焦点在于当前相的大量分子的行为（如，在土壤固体基质中的液相与气相）。描述这些相或其分子的流动的方程与描述孔隙内连续体机制的方程是一致的（如直接进行的数值模拟）。连续体（图 10.2）或 REV 尺度被定义为以平均数为一个恒定且确定的量、方差接近 0 为特征的尺度[22]。在这个尺度下，单个孔隙或相界面将不再受到关注。正是在这个尺度下，被认为是可以应用达西定律的宏观尺度。在这个宏观尺度下，对相的流动的描述引进了新的方程，这些方程是质量平衡、动量及能量等微观平衡的置换。例如，达西定律是宏观尺度下的动量平衡方程，其可以从 Navier-Stokes 方程推导出。在这些宏观尺度的方程中会存在一些有效的性质，如达西定律中的渗透率、多相流中的相对渗透率与毛细管力等。这些有效性质理论上可以利用尺度升级技术从微观尺度性质中获得。

矿场尺度（图 10.1 与图 10.2）被定义为土壤性质具有非稳定的特征的空间维度[23]。天然矿场尺度的介质事实上通常是非均质的，且有助于形成空间上与时间上的非线性多相流的行为。在这个尺度下，土壤性质在每个点几乎都不相同。当利用数值方法求解流动或者传输的控制方程时，其求解区域被离散成许多计算网格，有可能利用尺寸小于非均质特征尺寸的网格来将这些非均质性的影响考虑进去。由于计算要求很高，因此这个计算方法的可行性较低，这也要求另一个尺度升级阶段来描述来自宏观尺度的矿场参数性质。

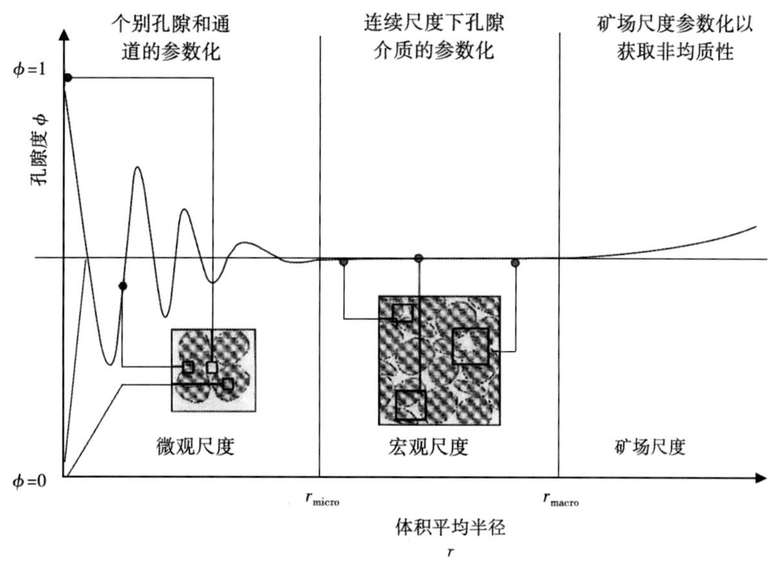

图 10.2　孔隙度 ϕ 作为体积平均半径 r 的函数。非均质性及尺度。这里将在不同长度尺度上将孔隙度进行平均化，而这些长度尺度来自孔隙尺度、均质连续尺度及非均质矿场尺度

10.3.2 处理过程及本构模型

多相多孔介质包含以分离相形式存在于颗粒间孔隙的流体。图 10.3 系统地展示了应用于水文地质的系统。位于水位线上方的未饱和层的水流动的两相问题，与降雨入渗、水体恢复、灌溉等有关，且与水和气也相关联，前者为湿相，后者为非湿相。在水位线以下，土壤孔隙被水全部充满，因此可以将流动描述为单相流动。在工业中，相关的问题包括部分非混相流体（NAPLs，如工业液体、木材处理剂、石油产物等）的偶然泄露，这些流体取代了一些作为非湿相的气相流体，进而形成三相系统。当比水重的 NAPLs 越过水位线时，非湿相会驱替走一些孔隙中的水，进而形成两相系统。在湿相—非湿相交接处的表面张力引进了毛细管附加力，这个力是不存在于饱和单相流体系统中的。

多相流中每个流体都是通过自身的压力状态来描述自身的特性。压力的差异来自流体界面处分子力的不平衡[24]。在两相系统中，基于湿相饱和度的毛细管力 p_c $[ML^{-1}T^{-2}]$ 被定义为湿相与非湿相间的压力差异。见下式：

$$p_c(S_w) = p_{nw} - p_w \tag{10.2}$$

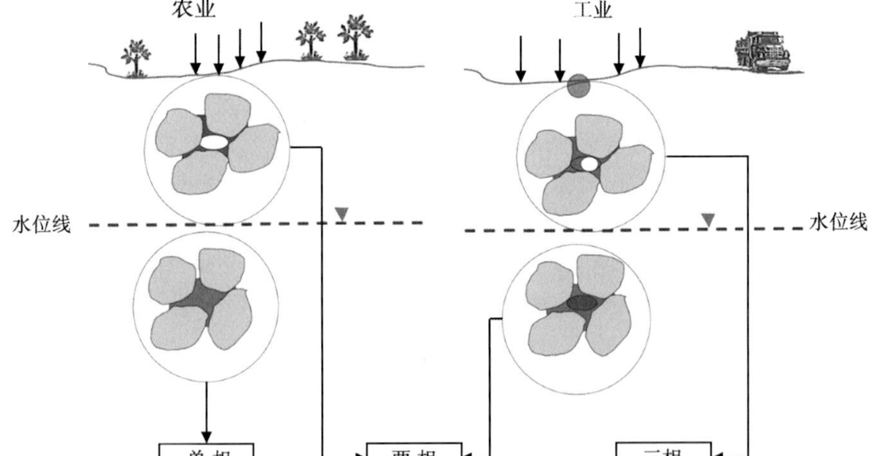

图 10.3 在水文地质中多相多孔介质系统

其中，p_{nw} $[ML^{-1}T^{-2}]$ 是非湿相压力、p_w $[ML^{-1}T^{-2}]$ 是湿相压力。毛细管力与流体组成间的关系被认为是毛细管力函数（被认为是在未饱和流动系统中的保持功能）。如式(10.3) 所示，毛细管力通常被表达为湿相饱和度的函数。这个关系式给定多孔介质及两相流体系统的内在的性质。作为饱和度函数的毛细管力数据，是基于实验获得的，并与数学函数拟合得到多相流的本构模型。下面介绍针对用于土壤物理及水文地质研究的毛细管力的两个常用的本构模型，它们是由文献 [25] 与文献 [26] 提出的。具有保持功能的

Brooks-Corey 模型如下。

$$p_c(S_w) = p_d S_e^{\frac{1}{\lambda}} \quad p_c \geqslant p_d \tag{10.3}$$

其中，λ [-] 是一个拟合参量，p_d [$ML^{-1}T^{-2}$] 是当非湿相流体进入孔隙时的压力，此时非湿相区域已经形成，此压力被称为驱替或进入压力。有效饱和度 S_e 定义如下：

$$S_e = \frac{S_w - S_{r,w}}{1 - S_{r,w} - S_{r,nw}} \tag{10.4}$$

其中，S_{rw} [-] 和 $S_{r,nw}$ [-] 分别是残余或最小的湿相和非湿相饱和度。

当多相流存在于孔隙中时，一个给定的流体赋存于多孔介质孔隙内部的能力，并不仅仅决定于孔隙本身的几何形态，而且还取决于流体性质、孔隙中被流体所占据的部分的几何形态及相体积分数等。起初应用于单相流的达西定律，现在也可以应用于多相流，这是利用相对渗透率的概念来实现的[27]，见下式：

$$\boldsymbol{q}_\alpha = \frac{K_{r,\alpha}(S_\alpha)}{\mu_\alpha}\boldsymbol{K}_i(\nabla p_\alpha - \rho_\alpha \boldsymbol{g}) \quad \alpha = \mathrm{w},\ \mathrm{nw} \tag{10.5}$$

其中，$\boldsymbol{q}_\alpha$ [LT^{-1}]^3 是相 α 的视宏观速度，μ_α [$ML^{-1}T^{-1}$] 是相 α 的动态黏度，$\boldsymbol{K}_i$ [L^2]$^{3\times3}$是固有渗透率张量，$K_{r,\alpha}$ [-] 是相 α 的相对渗透率函数，ρ_α [ML^{-3}] 是相 α 的密度，$\boldsymbol{g}$ [LT^{-2}]^3 矢量重力加速度。相 α 的相对渗透率 $K_{r,\alpha}$范围介于 0 到 1，这取决于流体饱和度 S_α。

进一步扩展，水力传导率张量 $\boldsymbol{K}$ [LT^{-1}]$^{3\times3}$同样也是来自相 α 饱和度的函数：

$$\boldsymbol{K} = \boldsymbol{K}(S_\alpha) = \frac{K_{r,\alpha}(S_\alpha)\rho_\alpha g}{\mu_\alpha}\boldsymbol{K}_i \tag{10.6}$$

其中，g [LT^{-2}] 是标量重力加速度。

基于湿相与非湿相的相对渗透率的 Brooks-Corey 本构方程如下：

$$K_{r,w} = S_e^{-\frac{2+3\lambda}{\lambda}} \tag{10.7a}$$

$$K_{r,nw} = (1 - S_e)^2(1 - S_e^{-\frac{2+\lambda}{\lambda}}) \tag{10.7b}$$

将多相流的达西定律（式 10.5）与每个相的质量平衡结合起来，可以推导出两相流体流动的控制方程，如下：

$$\phi\frac{\partial(\rho_\alpha S_\alpha)}{\partial t} - \nabla\cdot\left(\frac{\rho_\alpha \mathrm{K}_{r,\alpha}}{\mu_\alpha}\boldsymbol{K}_i(\nabla p_\alpha - \rho_\alpha \boldsymbol{g}\right) = F_\alpha \tag{10.8}$$

其中，F_α [$ML^{-3}T^{-1}$] 是源汇项，流体相用 α=w，nm 表示。针对多相流中每个相的控制方程（式 10.8），并结合毛细管力本构方程（式 10.3）及相对渗透率（式 10.7），可以提供一个完整的数学模型，来求解在给定初始、边界条件及源项的条件下的相压力及饱和度。这些控制方程都是由连续性宏观尺度（或者说达西尺度）推导出的。当进行模拟时，这些方程中的参数的尺度被升级至可用计算机计算的网格尺度。本构方程及相对渗透率的本构模型的尺度升级将在下一部分中讨论。

10.3.3 本构模型参数的尺度升级

许多文献指出，水文过程的高度非线性分布限制了跟踪尺度升级、空间与时间变化的能力。在尺度升级中的主要问题是：室内实验尺度的测量能够准确地描述大尺度下流体运移的行为吗？可以直接应用室内实验室测量的土壤水力学性质作为实验室尺度研究及数值模拟模型的输入参数。但是，在发展尺度升级方法过程中，需要承认的是，测量地下所有点的数据来获得所需要的参数，这是不切实际的。因此，任何尺度升级方法的理论基础的研究，都会产生一个实际问题：如何将来自有限数据点或者实验室测试数据的均质样品的土壤水力学参数应用至离散网格模型中所需的参数，这些模型将用来模拟油田尺度的行为动态。其中一个方法就是将实验室尺度的土壤水力学参数空间分布在较大尺度中。还有一种方法是，将实验室或离散原位尺度的参数当作初始估计值使用，并利用反演模拟或在模型校正中进一步改善。反演模拟试图降低观测数据与模拟值间的差异，这是利用解析或数值的方法达到的，这些方法含有表征估计参数的本构关系[28]。

造成不同尺度中孔隙度变化的质地多样性也会影响到取决于孔隙尺寸及其分布的参数。这些参数包含饱和地下水流动中的渗透率及水力传导率、未饱和流动中的土—水保持及相对渗透率、多相流本构方程参数（式 10.3 与式 10.7）。利用均质样品的测试可以获得这些参数，在 REV 尺度上定义，用于连续体建模中。

单相多孔介质的水力传导率 K ［LT^{-1}］ 是一个由孔隙尺度升级至宏观流动过程中得到的有效性质。在一个简单的两层非均质例子中，基于达西定律，利用这个两层模型的每个层的 K 值，通常可以确定已经尺度升级的水力传导率。任何应用于层状模型的解析解方法，都需要知道每个层的 K 值及其厚度，因此这也就限制了它们在尺度升级中的实际应用价值。更多的缜密的方法被提出以确定已经尺度升级的水力传导率。一个尺度升级的 K 值，可以将其当作有效水力传导率，其可以通过将 K 值的小尺度变化认为是一个随机空间函数（RSF）来进行估计。这个有效传导率的估计与边界条件无关，此边界条件来自 RSF 的空间相关性及其变化[29,30]。这些方法假定所要模拟的系统具有统计特征的均质性。对利用有效参数进行多孔介质中单相流的尺度升级已经有了很多认识。其他方法，即有效水力传导率，假定 K 值变化的范围被尺度升级，与另外一种情形下的 K 值等效，这个等效 K 值与在给定压力水力梯度下非均质地层的平均流量有关[31]。由于等效 K 值取决于控制着流动的边界条件，因此任何边界条件的不确定性都会导致尺度升级参数的多解性。但是，当水体尺寸大于 K 值的相关范围时，等效 K 值会接近有效 K 值[32]。

图 10.4 展示了在非均质多孔介质中轻质 NAPL 运移的室内实验模拟。利用五类高度自定义化的土壤将实验容器填满，进而表征一个空间相关且随机分布的实际矿场，这个实际矿场的地质统计学参数是已知的（对数 K 值的平均值、K 值方差、在 x 和 y 方向的相关长度）[35]。发生在孔隙中的非湿相的运移是通过驱替湿相来实现的，且这是受到孔隙尺度的参数所控制的，同时也受湿相与非湿相流体的性质控制。需要解决的尺度升级的问题是：在孔隙尺度模型所示的例子中，多相流系统的参数是如何受土壤及流体性质影响的，以及这些参数是如何与利用图 10.4 的尺度升级参数的估计值进行的数值模拟进行比较的。

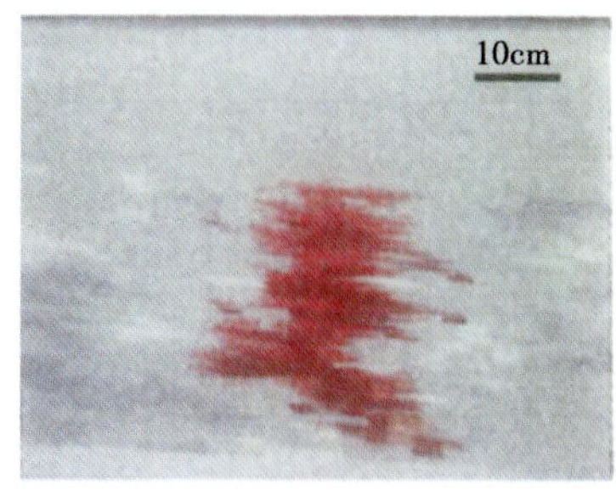

(a)实验室试验

(b)数值模拟

图 10.4　非均质多孔介质中多相流的实验模拟。(a) 利用尺度升级的参数进行的数值模拟。(b) 利用文献 [33]，[34] 中提到的混合有限元方法获得的数值解

在 REV 尺度，多相流的特征可以通过包含毛细管力、相对渗透率（均是饱和度的函数）的本构关系来获得（式 10.3 与式 10.7）。将这些本构模型进行尺度升级在多相流中是很普遍的，这将在 10.2 节进行介绍。将参数进行尺度升级已经被石油工程进行了广泛研究，且应用在油气藏、土壤物理学家所研究的灌溉工程、地下水文学家所研究的包括溶液及石油污染等地下环境治理中。室内实验的测试可以将本构模型进一步发展，且这是利用与实际矿场研究中所取的岩性尺寸相关的实验尺度的样品来进行测试的。在多相流中升级这些参数的基本方式与单相流非常不同，因为除了地下非均质性，这项基本处理过程所具有的非线性也占据重要的地位[36]。这些非线性也会促成不同长度尺度下不同流体滞留行为。

早期关于未饱和流动系统（水作为湿相，气作为非湿相）的尺度升级研究均是在存在小扰动下进行的[37]，但当实际矿场范围相对非均质长度尺度较小时，此类研究不会广泛应用。随着两相流动的尺度升级研究的发展，一些研究者采用基于逾渗理论的网络模型，将其应用在孔隙尺度的研究中，进而将其升级至宏观尺度中的本构关系[38-40]。在实验室中为了获得滞留函数而使用的小样品，其水的含量与给定的毛细管力是相关的，其完全受毛细管力控制。用于进行滞留及相对渗透率函数研究的本构模型的基础，是毛细管力平衡。文献 [41] 将在非均质介质中以湿度滞留曲线的尺度升级作为研究焦点，且这是在毛细管力与重力平衡条件下进行的。针对许多渗流理论方法及接下来的研究工作，在对其进展进行评估之后，文献 [42] 观察到为了正确升级在宏观尺度中的本构关系，除了考虑重力与毛细管力，还要将剪切阻力的黏滞力考虑进去。为了解决以上研究中的不足，文献 [42] 利用一个三维数值模型来对黏滞力、重力、毛细管力同时进行模拟，进而分析从局部功能获得升级滞留功能的平均过程。该作者得出如下结论：应用于确定升级本构关系的模型不能被可以表征小尺度本构关系的相同的参数化模型来进行表征。在较小含水量范围内的相对传导曲线的斜率可以被解释为一个升级的孔隙尺寸分布参数（其倒数是一个升级的毛细管长度）。这项研究的主要发现（其将黏滞力考虑了进去）是，分布于流动区域的相关的小尺度孔隙尺寸的空间等权平均可以用来估计升级的孔隙尺寸分布参数。利用与稳定流相同的假设条件，文献 [43] 使用一个实际的构架来确定大尺度的滞留曲线，这其中还用到了小尺度曲线，且此小尺度曲线的假设前提是空间一致的毛细管压力要存在于较大尺度的范围。升级的毛细管力与饱和度关系的表达式如下：

$$S(p_c)=\frac{\int_V s(p_c)\mathrm{d}V}{\int_V \phi\mathrm{d}V} \tag{10.9}$$

其中，S [-] 和 s [-] 分别是在大尺度和局部尺度下的含水饱和度，V [L^3] 是所有的孔隙体积，p_c 是毛细管压力，ϕ 是基于式（10.1）的在空间具有变化性的孔隙度。这些作者指出，式（10.9）表明，在所有的小尺度与大尺度中，可以通过孔隙尺寸分布来确定这些关系，且这些关系式独立于非均质性所具有的相关长度尺度。升级的水力传导率的关系式为：

$$K(p_c)=\frac{1}{V}\int_V k(p_c)^w\mathrm{d}V \tag{10.10}$$

其中，K [LT^{-1}] 和 k [LT^{-1}] 分别是尺度升级后的及样品尺度的水利传导率，w [-] 是一个标量常数。这个表达式假定：即使样品尺度的相对渗透率取决于孔隙尺寸分布，而升级后的传导率则不然。因此，这种方法即使具有一定的实际性，其也会受到多孔介质中未饱和稳定状态的流动所限制，且这个多孔介质具有大的气体入口值。在石油工程中，升级本构模型的问题是处于控制计算效率背景下的，且控制的方法是利用了大的网格块。应用在伪函数中的升级方法[44]，考虑了大网格块内部的非均质性，进而将多相相对渗透率及毛细管压力进行替换[45]。这样做的目标是，可以通过使用大维度网格，来使计算机的计算能力能够得到有效发挥，同时由于简化了非均质的表征，因此计算的误差也得到了最大的降低。但是这个方法的使用仍然需要精细网格模拟，来表征油藏特征，进而为所选的参数确定合适的伪函数。即使取得了一些计算效率上的进展，但是这种方法仍然被认为缺少坚实的理论基础[42]。

一些其他技术也被提了出来，并应用于升级两相流动。在均质情形中[46-47]，多孔介质中守恒定律的随机表征被用来获取非线性有效方程，这些方程控制着与随机分布的非均质多孔介质等效的均质介质中的流体流动行为。其他方法被认为是基于大尺度体积平均[48]，在大尺度下的流动方程及其性质可以通过一个 较小尺度的平均化来计算得到。这个方法已经被证明，其效率比那些基于需要精细网格全模拟的伪函数要高很多[45]。体积平均技术已经被广泛应用于预测宏观尺度传输的特性，这些对许多过程很有用，如非均质介质中的传输[49]、两相流[50]、两相惯性流[51]、反应介质[45,52]、伴随吸附的多组分混合物溶质传输[53,54]、基于 Soret 效应的耦合的传热与传质[55,56]。

当在多孔介质中模拟两相流时（或在达西尺度下需要模拟的区域），关于使用含有一个或两个方程的模型的问题被提了出来。具有一个方程的平衡模型包含一个关于两相（或区域）的单独的传输方程。当在两个区域的两个矿场的距离足够近时，表征两方程模型的传输方程可以加入这个模型中。换句话说，局部尺度的平衡准则是有效的。如果没有遵守局部平衡假设，那么需要求解两个分开的升级方程。但是，针对许多初始边界值的问题，两方程模型会有一个时间渐进行为，这将会与含有一个方程的非平衡模型一同被模拟[57,58]。这三个不同模型的有效区域，其主要取决于沛克莱数及一个特征时间，且其已经处于研究之中了[50,59]。

从文献［55］中可以看出，当两相性质差异不大时，局部平衡模型可以很好地预测流动，且这个模型也对边界条件或初始条件的敏感程度不大。但是当两相之间差异很大时，局部平衡模型在瞬态阶段是不会得到有效结果的。但是，在稳定流状态，局部平衡模型还是可以获得很好的预测结果[55]。

10.4　多相系统中的溶解度

10.4.1　传质与速率系数

在孔隙尺度下发生在液液界面的传质，通常是利用基于滞留膜理论的线性模型来进行估计的，如图 10.5 所示。当在膜内不存在质量存储时，在源与溶剂之间的浓度梯度可以被认为是线性的。在两流体相界面处的传质（基于线性膜理论）通常用传质速率系数来描述。质量流量的速率通过一个线性关系式来定义：

$$J = k_1(C_s - C) \tag{10.11}$$

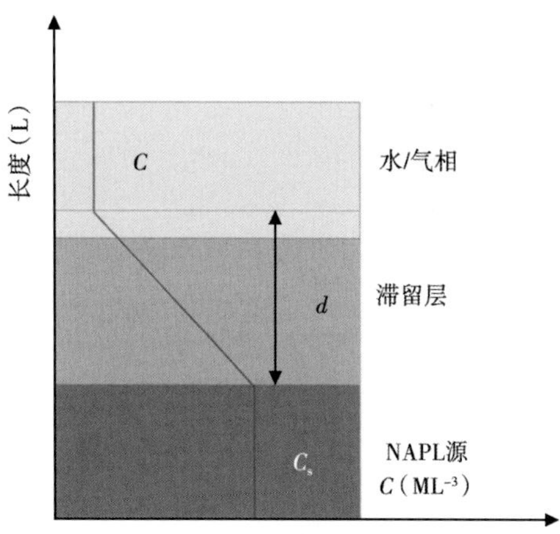

图 10.5　基于滞留层模型的 NAPL 源的浓度 C_s 与水—气相浓度 C 之间的线性浓度剖面

其中，J［$ML^{-2}T^{-1}$］为来自溶解相（被认为是非润湿相）的质量流量速率，k_1［LT^{-1}］为传质速率系数，C_s［ML^{-3}］是当溶解相在水中达到溶解极限时水相浓度，C［ML^{-3}］为一定体积的溶液中（非赋存于多孔介质中）的水相溶质浓度。下标 l 表示驱动力会沿着流动的方向发生作用。

在多孔介质中，当将滞留膜模型升级至表征单元体（REV）时，有必要定义一个全局质量传质速率系数。通过扩展单膜理论，与式（10.11）类似的线性驱动力被用来描述来自多孔介质中截留的非湿相源（NAPL，$ScrCO_2$ 或 CO_2 气柱）的质量流量[60]。这其中也伴随着引进了一个集中质量速率传输系数 K_c［T^{-1}］。孔隙中的界面质量速率 J'［$ML^{-3}T^{-1}$］采用下面的形式：

$$J' = K_c(C_s - C) \tag{10.12}$$

孔隙尺度的质量传输系数 K_l 及集中质量传输系数 K_c 存在以下关系式：

$$K_c = K_l \frac{A_{nw}}{V} \tag{10.13}$$

其中，A_{nw}［L^2］是在 REV 体积内的所有的 NAPL—水接触面面积。由于 A_{nw} 不能直接测量，在多孔介质的实际应用中，针对一个确定的多相系统，K_c 被处理成一个经验参数。

10.4.2 Gilliland-Sherwood 模型

被用来预测质量传输速率系数 k_l 或集中质量传输系数 K_c 的现象学模型，即为 Gilliland-Sherwood 模型，用无因次舍伍德数 Sh 及改进的无因次舍伍德数 Sh′来表征。舍伍德数 Sh 与质量传输速率系数 k_l 有关，具体式子如下：

$$Sh = k_l \frac{d_p}{D_l} \tag{10.14}$$

其中，d_p［L］是颗粒半径的几何平均值，D_l［L^2T^{-1}］是在自由液体中的扩散系数。改进的舍伍德数 Sh′包括集中质量传输速率 K_c，且其适用于多孔介质中，定义如下：

$$Sh' = K_c \frac{d_p^2}{D_l} \tag{10.15}$$

因此，无因次舍伍德数 Sh′代替了 K_c，而 Sh′以经验来确定，进而可以描述多孔介质中在不同物理化学条件下质量传输的过程。

文献［61］提出了一个建立在多孔介质中可升级的 Gilliland-Sherwood 模型，且是针对 REV 尺度质量传输的经验模型，一般形式为：

$$Sh' = \alpha Re^{\beta} Sc^{\gamma} \left(\frac{\theta_n d_{50}}{\tau L}\right) \delta \tag{10.16}$$

以上这个式子包含了 4 个无因次拟合参数 α，β，γ，δ，以及无因次雷诺数 Re［－］及施密特数 Sc［－］，溶解的 NAPL 所包含的物质 θ_n［－］，d_{50}［L］为颗粒较轻那一半多孔介质的颗粒半径，即颗粒中值半径，τ［－］为流动路径的迂曲度因子，L［L］为溶解长度。由文献［61］拟合溶解数据（这些数据是在一个小尺度测试容器中所发生的二维流动形式中获得的）得到的相关模型，其拟合参数分别为 $\alpha=11.34$，$\beta=0.28$，$\gamma=0.33$，$\delta=1.037$。文献［61］对比了其他文献中的 Gilliland-Sherwood 模型，并发现当将一维模型升级至实际矿场的多维度流时，水流动的维度需要被考虑。对其他 Gilliland-Sherwood 模型的综述，考虑了多孔介质中改进的舍伍德数 Sh′在不同溶解形式中的应用，具体见文献［62］。文献［62］改进了 Gilliland-Sherwood 模型，主要体现在：建立了一个含有随机球形尺寸的人工多孔介质模型，其可以用来求解地下水流动及孔隙尺度下的传质，计算过程是利用 COMSOL 模拟器进行的。这个模型如下：

$$Sh = 3.81 Re^{0.57} Sc^{0.33} \tag{10.17}$$

由于流动是层流、动力学黏度是常数且传质取决于对流及扩散，因此文献［63］可以对舍伍德 Sh 进行表征，并仅作为沛克莱数 Pe 的函数：

$$Sh = 0.094 Pe^{0.56} \tag{10.18}$$

文献［64］研究了在非均质多孔介质中污染蒸气生成的背景下挥发性有机化合物（VOC）池的完全挥发。在这个实验中，含有三氯乙烯的稳定的 NAPL 池在源区域生成，且这个区域在一个小的容器内。在其中一个方案中，这个池处于可流动的湿度为 100%的空气中，且这均是在四个不同流速下进行研究的。引进了一个数值模型，可以用来确定 Gilliland-Sherwood 模型，此模型是以文献［61］中的通用形式来进行假设的，表达式如下：

$$Sh' = 0.0011Pe^{0.05}\left(\frac{\theta_{n}}{\theta_{n}^{ini}}\right)^{0.2} d_{0}^{1.68} \tag{10.19}$$

其中，θ_{n}^{ini} 是源区域中初始 NAPL 成分。沛克莱数的较小的指数表明，气体流动的速率对挥发速率的影响很小。在图 10.6 中，在实验中测得的 TCE 浓度及累计 TCE 成分衰竭被用来与这个数学模型作对比。

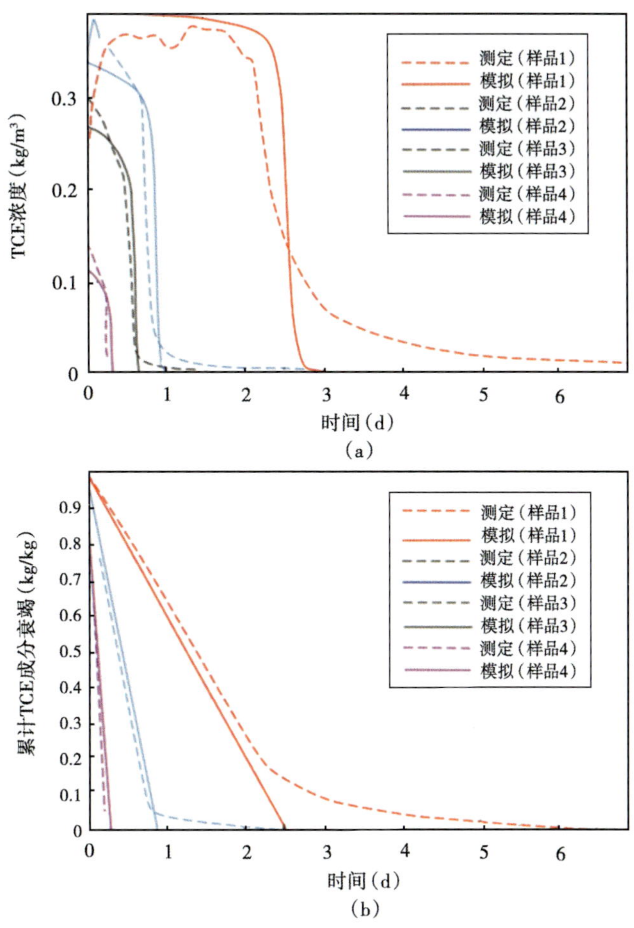

图 10.6　TEC 浓度（a）与累计 TEC 成分衰竭（b）与实验测试数据作对比的时间剖面

10.4.3　传质速率系数的尺度升级

通过对被捕集的非水相（NAPLs）溶解的尺度升级的研究，进而可以将其应用在被溶剂及石油废物污染区域的治理方面[62,65]。

将溶解进行尺度升级的目标是为了确定哪些矿场系统的参数可以用来获取有效传质速率系数。文献［66］得到了如下猜想：当加载于流动的水的质量在孔隙（此时 NAPL 也会在孔隙中截留）中出现时，所有加载在网格尺度上的质量将会受 NAPL 的饱和度分布控制。他们还通过一个无因次二阶矩 $M_{II,z}$［-］来定量化 NAPL 的饱和度分布。加载的质量是在网格内流动的水传输的，且净质量的生成是在网格内混合的结果。通过非均质矿场的地质统计学参数及网格块的尺寸，可以获得促使混合的速度。利用数值模拟的合成数据，且在此模拟中会在相关的随机场中生成多种 NAPL 截留形态，文献［66］得到了针对升级的传质相关关系式：

$$\overline{Sh} = Sh_0(1+\sigma_Y^2)^{\varphi_1}\left(1+\frac{\Delta z}{\lambda_z}\right)^{\varphi_2}\left(\frac{\hat{M}_{\mathrm{II},z}}{\hat{M}_{\mathrm{II},z}^{*}}\right)^{\varphi_3} \tag{10.20}$$

其中，$\overline{Sh}$［-］为包含有效传质速率系数的舍伍德数，σ_Y^2 是渗透率取对数后的方差，Δz［L］为模拟网格的垂向维度，λ_z［L］为垂向相关长度，且最后一组项是垂向饱和度分布的无因次二阶矩。这个尺度升级的方法可以通过一个具有中间尺度容器的实验来进行有效性验证[62]，如图 10.7 所示。

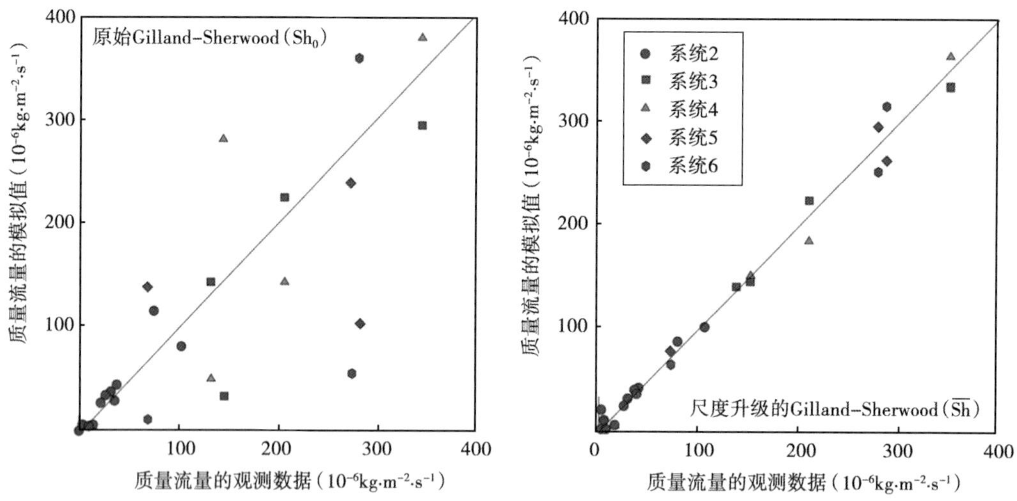

图 10.7　NAPL 溶解的尺度升级。(a) 利用小尺度溶解模型进行的质量流量的观测数据与质量流量的估计值间的对比，(b) 利用升级的溶解模型进行的质量流量的观测数据与质量流量的估计值间的对比（系统 2~5 指的是模拟中不同尺寸的网格）

传质的尺度升级的例子发生在孔隙至网格尺度中，此例子为改善尺度升级的方法提供了研究框架，进而也会改善二氧化碳捕集的问题。这个方法是为了二维流动的情形而进行改善的，且在一个二维测试系统中进行有效性测试。正如前文讨论的那样，非均质性及流动维度会在尺度升级过程中扮演重要角色。因此，当建立在地质统计参数上面的平稳性的假设无效时，那么未来的研究就需要评价第三个空间维度的影响以及其他地层参数的作用。并且，溶解的物质的质量如何扩散进入低渗层以及这个过程是如何进行尺度升级的，这些问题及技术都需要进行进一步研究及改进[67]。

10.5　陆地—大气的相互作用

大量不同的耦合过程，以及热力学、水文学、地质力学及生物学等过程间的反馈，均在陆地—大气界面发生。这些耦合过程及反馈显著影响着能量与质量的平衡，进而也会对环境条件产生影响。对处于一切相关的尺度下的陆地表面处的热量、质量及动量的理解，均会存在巨大的科学性挑战。同时，理解与陆地表面处相关的一切尺度下（一般指由实验室尺度到矿场尺度的范围内）的质量流量与热量流量，同样也存在着巨大的科学性挑战。其中一个关于交换的过程，就是蒸发，这是一个重要的过程，其影响着在土壤与大气内的水、能量的平衡，进而改变局部与全球的气候行为。本部分介绍了与蒸发过程有关的尺度升级。

10.5.1　过程与建模

如图 10.8 中的概念图所示，土壤蒸发的速度受到大气条件（如湿度、温度、热辐射、风速及紊流状态）、热力学、土壤的水力学性质（如热传导性、水力传导性、孔隙度）等影响，且这些影响因素是高度耦合的。这些过程间的强烈的耦合关系导致了大气与土壤间强烈的动态交互作用，进而引起动态蒸发行为[68]。需要承认的是，确定土壤水与热之间的耦合关系的最重要的过程，是潜热的传输（相变的结果），这个传输是基于处于未饱和土壤空间和土壤及大气间的界面处的蒸汽流量而实现的[69]。有关这些过程的模型目前已有所研究[70]。但是，正如文献［69］所提到的，对土壤之上（如大气边界层）的蒸汽流动的详细的实验论证还并还有进行过。文献［69］指出，在蒸汽流计算中引进的误差，是由大量的因素造成的，这包括缺少正确的热流量与质量流量之间的耦合关系、本构关系中的缺陷（如热与水力传导性、土壤水的含量）及确定在陆地—大气间阻力系数的困难。例如，一种

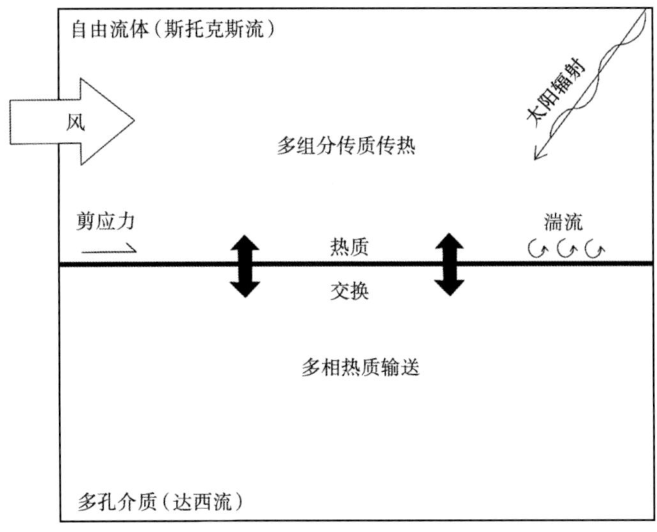

图 10.8　陆地—大气相互作用的示意图

流行的模拟方法，就是推导出了基于半经验或经验方法的空气动力学及土壤表面的阻力项，进而基于真实条件修正预测的蒸发过程，其中这些条件取决于土壤湿度、粗糙度、风速等周围环境。

基于传统的研究方法，将大气条件的影响应用于土壤表面，且将空气动力学阻力应用于空气流与渗透介质间的边界处[69,71-73]。在其他情况下，蒸发速度 E ［$ML^{-2}T^{-1}$］ 由下式表征：

$$E = \frac{1}{r_s + r_v}[(p_v)_{pm} - (\rho_v)_{ff}] \tag{10.21}$$

其中，r_s ［$L^{-1}T$］ 是作用于水蒸气传输的土壤表面阻力，r_v ［$L^{-1}T$］ 为作用于水蒸气的空气动力学阻力，$(\rho_v)_{pm}$ ［ML^{-3}］ 为位于土壤表面（即在多孔介质中）下方的蒸汽密度，$(\rho_v)_{ff}$ ［ML^{-3}］ 为位于土壤表面（在自由介质中，即多孔介质外）上方的蒸气密度。位于土壤表面上方的蒸气密度是通过测量位于多孔介质与自由流动介质间的交界处的相对湿度而得到的。

在式（10.21）中，蒸气传输的空气力学阻力取决于表面粗糙度及风速[69,74]。土壤表面阻力取决于土壤表面水的含量。可以通过一个典型的指数形式来表征蒸气传输与土壤水含量的空气动力学阻力间的关系。同时也有许多指数型的经验函数用于描述这个关系[71,73]。虽然这类方法被广泛应用，但是由模拟对比研究可以看出，在模型参数化与蒸气流量间存在很大的变化[75-78]。近来，伴随着成功解决陆地到大气间耦合关系的目标的提出，关于在不同陆地表面边界条件下的贫瘠土壤蒸发，文献［77］评价了三个不同的建模方法，进而将模拟结果与室内实验数据作对比。结果表明，没有一个方法可以适应所有环境，这也就表明未来的工作重点将放在陆地—大气界面，同时需要对陆地与大气边界层间复杂的相互作用有合适的理解，这也会提高对控制浅层土壤湿度流动（其控制着贫瘠土壤蒸发）的过程的理解。在大气中的非等温单相（两组分）传输与多孔介质中两相（两组分）传输的建模，已经被许多作者分别进行了研究[79-81]。近来，数值计算的进展，已经被应用于自由流动（Navier-Stokes）与多孔介质流动（达西流动）的耦合计算中[82-87]。但是，这些模型不能与实验数据进行有效的匹配，文献［85］将经典单相的耦合扩展到了多孔介质中两相流与自由流动单相流中。他们的模型基于位于多孔介质与非多孔介质的界面处的流量的连续性，同时也基于 Beavers-Joseph 边界条件[85]。文献［83］将焦点放在了数值计算的角度，并将其应用到了局部建模工具箱中。这项参数数值化的研究表明，提出的模型可以准确地预测蒸气现象。他们得出以下结论：渗透率的变化影响着毛细管力驱动的蒸发状态的持续时间，同时温度的变化影响蒸发速度的大小。他们还指出，Beavers-Joseph 系数的选择对界面处的蒸发速度的影响很小[83]。人们所熟知的是，自由流动及多孔介质区域的表面的无滑脱条件并不是一个让人满意的假设条件，而这个假设条件要求考虑一个滑移边界条件。文献［88］中首次得到了这个滑移边界条件。他们提出：在自由流动及多孔介质界面处流动的正应力的切向分量与界面处切向速率的跳跃程度呈正比[88]。文献［89］对这个耦合条件进行了进一步研究，做出了如下结论：多孔介质中的渗流速度比自由流动速度小很多，以至于其可以被忽略。存在若干个其他方程，对这个滑移边界条件进行研究和表征，其包括：

(1) 通过实验条件得到的拟合参数，连同体积平均技术的非局部形式，来应用剪切应力跳跃条件；(2) 应用惯性及边界效应[90]。文献［91］对比了 5 个不同的在多孔介质与邻近流体层间的界面条件。他们认为，速度场受边界条件变化的敏感性影响很大，甚至比温度场的影响还大[91]。他们展示了和所有五种界面条件类似的结果。

10.5.2　认知的短板及挑战

渗流带中水与能量流量在土壤表面处耦合，这个表面是陆地和大气间的界面。目前，大部分可用的尺度升级过程都忽略了陆地—大气界面的影响[92]，进而导致了对改进升级方法的需求，这也解释了在自然矿场条件下的环境的剧烈变化。针对在渗流层中的水分布及其流量的精确预测，对量化在蒸散过程中陆地与大气间蒸汽和能量的交换、评价地下水恢复速度、优化用于农业领域用水等至关重要。尽管这些预测具有重要性，但是标准模型仍然在预测水或气流量、流动路径及水分布方面有一定局限性。甚至应用这些标准模型来理解一些来自均质土壤的蒸发动态或大暴雨之后的水分布，都是有难度的[77,93-96]。也许这是由于这些模型没有通过合适的系统描述或参数化，来刻画这个物理行为。由于计算机的计算能力在进步，因此描述这些物理系统额外增加的复杂性的能力也是在提高的，而不是继续依赖于一个标准模型。通过理解不同尺度下这些过程的相对贡献，以及这些过程如何更好地应用于在不同尺度下精确预测环境行为，仍然是一个挑战。这些关于将传质尺度由土壤孔隙升级至陆地表面的挑战，来自需要将某些过程参数化，而这些过程会将土壤中的达西流动耦合至大气中的斯托克斯流动。建模过程中实际与理论上的限制，经常在陆地—大气界面处被放大，此处水和能量的流量是高度动态化的，且受到热及湿度梯度、流向等变化的高度影响[97]。但是，针对最传统的模型及在渗流层的实际应用，在陆地及大气间的强烈耦合是很少被考虑的。这是由于实际矿场方案的问题复杂性，加之矿场或实验室数据的缺失而不足以进行能量和质量传输理论的测试及提炼等造成的。针对大部分关于地下的模型，土壤表面作为多孔介质区域的上层边界，其可以利用作为源汇项的规定的流量项来进行描述。类似的，在大部分的大气模型中，渗流层是作为规定流量较低的边界。这样一个方法，是对土壤表面的上部和下部间相互作用过程的简化。虽然这个方法因其简便性及易用性而得到广泛使用，但是却被大气和水文地质科学家用来错误地表征流量条件，进而导致模型预测误差[98]。当考虑非均质土壤时，这是会受到很大影响的。非均质土壤会造成复杂的流量条件，而这些条件基于来自粗粒至细粒土壤范围内水流[94,99]。当整个土壤表面边界赋予一个恒定流量时，这是不会存在的。此外，土壤表面条件（如土壤类型、质地及植被）的变化可以导致高度动态渗透和蒸发条件。表面非均质性可以影响到空气速率条件[100]，最终影响到下雨及蒸发时的渗透速率，其中，也会导致水力学及热力学有效参数对尺度及速率的依赖性[97]。

遥感技术通常用于水文科学，进而获取一些水文过程中空间及时间分布，从而模拟陆地与大气间的相互作用。许多以往的遥感技术研究重点在于远程探测数据与观测数据间［或比较飞机（卫星）观测数据与就地观测数据的差异］的回归分析[101,102]。但是遥感技术仍然不能完全解决跨尺度的相互作用，这是因为需要对与测试有关的不确定性及尺度升级之间的模型预测进行理解，而目前这方面做得仍不够[103]。如何应用遥感技术获得的数据在

10~20km 分辨率下对处于局部尺度的过程进行预测？这需要对大尺度及小的孔隙尺度下的非均质性进行理解，进而正确地改善综合孔隙尺度物理学的方法，而这个方法是基于较粗尺度（如遥感技术）测试的。研究者们发现在进行空间尺度的土壤水力学性质测量时，会出现一些缺陷或转变[104,105]。例如，文献［104］发现在小尺度土壤湿度样品与飞机辐射计数据间的转变，会导致不同尺度间出现不同的关系。但是，在解释这些转变的原因的时候，仍存在一些不确定性，这是由于不同数据集或没有考虑到其中的某些物理过程造成的吗[103]？此外，这些模型是如何解释这些转变的？研究者们表明，如果正确解释水文变化，如水力学模型中土壤湿度，那么就可以提高水文预测的能力[106-108]。

10.6 结论

从孔隙尺度升级到矿场尺度的过程，仍然是水文地质科学及油藏工程中的一个挑战。在本章中，针对一些出现的问题，明确了其中一些挑战的具体含义。接下来的结论是为了帮助改进未来的研究计划，此计划是为了克服一些前面提出的挑战。

多孔介质中的多相流是本章中提出的问题的基础。这些主要用来在多相流中进行尺度升级的参数，可以认为是毛细管压力—饱和度曲线与相对渗透率—饱和度曲线间的关系。用来进行尺度升级的参数与那些单相流中的参数是非常不同的，这是由这些多相流参数的非线性造成的。基于考虑渗流理论的网络模型、随机均质化、大尺度体积平均的技术和基于伪函数的方法，都会有局限性，并且也需要发展更为通用的研究方法，其可以应用于两相与三相系统中。

除了在地层深处储存的超临界二氧化碳的分解问题被人们关注之外，被圈闭的非水相液体 NAPLs 的分解的问题，最近已经受到了关注。用于升级传质速率系数的方法已经处于改进之中，模拟矿场尺度的行为，此过程将有效溶解视为一个混合过程，受 NAPL 截留和渗透率场的控制。这个方法提供了一个可能的构架，用于改进超临界二氧化碳尺度升级的分解。但是，速率受到限制的条件是否存在于矿场中，这还需要另外的评价，且这是在改进这些方法之前的。处于圈闭层的超临界二氧化碳的净质量不仅受到分解的控制，还会受到非均质层中低渗区域的逆扩散控制。用来获得有效参数的方法需要进行研究，而这些参数覆盖了这两个过程，进而可以对分解与捕获进行长期有效的预测。

控制陆地—大气相互作用的过程的参数化，正处于初级阶段。而对这些过程（由孔隙尺度到较大尺度的升级过程）的理解仍然不够，这就导致一些几乎没有考虑陆地与大气间强烈耦合的模型的出现。通过针对多尺度的实验研究，可以填补这些认知缺口，进而一些尺度升级的理论及方法才会更为有效。

用于验证尺度升级方法的矿场数据，经常是不全的，且获取会耗费很大的财力。在矿场设施中，用来获取这些数据所做的控制程度是不够的。处于中间过渡位置的室内实验数据提供了在控制条件下研究的能力，同时在不同尺度下多维度的非均质地下的复杂过程下，也会提供研究的能力。

可以得到如下结论：尺度的问题仅仅可以通过理论结合实验的方法才能解决，这其中需要创新性的、多学科的研究努力，进而克服目前在理解小尺度过程对较大尺度流动行为的影响而具有的局限性。

致谢

本部分作者真诚感谢一些机构的支持，他们的一些研究结果帮助并丰富了本章的相关部分内容。这些机构包括国家科学基金会（NSF）、用于防御项目的环境战略研究（SERDP）、陆军研究办公室、国家安全科学与工程学院项目（NSSEFF）、位于科罗拉多矿业大学和捷克教育部的非常规天然气与石油研究中心（UNGI）。

符号注释

拉丁符号		
符号	量纲	物理意义
A_{nw}	$[L^2]$	REV 内 NAPL—水接触面面积
C	$[ML^{-3}]$	水相溶液浓度
C_s	$[ML^{-3}]$	达到溶解度界限的水相溶液浓度
d_{50}	$[L]$	中值粒度直径
d_p	$[L]$	粒度直径的几何平均值
D_l	$[L^2T^{-1}]$	自由液体中的扩散系数
E	$[ML^{-2}T^{-1}]$	蒸发速率
F_α	$[ML^{-3}T^{-1}]$	相 α 的源汇项
g	$[LT^{-2}]$	标量重力加速度
$\boldsymbol{g}$	$[LT^{-2}]^{-3}$	重力加速度矢量
J	$[ML^{-2}T^{-1}]$	质量流量速度
J'	$[ML^{-2}T^{-1}]$	界面质量流量速度
K	$[LT^{-1}]$	单相多孔介质水力传导率
K_c	$[T^{-1}]$	集成质量传输速率系数
$\boldsymbol{K}$	$[L^2]^{3\times3}$	内置渗透率张量
K_l	$[LT^{-1}]$	孔隙尺度质量传输速率系数
$K_{r,\alpha}$	$[-]$	相 α 的相对渗透率
L	$[L]$	分解长度
$M_{II,z}$	$[-]$	二次分配力矩
p_d	$[ML^{-1}T^{-2}]$	进入压力
p_c	$[ML^{-1}T^{-2}]$	毛细管压力
p_α	$[ML^{-1}T^{-2}]$	湿相压力
Pe	$[-]$	沛克莱数
q_α	$[LT^{-1}]^3$	相 α 的视宏观速度
r_s	$[L^{-1}T]$	针对水蒸气传输的土壤表面阻力
r_v	$[L^{-1}T]$	针对水蒸气传输的空气动力学阻力

续表

符号	量纲	物理意义
Re	[-]	雷诺数
Se	[-]	湿相有效饱和度
$S_{r,\alpha}$	[-]	相 α 的残余饱和度
S_α	[-]	相 α 的饱和度
S_c	[-]	施密特数
Sh	[-]	舍伍德数
Sh′	[-]	改进的舍伍德数

希腊字符

符号	量纲	物理意义
θ_n	[-]	NAPL 体积组成
λ	[-]	Brooks-Corey 拟合参数
λ_z	[-]	体积相关长度
μ_α	$[ML^{-1}T^{-1}]$	相 α 的动态黏度
ρ_α	$[MLT^{-3}]$	相 α 的密度
τ	[-]	迂曲度因子
ϕ	[-]	孔隙度
χ	[-]	孔隙空间指示函数

参考文献

[1] L. W. Gelhar, Stochastic subsurface hydrology from theory to applications, *Water Resourc. Res.* 22 (9S), 135S-145S (1986).

[2] T. H. Illangasekare, J. L. Ramsey Jr, K. H. Jensen, and M. B. Butts, Experimental study of movement and distribution of dense organic contaminants in heterogeneous aquifers, *J. Contam. Hydrol.* 20 (1), 1-25 (1995).

[3] F. Fagerlund, T. H. Illangasekare, and A. Niemi, Nonaqueous-phase liquid infiltration and immobilization in heterogeneous media: 1. experimental methods and two-layered reference case, *Vadose Zone J.* 6 (3), 471-482 (2007).

[4] F. Fagerlund, T. H. Illangasekare, and A. Niemi, Nonaqueous-phase liquid infiltration and immobilization in heterogeneous media: 2. application to stochastically heterogeneous formations, *Vadose Zone J.* 6 (3), 483-495 (2007).

[5] E. Agartan, L. Trevisan, A. Cihan, J. Birkholzer, Q. Zhou, and T. Illangasekare, Experimental Study on Effects of Geologic Heterogeneity in Enhancing Dissolution Trapping of Supercritical CO_2, in review in, *Water Resourc. Res.* (2014).

[6] M. Plampin, T. Illangasekare, T. Sakaki, and R. Pawar, Experimental study of gas evolution in heterogeneous shallow subsurface formations during leakage of stored CO_2, *Int. J. Greenh. Gas Cont.* 22, 47-62 (2014).

[7] L. N. Tsimpanogiannis and Y. C. Yortsos, Model for the gas evolution in a porous medium driven by solute dif-

fusion, *AIChE Journal.* 48 (11), 2690-2710 (2002).

[8] L. Bernstein, P. Bosch, O. Canziani, Z. Chen, R. Christ, O. Davidson, W. Hare, S. Huq, D. Karoly, V. Kattsov, et al., IPCC, 2007: climate change 2007: synthesis report. Contribution of working groups Ⅰ, Ⅱ, and Ⅲ to the Fourth Assessment Report of the Intergovernmental Panel on Climate Change, *Intergovernmental Panel on Climate Change*, *Geneva* (2007).

[9] US EPA. Inventory of US greenhouse gas emissions and sinks: 1990-2009. Technical report, US Environmental Protection Agency (2011).

[10] T. G. Poulsen and P. Møldrup, Evaluating effects of wind-induced pressure fluctuations on soil-atmosphere gas exchange at a landfill using stochastic modelling, *Waste Manage. Rese.* 24 (5), 473-481 (2006).

[11] M. Maier, H. Schack-Kirchner, M. Aubinet, S. Goffin, B. Longdoz, and F. Parent, Turbulence effect on gas transport in three contrasting forest soils, *Soil Sci. Soc. Am. J.* 76 (5), 1518-1528 (2012).

[12] US EPA. Draft guidance for evaluating the vapor intrusion to indoor air pathway from groundwater and soils (subsurface vapor intrusion guidance). Technical report, US Environmental Protection Agency (2002).

[13] D. A. Olson and R. L. Corsi, Fate and transport of contaminants in indoor air, *Soil Sediment*: *Contam.* 11 (4), 583-601 (2002).

[14] F. D. Tillman and J. W. Weaver, *Review of Recent Research on Vapor Intrusion.* US Environmental Protection Agency, Office of Research and Development Washington, DC 20460 (2005).

[15] GICHD. Guide to mine action. Technical report, Geneva International Centre for Humanitarian Demining (2003).

[16] DOD. Developing science and technologies list: Section 2: Armaments and energetic materials technology. Technical report, US Department of Defense, Defense Threat Reduction Agency, Ft. Belvoir (2002).

[17] C. Bruschini, B. Gros, F. Guerne, P. -Y. Piéce, and O. Carmona, Ground penetrating radar and imaging metal detector for antipersonnel mine detection, *J. Appl. Geophys.* 40 (1), 59-71 (1998).

[18] J. R. Ballard, Jr: G. L. Mason, J. A. Smith, and L. K. Balick. Phenomenological models for landscape signatures: Review and recommendations. Technical report, DTIC Document (2004).

[19] B. S. Das, J. M. Hendrickx, and B. Borchers, Modeling transient water distributions around landmines in bare soils, *Soil Sci.* 166 (3), 163-173 (2001).

[20] J. Hendrickx, S. Hong, T. Miller, B. Borchers, H. Tobin: C. Bristow, and H. Jol. Soil effects on ground penetrating radar detection of buried nonmetallic mines in Ground Penetrating Radar: Applications in Sedimentol-ogy, C. S. Bristow and H. M. Jols (eds.), Geological Society, London, (2003).

[21] K. M. Smits, A. Cihan, T. Sakaki, S. E. Howington, J. F. Peters, and T. H. Illangasekare, Experimental and modeling investigation of soil moisture and thermal behavior in the vicinity of buried objects, *Geosci. Remote Sens.* (2013).

[22] J. Bear. *Dynamics of Fluids in Porous Media* (1972).

[23] J. W. Hopmans, D. R. Nielsen, and K. L. Bristow, How useful are small-scale soil hydraulic property measurements for large-scale vadose zone modeling? *Geophysical Monograph Series.* 129, 247-258 (2002).

[24] A. T. Corey, *Mechanics of I mmiscible Fluids in Porous Media.* Water Resources Publication (1994).

[25] R. H. Brooks and A. T. Corey, Hydraulic properties of porous media, *Hydrology Papers*, *Colorado State University.* (March) (1964).

[26] M. T. Van Genuchten, A closed-form equation for predicting the hydraulic conductivity of unsaturated soils, *Soil Sci. So. Ame. J.* 44 (5), 892-898 (1980).

[27] A. S. Mayer and S. M. Hassanizadeh, *Soil and Groundwater Contamination*: *Nonaqueous Phase Liquids Princi-*

ples and Observations. vol. 17, American Geophysical Union (2005).

[28] Y. -K. Zhang and K. Schilling, Temporal scaling of hydraulic head and river base flow and its implication for groundwater recharge, *Water Resourc. Res*. 40 (3) (2004).

[29] G. Dagan et al., *Flow and Transport in Porous Formations*. Springer-Verlag GmbH & Co. KG. (1989).

[30] L. W. Gelhar, *Stochastic Subsurface Hydrology*. Prentice-Hall (1993).

[31] Y. Zhang, C. W. Gable, and M. Person, Equivalent hydraulic conductivity of an experimental stratigraphy: Implications for basin-scale flow simulations, *Water Resourc. Res*. 42 (5) (2006).

[32] P. Renard and G. De Marsily, Calculating equivalent permeability: A review, *Adv. Water Resoure*. 20 (5), 253-278 (1997).

[33] R. Fučík and J. Mikyška, Discontinuous Galerkin and Mixed-Hybrid Finite Element Approach to Two-Phase Flow in Heterogeneous Porous Media with Different Capillary Pressures, *Procedia Computer Science*. 4, 908-917 (2011).

[34] R. Fučík and J. Mikyška, Mixed-hybrid finite element method for modelling two-phase flow in porous media, *Journal of Math-for-Industry*. 3, 9-19 (2011).

[35] F. Fagerlund and G. Heinson, Detecting subsurface groundwater flow in fractured rock using self-potential (sp) methods, *Environmental Geology*. 43 (7), 782-794 (2003).

[36] B. Ataie-Ashtiani, S. Hassanizadeh, M. Celia, M. Oostrom, and M. D. White. Effective two-phase flow parameters for heterogeneous porous media. Technical report, Pacific Northwest National Laboratory (PNNL), Richland, WA (US) (2000).

[37] A. Montoglou and L. Gelhar, Effective hydraulic conductivities of transient unsaturated flow in stratified aquifer, *Water Resour. Res*. 23 (1), 57-67 (1987).

[38] I. Chatzis and F. Dullien, Modelling Pore Structure By 2-D And 3-D Networks With Application to Sandstones, *J. Can. Petrol. Technol*. 16 (1) (1977).

[39] B. H. Kueper and D. B. McWhorter, The use of macroscopic percolation theory to construct large-scale capillary pressure curves, *Water Resourc. Res*. 28 (9), 2425-2436 (1992).

[40] H. Rajaram, L. A. Ferrand, and M. A. Celia, Prediction of relative permeabilities for unconsolidated soils using pore-scale network models, *Water Resourc. Res*. 33 (1), 43-52 (1997).

[41] A. Desbarats, Upscaling capillary pressure-saturation curves in heterogeneous porous media, *Water Resourc. Res*. 31 (2), 281-288 (1995).

[42] A. Desbarats, Scaling of constitutive relationships in unsaturated heterogeneous media: A numerical investigation, *Water Resourc. Res*. 34 (6), 1427-1435 (1998).

[43] H. Liu, G. Bodvarsson, and G. Zhang, Scale dependency of the effective matrix diffusion coefficient, *Vadose Zone J*. 3 (1), 312-315 (2004).

[44] T. Lasseter, J. Waggoner, and L. Lake, Reservoir heterogeneities and their influence on ultimate recovery, *Reservoir Characterization*. 545 (1986).

[45] A. Ahmadi and M. Quintard, Large-scale properties for two-phase flow in random porous media, *J. Hydrol*. 183(1), 69-99 (1996).

[46] A. Bourgeat, Homogenized behavior of two-phase fiows in naturally fractured reservoirs with uniform fractures distribution, *Comput. Methods in Appl. Mech. Eng*. 47 (1), 205-216 (1984).

[47] U. Hornung, *Homogenization and Porous Media*. vol. 6, Springer (1997).

[48] M. Quintard and S. Whitaker, Two-phase flow in heterogeneous porous media: The method of large-scale averaging, *Transport Porous Med*. 3 (4), 357-413 (1988).

[49] M. Quintard and S. Whitaker, Transport in ordered and disordered porous media ii: Generalized volume averaging, *Transport Porous Med.* 14 (2), 179-206 (1994).

[50] M. Quintard, Diffusion in isotropic and anisotropic porous systems: Three-dimensional calculations, *Transport Porous Med.* 11 (2), 187-199 (1993).

[51] D. Lasseux, A. Ahmadi, and A. A. A. Arani, Two-phase inertial flow in homogeneous porous media: A theoretical derivation of a macroscopic model, *Transport Porous Med.* 75 (3), 371-400 (2008).

[52] S. Whitaker, *The Method of Volume Averaging.* vol. 13, Springer (1999).

[53] A. Ahmadi, M. Quintard, and S. Whitaker, Transport in chemically and mechanically heterogeneous porous media: V. two-equation model for solute transport with adsorption, *Advances in. Water Resources.* 22 (1), 59-86 (1998).

[54] M. Quintard, L. Bletzacker, D. Chenu, and S. Whitaker, Nonlinear, multicomponent, mass transport in porous media, *Chem. Eng. Sci.* 61 (8), 2643-2669 (2006).

[55] H. Davarzani, M. Marcoux, and M. Quintard, Theoretical predictions of the effective thermodiffusion coefficients in porous media, *Int. J. Heat and Mass Transfer.* , 53 (7), 1514-1528 (2010).

[56] H. Davarzani and M. Marcoux, Inauence of solid phase thermal conductivity on species separation rate in packed thermogravitational columns: A direct numerical simulation model, *Comptes Rendus Mecanique.* 339 (5), 355-361 (2011).

[57] F. Zanotti and R. Carbonell, Development of transport equations for multiphase systemsii: Application to one-dimensional axi-symmetric flows of two phases, *Chem. Eng. Sci.* 39 (2), 279-297 (1984).

[58] F. Zanotti and R. Carbonell, Development of transport equations for multiphase systemi: General development for two phase system, *Chem. Eng. Sci.* 39 (2), 263-278 (1984).

[59] Y. Davit, M. Quintard, and G. Debenest, Equivalence between volume averaging and moments matching techniques for mass transport models in porous media, *Int. J. Heat and Mass Transfer.* 53 (21), 4985-4993 (2010).

[60] C. T. Miller, M. M. Poirier-McNeil, and A. S. Mayer, Dissolution of trapped nonaqueous phase liquids: Mass transfer characteristics, *Water Resourc. Res.* 26 (11), 2783-2796 (1990).

[61] T. Saba and T. H. Illangasekare, Effect of groundwater flow dimensionality on mass transfer from entrapped nonaqueous phase liquid contaminants, *Water Resourc. Res.* 36 (4), 971-979 (2000).

[62] T. Illangasekare and C. Frippiat. Miscible and immicible pollutants in subsurface systems. In ed. H. Fernando, *Handbook Of Environmental Fluid Dynamics.* Taylor and Francis Group (2010).

[63] Y. Liu, T. H. Illangasekare, and P. K. Kitanidis, Long-Term Mass Transfer and Mixing-Controlled Reactions of A DNAPL Plume from Persistent Residuals, *J. Contam. Hydrol.* 157, 11-24 (2014).

[64] B. Petri, R. Fučík, T. H. Illangasekare, K. M. Smits, J. A. Christ, T. Sakaki, and C. C. Sauck, Effect of nonaqueous phase liquid source morphology on mass transfer in the vadose zone: Experimental and modeling study, to appear in *Groundwater* J. (2014).

[65] T. Illangasekare, C. Frippiat, and R. Fučík. Dispersion and mass transfer coefficients in groundwater of near-surface geologic formations. In eds. L. J. Thibodeaux and D. Mackay, *Handbook of Estimation Methods: Environmental Mass Transport Coefficients, Dispersion and Mass Transfer Coefficients*, pp. 413-452. CRC Press (2010).

[66] S. Saenton and T. H. Illangasekare, Upscaling of mass transfer rate coefficient for the numerical simulation of dense nonaqueous phase liquid dissolution in heterogeneous aquifers, *Water Resourc. Res.* 43 (2) (2007).

[67] B. T. Wilking, D. R. Rodriguez, and T. H. Illangasekare, Experimental Study of the Effects of DNAPL Distri-

bution on Mass Rebound, *Groundwater J.* 51 (2), 229-236 (2013).

[68] M. Sakai, S. B. Jones, and M. Tuller, Numerical evaluation of subsurface soil water evaporation derived from sensible heat balance, *Water Resour. Res.* 47 (2) (2011).

[69] M. Bittelli, F. Ventura, G. S. Campbell, R. L. Snyder, F. Gallegati, and P. R. Pisa, Coupling of heat, water vapor, and liquid water fluxes to compute evaporation in bare soils, *J. Hydrol.* 362 (3), 191-205 (2008).

[70] R. S. Jassal, T. A. Black, M. D. Novak, D. Gaumont-Guay, and Z. Nesic, Effect of soil water stress on soil respiration and its temperature sensitivity in an 18-year-old temperate douglas-fir stand, *Glob. Change Biol.* 14(6), 1305-1318 (2008).

[71] P. Camillo and R. Gurney, A resistance parameter for bare-soil evaporation models, *Soil Sci.* 141 (2), 95-105 (1986).

[72] M. D. Novak, Dynamics of the near-surface evaporation zone and corresponding effects on the surface energy balance of a drying bare soil, *Agtri. For. Meteorol.* 150 (10), 1358-1365 (2010).

[73] A. A. van de Griend and M. Owe, Bare soil surface resistance to evaporation by vapor diffusion under semiarid conditions, *Water Resour. Res.* 30 (2), 181-188 (1994).

[74] G. S. Campbell and J. M. Norman, *An Introduction to Environmental Biophysics.* Springer (1998).

[75] C. Desborough, A. Pitman, and P. Iranneiad, Analysis of the relationship between bare soil evaporation and soil moisture simulated by 13 land surface schemes for a simple non-vegetated site, *Global Planet. Change.* 13 (1), 47-56 (1996).

[76] H. Schmid, Experimental design for flux measurements: matching scales of observations and fluxes, *Agri. For. Meteorol.* 87 (2), 179-200 (1997).

[77] K. M. Smits, V. V. Ngo, A. Cihan, T. Sakaki, and T. H. Illangasekare, An evaluation of models of bare soil evaporation formulated with different land surface boundary conditions and assumptions, *Water Resour. Res.* 48 (12) (2012).

[78] L. Villagarcia, A. Were, F. Domingo, M. Garcia, and L. Alados-Arboledas, Estimation of soil boundary-layer resistance in sparse semiarid stands for evapotranspiration modelling, *J. Hydrol.* 342 (1), 173-183 (2007).

[79] W. Chao-Yang and C. Beckermann, A two-phase mixture model of liquid-gas flow and heat transfer in capillary porous media: I. Formulation, *Int. J. Heat and Mass Tran.* 36, 2747-2747 (1993).

[80] J. Niessner and S. M. Hassanizadeh, Mass and heat transfer during two-phase fiow in porous media-theory and modeling, *In TechOpen* (2011).

[81] C. Wang and P. Cheng, Multiphase flow and heat transfer in porous media, *Adv. Heat Transfer.* 30, 93-196 (1997).

[82] H. Davarzani, K. Smits, R. M. Tolene, and T. Illangasekare, Study of the effect of wind speed on evaporation from soil through integrated modeling of the atmospheric boundary layer and shallow subsurface, *Water Resour. Res.* 50 (1), 661-680 (2014).

[83] K. Baber, K. Mosthaf, B. Flemisch, R. Helmig, S. Müthing, and B. Wohlmuth, Numerical scheme for coupling two-phase compositional porous-media flow and one-phase compositional free flow, *IMA J. Appl. Math.* 77 (6), 887-909 (2012).

[84] P. Chidyagwai and B. Rivière, A two-grid method for coupled free flow with porous media flow, *Adv. Water Resour.* 34 (9), 1113-1123 (2011).

[85] K. Mosthaf, K. Baber, B. Flemisch, R. Helmig, A. Leijnse, I. Rybak, and B. Wohlmuth, A coupling concept for two-phase compositional porous-medium and single-phase compositional free flow, *Water Resour.*

Res. 47 (10) (2011).

[86] D. Nield, The beavers-joseph boundary condition and related matters: A historical and critical note, *Transport Porous Med.* 78 (3), 537-540 (2009).

[87] U. Shavit, Special issue on transport phenomena at the interface between fluid and porous domains, *Transport Porous Med.* 78 (3), 327-330 (2009).

[88] G. S. Beavers and D. D. Joseph, Boundary conditions at a naturally permeable wall, *J. Fluid Mech.* 30 (1), 197-207 (1967).

[89] P. G. Saffman, On the boundary condition at the surface of a porous medium, *Stud. Appl. Math.* 50 (2), 93-101 (1971).

[90] K. Vafai and S. Kim, Fluid mechanics of the interface region between a porous medium and a fluid layeran exact solution, *Int. J. Heat Fluid FL.* 11(3), 254-256 (1990).

[91] B. Alazmi and K. Vafai, Analysis of fluid flow and heat transfer interfacial conditions between a porous medium and a fluid layer, *Int. J. of Heat Mass Trans.* 44 (9), 1735-1749 (2001).

[92] H. Vereecken, R. Kasteel, J. Vanderborght, and T. Harter, Upscaling hydraulic properties and soil water flow processes in heterogeneous soils, *Vadose Zone J.* 6 (1), 1-28 (2007).

[93] Z. Wang, A. Tuli, and W. A. Jury, Unstable flow during redistribution in homogeneous soil, *Vadose Zorne J.* 2 (1), 52-60 (2003).

[94] P. Lehmann and D. Or, Evaporation and capillary coupling across vertical textural contrasts in porous media, *Phys. Rev. E.* 80(4), 046318 (2009).

[95] N. Shokri, P. Lehmann, and D. Or, Characteristics of evaporation from partially wettable porous media, *Water Resour. Res.* 45 (2) (2009).

[96] K. M. Smits, A. Cihan, T. Sakaki, and T. H. Illangasekare, Evaporation from soils under thermal boundary conditions: Experimental and modeling investigation to compare equilibrium-and nonequilibrium-based approaches, *Water Resour. Res.* 47 (5) (2011).

[97] P. Lehmann, I. Neuweiler, J. Vanderborght, and H. -J. Vogel, Dynamics of fluid interfaces and flow and transport across material interfaces in porous mediamodeling and observations, *Vadose Zone J.* 11 (3) (2012).

[98] R. Seager, M. Ting, I. Held, Y. Kushnir, J. Lu, G. Vecchi, H. -P. Huang, N. Harnik, A. Leetmaa, and N. -C. Lau, Model projections of an imminent transition to a more arid climate in southwestern North America, *Science.* 316 (5828), 1181-1184 (2007).

[99] U. Nachshon, A. Ireson, G. van der Kamp, and H. Wheater, Sulfate salt dynamics in the glaciated plains of north america, *J. Hydrol.* 499; 188-199 (2013).

[100] K. Kondo, M. Tsuchiya, and S. Sanada, Evaluation of effect of microtopography on design wind velocity, *J. Wind Eng. Ind. Aerodyn.* 90 (12), 1707-1718 (2002).

[101] J. Li and S. Islam, On the estimation of soil moisture profile and surface fluxes partitioning from sequential assimilation of surface layer soil moisture, *J. Hydrol.* 220 (1), 86-103 (1999).

[102] J. D. Bolten, V. Lakshmi, and E. G. Njoku, Soil moisture retrieval using the passive/active l-and s-band radar/radiometer, (*IEEE*) *Trans. Geosci. Remote Sensing.* 41 (12), 2792-2801 (2003).

[103] W. F. Krajewski, M. C. Anderson, W. E. Eichinger, D. Entekhabi, B. K. Hornbuckle, P. R. Houser, G. G. Katul, W. P. Kustas, J. M. Norman, C. Peters-Lidard, et al., A remote sensing observatory for hydrologic sciences: A genesis for scaling to continental hydrology, *Water Resour. Res.* 42 (7) (2006).

[104] D. K. Nykanen and E. Foufoula-Georgiou, Soil moisture variability and scale-dependency of nonlinear pa-

rameterizations in coupled land-atmosphere models: *Adv. Water Resour.* 24 (9), 1143-1157 (2001).

[105] W. T. Crow and E. F. Wood, Multi-scale dynamics of soil moisture variability observed during SGP97, *Geophys. Res. lett.* 26 (23), 3485-3488 (1999).

[106] P. R. Houser, W. J. Shuttleworth, J. S. Famiglietti, H. V. Gupta, K. H. Syed, and D. C. Goodrich, Integration of soil moisture remote sensing and hydrologic modeling using data assimilation, *Water Resour. Res.* 34 (12), 3405-3420 (1998).

[107] W. T. Crow and E. F. Wood, The assimilation of remotely sensed soil brightness temperature imagery into a land surface model using ensemble Kalman filtering: A case study based on ESTAR measurements during SGP97, *Adv. Water Resour.* 26 (2), 137-149 (2003).

[108] S. Dunne and D. Entekhabi, An ensemble-based reanalysis approach to land data assimilation, *Water Resour. Res.* 41 (2), W02013 (2005).

第11章　孔隙尺度下扩散限制的环境中的化学反应

David A. Benson

Hydrologic Science and Engineering, Colorado School of Mines, Golden, CO, USA

dbenson@ mines. edu

在许多自然体系中，混合的缺失是限制化学反应速度的主要因素。反应基质的结构，例如孔隙网络的非均质性，或者自发的反应物分离等，会造成较差的混合。化学反应中经典的差分方程（DEs）假定反应物中存在着完美的混合，且这个假设被应用至目前最为广泛应用的求解方法中。这些方法都是基于欧拉框架，此框架被划分为一定尺寸的网格，其内部假定都是混合很好的溶液。目前的工作是从理论与实际应用中修正与均匀混合假设有关的问题。首先，检查次级网格浓度的波动对欧拉模拟的影响。其次，指出拉格朗日传输及反应的算法是如何解释具有扩散限制特征的混合的反应。第三，对具有粗网格特征的DEs进行综述，其包含了浓度扰动增长的影响。这个方法包含传输格林函数，可以将传输过程的细节考虑进去。最后，对连续扰动方法与数值方法（拉格朗日）的联系进行综述，提供一个介于新的与经典方法之间的桥梁，用来预测化学反应速率。因为该方法是无标度的，因此任何混合不好的反应系统（混合不好也许是受到潜在构造的影响，如孔隙网络结构，或者反应物自身结构的影响），都会在进一步贴近现实的情况下受益。

11.1　引言

发生在混合并不是很好的系统中的化学反应，均有一些微妙但很重要的特征。这些化学反应的速度不仅慢于那些混合很好的反应，而且反应速度的具体功能形式也在发生变化。因此，经典的化学反应的差分方程（基于质量作用定律）在混合不好的系统中的应用并不好，即使这些系统具有有效、升级后的参数。这在60年前的一项理论研究中首次被发现[1,2]，但是最近一次针对扩散限制混合系统的渐进函数形式仅是在20世纪80年代发现的，当时这项研究主要针对早期宇宙膨胀物理学[3,4]。

化学传输与反应的方程的解可以通过一些方法来估计得到，且这些方法主要是在欧拉及拉格朗日框架内的。前者框架将空间与时间分成常规网格，并在固定的网格上估计出连续解。利用一些方法，即平稳变化函数的有限差分估计、用于估计一组分段线性基函数的解的有限元方法、用来在有限时间间隔下将流量整合进入网格中的有限体积方法，然后通过低阶基函数集合来估计求出这个连续解。文献［5］，［6］对欧拉方法进行全面深入的综述。另一方面，拉格朗日方法将物理性质分配给沿着速度场移动的“微粒”。这个性质也许包含一个化学物质的质量，而其浓度是不分配给一个网格的。相反，微粒交互是通过合适的物理定律进行的，且通过观察微粒位置、密度及性质来获得最后的解。文献［7］给出了用于非反应物质的拉格朗日方法的综述。

基于质量作用定律的欧拉模拟也假设在次级网格尺度拥有完美混合。这是由于单个网格不能表征浓度扰动，且这个网格仅表征每个物质的一个浓度。由于网格会变大，会受到平均化及信息的流失而影响，可通过修改反应速率系数（一般是通过经验性地大量降低，或者用一种特殊的方式来处理混合很差的情形，即有效动力学项，经常称之伪动力学）而做典型处理。欧拉方法及其解用于研究预测放射性元素传输[8-10]、二氧化碳捕集[11-13]、器官再生[14-15]、地热系统[16-17]、盆地规模的成岩作用、油气藏岩石及石油的生成[18-21]等，因此这些预测必须被认为是与网格尺度相关的。

较差混合及修正的动态也已经在纳米至微米尺度空间、微微秒至微秒尺度时间中出现了[22-24]。目前最小尺度的实验研究了在碳纳米管中活跃物质的反应，结果表明传输受到限制的反应是普遍存在的，从分子尺度到孔隙尺度再到水体尺度，都是这样的[25,26]。这也出现了一个显著的理论性及实际性的问题，即大多数反应传输模拟是基于经验修正后的质量作用定律的，此定律是建立在混合很好的假设上面的。

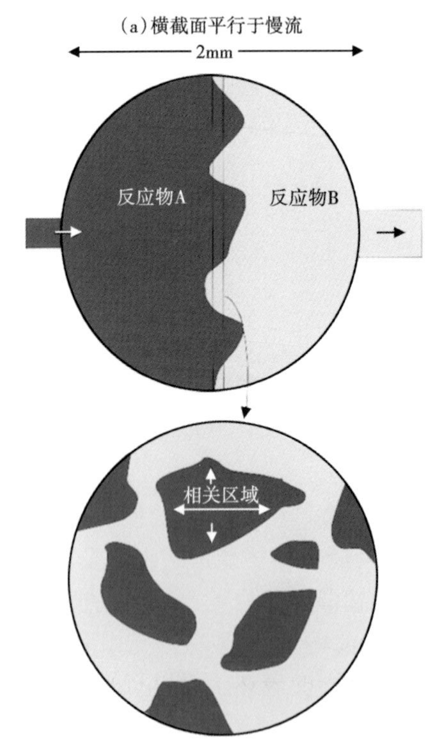

图 11.1　考虑反应物质非均质性的孔隙中的慢速流动示意图。此处的孔隙（上）的直径为 2mm，沛克莱数足够小以至于可以忽略对流流量。位于非均质截面的二维截面（下）保持着相关的非均质性，其控制着有扩散限制的混合和反应速率

从科学的观点来看，在将一个随机微粒碰撞—转化模型转变为一个尺度升级控制的 PDEs 过程中出现的问题，已经被研究很多年了[1-4,27-31]。新型微粒反应模拟对混合尺度或程度没有做出假设，这些模拟不仅可以拟合降低的反应速率，还可以拟合差分方程的形式（这些形式具有在较大尺度下完全不同的控制方程）。这些拉格朗日模型[32,33]也可以再生重要的随机时间，此时间用于将反应结合在一起，此再生过程中不包括诸如动力学反应项的额外参数。最近引进的一个算法具有一些独特的优势，包括朗之万化学方程的直接解，这个方程可以对微粒相互作用的概率进行精确表征[35,36]。本章解释了欧拉与拉格朗日方法间的基本差异，并展示了二者在应用解析随机方法时存在的联系。

为了强调扩散限制对传输与反应的影响，着重对这个在混合不好的条件下的简单生物分子消除反应（A+B→ø）进行研究。本文也选择了一个较为简单的系统（不会有很复杂的影响），即含有低沛克莱数和高丹姆克尔数的系统。沛克莱数（P_e）可以测量对流与扩散流的比值，而丹姆克尔数（D_a）可以测量反应与扩散速率的比值。在接下来的模拟中，反应组分在低速条件下被放置在 2mm 的孔隙中，这其中伴随着一些在浓度分布中规定的初始波动，如图 11.1 所示。当分子扩散系

数处于 $10^{-3}mm^2/s$ 数量级时，零流速的假设在沛克莱数小于 0.1 时是有效的，这也意味着平均流速必须小于 $10^{-4}mm/s$。这个条件经常在水体层内的缓慢流动中存在。反应速度的选择应匹配 D_a 大于 100 的情形，其他条件经常在多孔介质材料中存在。

11.2　一个说明性系统

孔隙级至千米级尺度的化学反应经常利用质量作用定律的估计来进行模拟。针对一个混合好的生物分子消去或沉淀反应（A+B→ø），其反应速率如下：

$$\frac{\partial C_A}{\partial t}=\frac{\partial C_B}{\partial t}=-KC_AC_B \tag{11.1}$$

其中，C_i 表示物质 i 的分子浓度。速率常数 K 是一个热动力学系数，且含有所有关于分子尺度动力学及合并能量的信息。这些浓度并不是这个方程中空间的显式方程，因此这些浓度被认为是均质的，或者均匀混合的。如果空间扰动存在，那么 $C_A=C_A(x,t)$，且传输的自然定律必须被同时考虑。如果结合局部平均速率向量 $\boldsymbol{u}$ 和扩散系数张量 $\boldsymbol{D}$ 来看待对流与扩散传输，那么在缺少反应 $\partial C_i/\partial t=-\nabla\cdot(\boldsymbol{u}C_i-\boldsymbol{D}\nabla C_i)$ 情况下，化学反应方程通常被简单地加入传输方程中，并将其作为一个汇项：

$$\frac{\partial c_i}{\partial t}=-\nabla\cdot(\boldsymbol{u}C_i-\boldsymbol{D}\nabla C_i)-KC_AC_B \tag{11.2}$$

不幸的是，应用在方程（11.1）和方程（11.2）中的浓度有很不同的定义与意义[37,38]，且这个方程（或者其他传输—反应方程）会基于求解方法及假设而产生不同的解。总之，方程（11.1）描述了不存在扰动的平均浓度，而方程（11.2）描述了空间中会发生变化的真实的浓度（如在孔隙内）。

11.3　浓度扰动的重要性

以一个解析的角度来看，也许会纠正方程（11.1）与方程（11.2）中不一致的浓度。将浓度进行分解，其等于空间平均浓度加上扰动浓度：$C_i(x,t)=\overline{C}_i(t)+C''(x,t)$，将方程（11.2）中的浓度替换为这些受扰动的量。为简化方程的表达，可以将平均流速设定为 0。现在取含有扰动项浓度的平均值，得到[38]：

$$\frac{\partial \overline{C}_i}{\partial t}=-K\,\overline{C_AC_B}-K\,\overline{C''_AC'_B} \tag{11.3}$$

这个方程展示了扰动相互作用的重要性。为了探索这个简单系统的行为，将举一个例子，这个例子的 A 与 B 的初始平均浓度是相等的。在一些比较宽松的假设下，最后一项是浓度扰动传输的格林函数[38]，其在给定一个不规则边界条件（通常在一个孔隙内）时会非常复杂。在边界会影响到全局传输时，针对早期 d 维扩散，其方程为：

$$\frac{\partial \overline{C_i}}{\partial t} = - K\overline{C_A C_B} - K\frac{\sigma^2 l^d}{(8\pi Dt)^{1/2}} \tag{11.4}$$

其中，σ^2 与 l^d 分别是浓度扰动的方差及 d 维相关长度。这个相关长度可以定义为这个相关方程的 d 维积分，因此它在一维时的单位为长度单位，二维时单位为面积单位，三维为体积单位。在方程（11.4）中有若干个明显的特征。最后一项在早期是很小的，以至于均匀混合的方程（11.1）是与之等效的。接下来，最后一项会变得较大，以至于物质的分离逐步变得引人注意起来，且由扩散造成的混合也成为了反应的驱动力[38-40]。这是方程（11.4）的解析解，其从均匀混合的解转变为一个幂律下降的解，如下：

$$\overline{C_i}(t) \sim \frac{K\sigma^2 l^d}{2(8\pi D)^{d/4}} t^{-d/4} \tag{11.5}$$

这个简单的例子解释了一个重要的观点。任何忽略次级网格浓度扰动影响的传输与反应的方法，都应该能求解出一个新的方程，此方程类似于方程（11.3），其也许会成为一个易于求解的形式，这个形式往往类似于方程（11.4）的可求解的格林函数。因为方程（11.3）与方程（11.1）是不同的，因此简单地找到一个初始方程（11.1）与（11.2）的有效速率系数 K（甚至是一个依赖于时间的形式）是不合适的。这将在下面进行解释。

11.4 欧拉模拟方法

这部分包括很流行的有限差分（FD）、有限元（FE）及有限体积（FV）等估计方法。这些方法将空间主体区域网格化。在小于一个网格的尺度下，所有的细节都会丢失，即浓度及其他参数（变量）被认为是均质的。因此，用来解决传统传输与反应的方程（例如方程 11.2）的欧拉方法都将在不同的离散化形式下给出不同的解。

考虑一个二维圆形死孔隙（相对于扩散可以忽略速率），初始时充满等质量的 A 和 B，每一个都有一个初始平均值 $\overline{C}_{A0} = \overline{C}_{B0} = 1M$（图 11.2）。孔隙直径 2mm，$D$ 为 $10^{-3}mm^2/s$，K 为 100 $(sM)^{-1}$。现在考虑两个情况，每个浓度扰动的数量级为 $\sigma = 0.1M$。在第一种情况中，在二维空间中扰动的初始相关性是各向同性的，相关长度为 0.1×0.1mm，如图 11.2 所示，以至于初始浓度的斑点大概是孔隙直径的 1/20。在第二种情况中，假定扰动是很精细的尺度，这是相对离散化来说的，因此浓度被模拟成非相关的，如图 11.3 所示。传输仅仅是依靠分子扩散进行的，因此方程（11.2）的一个显式有限差分解在 FORTRAN 语言下得到，这其中利用到了正方形单元及研究区内的常数 $\Delta x = \Delta y$。考虑初始条件的相关长度及一致的浓度方差的统计参数，进行了一系列的模拟，同时将离散化时的 x 方向的步长由 2mm（此长度为整个孔隙的尺寸）下降为 0.0025mm。在这些条件下，均匀混合问题方程（11.1）的解析解是 $\overline{C}_A(t) = \overline{C}_B(t) = \overline{C}_{A0}(1+\overline{C}_{A0}Kt)^{-1}$，其在后期会像 $1/t$ 一样下降，如图 11.4 所示。

正如所预料的，由于在任何一个单个数值网格中没有浓度扰动，因此在初始相关长度情形下的 x 方向步长为 $\Delta x = 2mm$ 的解，会与均匀混合的解析解相匹配。步长越小，初始浓度扰动最终会产生“岛效应”，其主要是由一个或其他反应物组成的（图 11.2 左侧）。这是由于自然和随机差异造成的，这些差异大都存在于某些区域的初始浓度中。一个或其他反应物被耗尽，会留下孤岛，进而使反应在边界处发生。反应物必须由孤岛内部转移至反

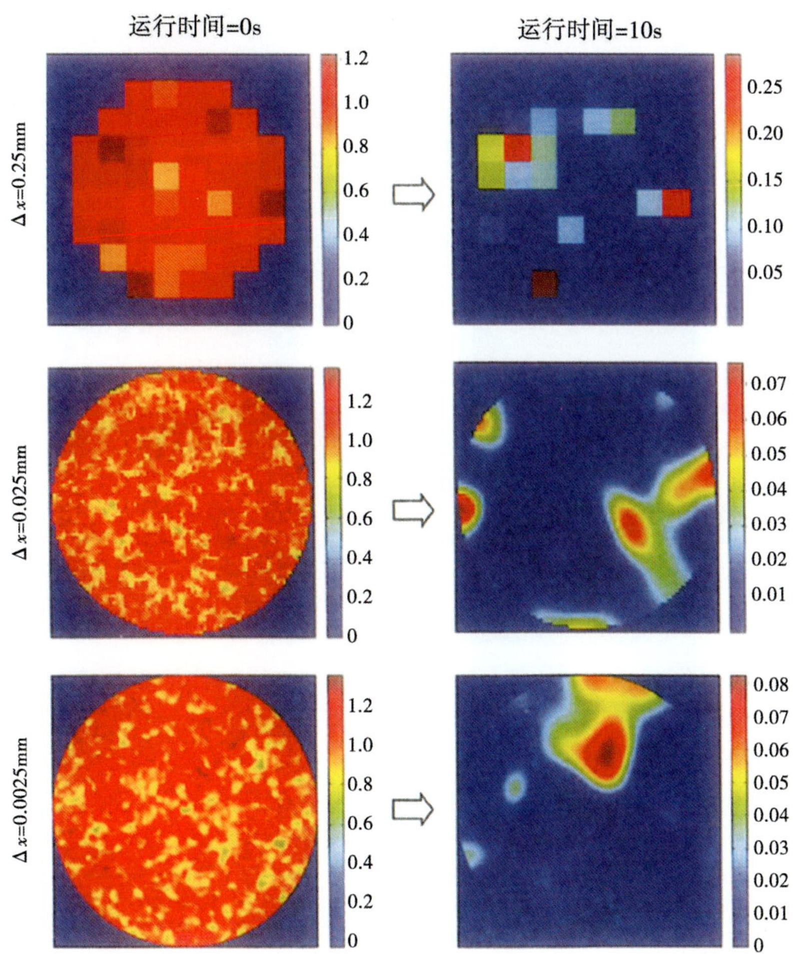

图 11.2　与化学结构（相关长度为 0.02mm）初始相关的扩散反应方程（11.2）的有限差分模拟（基于不同的网格尺寸）。其他的参数（列在了文中）均保持恒定。所有的图展示了在直径 2mm 的孔隙中反应物 A 的浓度。左边的列是在时间等于 0 时的情形，右边的列是时间等于 10s 的情形

应发生的边缘地带。这就会导致反应速度下降，且此速度主要是由分子扩散和混合控制的。如果离散化小于浓度扰动的假定初始相关长度时，这个解会非常地精确，因为孤岛会一直增长。因此，当初始相关长度为 0.1mm 时，步长为 0.025mm 与步长为 0.0025mm 时解的相似性就会出现，如图 11.4 所示。但是，需要注意的是，由步长 0.25mm 的解造成的误差，并不会解决次级网格的非均质性。此后，均匀混合的方程也许会过度预测反应，这个过度的程度可能会达到数量级的规模（图 11.4），尽管处于中间程度的离散化（相应步长为 0.25mm）在相同数量下会预测不足。

有趣的是，甚至一些非相关的初始条件（即具有数值意义的狄拉克函数相关性）也会

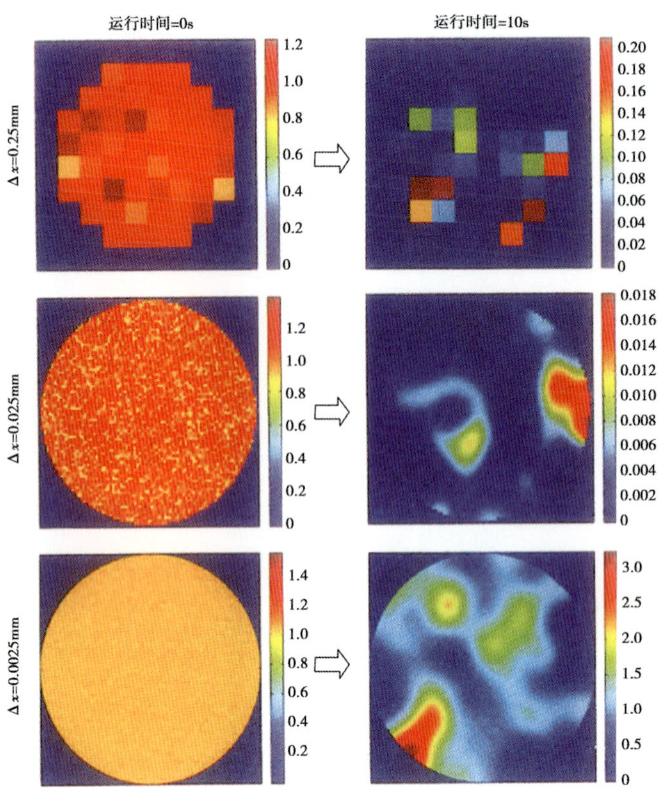

图 11.3 与化学结构非相关的扩散反应方程（11.2）的有限差分模拟（基于不同的网格尺寸）。其他的参数（列在了文中）均保持恒定。所有的图展示了在直径 2mm 的孔隙中反应物 A 的浓度。左边的列是在时间等于 0 时的情形，右边的列是时间等于 10s 的情形

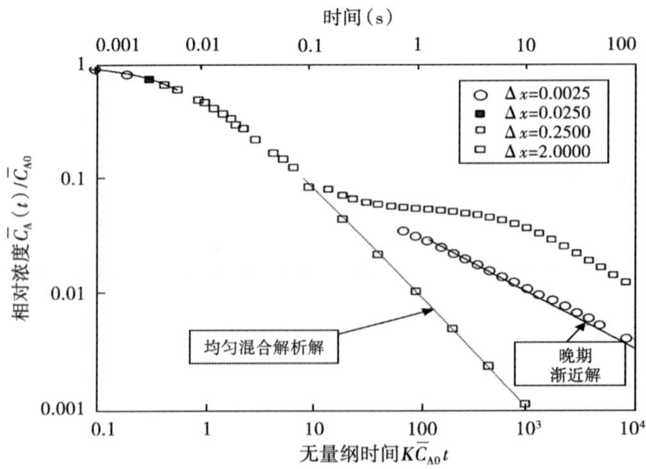

图 11.4 在扩散反应方程（11.2）有限差分解的不同离散化情形下，赋存于孔隙中的反应物 A 的平均浓度，此时初始相关长度为 0.02mm。此图也展示了基于浓度扰动增长格林函数的均匀混合解与晚期渐近解（方程 11.5）

自发组织，并呈现出一些孤岛结构的特征，进而让步于有扩散限制的反应速率，如图 11.3 最下一行。如果给网格加入扰动，那么一个 x 方向步长上潜在的相关性就会显现出来，这是由每个网格内的恒定浓度造成的。因此，每个离散化都将会给出不同的全局反应速率，如图 11.5 所示。当在多个单元下进行孔隙模拟时，这个解将在均匀混合解（单个单元）基础上剧烈变化（图 11.5）。但是仍然有较多的微小差异，包括孔隙边界效应，这个效应会在不同网格划分方式下出现多次。换句话说，孔隙的形状将会呈现不同的情形，但是仅发生在后期[36]。

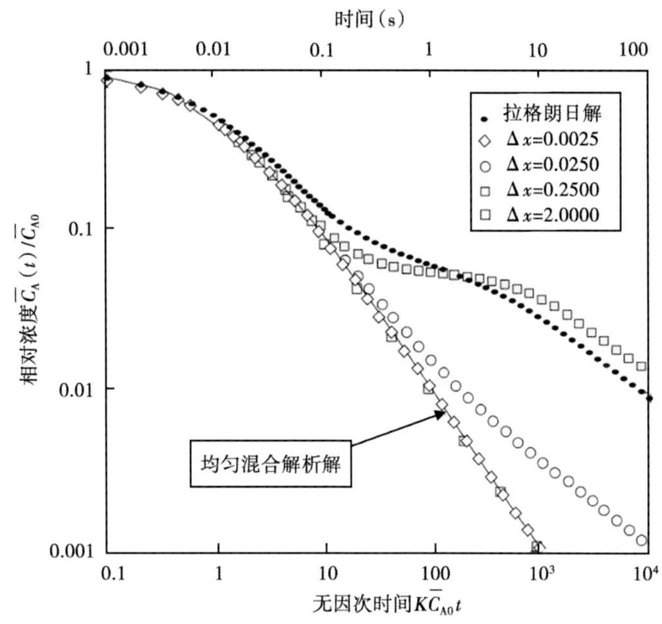

图 11.5　处于非相关初始条件下且在扩散反应方程（11.2）有限差分解的不同离散化情形下，赋存于孔隙中的反应物 A 的平均浓度。包括一个拉格朗日模拟，其中的微粒近似于 x 方向步长为 0.25mm 的模拟的初始条件

11.5　拉格朗日模拟方法

溶质传输的拉格朗日模拟的主要优势是，解独立于尺度与离散化而存在。微粒会沿着对流流线移动，并沿随机路径扩散。可以容易地看到，微粒的预计数量与传输方程中的浓度有关，且微粒数量的方差，也称之为浓度方差，与模拟中的微粒数量成比例。这个观察结果促使文献［39］的作者去获得微粒化学反应（这些反应是基于一些相互临近的微粒的）的概率要求。

拉格朗日的观点采取了多种形式，首先是微粒位于由一种简单组合方式而组成的格子上面[3,4]。因为格子的间距与扩散距离直接相关，所以这个方法不适用于大尺度模拟。相反，所有微粒的真实位置可以被跟踪，且基于局部扩散的微粒联合位置概率的精确表达也会被计算得到[36,39,41]。在图 11.6 中，A 与 B 两个微粒的位置分别用 a 与 b 来表示。在时间较短的情形下，微粒将会移动 Δx_A 和 Δx_B 的距离。移动到任意位置 x 的概率是 P（$\alpha+\Delta x_A=b+\Delta x_B$）$=P$（$\Delta x_A-\Delta x_B=b-a$）。注意到初始间隔距离 $b-a=s$ 及联合位置的概率就是两个随机移动差异的概率。如果至少一个随机移动是对称的，正如布朗运动扩散，那么相应的概率密度可以由移动密度 f_A（x）与 f_B（x）的卷积求出。这个卷积是布朗运动的一个高斯分布值，且可以由一个密度函数 v（s）来表征。这个概率结合热动力学条件概率，那么两个微粒将会发生反应，并给出这个联合位置，即均匀混合速率。两个微粒在系统中（$A+B\rightarrow C$）反应的概率的精确位置如下[39,40]：

$$P(\text{前期反应}) = K\Delta t \frac{\Omega C_{A0}}{N_0} v(s) \tag{11.6}$$

其中，Ω 为 d 维度区域的尺寸，N_0 是微粒的初始数量。$\Omega C_{A0}/N_0$ 是单个微粒的质量或摩尔数，进而方程可以表征一个单独分子至一小组质量，这些物质都是在一个系统内运动的。这个表达式被认为是 Gillespie 方法的扩展，且目前研究的进展[28,42]，认为联合位置概率密度 v（s）在所有微粒中是相等的，即符合均匀混合假设。

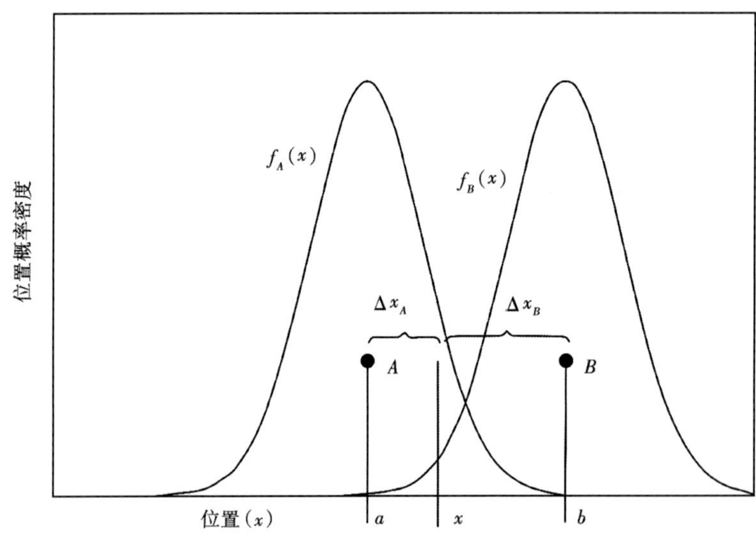

图 11.6　两个微粒的联合位置的精确计算示意图。重叠的位置密度表示联合位置的非零概率[39]

大量的参数化研究表明，微粒模拟如实地再现了“浓度岛”的生成及均匀混合情形的偏离[35,39]。文献［40］表明，唯一明显的自由参数 N_0，事实上是可以直接由初始浓度统计来确定的，进而初始化欧拉模拟：

$$N_0 = \frac{C_{A0}^2 \Omega}{\sigma^2 l^d} \tag{11.7}$$

其中，σ^2 和 l^d 分别为物理系统中浓度扰动的数量级和 d 维相关长度。方程 11.7 是基于将单个微粒的 Dirac-delta 相关性等同于一个平稳浓度场的两点相关性统计，此场或许不是一个有效的估计。例如，在以前的章节中的非相关有限差分解会规定一个 Δx 的相关长度，这是由于在任意矩形网格中的浓度是恒定的。针对 $\Delta x = 0.25$ 的有限差分模拟，方程 11.7 规定，一个微粒的模拟将会需要 $N_0 = (1M)^2 \cdot \pi \ (1mm)^2 / (0.01M^2 \cdot [0.25mm]^2) = 5030$ 个微粒。但是 delta 函数是一个针对线性相关函数很差的估计，因此，每个随机分布的微粒，都将被劈分为 10 个，进而这些微粒将随机分布于一个距离母微粒 0.14 的环形区域。这些模拟理所应当得接近于这个有限差分解，如图 11.5 所示。

前面介绍的拉格朗日反应方法具有很少的灵活性，在此方法中，对潜在的精细网格是没有要求的。这些微粒既不需要与孔隙发生关系，也不需要与分子发生关系。为了解释这一点，文献［43］利用了文献［44］中的实验数据进行了研究，在研究中，一个反应物替代了另一个完全填充于孔隙空间的反应物，且这个孔隙空间处于一个充填冰晶石沙子的半透明柱子中。所有的传输参数过去是通过分析一个惰性示踪剂的驱替来确定的。由于反应流体的驱替的进行，反应会生成一种物质，此物质可以改变流体的颜色，进而可以被高分辨率 CCD 摄像量化，如图 11.7（a）所示。浓度明显的非均质性在图像中是很容易辨认的。文献［43］分析了这些图像，包含惰性示踪剂，并发现了数量级为 1~2cm 的相关长度（跨越了若干个孔隙），并可以在不存在经验反应参数的情况下进行模拟，这些参数包含动力学速率系数，如图 11.7（b）所示。方程（11.7）中需要的微粒的数目是 680，其在笔记本电脑中运行得非常快。

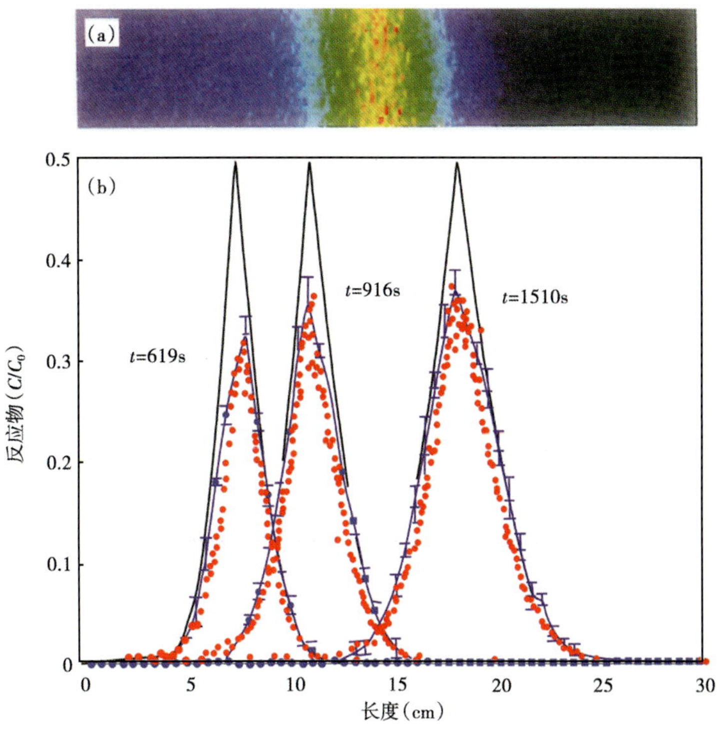

图 11.7　（a）在时间大约为 1200s 时传输于反应物的光强度的假色图。（b）红点是在三个不同的时间下垂向集中测试的物质浓度。蓝色的横条是针对所有微粒传输与反应模拟的预测。较细的灰色曲线表示方程（11.2）的解析解[43,43]

均匀混合系统的解析解与测试和模拟结果有着相似的形态，但是其在相对浓度为 0.5 时会出现最大值。测试结果及微粒模拟结果显示物质浓度的数量级在 30%，小于传输—反应方程，甚至小于在均匀沙子中的瞬态反应。

其他相对于均匀混合解的实际特征（这个特征是由微粒模拟提供的），是反应物的空间分布形式。每一个微粒都会有不反应的机会，直到它们敢于进入“敌人的阵地”。反应物分布的尾部范围应该比方程（11.2）中预测的要广。事实上，测量的反应物分布及微粒模拟结果，都显示低浓度尾部在伸出之前都会运移很大距离，如图 11.8 所示。

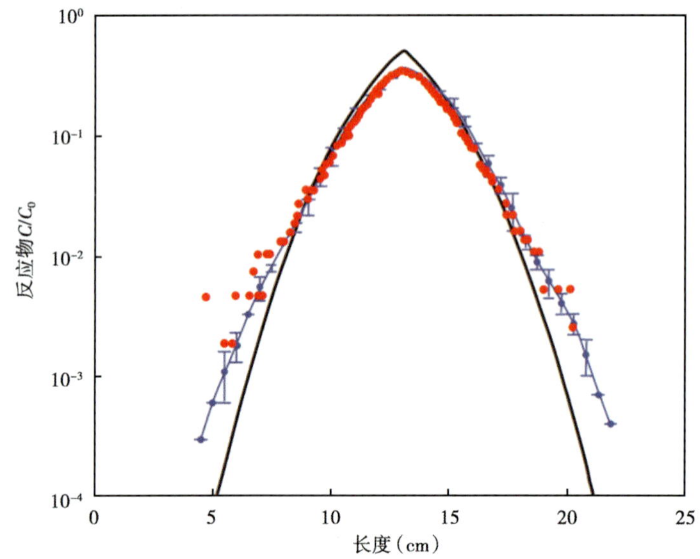

图 11.8 微粒测试的（红色的点）、模拟的数据（蓝色的条）的半对数图，通过经典传输—反应方程（11.2）的解析解（黑色曲线）预测得到的[43]

11.6 结论及未来研究工作

与其他科学分支的模拟类似，孔隙至矿场尺度的反应传输的关键部分，就是对参数及独立变量的次级网格波动进行处理。由于不同方程具有明显不同的形式，且这些不同均来自尺度升级与传输和反应的合并，因此它不会简单地通过在一个新尺度下寻找有效参数来获得并渲染。且这个关键部分要么面临着在欧拉方法下越来越精细尺度的离散化（一直精细到化学相关长度），要么面临着在不同尺度下求解新式及不同的升级方程，或者面临着使用一个不附属任何尺度或者方程形式的模拟方法。拉格朗日反应方法仅仅对传输、碰撞及热动力学反应的小尺度物理作用进行求解。存在这样一个事实，即这些与升级的方程匹配的解仅仅是基于概率传播及处于观察尺度之上的小尺度物理。从这个观点来看，微粒反应的求解有可能存在于矿场尺度现象（尤其是低速反应及非均质化学）的模拟中，且这些现象来自孔隙尺度过程。这些研究见文献［45］。

建立的微粒反应模拟迄今为止都是为很简单的反应链及简单的流场、几何形态而服务的。更为复杂的反应往往重新被建立，进而成为一系列的单、双分子中间级别的反应，但是这个过程的数值化应用的效率很低。笔者正在对这些算法进行研究，见文献［46］。笔者也倾向于将拉格朗日反应算法加入全三维传输算法，其可以包含动态流动场（例如紊流）。许多研究工作也在优化这些搜索算法，这些算法隐式地存在于微粒碰撞可能性的计算中。

符号注释

C_i——物质 i 在 d 维度中的点浓度（Mol L^{-d}）；

$\overline{C}_i$——d 维度中物质 i 的平均浓度（Mol L^{-d}）；

C'_i——d 维度中物质 i 的浓度扰动（Mol L^{-d}）；

d——研究中的维度数（—）；

D——分子扩散系数（$L^{-2}T^{-1}$）；

Δx，Δy——模拟中使用的欧拉网格的尺寸（L）；

K——针对第 n 顺序的反应的热动力学速率系数（$\mathrm{Mol}^{1-n}L^{d(n-1)}T^{-1}$）；

l^{d}——典型扰动尺寸的 d 维度相关体积（L^d）；

N_0——微粒初始数目（—）；

Ω——区域的尺寸（L^d）；

$P(E)$——事件 E 的概率（—）；

σ^2——浓度扰动的方差（Mol^2L^{-2d}）；

$\boldsymbol{u}$——平均速度向量（LT^{-1}）；

$v(s)$——被向量 s 分开时两个微粒碰撞的概率密度（L^{-d}）。

参 考 文 献

［1］F. C. Collins and G. E. Kimball, Diffusion-controlled reaction rates, *J. Colloid Sci.* 4, 425-437（1949）.

［2］T. R. Waite, Theoretical treatment of the kinetics of diffusion-limited reactions, *Phys. Rev.* 107（2）, 463-470（1957）.

［3］D. Toussaint and F. Wilczek, Paticle-antiparticle annihilation in diffusive motion, *J, Chen, Phys.* 78, 2642-2647（1983）.

［4］K. Kang and S. Redner, Fluctuation-dominated kinetics in diffusion-controlled reactions, *Phys. Rev.* A. 32, 435-447（1985）.

［5］M. Celia and W. Gray, *Numerical Methods for Differential Equations: Fundamental Concepts for Scientific and Engineering Applications.* Prentice Hall（1992）.

［6］R. J. LeVeque, *Finite Volume Methods for Hyperbolic Problems.* Cambridge University Press（2002）.

［7］E. M. Labolle, G. E. Fogg, and A. F. B. Tompson, Randon-walk simulation of transport in heterogenous porous media: Local mass-conservation problem and implementation methods, *Water Resour. Res* 32（3）, 583-593（1996）.

［8］R. Ma, C. Zheng, H. Prommer, J. Greskowiak, C. Liu, J. Zachara, and M. Rockhold, A field-scale reactive transport model for u（vi）migration influenced by coupled multirate mass transfer and surface complexation reactions, *Water Resour. Res.* 46（5）, W05509（2010）.

［9］J. Greskowiak, H. Prommer C. Liu, V. E. A. Post, R. Ma, C. Zheng, and J. M. Zachara, Comparison of parameter sensitivities between a laboratory and field-scale model of uranium transport in a dual domain, distributed rate reactive system, *Water Resour.* Res. 46 (9), W09509 (2010).

[10] G. E. Hammond and P. C. Lichtner, Field-scale model for the natural attenuation of uranium at the Hanford 300 area using high-performance computing, *Water Resour. Res.* 46 (9), W09527 (2010).

[11] B. R. Strazisar, C. Zhu, and S. W. Hedges, Preliminary modeling of the long-term fate of CO_2 following injection into deep geological formations, *Environ*, *Geosci*, 13 (1), 1-15 (2006).

[12] P. Audigane, I. Gaus, I. Czernichowski-Lauriol, K. Pruess, and T. Xu, Two-dimensional reactive transport modeling of CO_2 injection in a saline aquifer at the Sleipner site, North Sea, *Arn. J. Sci.* 307 (7), 974-1008 (2007).

[13] W. S. Han, B. J. McPherson, P. C. Lichtner, and F. P. Wang, Evalutation of trapping mechanisms in geologic CO_2 sequestration: Case study of SACROC northern platform, a 35-year CO_2 injection site, *Am. J. Sci.* 310 (4), 282-324 (2010).

[14] J. P. Raffenspreger. Evidence and modeling of large-scale groundwater convection in precambrain sedimentary basins. In *Basin-Wide Diagenetic Patterns*, vol. 57, pp. 15-26. SEPM (Society for Sedimentary Geology) (1997).

[15] C. Schardt, D. R. Cooke, J. B. Gemmell, and R. R. Large, Geochemical modeling of the zoned footwall alteration pipe, Hellyer volcanic-hosted massive sulfide deposit, western Tasmania, Australia, *Econ. Geol.* 96 (5), 1037-1054 (2001).

[16] P. C. Lichtner, Continuum model for simultaneous chemical reactions and mass transport in hydrothermal systems, *Geochimica et Cosmochimica Acta.* 49 (3), 779-800 (1985).

[17] C. I. Steefel and A. X. Lasaga, A coupled model for transport of multiple chemical species and kinetic precipitation/dissolution reactions with application to reactive flow in single phase hydrothermal systems, *Am. J. Sci.* 294 (5). 529-592 (1994).

[18] M. -K. Lee, Predicting diagenetic effects of groundwater flow in sedimentary basins: a modeling approach with examples. In *Basin-Wide Diagenetic Patterns*, vol. 57, pp. 3-14, SEPM (Society for Sedimentary Geology) (1997).

[19] J. W. Morse, J. S. Hanor, and S. He. The role of mixing and migration of basinal waters in carbonate mineral mass transport. In *Basin-Wide Diagenetic Patterns*, vol. 57, pp. 41-50. SEPM (Society for Sedimentary Geology) (1997).

[20] A. M. Wilson, J. R. Boles, and G. Garven, Calcium mass transport and sandstone diagenesis during compaction-driven flow: Stevens Sandstone, San Joaquin basin, California, *Geol. Soc. Amer. Bull* 112 (6). 845-856 (June, 2000).

[21] G. D. Jones and Y. Xiao, Geothermal convection in the Tengiz carbonate platform, Kazakhstan: Reactive transport models of diagenesis and reservoir quality, *AAPG Bulletin.* 90 (8), 1251-1272 (2006).

[22] E. Monson and R. Kopelman, Observation of Laser speckle effects and nonclassical kinetics in an elementary chemical reaction, *Phys. Rev. Lett.* 85 (3), 666-669 (2000).

[23] E. Monson and R. Kopelman, Nonclassical kinetics of an elementary $A+B \to C$ reaction-diffusion system showing effects of a speckled initial reactant distribution and enentual self-segregation: Experiments, *Phys. Rev. E.* 69 (2), 021103- (2004).

[24] J. Allam, M. T. Sajjad, R. Sutton, K. Litvinenko, Z. Wang, S. Siddique, Q-H. Yang, W. H. Loh, and T. Brown, Measurement of a reaction-diffusion crossover in exciton-exciton recombination inside carbon nanotubes using femtosecond optical absorption, *Phus. Rev. Lett*, 111 (19), 197401- (2013).

[25] N. Nakamura. Quantifying inhomogeneous, instantaneous, irreversible transport using passive tracer field as a

coordinate. In eds. J. Weless and A. Provenzale, *Lecture Notes in Physics*, vol. 744, pp. 137-164-. Springer Berlin Heidelberg (2008).

[26] M. Lévy. The modulation of biological production by oceanic mesoscale turbulence. In eds. J. Weiss and A. Provenzale, *Lecture Notes in Physics*, vol, 744, pp. 219-261-Springer Berlin Heidelberg (2008).

[27] M. von Smoluchowski, Versuch einer mathematischen theorie der koagulationskinetik kolloider losungen , Z. *Phys*, *Chen.* 92, 124-168 (1917).

[28] D. T. Gillespie, Exact stochastic simulation of coupled chemical reactions, *J. Phys. Chem.* 81 (25), 2340-2361 (1977).

[29] N. G. van Kampen, *Stochastic Processes in Physics and Chemistry.* Elsevier, Amsterdam (1992).

[30] C. W. Gardiner, *Handbook of Stochastic Methods for Physics*, *Chemistry and the Natural Sciences*, *3rd edition.* Springer, Berlin (2004).

[31] M. Doi, Stochastic theory of diffusion-controlled reaction, *J. Phys. A*: *Mathematical and General.* 9, 1479-1495 (1976).

[32] S. A. Isaacson, A convergent reaction-diffusion master equation, *J. Chem. Phys.* 139 (5), - (2013).

[33] D. T. Gillespie, A. Hellander, and L. R. Petzold, Perspective: Stochastic algorithms for chemical kinetics, *J. Chem. Phys.* 138 (17); 170901 (2013).

[34] D. T. Gillespie, The chemical Langevin equation, *J. Chem. Phys.* 113 (1), 297-306 (2000).

[35] D. A. Benson, D. Bolster, and A. Paster, Communication: A full solution of the annihilation reaction $A+B\rightarrow\emptyset$ based on time-subordination, *J. Chem. Phys.* 138 (13), 131101 (2013).

[36] A. Paster, D. Bolster, and D. A. Benson, Connecting the dots: Semianalytical and random walk numerical solutions of the diffusion-reaction equation with stochastic initial conditions, *J. Comput. Phys.* 263, 91-112 (2014).

[37] D. Raje and V. Kapoor, Experimental study of bimolecular reaction kinetics in porous media, *Environ. Sci. ε Tech.* 34 (7), 1234-1239 (APR 1, 2000).

[38] A. M. Tartakovsky, P. de Anna, T. Le Borgne, A. Balter, and D. Bolster, Effect of spatial concentration fluctuations on non-linear reactions in diffusion-reaction systems, *Water Resour. Res.* 48, W02526 (2012).

[39] D. A. Benson and M. M. Meerschaert, Simulation of chemical reaction via particle tracking: Diffusion-limited versus thermodynamic rate-limited regimes, *Water Resour. Res.* 44, W12201 (2008).

[40] A. Paster, D. Bolster, and D. A. Benson, Particle tracking and the diffusion-reaction equation, *Water Resour. Res.* 49, 1-6 (2013).

[41] J. S. van Zon and P. R. ten Wolde, Simulating biochemical networks at the particle level and in time and space: Green' s function reaction dynamics, *Phys. Rev. Lett.* 94 (12) , 128103- (2005).

[42] Y. Cao, D. Gillespie, and L. Petzold, Efficient step size selection for the tau-leaping simulation method, *J. Chem. Phys.* 124 (2), 044109 (2006).

[43] D. Ding, D. Benson, A. Paster, and D. Bolster, Modeling bimolecular reactions and transport in porous media via particle tracking, *Adv. Water Resour.* 53, 56-65 (2012).

[44] C. Gramling, C. Harvey, and L. Meigs, Reactive transport in porous media: A comparison of model prediction with laboratory visualization, *Environ. Sci. Technol.* 36 (11), 2508-2514 (JUN 1, 2002).

[45] D. A. Benson, N. Engdahl, T. Aquino, and D. Bolster, An illustration of the fundamental differences between Eulerian and Lagrangian transport and non-linear reaction algorithms, Submitted (2014).

[46] D. Ding and D. A. Benson, Simulating biodegradation under mixing-limited conditions using Michaelis-Menton (Monod) kinetic expressions in a particle tracking model, Submitted (2014).

第 12 章　活化地球化学系统的孔隙度

Alexis Navarrie-Sitchler

Geology and Geological Engineering, Colorado School of Mines, Golden, CO, USA

asitchle@ mines. edu

Gernot Rother

Chemical Sciences Division, Oak Ridge National Lab., Oak Ridge, TN, USA

rotherg@ ornl. gov

John Kaszuba

Department of Geology and Geophysics and School of Energy Resources,
U. of Wyoming, Laramie, WY, USA

john. kaszuba@ uwyo. edu

尽管在许多自然和工程系统里，地球化学反应很重要，但是在实验室却无法测量出与现场观察相一致的地球化学反应的速率常数。实验室测定的矿物溶解速率通常比现场系统测量的有效反应速率大 2~6 个数量级，部分是因为室内实验不能准确描述现场系统中地球化学反应的非均质性和流体流动。为了提高预测地球化学进程和现场系统中地球化学产物的能力，需要更好地理解流体流动和地球化学反应是如何从孔隙尺度到水域尺度耦合的。实验技术的最新进展，以中子散射在纳米尺度到微米尺度量化表面面积和孔隙度，提供了一个更好的机会理解孔隙尺度的耦合反应运移。

12.1　介绍

化学反应在许多自然和工程系统中起着重要的作用，从溶解的养分和通过风化作用产生土壤[1-6]到矿物中埋存二氧化碳，无论是自然的，还是工程项目[7,8]的埋存。许多能源需求的工程解决方案依赖于向地下注入液体以促进能源生产。为了评估不同的能源生产方法，需要理解注入的流体与地下组成岩石的矿物是在地球化学方面如何相互作用，以及在物理、化学，或者岩石力学性能的任何变化。二氧化碳是目前正在评估作为增强地热系统的工作流体[9]，并已用于提高石油采收率超过 30 年。水力压裂用于从非常规油田生产页岩气和页岩油，需要向地下注入流体。这些液体可能是酸性的，导致大规模工程中如提高原油采收率、碳捕集和储存项目的地球化学耦合过程的研究[10]。二氧化碳可以作为水力压裂液的主要成分，发挥两方面的作用。这样，研究地表和地下的地球化学，对理解许多的重要系统起着非常重要的作用。

用于描述和研究此类复杂、时间独立地球化学系统的数值模型，需要动力学数据，通过时间来量化矿物反应和它们的产物。这些矿物的反应速率通常是基于在均匀混合的反应器或均质塔器进行的实验室矿物溶解实验。应用确定的矿物反应动力模型来模拟自然系统的能力是有问题的，矿物溶解速率室内实验的测量值与现场数据计算值之间存在 2~6 个数量级的差异[8,11-15]。通常用混合均匀的反应器或均质塔器来测量实验室条件下的反应速率[16]。然而，在岩石中，矿物反应速率受反应流体运移的影响，流体要通过孔隙非均质性强的低渗区域[17,18]，导致体系混合不均匀，因此，与实验室条件下混合均匀的测量偏离也不足为奇（图 12.1）。

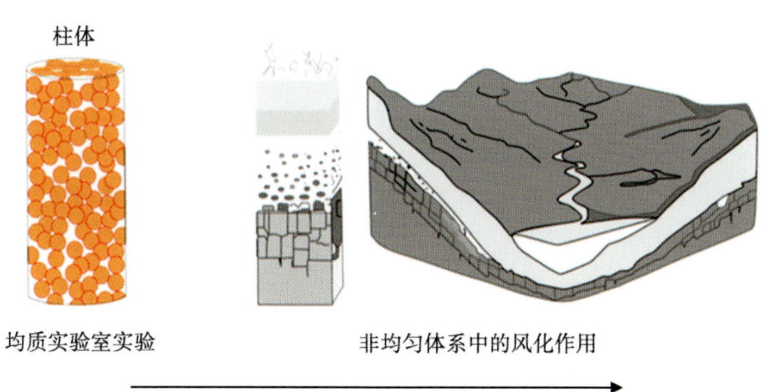

图 12.1　用于测量矿物溶解速率的室内实验由均质的矿物压实成柱状或者反应塔器组成。在自然界，在非均质、多矿物组合、流速变化的环境下会发生风化作用，并且影响计算的风化速率

经过实验室几十年对矿物溶解动力的精心测量[13,19-29]，很明显，测量的反应速率的 2.5 个数量级的变化可以归因于内部因素，如错位和其他的晶体缺陷，组分变化，流体和矿物表面之间的相互作用的随机性[30]。另外，外部因素也会导致实验室和现场测量的反应速率之间存在差异，包括滤层或者矿物表面的保护层[11]，可用的矿物表面积[8,31,32]，反应亲和力[14,33]，反应流体的组成[25,34]，物理腐蚀[35-37]，风化产物的缓慢沉淀[38]和生物活动[39-41]。观察到的溶质运移和径流之间的关系表明，流体运移在现场系统中影响表面矿物反应速率[42-44]。孔隙尺度运移和运移路径的变化也影响室内测量的矿物溶解速率和现场设定的有效反应速率之间的差异[45,46]。

当个别孔隙内的流动，对大部分反应条件来说混合足够均匀时[47]，厘米级以下尺度非均质孔隙介质的流量变化，会导致孔隙尺度上的浓度聚集，使得局部运移控制和尺度取决于矿物的反应速率[48-50]。孔隙尺度的浓度聚集，对复杂、大尺度非均质的反应系统变得更重要[51]。这样，现场和实验室速率不一致，一定与实验室系统中缺少物理和化学非均质性相关，导致现场空间平均反应速率的减少。另外，无法通过实验解决非均质孔隙尺度耦合反应运移过程，阻止了对地球化学反应和流体流动在孔隙介质中如何耦合的基本了解[52,53]。这个基本理解需要提出方法来衡量从混合均匀的室内到非均质现场的矿物反应速率。

从孔隙到流域尺度，实验测量的矿物溶解速率的优势将扩大从实验室到现场的反应速率。研究的一个关键区域是表面积和孔隙介质孔隙度的量化，以及这些参数随着地球化学反应的变化。通常，表面积在土壤中通过氮吸附、Hg孔隙度测量法或者是显微镜观察法来测量[8,11,54-56]。然而，吸附只是具有可进入连通孔隙的特征，而显微镜只能显示非常小的子样品的图像[57]。在自然样品中应用中子散射的最新进展[58-60]，能够产生关于岩石中从1纳米到数千纳米长度的连通和独立的孔隙、裂缝、其他特征和构造的统计信息。使用已有的建模方法，SANS（小角度中子散射）数据提供关于孔隙网络的拓扑结构和架构信息[61-63]。结合高分辨率成像，气体等温吸附曲线和其他技术，能够获得完整的、多尺度的孔隙网络图[59,64]。

本文从正在进行的现场和实验室研究中选取了两个例子，分析了孔隙度与地球化学反应随中子散射的变化：（1）岩石风化和腐泥土形成；（2）CO_2 埋存处的地球化学反应。

12.2 中子散射方法

在过去的三十年中，已经形成了用于分析岩石与中子散射技术的方法，并在其他资料中进行了详细描述[58,62,64,65]。尤其是，Radlinski 的综合审查提供了地球系统科学中使用中子散射的丰富的信息。下面是用于岩石孔隙度分析的中子散射背景的总结以及本文中使用的研究方法。

中子通过岩石样品在结构界面和粒子处用不同的相干散射线密度（SLD）散射。散射中子的强度作为散射角度或者动量传递的函数，包含岩石中形状和长度尺度特征。小角度中子散射（SANS）数据包含从~1nm 到 700nm 的岩石长度特征和结构统计信息，角度超小的中子散射（USANS）包含从 100nm 到 15μm 的岩石长度特征和结构统计信息。使用基于样品结构属性的建模方法，SANS 和 USANS 提供表面积、孔隙大小分布和孔隙网络的拓扑结构和体系结构的信息[58,61-63,66]。岩石中的孔隙体系通常高度无序以及尺度不变，并且可以用分形和多分散性的硬球模型进行数学描述，从散射数据的模型中产生孔隙大小分布、孔隙体积、表面粗糙度，以及内表面积[62,67]。

沿着玄武岩和花岗岩的风化剖面进行了 SANS—USANS 分析，来量化风化过程中产生的纳米级孔隙和内表面积。在文献［64］中描述了实验的细节并进行了分析。相似的技术应用于页岩样品的研究，页岩样品是从潜在的地质碳埋存地点的上覆孔隙岩层中收集到的。在这些研究中，对 Gothic 页岩和海相 Tuscaloosa 地层的未反应、CO_2 反应和矿化度反应的岩样的盖层孔隙度和相关渗透率进行了测量。用于 SANS 分析的页岩样品碎成小于 1nm 的条状，并且压进一个长度为 1mm 的石英试管。SANS 数据是从橡树岭国家实验室高通量的同位素反应设施的一般用途的 SANS（CG-2）和 Bio SANS（CG-3）光束线上收集到的。散射在 CG-2 上的 Q 值范围从 0.0008$\mathrm{\AA}^{-1}$ 到 0.8$\mathrm{\AA}^{-1}$ 以及在 CG-3 上的 Q 值范围从 0.0012 到 0.4$\mathrm{\AA}^{-1}$。使用标准数据简化实践，包括空网格、背景散射校正、传输标准化、径向平均、绝对强度规范化，对 SANS 原始数据进行了简化和处理[68,69]。花岗岩、玄武岩和页岩的二维散射模型，总是方位对称的。较厚的页岩散射通常是各向异性的[70]，然而，这里提到的研究，在岩心薄片上对页岩形状的任意填充，产生了方位对称的二维散射［图 12.2（a）］。用高 Q 值的散射数据建模，使用方程（12.1）来确定不相干的散射强度，这主要归因于

（水中的）氢。

$$I(Q) = bQ^{-m} + c \tag{12.1}$$

其中，m 是散射曲线的斜率，b 是一个拟合参数。对于非相干散射，方程（12.1）中的 c，是从散射数据中减去，来产生用于进一步分析的正确的 I（Q）与 Q 的散射数据［图 12.2（b）］。

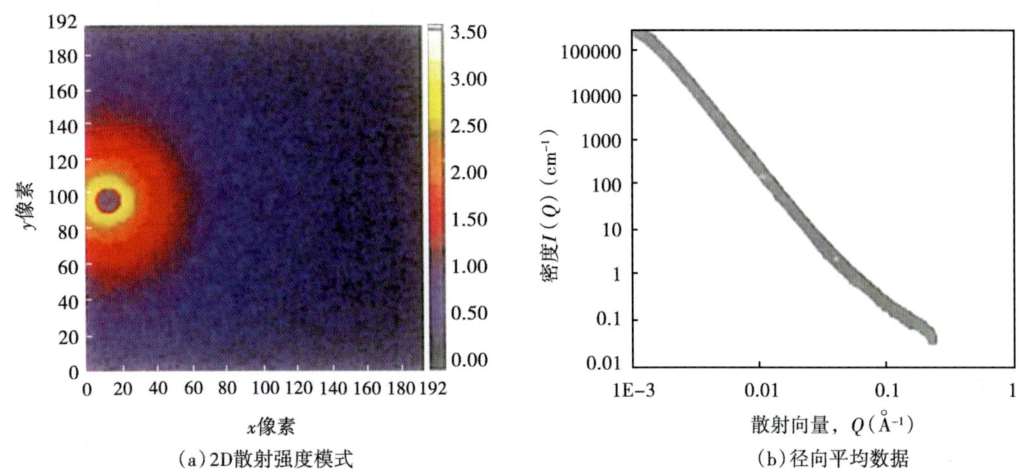

图 12.2　Gothic 页岩样品的小角度中 f 散射数据。(a) 展示了在探测器周围各向同性的、方位对称的 2D 散射模式。(b) 展示了用于分析的径向平均数据

连贯的散射中子强度与固相（矿物和油母页岩）和孔隙的散射长度密度（$\Delta\rho_j^*$）差异成比例。

对于下标 j 的连续散射长度密度 p_j^*，由方程（12.2）给出：

$$\rho_j^* = \frac{\sum_{i=1}^{n} b_c^i}{V_m} \tag{12.2}$$

其中，b_c^i 是一个分子中的 n 个原子中的原子 i 的连续散射长度范围，V_m 是摩尔体积（g·mol^{-1}）。每个岩样的散射长度密度的值（ρ_j^*，Å^{-2}）是从大量的化学式计算得到的。玄武岩和花岗岩的散射长度密度在以前报道过[71]，对于页岩，其值的范围从 4.36×10^{-6}Å^{-2}到 4.57×10^{-6}Å^{-2}。页岩中出现的干酪根也考虑在内。很少测定干酪根的化学成分。而干酪根的类型由氢指数（HI）和氧指数（OI）决定。对于Ⅱ—Ⅲ型的干酪根，ρ_j^* 的范围从 H/C=0.5，O/C=0.3，密度 1.5g·cm^{-3}的 3.4×10^{-6}Å^{-2}到 H/C=1，O/C=0.1，密度 1g·cm^{-3}的 1.4×10^{-6}Å^{-2}。这些干酪根的 ρ_j^* 的值与页岩样品计算的 ρ_j^* 的值相似。因此，矿物颗粒与干酪根相的弱化的散射中子的散射长度密度可能稍微不同。然而，与矿物—孔隙或者干酪根—孔隙界面（其中孔隙的 ρ_j^* 是 0）的大的散射相比，这些散射长度密度差异是可以忽略的。因为孔隙—矿物和孔隙—干酪根边界散射比矿物—矿物和矿物—干酪根边界散射强度明显高，散射数据用两相近似来解释[58,62,72]。

对于所有的样品，散射强度作为 Q 的函数，适合 PRINSAS 软件中应用的多分散硬球模型。这个模型中，岩样内部孔隙的大小和表面积的分布，以及孔隙的柱状图，是使用两相近似和 PRINSAS 中恰当的例子计算得到的（对于 PRINSAS 和恰当的宏指令的详情参考文献[67]）。

12.3 岩石风化过程纳米尺度孔隙的产生

基岩的风化对许多重要的地表过程有利。矿物风化释放植物必需的营养[73]、中和酸雨[74]、产生对表观演化有利的易腐材料[75]，并且对大气中二氧化碳浓度的长期调节发挥着作用[76,77]。然而，自然界中矿物溶解的速率不太清楚，也不容易从实验室的矿物溶解研究中推断[11,14,46,78]。现场中的非均质性降低表面的矿物溶解速率，对于实验室推断得到的速率的作用，并不清楚[50,79-81]。孔隙网络对自然非均质性的作用，在实验室研究中常常不考虑［图 12.3（b）］。

对玄武岩和花岗岩风化的一系列调查，以及随后产生风化土的文章，为孔隙的产生对现场结晶岩石风化速率的重要控制作用，提供了证据[45,46,64,82]。这些研究风化的详细的化学和物理特征，使用电子探针来分析元素的运移，使用 X 射线计算机断层扫描来分析总的和在微米以及更大长度尺度的连通孔隙体积，使用小角度和超小角度中子散射来分析纳米到微米尺度的表面积和孔隙。哥斯达黎加自然风化的玄武岩，这些研究表明临界孔隙度是 9%[45]，是在反应物扩散及风化界面产物增加之前，随着低孔隙度（约 3%）母质（内核）风化到高孔隙度的风化土（外壳，约 40%），通过含钙的斜长石溶解而达到的（图 12.3）。这个临界孔隙度表示的是锋利的风化前缘（总的厚度只有几毫米），不能通过传统的依靠孔隙度扩散系数的 Archy 定律模拟[46]。玄武岩碎屑风化的开始，发生在非常小的尺度，即纳米尺寸的孔隙，通过矿物溶解，其连通性首先有所增加[64]。相比之下，相似的热带气候下的花岗岩的风化（Luquillo 实验森林，Puerto Rico），风化表面是米级尺度，并且斜长石风化似乎更快，尽管含钠斜长石矿物越多，与实验室条件下的哥斯达黎加玄武岩中的钙质斜长石越多相比，活性越差[83]。风化过程中产生的孔隙也极大地影响着花岗岩系统的风化。然而，产生的孔隙是在球状风化过程中形成的微裂缝形式[84,85]。

这两个系统（孔隙和微裂缝的扩大）中产生的孔隙的形式解释了表面上的，以及出乎意料的，相对于玄武岩更快的花岗岩风化速率。玄武岩的组成矿物的溶解速率（含钙的斜长石和辉石）比花岗岩的组成矿物的溶解速率快（石英，碱性长石和黑云母）[83]。然而，水进入岩石的方式，溶质通过孔隙空间的运输方式，颠倒了从两个系统中的矿物溶解速率预测出的有效风化速率。玄武岩中的扩散限制运移，导致反应前缘的孔隙流体的饱和以及反应产物的移除非常缓慢，因此，风化过程的速度只能与运移物离开风化表面的速度一致。花岗岩中，微裂缝允许流体的平流，以及以较快的速度使溶解物运移远离风化表面，从而相应地提高了风化速率。这两个例子不仅突出了风化过程中孔隙产生的重要性，而且突出了整个风化速率创建的孔隙的形态的影响。对孔隙是怎样随着岩石风化到风化土的理解，会使用更合适的数值模型和实验室推导出的运动速率的数据现场系统，使用更合适的方法预测风化速率。

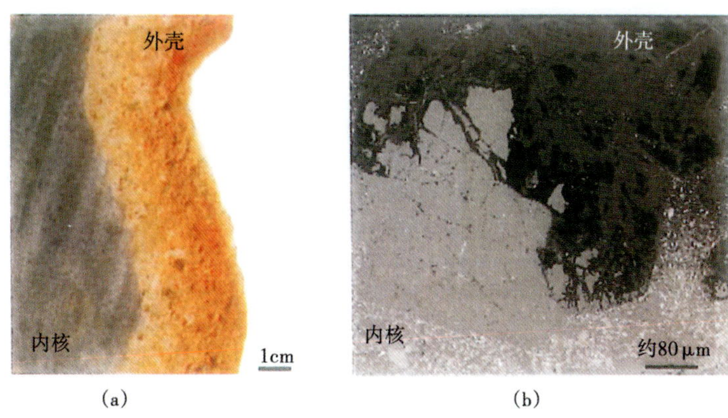

(a)　　　　(b)

图 12.3　风化带的相片（a）和扫描电镜图像（b）

12.4　页岩和泥岩在 CO_2 地质储存中的地球化学稳定性

大气中二氧化碳评估水平的提高促使了人为减少二氧化碳的技术研究。如今研究和技术上最可行的选项之一是地质上碳捕集利用和储存（CCUS），其中二氧化碳在排放源处捕集，压缩，然后作为超临界流体注入深部地层。超临界二氧化碳在这些储存地层的聚集依靠一个很好的盖层或密封，这通常是低渗页岩和泥岩[86]。而注入层上覆的地层密封能力可以在注入前进行评估，二氧化碳溶解到孔隙水中引起的地球化学反应以及随后形成碳酸，改变矿物、孔隙度、渗透率，导致密封能力的变化。盖层和二氧化碳富集地层水之间的地球化学反应已经进行了实验研究，是为了评估潜在储存位置的盖层结构的长期稳定。受所研究的岩石的化学成分影响，结果差别很大。碳酸铁、伊利石和蒙脱石的沉淀，方解石、石英、伊利石（蒙脱石），以及绿泥石的溶解，都观察到了[87-89]。Tarkowski 和 Wdowin[90] 证明了石灰石和白云石盖层暴露在二氧化碳下孔隙度会降低，Labus 和 Bujok[91] 指出了二氧化碳和盖层矿物之间的反应对原始盖层孔隙度和样品液压传导率的影响。

地球化学反应对细颗粒岩石孔隙结构的改变是非常困难的，如页岩和泥岩，这是由于微米到纳米尺度内有大量的孔隙。在许多岩石中，大部分的内部表面积存在于微小的孔隙中。因此，这些纳米孔隙内的地球化学反应可能会主导反应机理，它们的特征和量化需要先进的表征技术。最近的研究，采用先进的技术对两个二氧化碳注入点注入二氧化碳到页岩盖层样品，Gothic 页岩和海相 Tuscaloosa 地层，在热水高压反应堆与合成地层水的条件下与二氧化碳反应[60,92]。对于每个实验，5g 的页岩（4g 小薄片+1g 土）与 270g 地层水（初始矿化度/岩石比例为 54）混合，放置在 300mL 的 EZE-密封搅拌 Hastelloy C-276 的台式反应器内。将二氧化碳注入反应器的顶部空间至压力为 150bar，使用隔热管维持温度在 160℃。地层水 24 小时进行取样，然后在每组实验的化学分析之后间隔 7 天取样。

未反应和反应样品的高分辨率扫描电子显微镜图片显示，随着二氧化碳与富集地层水的反应，二者岩石中孔隙的数量和尺寸增加了（图 12.4）。海相 Tuscaloosa 样品的气体等温吸附（BET）分析发现了孔隙结构的变化，但在 Gothic 页岩中未发现这种情况。海相 Tus-

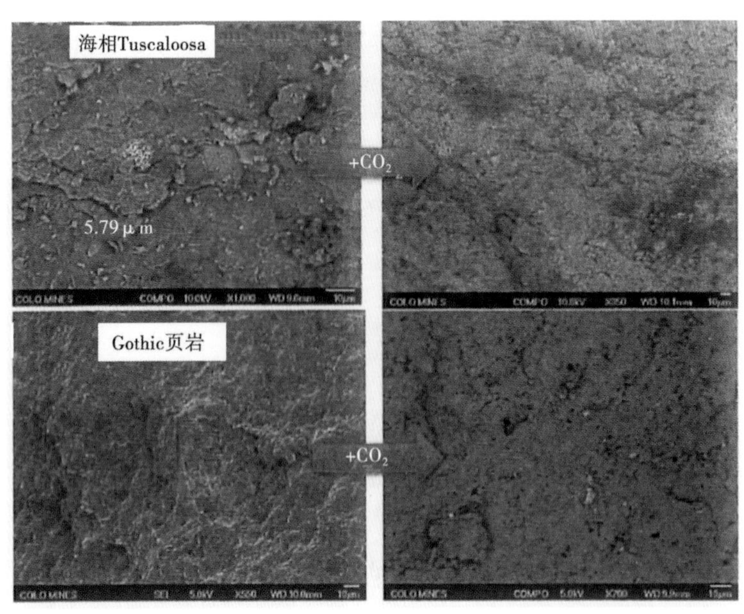

图 12.4　在页岩样品与二氧化碳反应前（左）和反应后（右）的现场发射的扫描电镜图像。反应后的 Gothic 页岩样品显示，与反应前的样品相比，孔隙更多、更大。海相 Tuscaloosa 反应后的样品，与反应前的样品相比，没有明显显示更多的孔隙

caloosa 样品中包含大量的纳米孔隙以及高含量的有机碳。在未反应和反应样品中进行小角度中子散射数据分析，有可能识别孔隙大小分布的变化。在 Gothic 页岩（图 12.5）中，孔隙度增加了 1.5%，是因为增加了直径为数百纳米的孔隙，但是不是小于约 50nm 的孔隙。孔隙度如此大规模地增加，是由于岩石中碳酸盐岩矿物颗粒的溶解。海相 Tuscaloosa 孔隙度的少量增加，是由于从几个到数千纳米直径孔隙的增加，而不是任何孔隙大小的优先增加。在海相 Tuscaloosa 样品中，连通孔隙度的增加是由于矿物沉淀（图 12.6）。矿物沉淀也可能是由于 Gothic 页岩中直径大于 100nm 孔隙的堵塞。在这两种样品中，与未反应的样品（约 3nm）相比，二氧化碳反应样品（约 4nm）的孔隙直径的中值略微大些。

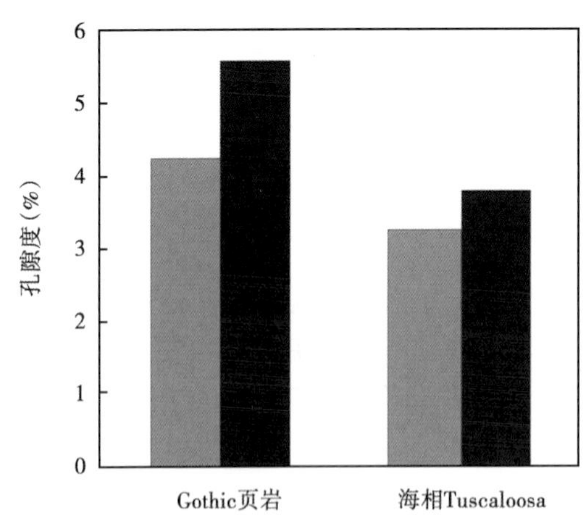

图 12.5　盖层岩石样品反应前（灰色）和 CO_2 反应后（黑色）的孔隙度

这组实验的结果提供了溶解过程的信息，溶解过程很有可能发生在二氧化碳封存条件下，当二氧化碳地层水进入并接触页岩盖层的时候。预计页岩的深部地层流体速度是非常缓慢的，因此，在这种情况下，与其他的环境类型相比，间歇反应可能更适合现场尺度的系统。实验中的地层水，相对于溶解碳酸盐矿物，能更快速地达到化学平衡，按照时间的

顺序，可能比流体通过页岩更快。因此，在二氧化碳地层水进入页岩孔隙网络后，碳酸盐矿物溶解时的平衡控制可能会成为主导因素。由于地层水溶解碳酸盐矿物，孔隙中流动的流体的 pH 值和无机碳的浓度将会上升，导致碳酸盐矿物的预测将会不同于盖层—注入地层界面附近的低 pH 值流体的区域。这种现象在二氧化碳侵入页岩盖层的数值模型中预测到了[93]，碳酸盐和亚硫酸盐矿物在实验的页岩岩心片外表面的沉积层也表明，评价二氧化碳封存条件下页岩孔隙网络如何演化时，次生矿物沉淀可能是一个要考虑的重要过程。

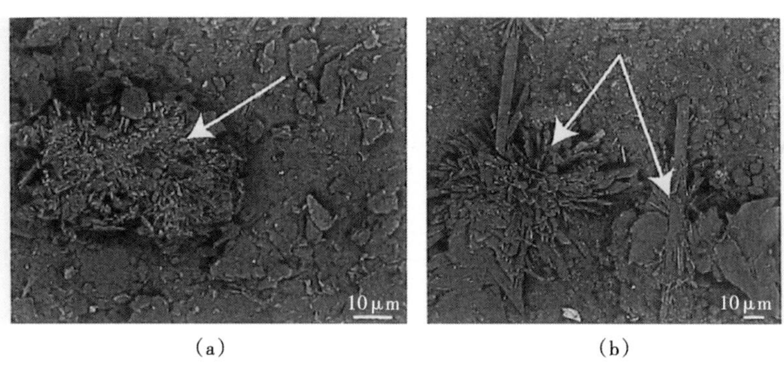

(a)　　(b)

图 12.6　硫酸钙（可能为石膏）在二氧化碳反应的海相 Tuscaloosa（a）和 Gothic 页岩（b）样品表面的沉积

这项研究中的所有数据表明，碳酸盐的含量使 Gothic 页岩在二氧化碳封存条件下将会经历更多的矿物溶解。碳酸盐矿物（即方解石）具有高度的反应性和快速溶解动力，这有助于 Gothic 页岩实验中快速的 pH 缓冲。在碳酸盐矿物较少的海相 Tuscaloosa 中没有观察到相同的 pH 缓冲程度。基于实验证据，由于地球化学反应，在密封容积内，海相 Tuscaloosa 似乎长期下降的潜力较小。

12.5　小结

本文讨论了地球化学反应过程中孔隙度和渗透率变化的例子。

孔隙度产生的这些变化和纳米尺度机理随岩石类型而变化，并且对反应速率影响很大。小角度的中子散射证明纳米级的信息对于解决这些机理是必要的，并且除了更成熟的技术之外，如吸附、压汞和成像，小角度中子散射是一个非常有价值的工具。实例表明，需要了解复杂的、耦合地球化学反应细节，经常可在大自然中发现。不同的研究领域，例如表面风化和地下流体注入，可能会受益于中子散射技术使用的增加，例如解决现场和实验室尺度长期存在的差异。

致　谢

A. N-S. 和 J. K. 感谢美国能源部对这项研究的资助，批准号 DE-FE0000730。

G. R. 的工作是由美国能源部（DOE）支持，ERKCC72 奖下的科学、基础能源科学（BES）办公室。在橡树岭国家实验室进行的高通量反应堆的研究是由科学用户设施部，基础能源科学办公室、美国能源部主办。

参 考 文 献

[1] J. Feth, C. Roberson, and W. Polzer, Sources of mineral constituents in water from granitic rocks, Sierra Nevada, California and Nevada, *US Geological Survey Water-Supply Paper* 1535-I . p. 70 (1964).

[2] A. Taylor and M. Velbel, Geochemical mass balances and weathering rates in forested watersheds of the Southern Blue Ridge Ⅱ: Effects of botanical uptake terms, *Geoderma*. 51, 29-50 (1991).

[3] G. J. S. Bluth and L. R. Kump, Lithologic and climatologic controls of river chemistry, *Geochimica et Cosmochimica Acta*. 58 (10), 2341-2359 (1994).

[4] O. A. Chadwick, L. A. Derry, P. M. Vitousek, B. J. Huebert, and L. O. Hedin, Changing sources of nutrients during four million years of ecosystem development, *Nature*. 397 (6719), 491-497 (1999).

[5] E. Hausrath, A. Neaman, and S. L. Brantley, Elemental reslease rates from dissolving basalt and granite with and without organic ligands, *Am. J. Sci.* 309 (8), 633-660 (2009).

[6] R. Graham, A. Rossi, and K. Hubbert, Rock to regolith conversion: Producing hospitable substrates for terrestrial ecosystems, *GSA Today*. 20 (2), 4-9 (2010).

[7] J. Matter, T. Takahashi, and D. Goldberg, Experimental evaluation of in situ CO_2-water-rock reactions during CO_2 injection into basaltic rocks: Implications for geological CO_2 sequestration, *Geochemistry Geophysics Geosystems*. 8 (2007). doi: 10. 1029/2007g1031560.

[8] A. Navarre-Sitchler and S. Brantley, Basalt weathering across scales, *Earth and Planetary Science Letters*. 261 (1-2), 321-334 (2007).

[9] K. Pruess, Enhanced geothermal systems (egs) using CO_2 as working fluida novel approach for generating renewable energy with simultaneous sequestration of carbon, *Geothermics*. 35 (4), 351-367 (2006). doi: 10. 1016/j. geothermics. 2006. 08. 002.

[10] J. -P. Nicot and I. J. Duncan, Common attributes of hydraulically fractured oil and gas production and CO_2 geological sequestration, *Gcreenhouse Gases: Science and Technology*. 2 (5), 352-368 (2012). doi: 10. 1002/ghg. 1300.

[11] A. F. White and Su L. Brantley, The effect of time on the weathering of silicate minerals: why do weathering rates differ in the laboratory and field?, *Chemical Geology*. 202, 479-506 (2003).

[12] A. F. White, *Natural Weathering Rates of Silicate Minerals*, In ed. J. I. Drever, *Treatise on Geochemistry: Surface and ground water, weathering, and soils*, vol. 5, pp. 133-168. Elsevier, Amsterdam (2005).

[13] M. S. Beig and A. Luttge, Albite dissolution kinetics as a function of distance from equilibrium: Implications for natural feldspar weathering, *Geochimica et Cosmochimica Acta*. 70 (6), 1402-1420 (2006).

[14] K. Maher, C. Steefel, D. DePaolo, and B. Biani, The mineral dissolution rate conundrum: Insights from reactive transport modeling of u isotopes and pore fluid chemistry in marine sediments, *Geochimica Et Cosmochimica Acta*. 70, 337-363 (2006).

[15] F. A. L. Pacheco and A. M. P. Alencoao, Role of fractures in weathering of solid rocks: narrowing the gap between laboratory and field weathering rates, *Journal of Hydrology*. 316 (1-4), 248-265 (2006).

[16] S. Brantley, J. Kubicki, and A. F. White, *Kinetics of Water-Rock Interaction*,. Springer, New York (2008).

[17] J. Drever and D. Clow, *Weathering Rates in Catchments*, In eds. A. F. White and S. Brantley, *Chemical Weathering Rates of Silicate Minerals: Reviews in Mineralogy*, vol. 31, pp. 463-481. Mineralogical Society of America, Washington D. C. (1995).

[18] M. E. Malmstrom, G. Destouni, S. A. Banwart, and B. H. E. Stromberg; Resolving the scale-dependence of

mineral weathering rates, *Environ. Sci. Technol.* 34 (7), 1375–1378 (2000). doi: 10. 1021/es990682u.

[19] E. Busenburg and C. Clemency, The dissolution kinetics of feldspars at 25c and 1 atm CO_2 partial pressure, *Geochimica et Cosmochimica Acta.* 40, 41–49 (1976).

[20] L. Chou and R. Wollast, Study of the weathering of albite at room temperature and pressure with a fluidized bed reactor, *Geochimica et Cosmochimica Acta.* 48 (11), 2205–2217 (1984).

[21] L. Chou and R. Wollast, Steady-state kinetics and dissolution mechanisms of albite, *Am. J. Sci.* 285 (10), 963–993 (1985).

[22] P. V. Brady, Kinetics of quartz dissolution at low temperatures, *Chem. Geo.* 82 (3–4), 253 (1990). 0009-2541.

[23] C. Amrhein and D. L. Suarez, Some factors affecting the dissolution kinetics of anorthite at 25c, *Geochimica Et Cosmochimica Acta.* 56 (5), 1815–1826 (1992). doi: 10. 1016/0016-7037 (92) 90312-7.

[24] C. Anbeek, N. van Breeman, E. L. Meijer, and L. van der Plas, The dissolution of naturally weathered feldspar and quartz, *Geochimica et Cosmochimica Acta.* 58 (21), 4601–4613 (1994).

[25] E. Oelkers, J. Schott, and J. Devidal, The effect of aluminum, ph and chemical affinity on the rates of alumino-silicate dissolution reactions, *Geochimica et Cosmochimica Acta.* 58, 2011–2024 (1994).

[26] Y. Chen and S. L. Brantley, Temperature-and ph-dependence of albite dissolution rate at acid ph, *Chem. Geol.* 135 (3–4), 275–290 (1997). TY-JOUR.

[27] A. Berg and S. A. Banwart, Carbon dioxide mediated dissolution of cafeldspar: implications for silicate weathering, *Chem. Geol.* 163, 25–42 (2000).

[28] J. Cama, V. Metz, and J. Ganor, The effect of ph and temperature on kaolinte dissolution rate under acidic conditions, *Geochimica et Cosmochimica Acta.* 66 (22), 3913–3926 (2002).

[29] S. A. Carroll and K. Knauss, Dependence of laoradorite dissolution kinetics on CO_2 (aq), al (aq), and temperature, *Chem. Geol.* 217, 213–225 (2005).

[30] A. Luttge, R. E. Arvidson, and C. Fischer, A stochastic treatment of crystal dissolution kinetics, *Elements.* 9 (3), 183–188 (2013).

[31] A. F. White and M. L. Peterson, *Role of reactive surface area characterization in geochemical models*, In eds. D. Melchoir and R. Bassett, *Chemical Modeling of Aqueous Systems* II, vol. 416, pp. 461–475. American Chemical Society Symposium Series (1990).

[32] A. F. White, *Chemical weathering rates of silicate minerals in soils*, In eds. A. F. White and S. L. Brantley, *Chemical weathering rates of silicate minerals.* Revies in Mineralogy. Mineralogical Society of America, Washington D. C. (1995).

[33] L. Kump, S. Brantley, and M. Arthur, Chemical weathering, atmospheric CO_2, and climate, *Annual Review of Earth and Planetary Science.* 28, 611–667 (2000).

[34] T. E. Burch, K. L. Nagy, and A. C. Lasaga, Free energy dependence of albite dissolution kinetics at 80c and ph 8. 8, *Chem. Geol.* 105 (13), 137–162 (1993). doi: 10. 1016/0009-2541 (93) 90123-Z.

[35] R. Stallard, *Tectonic processes, continental freeboard, and the ratecontrolling step for continental denudation*, In ed. S. Butcher, *Global biogeochemical cycles.* Academic Press, London (1992).

[36] C. S. Riebe, J. W. Kirchner, and R. C. Finkel, Erosional and climatic effects on long-term chemical weathering rates in granitic landscapes spanning diverse climate regimes, *Earth Planet. Sci. Lett.* 224 (3–4), 547–562 (2004).

[37] A. J. West, A. Galy, and M. Bickle, Tectonic and climatic controls on silicate weathering, *Earth Planet. Sci. Lett.* 235 (1–2), 211–228 (2005).

[38] C. Zhu and P. Lu, Alkali feldspar dissolution and secondary mineral precipitation in batch systems: 3. saturation states of product minerals and reaction paths, *Geochimica Et Cosmochimica Acta.* 73, 3171-3200 (2009).

[39] J. I. Drever, The effect of land plants on weathering rates of silicate minerals, *Geochimica et Cosmochimica Acta.* 58, 2325-2332 (1994).

[40] J. I. Drever and L. Stillings, The role of organic acids in mineral weathering, *Colloids Surf. A: Physicochemical and Engineering Aspects.* 120, 167-181 (1997).

[41] Y. Lucas, The role of plants in controlling rates and products of weathering: importance of biological pumping, *Annual Review of Earth and Planetary Science.* 29 (135-163) (2001).

[42] R. Millot, J. Gaillardet, B. Dupre, and C. J. Allegre, The global control of silicate weathering rates and the coupling with physical erosion: new insights from rivers of the canadian shield, *Earth Planet. Sci. Lett.* 196, 83-98 (2002).

[43] C. Dessert, B. Dupre, J. Gaillardet, L. Francois, and C. Allegre, Basalt weathering laws and the impact of basalt weathering on the global carbon cycle, *Chem. Geol.* 202, 257-273 (2003).

[44] J. Gaillardet, R. Millot, and B. Dupre, Chemical denudation rates of the western canadian orogenic belt: the stikine terrane, *Chem. Geol.* 201, 257-279 (2003).

[45] A. Navarre-Sitchler, C. Steefel, L. Yang, and L. Tomutsa, Evolution of porosity and diffusivity associated with chemical weathering of a basalt clast, *J. Geophys. Res. -Earth Surface* (2009). doi: 10. 1029/2008JF001060.

[46] A. Navarre-Sitchler, C. Steefel, P. Sak, and S. Brantley, A reactive-transport model for weathering rind formation on basalt, *Geochimica Et Cosmochimica Acta.* 75, 7644-7667 (2011).

[47] L. Li, C. Steefel, and L. Yang, Scale dependence of mineral dissolution rates within single pores and fractures, *Geochimica Et Cosmochimica Acta.* 72, 360-377 (2008).

[48] A. M. Tartakovsky, G. Redden, P. C. Lichtner, T. D. Scheibe, and P. Meakin, Mixing-induced precipitation: Experimental study and multiscale numerical analysis, *Water Resour. Res.* 44 (6), W06S04 (2008). doi: 10. 1029/2006wr005725.

[49] M. Dentz, P. Gouze, and J. Carrera, Effective non-local reaction kinetics for transport in physically and chemically heterogeneous media, *J. Contam. Hydrol.* 120121 (0), 222-236 (2011). doi: 10. 1016/j. jconhyd. 2010. 06. 002.

[50] S. Mollins, D. Trebotich, C. Steefel, and C. Shen, An investigation of the effect of pore scale flow on average geochemical reaction rates using direct numerical simulation, *Water Resour. Res.* 48, W03527 (2012).

[51] I. Battiato, D. M. Tartakovsky, A. M. Tartakovsky, and T. Scheibe, On breakdown of macroscopic models of mixing-controlled heterogeneous reactions in porous media, *Adv. Water Res.* 32 (11), 1664-1673 (2009). doi: 10. 1016/j. advwatres. 2009. 08. 008.

[52] A. Putnis, Mineral replacement reactions: from macroscopic observations to microscopic mechanisms, *Mineral. Mag.* 66, 689-708 (2002).

[53] B. Jamtveit and . Hammer, Sculpting of rocks by reactive fluids, *Geochemical Perspectives.* 1 (3), 341-481 (2012).

[54] W. Ball, C. Beuhler, T. Harmon, D. MacKay, and P. Robers, Characterization of a sandy aquifer material at the grain scale, *J. Contam. Hydrol.* 5, 253-295 (1990).

[55] E. Rufe and M. Hochella, Quantitative assessment of reactive surfacea rea of phlogopite during acid dissolution, *Science.* 285, 874-876 (1999).

[56] S. Brantley and N. P. Mellott, Surface area and porosity of primary silicate minerals, *Am. Mineral.* 85, 1767-1783 (2000).

[57] C. Fischer and R. Gaupp, Multi-scale rock surface area quantification-a systematic method to evaluate the reactive surface area of rocks, *Chemieder Erde-Geochemistry*. 64, 241-256 (2004).

[58] L. M. Anovitz, G. W. Lynn, D. R. Cole, G. Rother, L. F. Allard, W. A. Hamilton, L. Porcar, and M. H. Kim, A new approach to quantification of metamorphism using ultra-small and small angle neutron scattering, *Geochimica Et Cosmochimica Acta*. 73 (24), 7303-7324 (2009). doi: 10. 1016/j . gca. 2009. 07. 040.

[59] L. M. Anovitz, D. R. Cole, G. Rother, L. F. Allard, A. J. Jackson, and K. C. Littrell, Diagenetic changes inmacro-to nano-scale porosity in the st. peter sandstone: An (ultra) small angle neutron scattering and backscattered electron imaging analysis, *Geochirmica et Cosmochimica Acta*. 102 (0), 280-305 (2013). doi: 10. 1016/j. gca. 2012. 07. 035.

[60] A. Navarre-Sitchler, K. Mouzakis, G. Rother, J. Banuelos, X. Wang, J. Kaszuba, and J. E. McCray. Invited: CO_2 induced geochemical reactions at the pore scale. (2013).

[61] F. Mildner, David, R. ERezvani, P. Hall, and R. Borst, Small-angle scat-tering of shaly rocks with fractal pore interfaces, *Appl. Phys. Lett.* 48 (19), 1314-1316 (1986).

[62] A. P. Radlinski, *Small-angle neutron scattering and the microstructure of rocks*, In ed. H. Wenk, *Neutron Scattering in Earth Sciences*, *vol.* 63, *Reviews in Mineralogyg & Geochemistry*, pp. 363-397. Mineralogical Society of America (2006). ISBN 1529-6466.

[63] L. Jin, G. Rother, D. R. Cole, F. Mildner, David, C. J. Duffy, and S. L. Brantley, Characterization of deep weathering and nanoporosity development in shale-a neutron study, *Am. Mineral.* 96, 498-512 (2011).

[64] A. K. Navarre-Sitchler, D. Cole, G. Rother, L. Jin, H. L. Buss, and S. L. Brantley, Porosity and surface area evolution during weathering of two igneous rocks, *Geochimica Et Cosmochimica Acta* (2013).

[65] A. P. Radlinski, C. J. Boreham, G. D. Wignall, and J. -S. Jin, Microstructural evolution of source rocks during hydrocarbon generation: A small-angle-scattering study, *Phys. Rev. B*. 53 (21), 14 153 (1996).

[66] E. Bazilevskaya, M. Lebedeva, M. Pavich, G. Rother, D. Parkinson, D. R. Cole, and S. L. Brantley, Where fast weathering creates thin regolith and slow weathering creates thick reagolith, *Earth Surf. Process. Landf.* 38 (8), 847-858 (2013).

[67] A. L. Hinde, Prinsas—a windows-based computer program for the process-ing and interpretation of small-angle scattering data tailored to the analysis of sedimentary rocks, *J. Appl. Crystallogr.* 37, 1020-1024 (2004).

[68] S. Kline, Reduction and analysis of sans and usans data using igor pro, *Journal of Applied Crystallography*. 39, 895-900 (2006).

[69] L. DeBeer-Schmidt and K. Bailey. Sans data reduction guide (2011).

[70] P. Hall, F. Mildner, David, and R. Borst, Pore size distribution of shaly rocks by small angle neutron scattering, *Appl. Phys. Lett.* 43, 252-254 (1983).

[71] A. Navarre-Sitchler, D. Cole, G. Rother, and S. Brantley, Evolution of microporosity during weathering of basalt, *Geochi-mica Et Cosmochimica Acta*. 72 (12), A673-A673 (2008). Suppl. 1.

[72] A. Kahle, B. Winkler, A. Radulescu, and Schreuer, Small-angle neutron scattering study of volcanic rocks, *Eur. J. Mineral.* 16, 407-417 (2004).

[73] L. Hedin, P. Vitousek, and P. Matson, Nutrient losses over four million years of tropical forest development, *Ecology*. 84 (9), 2231-2255 (2003).

[74] N. Johnson, C. Driscoll, J. Eaton, G. Liken, and W. McDowell, 'acid rain', dissolved aluminum and chemical weathering at the hubbard brook experimental forest, new hampshire, *Geochimica Et Cosmochimica*

Acta. 45, 1421–1437 (1981).

[75] J. L. Dixon, A. M. Heimsath, and R. Amundson, The critical role of climate and saprolite weatherign in landscape evolution, *Earth Surf. Process. Landf.* 34 (11), 1507–1521 (2009).

[76] J. Walker, P. Hays, and J. Kasting, A negative feedback mechanism for the long–term stabilization of earth's surface temperature, *J. Geophys. Res.* 86 (C10), 9776–9782 (1981).

[77] R. Berner, A. Lasaga, and R. M. Garrels, The carbonate–silicate geochemical cycle and its effect on atmospheric carbon dioxide over the past 100 million years, *Am. J. Sci.* 283, 641–683 (1983).

[78] K. Maher, C. Steefel, A. White, and D. Stonestrom, The role of reaction affinity and secondary minerals in regulating chemical weathering rates at the santa cruz soil chronosequence, california, *Geochimica Et Cosmochimica Acta.* 73, 2804–2831 (2009).

[79] Y. Li and S. Gregory, Diffusion of ions in sea water and in deep–sea sediments, *Geochimica et Cosmochimica Acta.* 38, 703–714 (1974).

[80] C. E. Koltermann and S. M. Gorelick, Heterogeneity in sedimentary deposits: A review of structure–imitating, process–imitating, and descriptive approaches, *Water Resour. Res.* 32 (9), 2617–2658 (1996). doi: 10.1029/96wr00025.

[81] S. –Y. Lee, S. F. Carle, and G. E. Fogg, Geologic heterogeneity and a comparison of two geostatistical models: Sequential gaussian and transition proloability–based geostatistical simulation, *Adv. in Water Resour.* 30 (9), 1914–1932 (2007). doi: 10.1016/j. advwatres. 2007. 03. 005.

[82] P. Sak, D. Fisher, T. Gardner, K. Murphy, and S. Brantley, Rates of weathering rind formation on costa rican basalt, *Geochimica et Cosmochimica Acta.* 68, 1453–1472 (2004).

[83] J. Bandstra, H. L. Buss, R. Campen, L. Liermann, J. Moore, E. Hausrath, A. K. Navarre–Sitchler, J. –H. Jang, and S. L. Brantley, *Appendix: Compilation of Mineral Dissolution Rates*, In eds. S. L. Brantley, J. Kubicki, and A. F. White, *Kinetics of Water–Rock Interaction.* Springer, New York (2008).

[84] R. C. Fletcher, H. L. Buss, and S. L. Brantley, A spheroidal weathering model coupling porewater chemistry to soil thicknesses during steady–state denudation, *Earth Planet. Sci. Lett.* 244 (1–2), 444–457 (2006).

[85] H. L. Buss, P. Sak, R. M. Webb, and S. Brantley, Weathering of the rioblanco quartz diorite, luquillo mountains, puerto rico: Coupling oxidation, dissolution and fracturing, *Geochimica et Cosmochimica Acta.* 72, 4488–4507 (2008).

[86] J. Heath, T. Dewers, B. McPherson, R. Petrusak, T. Chidsey, A. Rinehart, and P. Mozley, Pore networks in continental and marine mudstones: Characteristics and controls on sealing behavior, *Geoftuids.* 7, 429–454 (2011).

[87] J. P. Kaszuba, D. R. Janecky, and M. G. Snow, Experimental evaluation of mixed fluid reactions between supercritical carbon dioxide and nacl brine: Relevance to the integrity of a geologic carbon repository, *Chemi. Geol.* 217 (3–4), 277–293 (2005).

[88] M. Andreani, P. Gouze, L. Luquot, and P. Jouanna, Changes in seal capacity of fractured claystone caprocks induced by dissolved and gaseous CO_2 seepage, *Geophys. Res. Lett.* 35 (14), L14404 (2008). doi: 10.1029/2008g1034467.

[89] V. d. Lima, S. Einloft, J. M. Ketzer, M. Jullien, O. Bildstein, and J. –C. Petronin, CO_2 geological storage in saline aquifers: Paran basin caprock and reservoir chemical reactivity, *Energy Procedia.* 4 (0), 5377–5384 (2011). doi: 10.1016/j. egypro. 2011. 02. 521.

[90] R. Tarkowski and M. Wdowin, Petrophysical and mineralogical research on the influence of CO_2 injection on mesozoic reservoir and caprocks from the polish lowlands, *Oil Gas Sci. Technol.* 66, 137–150 (2011).

[91] K. Labus and P. Bujok, CO_2 mineral sequestration mechanisms and capacity of saline aquifers of the upper silesian coal basin (central europe) - modeling and experimental verificaation, *Energy*. 36, 4974-4982 (2011).

[92] K. Mouzakis. *Porosity and pore networks of caprocks: a nanoscale experimental approach investigating the Gothic shale and Marine Tuscaloosa shale-implications to Carbon Sequestration.* Thesis (2011).

[93] F. Gherardi, T. F. Xu, and K. Pruess, Numerical modeling of self-limiting and self-enhancing caprock alteration induced by CO_2 storage in a depleted gas reservoir, *Chemi. Geol*. 244 (1-2), 103-129 (2007). doi: 10. 1016/j. chemgeo. 2007. 06. 009.

第 13 章　利用岩心驱替定量分析岩石水文地质非均质性

Ronny Pini

Department of Petroleum Engineering Colorado School of Mines，Golden，CO，USA

rpini@ mines. edu

Sally M. Benson

Department of Energy Resources Engineering，Stanford University，Stanford，CA，USA

smbenson @ stanford. edu

准确预测岩石和土壤中的流体运动和分布，需要在自然系统中复杂的空间尺度上进行全面的测量。因此，需要用小尺度的物理新知识来提炼能够统一到大尺度模型上的粗化方法。岩心驱替实验，同时结合流动成像，是一个功能强大的工具，来评估流体驱替的精细尺度的非均质性，并且有潜力创造孔隙和连续尺度之间的必要联系。在这章中，通过考虑实验和模型研究，回顾并讨论了岩心以下尺度的多相流动的非均质性效应。提出了在常规的岩心驱替实验上，可以对岩心及岩心尺度以下的水文地质性能进行无损测量的新实验方法，包括孔隙度，渗透率和毛细管压力曲线。结果表明，常用的尺度关系在岩心尺度上并不适用，只有在高分辨率数值模拟时才能达到定量的一致性。这些属性在一个独特的框架内进行评估，其中包括毛细管压力曲线的空间非均质性。这种方法代表了常规岩心分析的重大改进，以及代表了研究地下复杂水文地质流动的出发点。

13.1　引言

试图在不同尺度上刻画地质构造特征，其内在的复杂性显而易见。毫无疑问，这对于预测流体在地下的流动是一个重大的挑战[1]。石油泄漏后，地下水流动的描述，基于强化技术的可回收的石油的量的估计，或者二氧化碳封存项目中二氧化碳扩散的预测的几个例子突出了这个问题的重要性。一方面，在多孔岩石中，控制流体流动的大部分的基本过程发生在孔隙尺度，包括界面现象，如溶解、毛细管力、吸附和化学反应；另一方面，油藏尺度的变化，受地质构造的影响，如地质构造决定了油藏的地层形态。有趣的是，已经证明在沉积岩中通常能观察到的毫米到厘米尺度的特征[2,3]，极大地影响流体运移，远远超出可观测的尺度（几十到几百米）[4]。这种小尺度的非均质性通常代表所谓的薄片和矿床之间的空间联系，一旦它们的存在显著增加了介质渗透性的总体变化，它们就变得相关了。在许多沉积环境中确实观察到长度小于 20cm 的渗透率变化[5]。最重要的是，这些特征产生毛细管现象，进而控制多相流的行为，并影响过程相关的参数，如波及[6]或捕集效率[7]。事实上，在这种情况下，流体不作为一个统一的前缘流动，而是在岩石中形成指进现象，从而引起横向扩散，形成优势流动路径[8]。

这些已经有了一些实验研究[10-14]和建模研究[15-18]，突出了小尺度非均质性在多相流中的重要性，但是只有很少的人采用定量方法处理问题。作为一般性的一个例子，图 13.1 给出了在岩心驱替实验中，砂岩在捕集非润湿相（二氧化碳）时自然毛细管阻力的影响结果[9]。考虑岩石样品具有两个明显的毛细管作用区域［图 13.1（a）］，其特点是分别有高（上游）和低（下游）的渗透率。后者表示的是岩心尺度以下的砂岩层面，沿岩心对角线切割，并引起毛细管阻力。事实上，二氧化碳驱水过程中［图 13.1（b）］，二氧化碳产生上游的毛细管阻力，一旦发生，在后续的水驱过程就不能被驱替了。最重要的是，这会导致较大的残余饱和度［图 13.1（c）］，是预期的单独捕集时的 2~5 倍（从实验中获得的，实验是在去除下游的岩心上进行的）。这个实例说明了一个非润湿相可以作为连续相被固定在毛细管阻力之后，其饱和度可能大于孤立的节点；可以将前者称为捕集移动饱和度，而不是捕集残余饱和度。在大尺度上，这个现象的应用很关键，因为它可能会极大地影响油藏的储存能力。

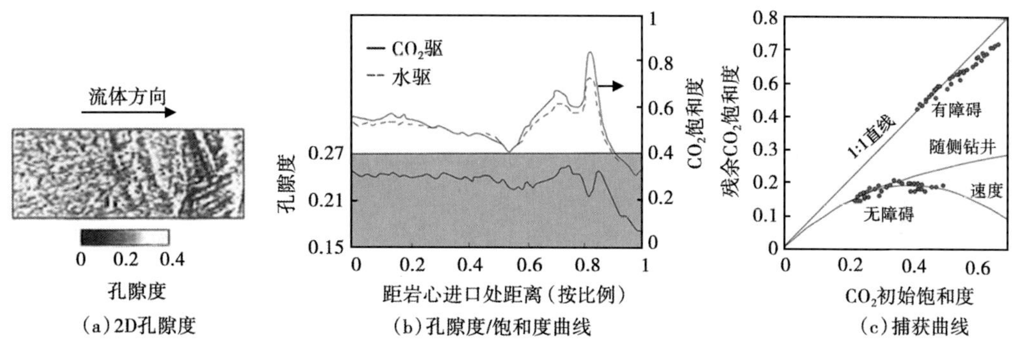

图 13.1　砂岩岩心中二氧化碳捕集的毛细管的非均质性（a）二维孔隙图显示在岩心下游末端有明显的交错层理。(b) 100%二氧化碳驱和 100%水驱过程中沿岩心长度薄片的平均孔隙度和饱和度剖面分布。(c) 残余 CO_2 饱和度（水驱后）作为初始二氧化碳饱和度的函数（二氧化碳驱后），在有毛细管力和无毛细管力的情形下实验。图修改自参考文献［9］

量化过程只是描述连续尺度下的流动，而考虑这些小尺度非均质性是在创建孔隙和油藏尺度之间联系方面的一个关键步骤。理想情况下，粗化过程始于表征单元体（REV）尺度[19]，其中，对于许多沉积环境，是毫米到厘米的尺度（也叫纹层尺度[5]）。这个尺度下的岩石属性非均质性信息的缺乏已经制约了充分利用多级粗化方法的能力，该方法用于研究岩心尺度到油藏尺度的联系[1]，其输入通常来自测井和岩心样品。事实上，来自油藏岩心测量的属性是有效的，它们的空间分辨率被测量技术或者岩样技术限制在最小值为几个厘米内。然而，对多相流的准确预测需要在相关的空间尺度进行全方位测量，这样，要参考岩样的内部结构，包括上述提及的薄片的效果[6,18]。这样描述的基本要素包括与岩石

（孔隙度和渗透率）相关、与流体（饱和度）和它们（毛细管压力—饱和度关系）二者相关的连续属性；所有这些属性之间创建联系的能力是描述这些自然复杂系统的关键。如下所述，通过采用一种综合方法来完成，该方法结合了自然非均质岩心的驱替实验，流动成像，以及详细的数值模拟。通过应用可视化，实验室岩心驱替提供了更可靠的结果，因为实验提供了局部饱和度变化的空间和时间的信息[20]，而数值模拟代表了各种实验条件的同步研究的有效工具[18]。

在本章中，有意使用岩心以下尺度与介观尺度的术语，指的是相同类型的非均质性。前者意味着，这里介绍的大多数分析已经在油藏岩石中进行了分析，水文地质属性的空间变化是子元素域的量化。介观尺度强调这种类型的非均质性的中间位置：当表示在孔隙尺度观察到的微观特征的行为时，它们形成了控制和影响宏观尺度行为的构建模块。

13.2 岩心驱替实验和流动成像

动态驱替实验是研究多孔介质中多相流最常用的实验方法。简单地说，一个典型的实验包括注入一种或多种流体来驱替岩心中最初饱和的流体。驱替以恒定的速率或者以恒定的压力进行，同时连续监测整个岩心的压差，以及累计注入和流出的体积。成像技术的出现，如 X 射线计算机断层摄影（CT），提供了一个新的水平来观察岩心样品内非均质性对饱和度分布影响的细节，这对于早期的研究者来说是无法获得的。据此，在任何时候的岩心驱替实验中，可以在几个立方毫米的分辨率下观察孔隙、流体饱和度（体积超越了孔隙体积——对于大多数基于 REV 优良的砂岩）[21]。图 13.2 显示了在最初饱和水的岩心中以不同的流速注入氮气（N_2）得到的稳态饱和度分布图片，相应的孔隙度图片也在图中显示，其定性的差异是显而易见的[22]。虽然在干燥的或完全饱和的状态不可见，但是一旦用氮气注入驱替饱和水，与岩心轴向平行的层理特征就出现了。这说明，与单相流动特性不同，微观构造非均质性对多相流的影响很大[20,23]。后者很可能与砂岩，尤其是在最低到中等流速下经常观察到的更精细的纹理相关[24]，即对毛细管压力非常敏感的地方覆盖了部分毛细管压力曲线。因此，饱和度的直方图（显示在下面每个 3D 图中）表明，一个双模态的饱和度分布变成了一个流速增加的偏态分布。统计分布，如均值（μ_S）和众数（M_S），可以用来量化与非均质性相关的影响：前者为岩心的实际平均饱和度，后者是其最突出的值，从而提供一个完美的均质岩心饱和度指示。正如图中所示，这两项测量之间的差异是明显的（3%~10%的绝对值）；对于水平流动，如在这里进行的实验，忽略精细尺度非均质性的影响，将会大大高估驱油效率，尤其是在低流速的情况下。在接下来的解释部分，这些饱和度分布可以通过考虑毛细管压力曲线的空间变化来理解，它们直接和渗透率的相应分布相关。

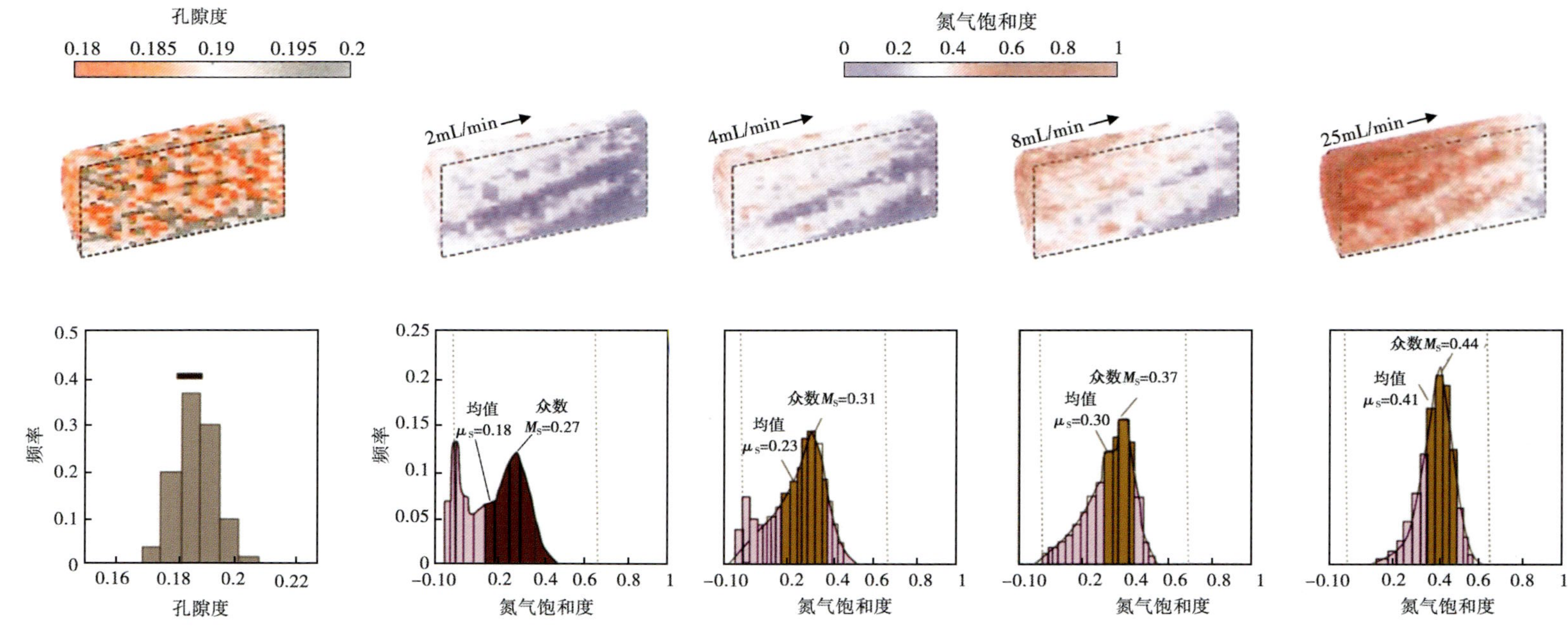

图 13.2　Berea 砂岩岩心的三维孔隙度和稳态饱和图（沿岩心截面长度）。后者是在初始饱和水的岩心上以四种不同的流速注入氮气而获得的分布图。像素大小 $2\times2\times3mm^3$；以 0.4 和 1.8% 的绝对值的精度分别得到了孔隙度和饱和度值。每个图下面，直方图显示相应的分布。为了进行比较，在每个直方图的中心上绘制了正态分布曲线（黑线）[22]

13.3 岩心驱替的数值模拟

上面所描述的岩心驱油实验是非常具有挑战性和费时的，数值模拟是非常有价值的补充工具，以研究在不同流速和热物理条件下的岩心驱替动态。举几个和目前的讨论相关的例子，劳伦斯伯克利国家实验室（伯克利，加利福尼亚，美国）通过使用 TOUGH2[17,18,25,26]，奥斯汀 UT（奥斯汀，得克萨斯，美国）使用 UTCHEM[27]，帝国理工学院（伦敦，英国）使用 METSIM2[14] 和斯坦福大学（斯坦福大学，加利福尼亚，美国）使用 GPRS[28]，已经对岩心驱替实验进行了数值模拟。很简单，问题的数学公式，包括多相流物质平衡方程，可以在 3D 领域解决；在适当的边界条件和初始条件下应用，结合所谓的特征函数（毛细管压力和相对渗透率曲线），这些方程的解提供了岩石样品内关于流体分布和饱和度值的信息。这里的关键点是通过数值模拟在图 13.2 中再现流体饱和度分布的详细信息，岩心样品已被赋予了岩石属性（如孔隙度和和渗透率的值）的模拟网格准确复制。岩心以下尺度孔隙度分布可以使用 CT 扫描仪进行测量[21]，对应的渗透率可以在相同尺度下使用常规的基于孔隙度的方法进行计算（参见文献［18］可用模型的概述）。虽然这听起来比较简单，但这样的实践对流体不同参数的影响提供了有益的见解，如岩心尺度以下的非均质性，重力或者流速，并能够识别一些在岩心样品内控制流体分布的关键机理。

在岩心上被看作是均质性的室内实验可能具有局部非均质性，这大大影响着残余油饱和度、采收率和相对渗透率[18,20]。图 13.3 显示了在不同的总流速下，砂岩岩心初始饱和地层水，以不同的总流速，通过联合注入二氧化碳和地层水（95∶5 体积比）而获得的稳态饱和度分布照片[17]；对比了均质和非均质岩心的模拟结果。在前一种情况下，每个网格单元具有的相同的孔隙度和渗透率值都为岩心的平均值，而对于后者，孔隙度值是使用 X 射线 CT 扫描仪得到的岩心尺度测量值，相应的渗透率使用 Kozeny-Carman 关系计算。因此，缩放参数用于确保模拟网格中计算的岩心平均渗透率与实验测量值相同。对于均质情况，平均二氧化碳饱和度和二氧化碳饱和度分布随注入速率而变化：这些变化主要由二氧化碳和地层水之间的密度差异驱动，随着流速降低，变得更明显。一旦在模型中包括非均质性，这张图片会变得更复杂：在精细尺度中观察到的饱和度的强烈变化，是在驱替过程中涉及的所有力相互作用的结果，即黏滞力，重力和毛细管力。此外，与均质情况对比，地层水驱替效率随流速（由岩心平均的二氧化碳饱和度值所反映）的变化变得更强，正如其他研究已说明[20]。值得注意的是，非均质情况饱和度分布类似于实际实验中观察到的，如图 13.2 所示。然而，尽管一般的空间模式具有相似性，但模拟中观察到的饱和度的对比通常不够高，并且已经报道过岩心尺度下饱和度测量值和模拟值之间的明显的差异[18]。事实上，已被证明，饱和度对比度的程度与渗透率对比度密切相关，这就表明，通常应用的基于孔隙度的关系在岩心以下尺度中预测渗透率变化不可靠[18]。这最后的一个方面有点直观，因为孔隙度不一定是孔隙连通性或者岩石运移流体能力的一个指标。如下文所述的那样，已经开发了其他方法用于评估岩心尺度以下的渗透率变化，从而提高测量值和模拟的饱和度分布之间的定量的一致性。

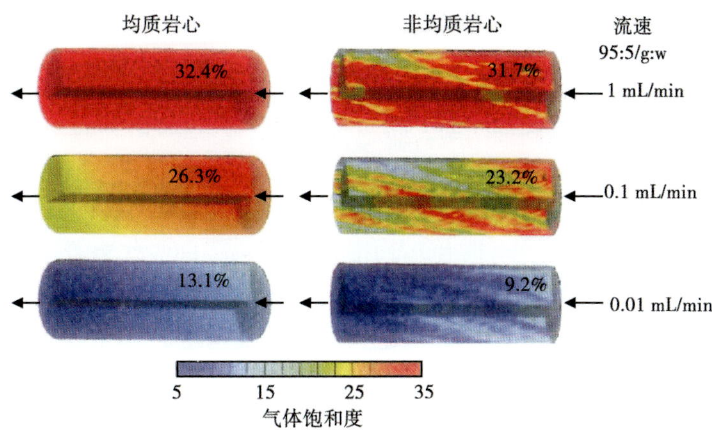

图 13.3　岩心驱替的数值模拟：Berea 砂岩在 12.4MPa 和 50℃时在不同的总流速下联合注入二氧化碳和地层水（95:5 体积比）而获得的三维稳态饱和度图。岩心（5.08cm 直径和 15.24cm 长度）具有 20.3%的孔隙度和 430mD 的水相渗透率；每个网格单元的体积是 16mm^3，模拟是使用 TOUGH2 MP 的 ECO2N 模块进行的。（图修改自参考文献［17］）

13.4　毛细管力非均质性的概念

所有的岩石样本具有固有的非均质性，与其微观构造有关。例如，岩石非均质性与晶粒形状和取向有关，后者影响孔隙空间配置（迂曲度），通过孔喉和孔隙体的大小和分布给出。在宏观意义上，这种非均质性转化为流体的渗透性的变化[12]。直观地说，岩石的非均质性对流体驱替过程有显著的影响，独立于所考虑的尺度。例如，油藏中烃类的初始分布是由毛细管力—重力平衡控制的，其中存在着非均质性，从而导致饱和度的不连续分布。此外，由于影响这个过程的因素也影响油藏的生产过程，任何使用单一的相对渗透率和毛细管力曲线的非均质介质的流体流动模拟研究都将是不足的[29]。相反，毛细管力和相对渗透率关系应该参数化，以便在油藏中分配正确的流体饱和度。当尝试描述小尺度（毫米到厘米）的岩心驱替的流体行为时[19]，也同样适用，并且称这些空间变化的局部毛细管压力曲线为毛细管非均质性。

正如在前面章节中预期的那样，具有挑战性的任务在于用准确的识别技术来表征岩石岩心尺度以下的非均质性（特别是渗透率）；事实上，如果这些都是已知的，尺度函数如 Leverett *J* 函数可以用于描述毛细管压力—饱和度关系的相应变化（见 13.5 节）。一些研究者使用砂岩—柱压实的交替的粗、细砂，具有良好的渗透率和孔隙度的特点[20]，而其他人在综合岩石样品上使用所谓的小型渗透仪来量化局部渗透率的非均质性[19,27]。而所有这些工作支持毛细管非均质性对孔隙介质中流体分布具有重要性的观点，只是最近的实验观测同数值模拟预测的结合，已经直接对这些现象进行了量化。在这种情况下，需要一个有效的实验方法来识别渗透率非均质性与毛细管力起主导驱替，并研究饱和度响应对渗透率变化的敏感性[12]。通过应用相似的方法，Krause 和同事们已经开发出一种技术来确定岩心以下尺度的渗透率分布，结合测量的毛细管压力数据，实现了通过岩心驱替模拟测量不同岩石样品岩心以下尺度的饱和度分布[18,26]。

除了开发的技术来获得岩石样品内可靠的孔隙度和渗透率分布，已经建立了独立验证岩心尺度以下毛细管压力曲线的空间变化的实验技术[31]。这些研究的一些结果如图 13.4 所示，为 Berea 砂岩两种不同的流体对，即二氧化碳—地层水和氮气—水。岩心中 4 个不同位置（像素）的毛细管压力曲线（二维饱和图图中的入口处表示岩心薄片的入口处），由非润湿相早期或者晚期浸润表征，与薄片平均饱和度对比。这些代表着 $4mm^3$ 的子组岩石样品，并且和岩心平均的毛细管压力曲线（圆）对比，从岩心驱替和压汞技术获得。有趣的是，在一个给定的毛细管压力水平，四个毫米尺度的毛细管压力曲线移向更高或更低饱和度值，但是保留了类似形状的平均曲线。图中的颜色线条，主要是引导观察，但结果仅仅是从压汞数据向着更高或者更低毛细管压力水平变化。

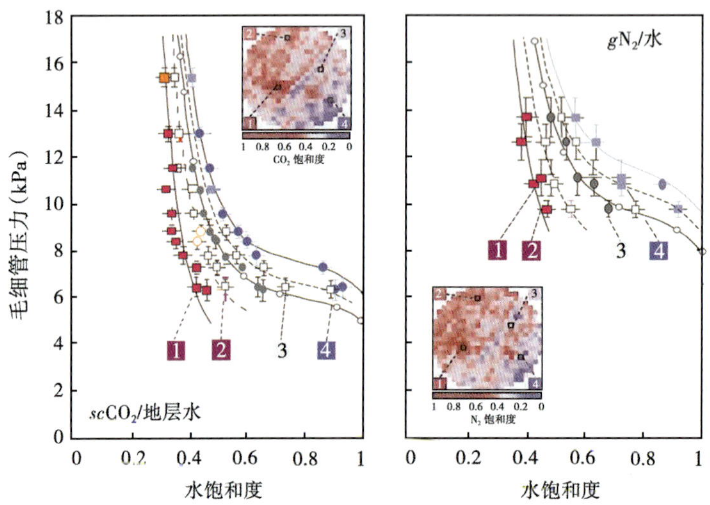

图 13.4 岩心以下尺度的毛细管压力空间存在变化的实验证据，显示了在 Berea 砂岩的二氧化碳—地层水和氮气—水系统结果。使用这些流体对获得的 $p_c(S)$ 曲线已经在岩心（约 $1.9cm^3$，黑色填充的圆圈）和像素尺度（约 $4mm^3$，空和灰色填充的方块）进行了测量，并且与转换的压汞数据（空圈）进行比较[30]）

13.5 多项岩石性质

为简化统计空间分布属性变化的描述，如毛细管压力，水文学家常常采用一种缩放方法[32,33]。后者利用所谓的缩放因子 α_j 来关联给定位置的毛细管压力

$p_{c,j}$，来代表平均值，$\hat{p}_c$，即：

$$p_c(S) = \frac{1}{\alpha_j}\hat{p}_{c,j}(S),\ j = 1,\ \cdots,\ N \tag{13.1}$$

其中，N 是数据表中不同位置的数量。Leverett J 函数属于这一类，它明确地涉及一个给定的岩石的毛细管压力属性变化对孔隙度、渗透率和流体对的变化[34]：

$$J(S)=\frac{p_{\mathrm{c}}(S)}{\sigma_{12}\cos\theta_{12}}\sqrt{\frac{\hat{K}}{\hat{\varepsilon}}} \tag{13.2}$$

其中，$\hat{K}$ 和 $\hat{\varepsilon}$是岩心的平均渗透率和孔隙度，σ_{12}是给定流体对的界面张力，θ_{12}是接触角。而在其原来的形式，这种关系发展到不同尺度的具有相似岩性的岩心样品，一些研究者已经在岩心以下尺度上应用了[18,35,36]。事实上，假设每个岩心的子集 J 取得相同的尺度函数 J（S），缩放因子 α_j 和岩石的性质之间的关系，可以很容易地发现，即：

$$\alpha_j=\sqrt{\frac{K_j/\varepsilon_j}{\hat{K}/\hat{\varepsilon}}},\ j=1,\ \cdots,\ N \tag{13.3}$$

其中，K_j 和 ε_j 是位置相关的渗透率的和孔隙度。在岩心驱替实验中，岩石样品内部的数据集包括 N 个位置（像素）。当通过测量获得典型的和局部的毛细管压力曲线，方程（13.1）中缩放因子可以通过一个简单的最小化问题来找到。参照之前章节中引用的数据（图 13.4），图 13.5（左）从岩心样品的 11637 个位置显示未证实的整个毛细管压力值，$p_{\mathrm{c},j}$在图中，实线代表典型的毛细管压力曲线，而加上的符号是（像素）未证实的数据。正如预期的那样，观察到了饱和度值较大的传播：在 $p_{\mathrm{c}}=10\mathrm{kPa}$，$S_{\mathrm{w}}$ 范围从大约 0.4 下降到 0.05。同样的数据，现在缩放，也显示在图 13.5（右）：可以看出，原本分散的数据现在很好地融合成特征毛细管压力曲线周围的一个相对狭窄的频带，在未证实数据解决最小化问题上，通过残差平方和的值确认，可以减少到初始值的 15%。换句话说，一个基于常数法（位置相关）的缩放因子是能够获得岩心以下尺度的 p_{c} 曲线的变化，进一步说明毛细管非均质性的描述可以大大简化。

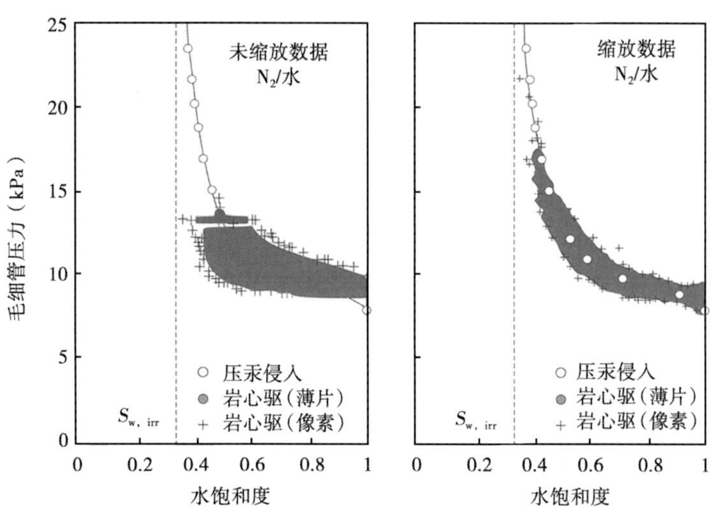

图 13.5　岩心以下尺度毛细管压力曲线的缩放：在 Berea 砂岩岩心实测的未缩放（左）和缩放（右）氮气—水毛细管压力曲线。圆是压汞侵入（未填充黑色符号）和岩心驱油实验（填充黑色符号），代表了平均曲线以及观测到的像素尺度是缩放的。（图修改自参考文献［22］）

一个岩石样品的非均质性可以很容易地用3D图表示，类似于图13.6中显示的，描述了缩放因子的空间分布，以及考虑图13.2、13.4和13.5的Berea砂岩获得的渗透率。两种情况都为，普遍采用的（效率低）的Kozeny-Carman方法的结果（上）和基于毛细管压力技术获得的结果（下）。第一种情况下，测得的渗透率值是从相应的岩心以下尺度孔隙度值预测得到的，这样，毛细管压力曲线就能得到了（方程13.2和方程13.3）。在后者的情况下，孔隙度值和岩心以下尺度的毛细管压力曲线是独立测量的，相应的渗透率值是从方程（13.1）~方程（13.3）得到的。差异是显著的。显而易见，基于毛细管压力技术和图13.2给出的饱和度图直接的相似性确实如预期：在驱替过程中保持注水，同一地层由小比例因子（和渗透率）表征，即在这些特定的位置需要更大的毛细管压力来达到和岩心平均饱和度值相同的饱和度（公式13.1）。直方图（图13.6，中间）中同一分布的图形表明，缩放因子α_j的大部分位于平均值±15%的范围内，它们遵循双模态分布，正如饱和度图中所观察到的。正如预期的那样，当岩心以下尺度的渗透率分布是从Kozeny—Carman模型中预测的，得到了一个完全不同的分布（虚线）。因此，在后者的情况下，高分辨率数值模拟（如在第13.3节中描述的）将无法复制如图13.2所示的饱和度分布。只有一个综合的方法，结合实验观察到的饱和度与空间分布的毛细管压力曲线来精确表示岩心内部岩心以下尺度的渗透率分布[18]。这种方法用独特的和一致的框架评估多相和岩石的属性，并且代表着传统岩心分析的显著改善。

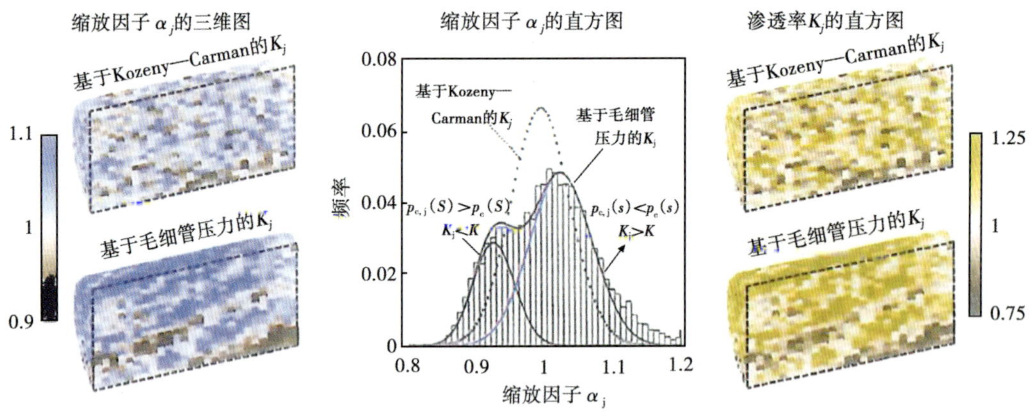

图13.6 多相和岩石性质的联系：缩放因子（毛细管压力）和渗透率在一个独特的框架内评估。缩放因子的分布（中间）描述砂岩样品内毛细管压力曲线的空间变化（左），以及与相应的渗透率的分布相关（右）。像素大小2×2×3mm^3（图修改自参考文献［22］）

在前面的章节的讨论中，多相和岩石属性之间关系的精确表达，对于岩心以下尺度饱和度分布的参数和过程控制的定量化是最重要的。当进行岩心驱替实验时，结果和主要的多相流性质的观察，如相对渗透率曲线，可以直接参考样品的内部结构，从而提供了一种流体驱替的小尺度非均质性影响的新的诊断信息水平。这样的见解对输入和验证多级粗化方法是重要的；在这样的背景下，参照上述结果，可以在岩石样品内部识别两个主要的像素（由棕色和蓝色曲线绘制在图13.6中直方图的顶部），它的统计是在两个平均缩放因子（或渗透率）值附件的正常分布，这两个平均缩放因子分别比岩石相应的平均属性更小和更大。这种类型分析的实际意义是解决了最小尺度非均质性的定义，因此，数学模型将充分捕捉到所观察到的驱替模式。

13.6　介观尺度非均质性的重要性

只有最近的定量实验，理论和模拟工具可观察和预测介观尺度地质非均质性对地下流体运移的影响。介观尺度的非均质性对流动和运移性质的潜在影响有多种方式，例如：增加污染物运移的分散性，影响多相驱替效率，NAPL 去除，二氧化碳储存；影响地下地球化学反应动力学。这里，提供一个例子来说明介观尺度非均质性是如何影响浮力占主导地位流动的多相驱替。

图 13.7 显示了一个二维系统数值模拟网格，用于研究介观尺度非均质性对二氧化碳注入一个充满地层水的含水层的影响。基于对 Berea 砂岩地质统计，使用随机渗透率场赋予 250×250（4mm×4mm）模拟。用 Leverett J 缩放（方程 13.2）给每个网格分配不同毛细管压力。二氧化碳沿着左手边的边界注入。为了进行比较，也在均质系统进行模拟，参数由非均质系统的参数平均而得。模拟使用斯坦福的通用油藏模拟器（GPRS），包括严格的黏滞力、毛细管力和重力的处理[28]。

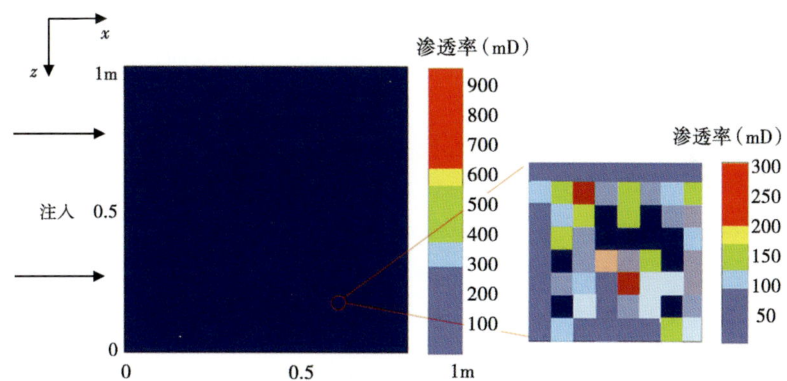

图 13.7　模拟网格，用于研究介观尺度毛细管非均质性对二氧化碳驱替地层水的多相流动的影响。使用 GPRS 的修改版本进行模拟，来研究毛细管力的非均质性[28]（图片来自斯坦福大学的 B. Li）

图 13.8 给出了两种模拟结果比较，表明对于非均质岩石，二氧化碳被压实，只受浮力的轻微的影响（超临界二氧化碳的密度约为地层水密度的 2/3），二氧化碳在均质岩石中的运移以受重力为主，二氧化碳快速上升到系统顶部，并横向运移出模拟网格。很明显，介观尺度非均质性起到了稳定二氧化碳前缘并抵消这个尺度下的重力影响的重要作用。这只提供了一个介观尺度非均质性对地下流动和运移影响的例子。在未来几年中，作为可用的工具来研究改善的这些过程，可以预料其他有趣的和重要的例子。

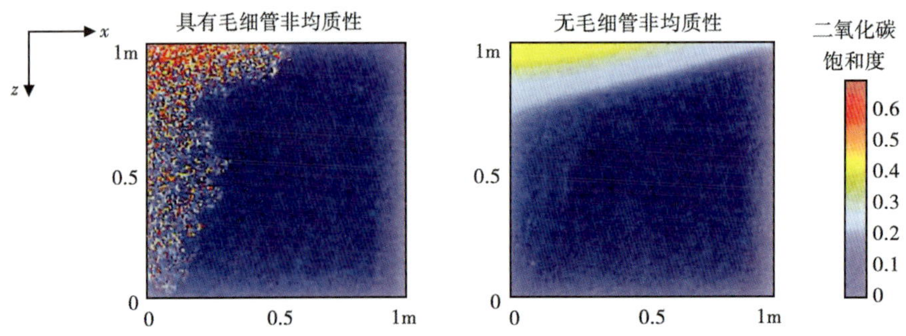

图 13.8 二氧化碳在有以及没有介观尺度毛细管非均质中运移的对比
（图片来自斯坦福大学的 B. Li）

13.7 结论

应用岩心分析为油藏表征提供数据是一个不断发展的研究领域，面临着新的挑战和新技术的开发。主要挑战之一是考虑储层岩石的非均质性，不仅对于油藏中出现的岩石类型的全方位测量是重要的，而且对于量化程度和岩石样品本身的非均质性也是重要的。小尺度（毫米到厘米）特征对更大尺度的流动行为的综合影响可能是巨大的。无论是浅含水层的修复或提高采收率技术的改进，在目前的大尺度模型中将精细尺度的物理新知识结合起来的需求不断增加。事实上，在不同尺度上的水文地质属性的准确描述对于给定地下的参数和饱和度分布过程控制的量化结论是至关重要的。

由于岩心驱替系统可以以这样的细节进行研究，它们对于理解不同条件和流态下流体性质和地质参数如何控制多相流的流动是非常有用的。在这种情况下，多维扫描技术，如 X 射线 CT，越来越多地被用于获取岩石的非均质性和饱和度分布的详细信息。这样观察和表征细节的水平有可能显著提高岩心分析对储层表征和其性能预测的贡献。鉴于获得油藏岩石岩心样品的机会在单井生命周期内只出现一次，并且所谓的特殊岩心分析（即涉及毛细管压力和相对渗透率曲线的确定）是昂贵和费时的，要获得岩心驱替实验之外的最详尽和最有价值的信息确实是油藏工程师最感兴趣的。

在本章中考虑了实验和建模研究，讨论了岩心以下尺度非均质性对多相流的影响。已经提出了实验方法，在常规岩心驱替过程中允许同时和非破坏性测量岩心和岩心以下尺度的非均质性，包括孔隙度、渗透率和毛细管压力曲线等。当在一个独特的框架内，包括毛细管压力曲线的空间变化，所反映的是流体饱和度分布的相应的变化，对这些属性进行评估时，可以实现高分辨率数值模拟的量化一致性。此外，非均质性的影响，可以通过饱和度分布的统计分析和岩心样品内可识别的典型像素点的数量来进行量化。除了粗化过程的开发，后者定义了不同岩石类型的比较。

在本章中，限制了对孔隙介质中两个不混溶相流动的讨论，从而忽略了有助于自然环境的固有的复杂性的过程。上述提到的工具和技术可以扩展到可能受这些系统非均质性影响的其他界面过程的研究，包括其他化学反应和吸附现象。在这个方向的努力，实际上是为了更好地理解复杂的水文地质流动，从而提高成功预测地下流体分布的能力。

参考文献

[1] A. Lohne, G. Virnovsky, and L. Durlofsky, Two-stage upscaling of two-phase flow: from core to simulation scale, *SPE J.* 11 (3), 304-316 (2006).

[2] W. Murphy, J. Roberts, D. Yale, and K. Winkler, Centimeter scale heterogeneities and microstratifaction in sedimentary rocks, *Geophys. Res. Lett.* 11 (8), 697-700 (1984).

[3] K. A. Klise, V. C. Tidwell and S. A. Mckenna, Comparison of laboratory-scale solute transport visualization experiments with numerical simulation using cross-bedded sandstone, *Adv. Water Res.* 31 (12), 1731-1741 (2008).

[4] M. J. Ronaye, S. M. Gorelick, and C. Zheng, Geological modeling of submeter scale heterogeneity and its influence on tracer transport in a fluvial aquifer, *Water Resour. Res.* 46 (10), W10519 (2010).

[5] P. Corbett, P. Ringrose, J. Jensen, and K. Sorbie, Laminated clastic reservoirs: the interplay of capillary pressure and sedimentary architecture. In *SPE Annual Technical Conference and Exhibition*, Washington, D. C, USA, 4-7 October (1992).

[6] P. Ringrose, K. Sorbie, P. Corbett, and J. Jenson, Immiscible flow behavior in laminated and cross-bedded sandstones, *J. Pet. Sci. Eng.* 9 (2), 103-124 (1993).

[7] P. P. Van Lingen, J. Bruining, and C. P. J. W. van Kruijsdijk, Capillary entrapment caused by small-scale wettability heterogeneities, *SPE Reservoir Eng.* 11 (2), 93-100 (1996).

[8] T. H. Illangasekare, J. L. Ramsey, K. H. Jensen, and M. B. Butts, Experimental study of movement and distribution of dense organic contaminants in heterogeneous aquifers, *J. Contam. Hydrol.* 20, 1-25 (1995).

[9] S. Krevor, R. Pini, B. Li, and S. Benson, Capillary heterogeneity trapping of CO_2 in a sandstone rock at reservoir conditions, *Geophys. Res. Lett.* 38, L15401 (2011).

[10] N. Wardlaw and J. Cassan, Oil recovery efficiency and the rock-pore properties of some sandstone reservoirs, *B. of Can. Petrol. Geol.* 27 (2), 117-138 (1979).

[11] B. H. Kueper, W. Abbott, and G. Farquhar, Experimental observations of multiphase flow in heterogeneous porous media, *J. Contam. Hydrol.* 5 (1), 83-95 (1989).

[12] M. Chaouche, N. Rakotomalala, D. Salin, B. Xu, and Y. Yortsos, Capillary effects in drainage in heterogeneous porous media: continuum modelling, experiments and pore network simulations, *Chen. Eng. Sci.* 49 (15), 2447-2466 (1994).

[13] J. -C. Perrin and S. Benson, An experimental study on the influence of subcore scale heterogeneities on CO_2 distribution in reservoir rocks, *Transport Porous Med.* 82 (1), 93-109 (2010).

[14] J. -Q. Shi, Z. Xue, and S. Durucan, Supercritical CO_2 core flooding and imbibition in Tako sandstone-influence of sub-core scale heterogeneity, *Int. J. Greenhouse Gas Control.* 5 (1), 75-87 (2011).

[15] B. Ataie-Ashtiani, S. M. Hassanizadeh, and M. A. Celia, Effects of heterogeneities on capillary pressure-saturation-relative permeability relationships, J. *Contam. Hydrol.* 56 (3-4), 175-192 (2002).

[16] E. Scaadatpoor, S. Bryant, and K. Sepehrnoori, New Trapping mechanism in carbon sequestration, *Transport porous Med.* 82 (1), 3-17 (2010).

[17] C. -W. Kuo, J. -C. Perrin, and S. M. Benson. Effect of gravity, flow rate, and small scale heterogeneity on multiphase flow CO_2 and brine (spe 132607). In *SPE Western Regional Meeting*, Anaheim, California, USA, 27-29 May (2010).

[18] M. Krause, J. -C. Perrin, and S. Benson, Modeling permeability distributions in a sandstone core for history matching coreflood experiments, *SPE J.* 16 (4), 768-777 (2011).

[19] M. Honarpour, A. Cullick, N. Saad, and N. Humphreys, Effects of rock heterogeneity on relative permeability: implications for scale-up, *J. Petrol. Technol.* 47 (11), 980-986 (1995).

[20] A. Graue, Imaging the effects of capillary heterogeneities on local saturation development in long corefloods, *SPE Drilling & Completion.* 9 (1), 57-64 (1994).

[21] S. Akin and A. R. Kovscek. Computer tomography in petroleum engineering research. In eds. F. Mees, R. Swennen, M. Van Geet, and P. Jacobs, *Applications of X-ray Computed Tomography in the Geosciences*, vol. 215, pp. 23-38. Geological Society, London (2003).

[22] R. Pini and S. M. Benson, Characterization and scaling of mesoscale heterogeneities in sandstones, *Geophys. Res. Lett.* 40 (15), 3903-3908 (2013).

[23] J. -Y. Arns, C. H. Arns, A. P. Sheppard, R. M. Sok, M. A. Knachstedt, and W. V. Pinczewski, Relative permeability from tomographic images; effect of correlated heterogeneity, *J. Pet. Sci. Eng.* 39 (3-4), 247-259 (2003).

[24] R. H. Brooks and A. T. Corey, Hydraulic properties of porous media, *Hydrology paper No.* 3, *Colorado State University*. pp. 1-27 (1964).

[25] M. Krause. Modeling and investigation of the influence of capillary heterogeneity on relative permeability. In *SPE Annual Technical Conference and Exhibition*, San Antonio, Texas, USA, 8-10 October (2012).

[26] M. Krause, S. Krevor, and S. M. Benson, A procedure for the accurate determination of sub-core scale permeability distributions with error quantification, *Transport Porous Med.* 98 (3), 565-588 (2013).

[27] S. Ganapathy, D. G. Wreath, M. Y. Lim, B. A. Rouse, G. A. Pope, and K. Sepehrnoori, Simulation of heterogeneous sandstone experiments characterized using ct scanning, *SPE Formation Evaluation.* 8 (4), 273-279 (1993).

[28] B. Li. S. M. Benson, and H. A. Tchelepi. Modeling fine-scale capillary heterogeneity in multiphase flow of CO_2 and brine in sedimentary rocks. In *XIX International Conference on Water Resources*, University of Illinois at Urbana-Champaign, Illinois, USA, 12-22 June (2012).

[29] S. Kocberber and R. Collins. Impact of reservoir heterogeneity on initial distributions of hydrocarbons. In *SPE Annual Technical Conference and Exhibition*, New Orleans, Louisiana, 23-26 September (1990).

[30] R. Pini and S. M. Benson. Characterizing mesoscale heterogeneities in reservoir rocks. In *International Symposium of the Society on Core Analysts*, Napa Valley, California, USA, 16-19 September (2013).

[31] R . Pini S. C. M. Krevor, and S. M. Benson. Capillary pressure and heterogeneity for the CO_2/water system in sandstone rocks at reservoir conditions, *Adv. Water Res.* 38, 48-59 (2012).

[32] A. Warrick, G. Mullen, and D. Neilsen, Scaling fieldmeasured soil hydraulic properties, using a similar media concept, *Water Resour. Res.* 13 (2), 355-362 (1977).

[33] J. W. Hopmans, A comparion of various methods to scale soil hydraulic properties, *J. Hydrol.* 93 (3), 241-256 (1987).

[34] M. C. Leverett, Capillary behavior in porous solids, *T. Soc. Petrol. En. AIME.* 142, 152-169 (1941).

[35] J. Chang and Y. Yortsos, Effect of capillary heterogeneity on buckley-leverett displacement, *SPE Reservoir Engineering.* 7 (2), 285-293 (1992).

[36] Y. Huang, P. Ringrose, and K. Sorbie, The effects of heterogeneity and wettability on oil recovery from laminated sedimentary structures, *SPE Journal* 1 (4), 451-462 (1996).

第 14 章　多孔介质中多相流体的分布和毛细管压力的粗粒蒙特卡罗模拟

Benjamin D. Zeidman, Ning Lu, David Wu

Department of Chemistry and Geochemistry

Department of Civil and Environmental Engineering

Department of Chemical and Biological Engineering

Colorado School of Mines, Golden, CO, USA

dwu @ mines. edu

流体和气体的孔隙尺度分布以及相关的毛细现象控制着任何多孔介质中内部的关键宏观尺度的结构性质，包括土壤和岩石中水或者油系统。然而，由于孔隙空间的几何复杂性，以及相之间的界面，流体和力的分布是难以获得的。粗粒度蒙特卡罗模拟是一个有吸引力的方法，有效地确定各种流体成分，如空气、水、油，或水合物在多孔介质中的空间分布。该方法非常适合处理具有复杂几何形状的孔隙空间，并可以利用先进的成像技术，如 X 射线 CT 获得高分辨率的孔隙空间图。粗粒化使得计算效率可以应用在孔隙的内在尺度，从纳米到宏观尺度。蒙特卡罗模拟放弃水力运移的昂贵、显式模拟，允许局部平衡相位分布的快速测定。

粗粒蒙特卡洛之前已被应用于模拟多孔介质中的吸附，对实验系统（Ottawa 砂岩）进行并行测量和基于实验测定的孔隙模拟确定了相同系统的孔隙空间，在关键的结构性质上展示了良好的一致性，如毛细管压力、土壤保水性、比表面积，以及润湿（干燥）滞后作用。为此，介绍了一种三维孔隙空间的二维切片的方法。研究结果支持这一假设，粗粒度的蒙特卡罗产生的相对稳定的配置与实验滞后一致，证明消除了在以前的方法使用的退火模拟。

14.1　引言

了解流体在多孔介质中的位置，是明白孔隙尺度非均质如何影响宏观性质的基础。这不仅适用于水文地质环境，而且适用于整个范围内的多孔介质系统，如纳米材料[1,2]和生物系统[3,4]。许多感兴趣的性质与孔隙空间内的液体和气体的复杂的相互作用相关，由此产生其中相的平衡分布[5,6]。

鉴于问题普遍存在，有几种方法已被用于计算多孔介质中的相分布[7,8]，这里只提供一个简短的概述。毛细管形状的情形存在精确的解析解，但只适用最简单的系统（例如，二维的磁盘）[9-16]。随着孔隙空间几何复杂度的增加，数值方法是必须的，包括连续的流体动力学模拟，格子波尔兹曼方法，分子尺度的蒙特卡罗模拟，以及这里讨论的粗粒度的蒙特卡罗模拟方法。

多孔介质中毛细管连续流体动力学建模，涉及受自由界面和固定表面，以及在系统中的毛细管力限制的几何边界的 Navier-Stokes 方程的求解[17,18]。系统描述了一个二阶偏微分边界值问题，但界面的突变事件，如破裂或聚结，需要单独处理[19]。随着系统的尺寸和几何复杂性的增加，与方程有关的数值求解的难度也增加了。

由于界面分子之间存在相互作用，可以直接使用分子模拟捕捉多孔介质中的相分布和界面的几何形状。分子动力学（MD）模拟是最基础的，尺度也更大，产生流体流动与连续流体力学一致。然而，因为高空间分辨率和捕捉现实动态的成本，对于大的复杂空间的分子运动的直接描述是不切实际的。克服精确模拟分子轨迹成本的一个标准策略是使用蒙特卡罗方法模拟分子，可以更直接、更有效地找到分子的局部平衡配置。通过巨正则蒙特卡罗，可以模拟储层的平衡吸附—解吸。这是在孔隙材料（如沸石）分子模拟中生成吸附等温的标准方法[20]。作为一个额外的步骤，假想的但物理驱动的动力学可以通过引入运动蒙特卡罗[21]模拟流体系统的时间演化。然而，原子论蒙特卡罗模拟通常限于计算相对简单的几何图形（例如，文献[17]、[22]），尽管在计算能力和算法上的优势会持续推进可行性的极限[23]。

连续模型和分子模型之间的中间模型是粗粒模型，为了计算效率舍弃了原子论的现实性，同时保留了相关的孔隙尺度的物理性。这种方法越来越具有竞争力，因为它们目前利用高分辨率孔隙图来改进图像，如 X 射线微断层扫描。

格子玻尔兹曼方法（参考文献［24］，也见第 9 章），是这样一个粗粒度的模型，其保留流体动力学流体运输特性，但通过离散玻尔兹曼方程表示格子中的粒子碰撞。它具有连续流体力学模型的优点，但不需要界面的特殊处理，而在颗粒之间自然出现相互作用。此方法已被用于计算与多孔介质相关的属性[25]，如水力传导系数。这种方法可用于复杂的几何形状的孔隙系统，但相对粗粒度的蒙特卡罗模拟，其捕获流体运输的计算成本更大。

像格子玻尔兹曼方法，粗粒度蒙特卡罗模拟将单个分子划分为有效组，置于晶格内[26-29]。然而，这些晶格孔隙组只包含该位置处最普遍的相的信息，不会保留动量信息，因为要加速局部相平衡的确定，动力学行为（来源于动量平衡）由更有效的随机动力学取代。这些晶格孔隙通过相邻的自由能相互作用，从而能够自然捕捉界面行为。正如分子蒙特卡罗模拟是一种有效的替代分子动力学的分子模拟，粗粒度蒙特卡罗是一种有效的粗粒度局部相平衡分布的玻尔兹曼方法的替代。

应当指出的是，粗粒度蒙特卡罗在多孔介质中流体的应用涉及局部假设，随机动力学产生的亚稳定平衡代表着实验系统。在许多实际情况下，孔隙的毛细管数 $Ca=\mu v/\gamma$（其中 μ 是黏度，v 是孔隙速度，γ 是液—液界面张力）是比较小的。例如，油被困在水湿岩石孔隙中通常是 Ca 在 $10^{-6}\sim10^{-4}$[30]。这相当于界面毛细管力对黏性应力的优势（通常的惯性力以及低雷诺数在这些小的长度尺度）。也有一些支持和分析分子尺度上的这种假设，分子蒙特卡罗模拟证实了这种亚稳态的分子动力学模拟[31-33]。下文通过实验与天然多孔介质直接验证了这一假说，这是以前所没有的。在下面的章节中，首先描述粗粒度蒙特卡罗模拟算法，然后审查和讨论其应用。

14.2　粗粒度蒙特卡罗模拟算法

模拟系统由一个固定的固体多孔介质组成，内部有几个相。系统由一个网格表示，其分辨率 Δ 表示选择适当代表孔隙尺度特征的格点间距。每个格点（或单元）被分配一个对应于该点上的多相的同一标识。具体来说，在下面的讨论中，考虑的是部分饱和水的情况，其中有三相：固体（土壤）、水和空气（蒸气）。每一个格点再分配给这三相中的一相，与固体单元一起，代表孔隙空间的几何形状，整个模拟过程固定，随着模拟的进行，其余单元相应的空间可以被水或者空气占据。遵循格子气模型的规定，用三个占据数表示网格单元 i 中的相，n_i^α，其中 α 可以取 s（土壤）、w（水）、或 A（空气）的值。如果网格单元的相是 α，则占据数 n_i^α 取值 1，其他取值 0。每个网格单元的所有占据数和每相完全定义了系统的配置。

系统的随机演化受其总自由能的支配。

$$E = \sum_{i,\ j} \sum_{\alpha,\ \beta} J_{\alpha\beta} n_i^\alpha n_i^\beta + \mu \sum_i n_i^w \tag{14.1}$$

其中右边第一项表示相邻网格单元之间相接触的相 α 和 β 的相互作用的自由能 $J_{\alpha\beta}$ 的和，右边第二项是被水占据的每个单元的化学势的贡献 μ 的总和（取气相的化学势为 0，忽略固相化学势的贡献，因为是常数）。注意，第一项求和是所有最近网格单元 i 和 j，而第二相求和是所有的 α 和 β 相，第三项是所有网格单元 i 的求和。$J_{\alpha\beta}$ 的值可以根据基于界面自由能的实验值来分配[34]。

$$\gamma\Delta = 2J - T\ln\left[\coth\left(\frac{J}{T}\right)\right] \tag{14.2}$$

其中 T 是模拟温度。这使得模拟参数以一种反应现实世界材料的相互作用的关于界面张力和（或）接触角（由界面张力的比控制）的内在属性方式进行设置。

然后，在一个或多个单元中提出一个相位变化，再根据一个随机数的特定标准，决定是否接受所提议的更改或拒绝该系统。粗粒度蒙特卡罗方法在选择更改哪些建议中有所不同。提出改变系统中每个阶段总量变化的算法称为“规范”，而按化学势调节每个阶段总数量的算法称为“巨正则”。注意，规范算法中，总的自由能的化学势通常被忽略，由于总水含量是固定的，因此它是恒定的。

在接受配置更新时，粗粒度蒙特卡罗方法在选择标准时也有所不同。在这里，标准的 Metropolis 算法作为几个方法的一个共同的基础[35, 36]：如果 $\exp(-\Delta E/K_\mathrm{B}T)$ 大于从 0 到 1 之间选择的随机数，则接受提出的改变，其中 ΔE 是对于提出的配置的变化所对应的系统总能量的变化，k_B 是玻尔兹曼常数。该算法的设计是为了使系统达到热力学平衡，在这种情况下，给定结构的概率与玻尔兹曼因子 $\exp(-\Delta E/k_\mathrm{B}T)$ 成比例。

图 14.1 显示了 4 个简单的圆形微粒周期性系统不同含水量时的粗粒度蒙特卡罗模拟的结果。这里所采用的正则算法提出了一种新的配置，即液相单元和气相单元随机选择并交换，然后按照 Metropolis 的标准接受或拒绝。$J_{\alpha\beta}$ 的值，对于液—液为 -1，液—固为 -2，

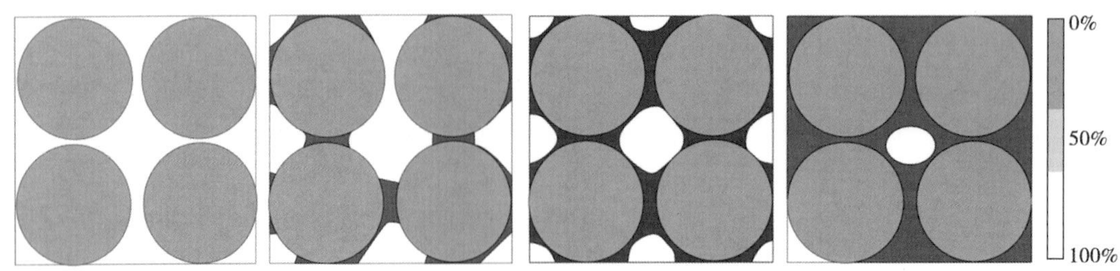

图 14.1　四个粒子在周期 250×250 单元网格，液态水饱和度从左到右 10%、25%、50%和 90%的标准模拟结果。最低饱和度开始于润湿层的形成，随着饱和度的增加，形成了毛细管桥。在高饱和度时，晶粒变得充分湿润，并剩余气泡。右边的色标显示液相的平均密度

液—气为 1，能量单位为 $k_B T$。所有其他值都设置为零。这些值对应于完美的润湿性，有利于水在固相上的吸附。模拟运行大约 8000 个蒙特卡罗时间步长，其中时间步长被定义为 N^2，尝试配置更改（或移动），N 是系统中单元格的总数。能量波动小于 1%的平衡点通常发生在大约 1500 个时间步长，剩余的模拟时间用于采样。

14.3　应用与实验测试

早期用来解决几何形状相对简单的多孔材料的相平衡的粗粒度蒙特卡罗模拟是发展的蒙特卡罗退火算法[26]。这种方法试图通过使用三种方法使全局能量最低。获得的能量最低的第一种和第二种方法，涉及完全润湿或者完全干燥系统的开始，并试图改变单个晶格点到一个不同的相（如液体到气体，或气体到液体），直到整体的能量达到最低。第三种方法使用 Metropolis 算法启动系统与一个给定的液位饱和度和液气相交换单元。该系统的演变采用模拟退火，其中的温度慢慢降低接近全局最低。

该方法适用于文献［27］在多孔地质材料中的应用，并用它来计算导热系数。该方法被用来模拟一个复杂的地质材料中的流体位置。下面的例子如图 14.2 所示。

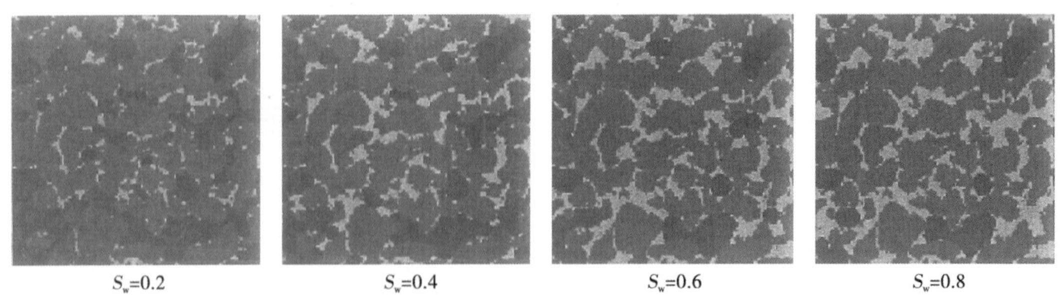

图 14.2　Berea 砂岩薄片的流体分布。深灰色表示岩石，浅灰色是水，黑色是空气。S_w 的值是对应的饱和度[27]

虽然砂岩的几何形状取自薄片，但是没有包括流体的位置实验图像以验证模拟。使用蒙特卡罗退火算法建立多相平衡后，用傅立叶定律来计算热导率，表现出与在不同的水分

含量的实验相似的定性行为。有趣的是，他们注意到 40%水相饱和度水平的渗流行为，这很好地解释了由水本身的热传导途径，除了岩石阶段，以增加整体热导率。

由于亚稳态重要性，Lu 等人[29]在固定模拟温度下直接使用 Metropolis 算法，无须模拟退火。由于模拟是粗粒度的性质，如果使用实验温度，界面能明显大于 $K_B T$，因此，配置由局部能量的极小值支配。为了解决这个问题，模拟温度 T 被分配到一个更高的虚拟值，允许所有可能配置的采样，同时保持模拟效率。这需要假设代表宏观岩心样品中所包含的稳定的分布和相对稳定的能量的极小值。随着模拟的进行，该系统通过一系列的相对稳定极小的发展，趋向平衡。

这个改进的方法应用于 Ottawa 砂岩系统的二维部分，其孔隙空间由 X 射线 CT 技术确定[29]。结果直接与相同系统的实验结果比较。对于不同含水饱和度，相分布的结果由实验（上）和模拟（下）相互对比，如图 14. 3 所示。

Silverstein 和 Fort 应用蒙特卡罗退火方法得到了模型粒子的随机分布[28,37,38]。这项工作主要是来计算表面面积和水力传导率。为了模拟液相的连续运移，采用了一种典型的算法，该算法只在液体和气体细胞之间进行短距离的交换。对于界面表面积计算，系统一开始就完全饱和，去除了液体细胞，这将提供最低的界面自由能。在二维和三维中都进行了水力传导率函数和表面积计算。将界面面积的模拟结果与实验数据进行比较，当饱和度水平低于 50%~60%时存在差异。这是因为实验系统在低饱和度时没有达到整体能量最小值，这是由蒙特卡罗退火方法产生的。Berkowitz and Hansen 应用蒙特卡罗退火方法，使用砂岩的 X 射线微型计算机断层扫描获得的孔隙空间几何数据[39]，但没有提供实验数据进行比较。

准备的小圆柱样品每个包含不同的液体饱和度，然后在阿贡国家实验室的先进光子源 13-BMD 上成像。对二维横截面图像进行分析，以便从含有 15%、25%、70%和 90%的液体饱和度的样品中提取晶粒和孔隙空间数据。这些图像表示在 14. 3（a）~（d）。晶粒和孔隙空间数据离散成晶格，在相似饱和度条件下进行了蒙特卡罗模拟。图 14. 3（e）~（h）给出了这些结果。实验［图 14. 3（a）~（d）］和模拟［图 14. 3（e）~（h）］之间的比较显示，孔隙空间中的吸附水的分布比较类似。在低饱和度的条件下，液体被压缩在系统中的许多较小的孔隙内。在高饱和度的条件下，水被吸附在相同的位置，但是更显著的是气相性质的相似性，尤其是在 90%饱和度水平下。

Lu 等人还提出了一种计算毛细管压力 Δp 的方法，作为水分含量的函数，即土壤力学中的一个重要的量土壤—水分特征曲线（SWRC）。毛细管压力是通过测量的曲率半径 r，在模拟中建立的个别界面，并对液体—蒸汽界面的压差使用 Yong—拉普拉斯方程，$\Delta p = \frac{2\gamma}{r}$ 计算而得到的。作为二维模拟的结果，其假设两个曲率半径等于在二维结构中观察到的值。结果如图 14. 3（i）所示。模拟的 SWRC 与实验的 SWRC（由传统的 Tempe 单元方法[6]准备）一致，误差小于 8%。同样地，当从一个二维切片界面的界面长度进行推断时，可以修正三维界面的比表面积。对于各向同性的界面的三维方向分布，在校正因子（4/π）下的结果，是一个立体学的经典结果。虽然这不严格适用于这里的二维模拟（由于它们不是真正三维界面的切片），但仍然认为在二维中观察到的曲率是有代表性的，并将是各向同性分布的，对图 14. 3（j）中模拟结果应用（4/π）的校正因子。

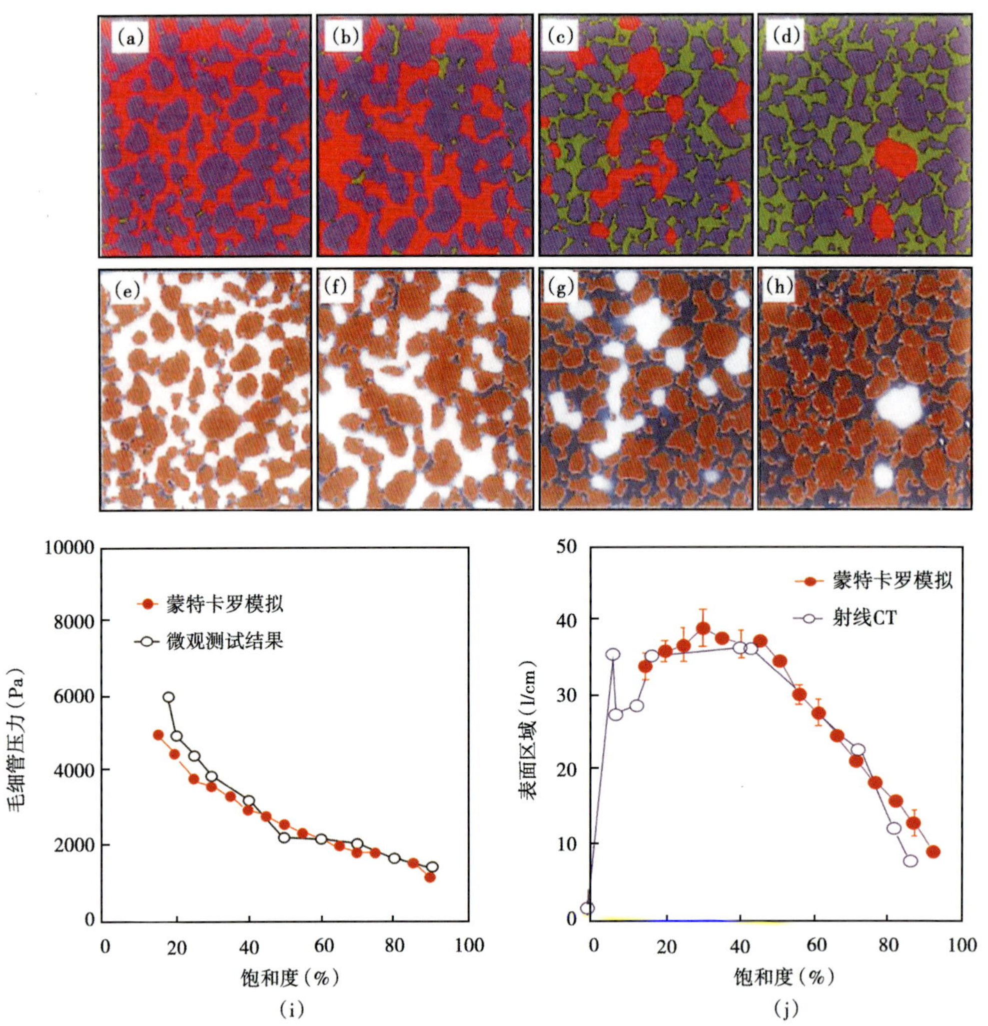

图 14.3 Ottawa 砂岩中毛细管现象的三相研究结果。(a) ~ (d) 显示部分润湿的 Ottawa 岩心微观 XCT 图像，紫色代表固体，红色表示气体，绿色表示液体。图片大小为 3.521mm×3.521mm。从左到右，液体饱和度为 15%、25%、70%、90%。(e) ~ (h) 显示蒙特卡罗模拟 (MCS) 输出的相等的孔隙空间，有相同的液体饱和度，固体为褐色，气体为白色，液体为蓝色。模拟的分辨率是特点 250×250，与交错单元间距为 10.06μm。(i) 显示的是模拟和宏观实验之间的土壤—水分特征曲线的对比。(j) 显示的是模拟和实验之间的毛细管比表面积的对比（从二维到三维的新的校正）[29]。这个校正因子不适用于文献[29]，但可以看出，实验结果和模拟结果接近一致。因此，模拟方法可以准确地捕捉复杂多孔材料的定量性质

14.4 润湿（干燥）滞后的巨正则蒙特卡罗模拟

由于多孔材料暴露于润湿或干燥条件下，液体流入或流出材料。因此，属性遵循滞后，即路径依赖、轨迹取决于条件是润湿或干燥。在模拟中，可看到滞后的主要原因是由于孔

隙中局部平衡界面配置在亚稳态。这一系列的亚稳结构在复杂孔隙空间中是很难描述或预测的。为了避免滞后现象的影响，在简单的孔隙几何形状中已经进行了许多吸附滞后现象的研究，而不是一般实验确定的孔隙空间。Woo 等人在一个随机的孔隙空间，带有的统计特征与 Vycor 玻璃相似，进行了粗粒度的蒙特卡罗模拟。这主要是将吸附滞后当作平均场处理，得出的结论是滞后行为主要由亚稳配置控制。下面，介绍在实验室测定的孔隙基础上进行粗粒度的巨正则蒙特卡罗模拟。

在巨正则粗粒度的蒙特卡罗中，提出改变系统配置的算法包括简单的挑选随机的孔隙单元、水相到气相的改变或者反之亦然。其余的算法保持不变。较高的化学势驱动系统失去水分，而较低的化学势驱动系统获得水分。结果就是模拟功能与实验吸附—解析实验相似，在材料上使用压力梯度驱动吸附—解吸。这里的化学势的功能类似于实验中的压力梯度，可以通过状态方程相关联。对于润湿条件下的模拟，孔隙空间中单元最初被分配为空气，即液体饱和度为 0。对于干燥条件，孔隙单元最初都设置为液体，对应于 100%的饱和度。

图 14.4 显示了在随机分布的圆盘上进行的的润湿（干燥）滞后模拟。这些圆盘分布对应于一个取自 400~600μm 玻璃微珠样品的二维切片的 X 射线显微 CT 图像。最初，使用的模拟温度对应的 $K_B T=1$。模拟输出的化学势的范围为 2.1~2.45（也用 $K_B T=1$ 的单位），如图 14.4 所示。14.4（a）~（b）显示干燥条件下的相分布，而 14.4（c）~（d）显示相应的润湿条件。这些图中水分含量的滞后程度一般与实验中所看到的一致。

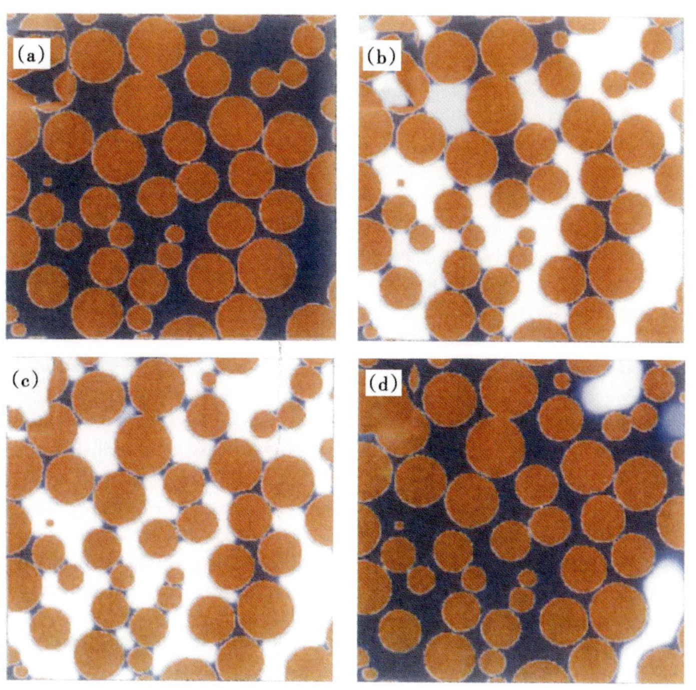

图 14.4　模拟输出显示在化学势值为 2.1~2.45（从左到右）时水的分布。在图（a）到（b）显示的是干燥情形，图（c）到（d）显示的是润湿情形。注意，尽管有相同的化学势值，润湿情况和干燥情况之间的毛细管分布有很大的不同

14.5 结论

粗粒度蒙特卡罗模拟是研究多孔材料相分布的有效工具。通过粗粒化系统格和消除涉及计算流体流动的计算开销，模拟方法可以以一个高效的方式来计算这些材料的组分性质。在以往文献中的方法是多种多样的，在吸附现象的情况下，往往侧重于分子模拟和简化模型单孔系统。粗粒度蒙特卡罗模拟可以直接与实验系统进行衔接，利用孔隙几何形状的实验成像技术（如 X 射线 CT）和实验测定表面张力的界面耦合参数。

通过在相同的孔隙空间进行模拟和实验，介绍了粗粒度蒙特卡罗模拟方法的直接验证。模拟结果与实验数据一致，特别是在土壤中的毛细管作用在平衡相位分布、土壤持水性、毛细管比表面积。本文介绍了使用二维切片的三维孔隙模型的本构特性的方法来模拟组分性质，计算成本大大下降；研究还表明，粗粒度蒙特卡罗生成的实验中看到的那些代表的亚稳结构，以前的假设，基于分子模拟的结果，并且在毛细管力的典型条件下，水动力的孔隙占主导地位的准静态理论。这支持本文的方法，在粗粒度的蒙特卡罗中使用固定的模拟温度，而不是在以前的方法中使用的模拟退火。

致　谢

我们非常感谢来自非常规天然气和石油研究所的支持（UNGI）CIMMM（耦合集成的多尺度测量和建模）集团。

参 考 文 献

[1] A. Striolo, Water self-diffusion through narrow oxygenated carbon nanotubes, *Nanotechnology*. 18 (47), 475704 (nov, 2007).

[2] G. M. Torrie, G. Lakatos, and G, N. Patey, Structure and adsorption of water in nonuniform cylindrical nanopores, *J. Chem. Phys.* 133 (22), 224704 (dec, 2010).

[3] S. J. Pogorzelski, Z. Berezowski, P. Rockowski, and J. Szurkowski, A novel methodology based on contact angle husteresis approach for surface changes monitoring in model PMMA-Corega Tabs system, *AppL. Surf. Sci.* 258 (8), 3652-3658 (feb, 2012).

[4] M. R. Urist, Bone: formation by autoinduction, *Science*. 150 (3698), 893-899

[5] P. -G. de Gennes, F. Brochard-Wyart, and D. Quere, *Capillarity and Wetting Phenomena: Drops, Bubbles, Pearls, Waves* (*Google eBook*). Springer (2004).

[6] N. Lu and W. J. Likos, *Unsaturated Soil Mechanics*. Wiley (2004).

[7] P. Meakin and A. M. Tartakovsky, Modeling and simulation of pore-scale multiphase fluid flow and reactive transport in fractured and porous media, *Rev. Geophys.* 47 (2009).

[8] L. D. Gelb, Modeling amorphous porous materials and confined fluids. *MRS Bulletin*. 34 (8), 592-601 (2009).

[9] R. Fisher, On the capillary forces in an ideal soil; correction of formulae given by W. B. Haines, *J. Agric. Sci.* 16, 492 (1926).

[10] Z. Grof, D. J. Lawrence, and F. Stepanek, The strength of liquid bridges in random ranular materials, *J. Colloid Interf. Sci.* 319 (1), 182-192 (2008).

[11] T. Gröger, U. Tüzün, and D. M. Heyes, Modelling and measuring of cohesion in wet granular materials, *Powder Technol.* 133 (1), 203-215 (2003).

[12] J. Lechman and N. Lu, Capillary force and water retention between two uneven-sized particles, *J. Eng. Mech.* 134 (5), 374-384 (May, 2008).

[13] G. Mason and W. Clark, Liquid bridges between spheres, *Chem. Eng. Sci.* 20 (10), 859-866 (1965).

[14] F. M. Orr, L. E. Scriven, and A. P. Rivas, Pendular rings between solids: meniscus properties and capillary force, *J. Fluid Mech.* 76 (04), 723 (Mar, 2006).

[15] P. Pierrat and H. S. Caram, Tensile strength of wet granula materials , *Powder Technol.* 91 (2), 83-93 (1997).

[16] V. Richefeu, M. El Youssoufi, and F. Radja, Shear strength properties of wet granular materials, *Physi. Rev. E.* 73 (5), 051304 (May, 2006).

[17] C. Cuvelier and R. M. S. N. Schulkes, Some numerical methods for the computation of capillary free boundaries governed by the Navier Stokes equations, *SIAM Review.* 32 (3), 355-423 (1990).

[18] Y. D. Shikhmurzaev, *Capillary Flows with Forming Interfaces.* Chapman and Hall//CRC, Boca Raton, FL (2008).

[19] A. Q. Raeini, M. J. Blunt, and B. Bijeljic, Modeling two-phase flow in porous media at the pore scale using the volume-of-fluid method, *J. Comput. Phys.* 231 (17), 5653-5668 (2012).

[20] D. Frenkel and B. Smith, *Understanding Molecular Simulation: From Algorithms to Applications*, 2nd edn. Computational Science Series, Academic Press, San Diego (2002).

[21] R. M. Ziff, E. Gulari, and Y. Barshad, Kinetic phase transitions in an irreversible surface-reaction model, *Physi, Rev. Lett* 56 (24), 2533 (1986).

[22] J. C. Liu and P. A. Monson, Molecular modeling of adsorption in activated carbon: Comparison of monte carlo simulations with experiment, *Adsorption* 11 (1), 5-13 (2005).

[23] J. Kim and B. Smit, Efficient monte carlo simulations of gas molecules inside porous materials, *J. Chemi. Theory Comput.* 8 (7), 2336-2343 (2012).

[24] S. Chen and G. D. Doolen, Lattice Boltzman method for fluid flows, *Annual Review of Fluid Mechanics.* 30 (1), 329-364 (jan, 1998).

[25] M. E. Kutay, A. H. Aydilek, E. Masad and T. Harman, Computational and experimental evaluation of hudraulic conductivity anisotropy in hot-mix asphalt, *Int. J. Pavement Eng.* 8 (1), 29-43 (mar, 2007).

[26] R. Knight, A, Chapman, and M. Knoll, Numerical Modeling of microscopic fluid distribution in porous media, *J. Appl. Phys.* 68 (3), 994-1001 (1990).

[27] S. Mohanty, Effect of multiphase fluid saturation on the thermal conductivity of geologic media, *J. Phys. D: Appl. Phys.* 30 (24), L80-L84 (Dec, 1997).

[28] D. L. Silverstein and T. Fort, Incorporating low hydraulic conductivity in a numerical model for predicting air-water interfacial area in wet unsaturated particulate porous media, *Langmuir.* 16 (2), 835-838 (Jan, 2000).

[29] N. Lu, B. D. Zeidman, M. T. Lusk, C. S. Willson, and D. T, Wu, A monte carlo paradigm for capillarity in porous media, *Geophys. Res. Lett.* 37 (23), 1944-8007 (2010).

[30] A. W. Cense and S. Berg. The viscous-capillary paradox in 2-phase flow in porous media. In *International Symposium of the Society of Core Analysis held in Noordwijk*, *The Netherlands*, pp. 27-30 (2009).

[31] L. Sarkisov and P. A. Monson, Hysteresis in monte carlo and molecular dynamics simulations of adsorption in porous materials, *Langmuir.* 16 (25), 9857-9860 (2000).

[32] L. Sarkisov and P. A. Monson, Modeling of adsorption and desorption in pores of simple geometry using molecular dynamics, *Langmuir.* 17 (24), 7600-7604 (2001).

[33] P. Monson, Understanding adsorption/desorption hysteresis for fluids in mesoporous materials using simple molecular and classical density functional theory, *Microporous Mesoporous Mater.* 160, 47-66 (Sep, 2012).

[34] L. Onsager, Crystal Statistics. I. A Two-Dimensional Model with an Order-Disorder Transition, *Physi. Rev.* 65 (3-4), 117-149 (1944).

[35] N. Metropolis, A. W. Rosenbluth, M. N. Rosenbluth, A. H. Teller, and E. Teller, Equation of State Calculations by Fast Computing Machines, *J. Chem. Phys.* 21 (6), 1087 (1953).

[36] D. P. Laundau and K. Binder, *A Guide To Monte Carlo Simulations in Statistical Physics.* Cambridge University Press (2005).

[37] D. L. Silverstein and T. Fort. Prediction of airwater interfacial area in wet unsaturated porous media, *Langmuir.* 16 (2), 829-834 (2000).

[38] D. L. Silverstein and T. Fort, Prediction of water configuration in wet unsaturated porous media, *Langmuir.* 16 (2), 839-844 (2000).

[39] B. Berkowitz and D. Hansen, A numerical study of the distribution of water in partially saturated porous rock, *Transport Porous Med.* 45 (2), 301-317 (2001).

第 15 章 强化地热系统的热力耦合过程

Yu-shu Wu, Yi Xiong, Hossein Kazemi

Department of Petroleum Engineering-Colorado. School of Mines, Golden, CO, USA

ywu @ mines. edu

增强型地热系统（EGS）的地热能源，由于其丰度和清洁的特点，在可持续能源中备受青睐。EGS 概念受到了全世界的关注，在过去的十年中，经历了密集的研究。相比之下，热液能、地热能源是“挂在低处的水果”，比较小，而来自 EGS 的能量却是广泛的，并且已经具有为全世界提供能源的巨大潜力。EGS 在本质上是一个精心设计的地下采矿方法，水热或其他合适的热交换液注入热的地层中，从热的地层中交换热量。具体来说，EGS 依靠注入水或其他工作流体的原则，通过地层裂缝深入渗透到地层中，与热的岩石接触吸收大量的热。最后，加热的工作流体通过生产井产出用于发电或者其他用途。

即使在实验室、建模和现场示范有重大进展，EGS 能源无法与其他常规使用的能源形势相比，如石油和天然气。这主要是技术和经济原因。在 EGS 能源作为一个可行的能源资源之前，有必要进一步研究和开发。

裂缝性 EGS 油藏的地热在油藏岩石孔隙内受复杂的相互作用，包括高温热交换、多相流、岩石变形和化学反应。在任何成功的现场操作实施前，必须彻底了解这些热—水文—力学—化学（THMC）的相互作用。本文介绍了一种运输模式，强调 THMC 的过程。然后，使用该模型来模拟一个强化的地热储层。

15.1 引言

地热能源跨越了范围广泛的热源，从浅低温地层到地表以下几英里的深部热水饱和岩石，再到更深的极高温度的岩浆。因此，地热能源不仅包括容易获得的水热资源，它还包括地球上出现在任何地方的深处的热能。一个特定的地热资源的等级取决于其地温梯度、储层岩石渗透率、孔隙度、流体饱和度和补给能力[1]。天然的流体饱和渗透孔隙储层包含大量热量的巧合在地球上是不常见的；因此，高品位地热资源是有限的[2]。对天然高品位的热液储层的替代是人为干预在热岩石中创建设计储层，称为工程地热系统（EGS）。Tester 等人[1]声称可获得的美国 EGS 能源基础超过目前美国每年消耗的主要能源的 130000 倍，这引起了政府、学术界和世界工业界的重视。尽管 EGS 技术在进步，但在未来的研究和开发投资有很大的需求，使地热能成为能源的主要来源。

通过钻两口井钻到如图 15.1 所示的热干基底岩石，可以创建一个 EGS 储层。下一步是对基底岩石压裂（通过水力压裂技术），为注入流体在注入井和生产井之间流动来创建流动路径。注入的流体，在其流动到生产井的过程中，吸收就地热量，并且经生产井流出储层。在地面上，热的流体直接到发电厂发电。离开发电厂后，流体通过注入井回注到储层中，形成闭合循环回路。

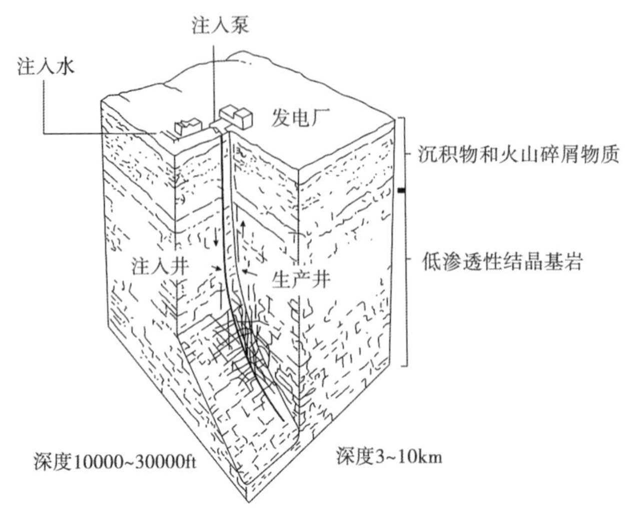

图 15.1　两口井的 EGS 储层的原理图

地应力对 EGS 储层的流动性能起主要作用[3]。例如，参考文献［4］中关联了孔隙度、渗透率和毛细管压力大小对储层原位应力条件的变化。此外，地应力也会影响环境，如地面沉降、地震事件。具体来说，EGS 环境易受强热—多孔—弹性变形和属性改变的影响。

EGS 储层中化学反应的影响已经在几个商业 EGS 现场观察到了。基于 Kamchatka（俄罗斯）和日本的数十个地热现场的数据，参考文献［5］模拟了反应的化学过程。此外，参考文献［6］介绍了菲律宾的 Tiwi 现场的注水井结垢和酸化反应的运输模型。参考文献［7］用探索模型为 El Salvador 的 Ahuachapan 和 Berlin 的地热现场研究了方解石和石英的结垢问题。Jung 等人[8]用反应的运输模型研究了与 EGS 开发相关的 CO_2 地热系统的流体—岩石的相互作用。这些文献表明，当开发地热能源系统时，研究流体和岩石矿物、矿物溶解、沉淀之间化学反应的重要性。

本文提出了数学公式、数值解，以及一个 EGS 储层的实例。公式耦合了热、水文、力学、化学（THMC）过程。首先介绍了数学模型和讨论了控制质量、能量、应力，以及溶质反应运输方程。然后，简要地讨论了模型中使用的数值离散化。最后，提出了一个 THMC 过程模拟地热注入井的例子。模拟结果表明，存在短期和中期的强烈的热—力学岩石变形的影响和较长时间的化学效应的影响。还观察到通过热—力学效应增加的渗透率，由于注入水中矿物的化学沉淀而减小了。最后，得出结论，注入水的温度对于提高储层渗透率和提高注入井性能来说，是一个主要的控制参数。

15.2　数学模型

15.2.1　流体和热流动方程

EGS 储层中热—水文（TH）过程受质量和能量平衡控制，本文将通过一系列的多相、多组分流动方程耦合地质力学和反应的地球化学方程来描述。具体来说，描述质量和热平衡的微分方程是方程（15.1）。对这个方程在子域 N、体积 V_n 和边界 Γ_n 进行积分，应用高斯散度定理，得到了方程（15.2），见参考文献［9］：

$$\frac{\partial M^k}{\partial t} = -\nabla \cdot F^k + q^k \tag{15.1}$$

$$\frac{d}{dt}\int_{V_n} M^k dV_n = -\int_{\Gamma_n} F^k \cdot n d\Gamma_n + \int_{V_n} q^k dV_n \tag{15.2}$$

在上述方程中，M^k 要么是总方程（15.3）中组分 k 的质量累积，要么是方程（15.4）的热量累积，M^k 是方程（15.6）中每个流体相 β 的组分 k 的平流质量速度向量或者是方程（15.7）中的热通量向量，描述如下：

$$M^k = \sum_{\beta} \phi S_{\beta} \rho_{\beta} C_{\beta k} \tag{15.3}$$

在地下未饱和的流体和热流动的土壤模型中，$k=1$，2，h 用来代表水、气和热。

热累积（单位体积）包括岩石基质、水相和气相的贡献：

$$M^{\mathrm{h}} = (1-\phi)\rho_{\mathrm{R}} C_{\mathrm{R}} T + \phi \sum_{\beta} S_{\beta} \rho_{\beta} \mu_{\beta} \tag{15.4}$$

水相和气相的质量通量由达西定律的多相形式确定，形式为：

$$F_{\beta} = -k_0\left(1 + \frac{b_{\beta}}{P_{\beta}}\right)\frac{k_{r\beta}\rho_{\beta}}{\mu_{\beta}}(\nabla P_{\beta} - \rho_{\beta} g) \tag{15.5}$$

组分 k 的通量，F_{β}^k 由方程（15.6）给出：

$$F_{\beta}^k = \rho_{\beta} C_{\beta}^k F_{\beta} = -\rho_{\beta} C_{\beta}^k\left[k_0\left(1 + \frac{b_{\beta}}{P_{\beta}}\right)\frac{k_{r\beta}\rho_{\beta}}{\mu_{\beta}}(\nabla P_{\beta} - \rho_{\beta} g)\right] \tag{15.6}$$

热通量包括传导，平流和辐射传热，由方程（15.7）给出：

$$F^{\mathrm{h}} = -\left[(1-\phi)C_{\mathrm{R}} + \phi \sum_{\beta} S_{\beta} C_{\beta}^{\mathrm{h}}\right] K_{\beta} \nabla T + \sum_{\beta} h_{\beta} F_{\beta} + f_{\sigma} \sigma_0 \nabla T^4 \tag{15.7}$$

其中，$-K_{\beta}\nabla T$ 是热传导，h_{β} 是相 β 的比焓，C_{β}^{h} 是相 β 的热容量，f_{σ} 是辐射率，σ_0 是热辐射传热的 Stefan 常数。

15.2.2　地质力学方程

地质力学方程是基于经典的弹性理论扩展到孔隙和非等温介质。在弹性理论中，一个等温弹性材料的应力—应变行为是由 Hooke 定律所描述的，当扩展到有孔隙压力和非等温条件下的多孔介质时，由以下公式给出[10]：

$$\sigma_{kk} - (\alpha P + 3\beta K(T - T_{\text{ref}})) = \lambda(\epsilon_{xx} + \epsilon_{yy} + \epsilon_{zz}) + 2G\epsilon_{kk};\ k = x,\ y,\ z \tag{15.8}$$

$$\sigma_{kl} = 2G\epsilon_{kl};\ k,\ l = x,\ y,\ z \tag{15.9}$$

对于多孔介质，方程（15.8）在 z，y 和 z 方向上有三个主成分。汇总后，获得了平均法向应力和体积应变的如下方程[11]：

$$\sigma_{\text{m}} - \alpha P + 3\beta K(T - T_{\text{ref}}) = (\lambda + \frac{2}{3}G)\varepsilon_{\text{v}} \tag{15.10}$$

另一个线性弹性基本关系理论是应变张量和位移向量的关系：

$$\overline{\overline{\varepsilon}} = \frac{1}{2}[\nabla\overline{u} + (\nabla\overline{u})^{T}] \tag{15.11}$$

另外，静平衡方程为：

$$\nabla\cdot\overline{\overline{\sigma}} + \overline{F}_{\text{b}} = 0 \tag{15.12}$$

结合方程（15.10），方程（15.11）和方程（15.12），得到了非等温的热—多孔的 Navier 方程：

$$\alpha\nabla P + 3\beta K\nabla T + (\lambda + G)\nabla(\nabla\cdot\overline{u}) + G\nabla^{2}\overline{u} + \overline{F}_{\text{b}} = 0 \tag{15.13}$$

方程（15.13）包括位移向量。求取方程（15.13）的散度得到一个包含位移向量散度的方程：

$$\alpha\nabla^{2}P + 3\beta K\nabla^{2}T + (\lambda + 2G)\nabla^{2}(\nabla\cdot\overline{u}) + \nabla\cdot\overline{F}_{\text{b}} = 0 \tag{15.14}$$

位移向量的散度是正常的应变分量的和，是体积应变，为：

$$\nabla\cdot\overline{u} = \frac{\partial u_x}{\partial x} + \frac{\partial u_y}{\partial_y} + \frac{\partial u_z}{\partial_z} = \epsilon_{xx} + \epsilon_{yy} + \epsilon_{zz} = \epsilon_{\text{v}} \tag{15.15}$$

结合方程（15.14），方程（15.15）和方程（15.10），得到了平均正应力、孔隙压力、温度和体力之间的关系式：

$$\frac{3(1 - v)}{(1 + v)}\nabla^{2}\sigma_{\text{m}} + \nabla\cdot\overline{F}_{\text{b}} = \frac{2(1 - 2v)}{(1 + v)}(\alpha\nabla^{2}P + 3\beta K\nabla^{2}T) \tag{15.16}$$

方程（15.16）是 THMC 模型控制地质力学的方程。在这个方程中，v 是泊松比，λ 和 G 分别是 Lame 常数和剪切模量，由适当的弹性性能代替。

15.2.3 化学反应方程式

化学反应模型解决了溶质运移和化学反应，耦合了流体、热流动和岩石变形。溶质运移模型为每个成分提供了化学浓度，化学反应对浓度变化的影响通过源汇项反应到溶质运移模型。

15.2.3.1 溶质运移

l 相的溶质运移遵循质量守恒方程（15.1），其中每一相的累积和通量为：

$$M_l^k = \phi S_l \rho_l C_l^k \tag{15.17}$$

$$F_l^k = v_l \rho_l C_l^k - (\tau \phi S_l \rho_l D_l^k) \nabla C_l^k;\ k = 1 \cdots N_k \tag{15.18}$$

其中，N_k 是 l 相中化学组成（组分）的总数量；C_l^k 是 l 相中第 k 个物质的浓度；v_l 是达西速度；D_l^k 是 l 相中第 k 个物质的扩散系数。

为提高效率，可以将水溶液中的一个子集选择作为主要物质。所有的其他物质，次要物质，包括水的复合物和沉淀物质，可以表示为一个主要物质的线性组合，如下式：

$$C_i^l = \sum_{j=1}^{N_P} v_{ij}^l C_j^l;\ i = 1 \cdots N_S \tag{15.19}$$

其中，C_j^l 是 l 相的次要物质 i 的浓度；j 是 l 相中的主要物质指数；N_P 是主要物质数量；N_S 是次要物质数量；v_{ij}^l是第 j 个主要物质在第 i 次反应的化学计量系数。

分子扩散，与流体力学和数值离散相比，是微不足道的。因此，分子扩散在大多数应用中可以忽略。

15.2.3.2　矿物溶解和沉淀

由注入水和储层岩石或者流体之间的反应而产生的矿物溶解和沉淀，是 EGS 储层模型反应地球化学的主要观注点。矿物饱和比可以表示为：

$$\Omega_m = X_m^{-1} \lambda_m^{-1} K_m^{-1} \Pi_{j=1}^{N_c} c_j^{v_{mj}} \gamma_j^{mj};\ m = 1 \cdots N_p \tag{15.20}$$

其中，N_p 是平衡条件下矿物的数量；m 是平衡矿物指数；Ω_m 是矿物饱和比；X_m 是第 m 个矿物相的摩尔分数；λ_m 是其热力学活度系数（X_m 和 λ_m，对于纯的矿物相将是 1）；k_m 是相应的平衡常数。平衡条件为：

$$SI_m = \log \Omega_m = 0 \tag{15.21}$$

其中，SI_m 是矿物饱和指数。

矿物溶解和沉淀中，动力学速率可以是非主要物质的函数。通常认为以速率定律出现的物质为主要物质。在本文的模型中，使用如下的速率表达式[12]：

$$r_n = f(c_1,\ c_2,\ \cdots,\ c_{N_c}) = \pm k_n A_n \left| 1 - \Omega_n^\theta \right|^n;\ n = 1 \cdots N_q \tag{15.22}$$

其中，N_q 是在动力学条件下的矿物数量；r_n 的正值表示溶解，负值表示沉淀；k_n 是取决于温度的常数（单位矿物表面积和单位时间的摩尔数）；A_n 是每千克水的具体的反应面积。Ω_n 是方程（15.20）定义的动力学矿物饱和比。指数 θ 和 η 可以通过实验确定，但是通常认为它们是一致的。反应速率常数 k_n 取决于温度，通常的速率常数是 25℃下的值。

15.2.4　时间和空间离散化

质量和能量平衡方程（15.1）和平均应力方程（15.16），是同时求解的主要变量。质量和能量平衡方程（15.1）是用高斯散度定理进行空间离散化，结果是参考文献［13］描述的积分有限差分（IFD）方法。时间离散的时间是隐式的，使用一阶向后差分近似。

对每个控制体积应用体积平均 V_n，对曲面积分应用表面单元的离散和，方程（15.1）

将会以下面的残差形式表示：

$$R_n^{k,\ t+1}=M_n^{k,\ t+1}-M_n^{k,\ t}+\frac{\Delta t}{V_n}\left[\sum_m A_{nm}F_{nm}^{k,\ t+1}-V_n q_n^{k,\ t+1}\right] \tag{15.23}$$

其中，$R_n^{k,t+1}$是网格单元 n 处的分量 k 的质量和能量平衡残差以及当前时间 $t+1$。下标 m 是 n 的相邻网格单元，A_{nm}是网格 n 和 m 之间的接触面积，F_{nm}是相邻网格单元之间的通量。此外，$k=1$ 表示水分量，$k=2$ 表示空气分量，$k=h$ 表示热分量，$k=M$ 表示方程（15. 24）的力矩分量。尽管如此，k 也可以代表网格单元 n 的溶质传输中的主要物质。

平均法向应力方程（15. 16）使用高斯散度定理进行离散化，并且在方程（15. 23）中使用相同的步骤来获得：

$$R_n^{\mathrm{M},\ t+1}=\sum_l\left[\frac{3(1-v)}{(1+v)}\nabla\sigma_m+\bar{F}_b-\frac{2(1-2v)}{(1+v)}(\alpha\nabla P+3\beta K\nabla T)\right]A_{ln}=0 \tag{15.24}$$

其中，l 是 n 的邻近网格，A_n 是 l 和 n 网格单元之间的界面面积。求解了方程（15.23）和方程（15.24）的热—水—力学（THM）过程的主要变量后，产生的达西速度和相饱和度用于计算类似离散方法的溶质运移和化学反应。

15.2.5 THMC 过程对储层性质的影响

岩石变形和化学反应改变多孔介质的流动特性，如渗透率、孔隙度、毛细管压力和孔隙表面的润湿性，在下面的部分进行说明。

15.2.5.1 孔隙度和渗透率

平均应力 σ_{m} 和孔隙度 ϕ 之间的关系已经被广泛研究，已经引入到力学模型中[4,14-16]。从孔隙度的力学变化开始：

$$\phi_{\mathrm{M}}=\phi(\sigma_{\mathrm{M}}) \tag{15.25}$$

其中，下标 M 表示对孔隙度的力学影响，σ_{M} 是目前的平均应力。

由于矿物溶解和沉淀，在化学反应模型中引入孔隙度的变化如下：

$$\phi_{\mathrm{C}}=1-\sum_{m=1}^{N_m}fr^m-fr^u \tag{15.26}$$

其中，N_m 是反应矿物的数量，fr^m 是总的矿物分数（$V_{矿物}/V_{介质}$），fr^u 是非反应分数。

在 THMC 过程中，每个时间步 $\Delta t=t^{n+1}-t^n$ 的孔隙度变化是按照力学和化学性质的变化，$\Delta\phi_{\mathrm{M}}=\phi_{\mathrm{M}}^{n+1}-\phi_{\mathrm{M}}^n$，$\Delta\phi_{\mathrm{C}}=\phi_{\mathrm{C}}^{n+1}-\phi_{\mathrm{C}}^n$ 而给出的：

$$\phi^{t+1}=\phi t+\Delta\phi_{\mathrm{M}}+\Delta\phi_{\mathrm{C}} \tag{15.27}$$

渗透率的变化与孔隙度相关：

$$k^{t+1}=k(\phi^{t+1}) \tag{15.28}$$

15.2.5.2 质量累积

由于岩石变形，网格单元中组分 k 总的质量密度或者 REV 发生变化。因此，体积应变项（$1-\varepsilon_{\mathrm{v}}$）包括在这累积方程中，如下：

$$M^k=\sum_\beta(1-\varepsilon_{\mathrm{v}})\phi S_\beta\rho_\beta C_\beta^k \tag{15.29}$$

15.2.5.3　毛细管压力

渗透率和孔隙度的变化导致孔隙大小和毛细管压力的变化。本文模型中包括下面的 J 函数，假设孔隙表面的润湿性没有变化，对毛细管压力的变化进行了修正：

$$p_c = p_{c,o}\sqrt{\frac{k_o\phi}{k\phi_o}} \tag{15.30}$$

15.2.5.4　润湿性变化

润湿性变化也是一个主要问题，可以通过改变接触角来包含在上面的方程中。

15.3　应用和讨论

在下面的实例中，提出了一个与图 15.1 相似的 EGS 储层，来模拟注入井连续注水 2 年的 THMC 过程。在图 15.2 中，EGS 储层由理想的盖层覆盖，注入井位于模拟区域的中间。初始储层压力和温度是 6.35MPa 和 240℃，平均正常压力是 15.6MPa。计算网格是一个二维 R-Z 模型，在径向方向分布的对数网格捕捉井筒附近的细节。本文模拟了 150℃和 100℃注入水的两个情景。

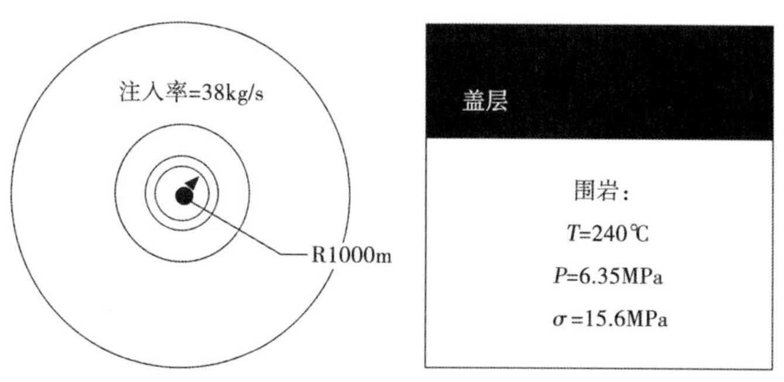

图 15.2　模型的计算网格构型与储层岩石数据

储层的水力特性，包括孔隙度和渗透率，由于地质力学和化学效应而动态变化。模拟采用了各种应力相关的孔隙度和渗透率，但是对于一个特定的储层，可以选择一个合适的相关性。用方程（15.31）给出孔隙度相关性[16]。

总孔隙度变化结合应力和矿物反应引起的影响，使用方程（15.27）表明。对于渗透率，使用 Carman—Kozeny 相关式得到方程（15.32）。

$$\phi(\sigma'_m) = \phi_r + (\phi_0 - \phi_r)e^{-c\sigma'_m} \tag{15.31}$$

$$k(\sigma'_m) = K_i\frac{(1-\phi_i)^2}{(1-\phi)^2}\left(\frac{\phi}{\phi_i}\right)^3 \tag{15.32}$$

方程（15.31）和（15.32）中参数的定义是：

$\sigma'_m = \sigma_m - \alpha P$；

α=Biot 系数；

ϕ (σ'_m) = 平均净应力 σ'_m 计算得到的孔隙度；

ϕ_r = 无限净应力或最小孔隙度下的残余孔隙度；

ϕ_0 = 零平均净应力（即顶部的岩心）下的孔隙度；

ϕ_i = 初始油藏净应力下的孔隙度；

k (σ'_m) = 净应力 σ'_m 下的渗透率；

k_i = 初始油藏净应力下的渗透率。

方程（15.31）中的指数 c 与储层岩石压缩性有关，这是由实验确定的。针对本文中的实例问题，$c = 2\times10^{-7}\,Pa^{-1}$。

为描述一个真正的 EGS 储层，本文使用文献［4］和［6］上公开的油藏力学和化学性质数据，列于表 15.1 和表 15.2 中。表 15.1 给出了储层初始的水力和力学性质。水力性质，如孔隙度和渗透率，由于 THMC 的影响，有变化的趋势。力学性质，如杨氏模量、泊松比和热膨胀系数，需要求解控制力学方程（15.23）和（15.24）。方程（15.31）中的孔隙度和指数参数是数值模拟所需要的。

表 15.1　储层和岩石性质

性质	值
杨氏模量（GPa）	14.4
泊松比（无量纲）	0.20
渗透率（m^2）	5.37×10^{-14}
孔隙度（无量纲）	0.1
孔隙压缩性（Pa^{-1}）	5×10^{-7}
热膨胀系数［（℃）$^{-1}$］	4.14×10^{-6}
岩石颗粒比热［J/（kg·℃）］	1000
岩石颗粒密度（kg/m^3）	2750
地层热传导率［W/（m·℃）］	2.4
Biot 系数 α（无量纲）	1.0
高应力残余孔隙度	0.08
方程（15.31）的指数参数 c（Pa^{-1}）	2×10^{-7}

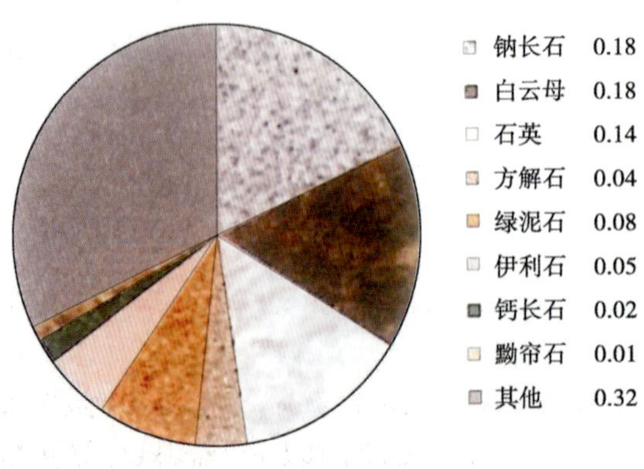

图 15.3　储层岩石的初始矿物分数

表 15.2 列出了初始地层水系统和在模拟开始时注入水的主要化学物质。化学反应不仅发生在注入流体和储层流体之间，也发生在注入流体和储层岩石矿物之间。因此，储层流体的化学成分随岩石矿物的溶解和随后的沉淀而发生变化。图 15.3 给出了储层岩石的初始矿物体积分数。未反应矿物不发生化学反应。在这个模拟中，68%的储层岩石组成由矿物颗粒组成，并参与化学反应；32%的储层岩石没有反应。

注入温度是一个重要的参数，它可以在现场操作控制。为了分析注入温度对储层力学的影响，进行了两个模拟，输入的其他参数相同，但注入温度不同，分别为 150℃ 和 100℃。

表 15.2　储层原始流体和注入水的化学组成

化学物质	初始水浓度（mol/L）	注入水浓度（mol/L）
Ca^{2+}	3.32×10^{-3}	1.0327×10^{-3}
Mg^{2+}	8.62×10^{-6}	1.6609×10^{-6}
Na^{+}	1.285×10^{-1}	1.2734×10^{-1}
Cl^{-}	1.418×10^{-1}	1.418×10^{-1}
SiO_2（aq）	1.218×10^{-2}	1.1734×10^{-2}
$HCO_3{}^{-}$	1.0423×10^{-3}	1.0423×10^{-3}
$SO_4{}^{2-}$	2.6272×10^{-4}	2.6272×10^{-4}
K^{+}	1.5852×10^{-2}	1.5852×10^{-2}
$AlO_2{}^{-}$	0.059×10^{-4}	0.0205×10^{-4}

图 15.4 给出了注水两年后的温度和压力的分布情况。图 15.5 显示了随地质应力扰动的有效应力的演变，图 15.6 给出了随矿物溶解（负面变化）和沉淀（正面变化）的矿物体积分数的变化。水平轴表示到注入井的距离。

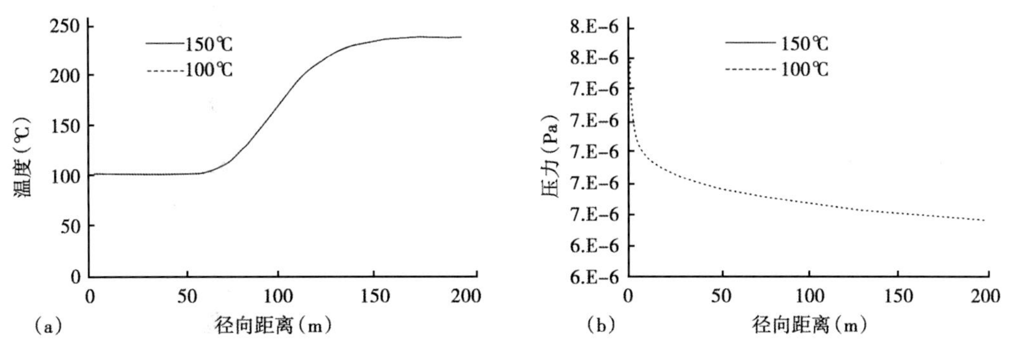

图 15.4　注入 2 年后温度（a）和压力（b）分布

温度分布如图 15.4 所示，注入的低温水已经传播到距离注入井 150m 的区域。由于两种情况下注入速率是相同的，油藏压力非常接近，如图 15.4（b）所示。它们之间的小差异是由于不同的温度对储层性质的影响造成的。还观察到两种温度下，从低温注入水到高温储层水之间的温度过渡区是相同的，大约 60m 到 150m。仔细观察压力剖面图，可观察到注入井附近一个显著的压力增加，大约是离注入井 10m 的径向距离。

图 15.5 给出了注入井附近的地质应力影响。结果表明，低温注入水导致有效应力显著降低，从大约 9MPa 下降到不到 2MPa。相比较而言，在高温注入水的情况，有效应力只降低到 4MPa 以上。这与地质力学方程一致，低温对应力下降的影响更大。图 15.5 中的两个图还表明，两年注入曲线的应力剖面与图 15.4 中的温度剖面具有相同的趋势，都传播到

150m 左右的径向距离，这意味着应力的变化主要受低温注入的影响。同时也观察到应力在初期变化速度较快，在半年内达到了距离注入井 70m 左右的位置，最后在两年内达到了 150m。

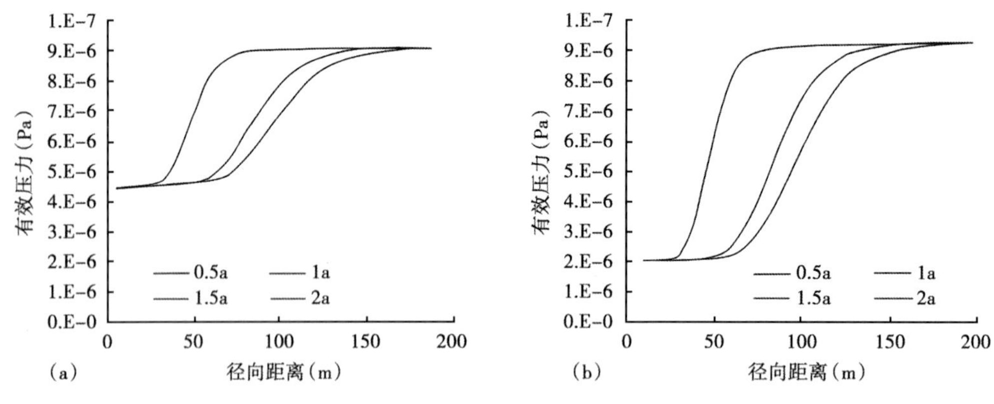

图 15.5　150℃（a）和 100℃（b）注入水有效平均应力变化

图 15.6 描述了由于化学反应导致的储层岩石矿物含量的变化。正的变化意味着化学沉淀多于溶解，起着主要的化学作用，反之亦然。这两个图有着相同的趋势，矿物组分的变化从半年到两年稳定增加，且主要集中在距离注入井 10m 的区域内。另外，较低的注入温度导致了图 15.6 的较强的沉淀作用。例如，在 100℃ 的注入温度下，矿物组分的变化比 150℃时高出 5 倍多。

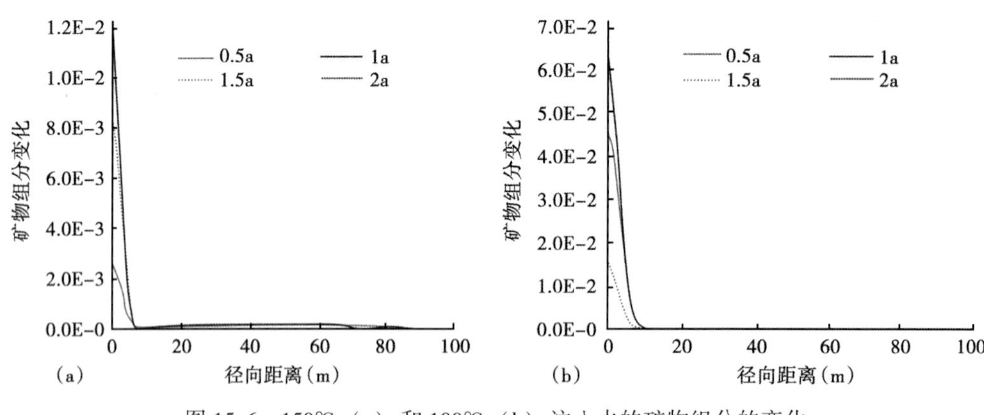

图 15.6　150℃（a）和 100℃（b）注入水的矿物组分的变化

地质力学和地球化学作用通过储层性质变化，如孔隙度和渗透率，反馈到流体流动中。模拟中使用方程（15.31）和（15.32）将储层孔隙度和应力相关联，以及将渗透率和孔隙度相关联。方程（15.31）和（15.32）表明，有效应力越低，应力增加的孔隙度和渗透率越大。另一方面，图 15.6 表明，较低的注入温度引入了更强的化学沉淀效应，这破坏了储层的孔隙度和渗透率。因此，降低注入温度对力学和化学反应引起的储层质量变化有相反的影响。

图 15.7 显示了注入 150℃和 100℃水，注入两年后注入井附近渗透率的变化。在左边，注入井附近的区域渗透率较低，矿物沉淀作用超过地质力学的影响，与图 15.6 一致，化学沉淀只集中在注入井附近。右图中显示较低的注入温度使渗透率低于左图，注入温度的降低导致更大的沉淀作用。近井地带以外的区域，由于地质力学的作用大于沉淀作用，渗透率增加了，这与图 15.5 中一致。在两口井中，降低的有效应力已经传播到距离注入井 150m 左右的径向距离。但是，在这个区域，右图中降低的注入温度，由于地质力学引起的作用导致更大的渗透率的提高。

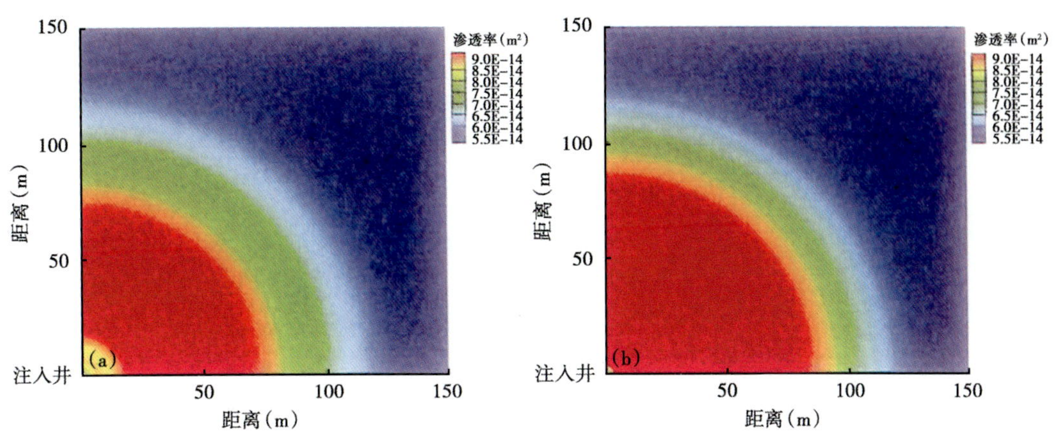

图 15.7　150℃（a）和 100℃（b）下，由于 THMC 影响，注入井附近的渗透率剖面变化

15.4　总结和结论

本文提出了一个数学模型，模拟增强地热系统中四个耦合热—水文过程。使用一个控制体积有限差分模型求解模拟 EGS 储层，作为一个工程管理工具，有下列目标：（1）评估耦合流体和热流动的效果，包括地质力学和反应化学的作用；（2）确定注入井附近储层性质变化。

地质力学模型的求解验证了：（1）单独的一维固结和热传导问题的解析解；（2）验证了二维 Mandel 问题。本文也验证了 TOUGHREACT 的化学反应模型[17]。此外，本文验证了 CMG：STARS 的流体和热流动的模拟结果[18]。

本文的研究结论是：（1）数值模拟结果表明，水文—热—力学—化学（THMC）过程的互相影响与实际观察到的 EGS 储层一致；（2）注入流体和储层之间的温度差异因地质力学作用能够提高储层孔隙度和渗透率，但是，由于矿物沉淀，这样的提高会减小；（3）注入温度降低提高了地质力学作用来改善渗透率，但是促进了引起地层损害的化学沉淀；（4）相对于储层岩石矿物与注入水的相互作用，有必要适当设计注入水的化学组分来减小和消除地层损害；（5）除了考虑注入水的不相容对地层的损害，对于长期的储层性能，应尽可能降低注入温度以提高储层渗透率。

对比分析土壤、岩石和支撑结构（如 FLAC3D[19]）的其他地质力学模型，本文的地质力学模型只计算了平均正应力，而不是总应力张量。这种简化减少了计算工作量，但是它不能分析任何的独立剪切的现象。在文献［20］中，已经提出了剪切影响。总的来说，本文的 THMC 模型在处理涉及耦合流动，岩石变形和反应的地球化学方面是严谨的。它可以用于应力敏感或者地球化学敏感储层，来分析多相流动，热流动，岩石变形和化学反应。

致　谢

本文是美国能源部（DOE）支持的先进的热—水文—力学—化学（THMC）建模功能以提高地热系统的开发的结果（合同号：DE-EE0002762）。因此，作者们感谢美国能源部以及来自科罗拉多矿业大学石油工程系的能源建模组（EMG）和基础 CMG 的学生的技术支持。

符　号

A_{ln}——网格 l 和 n 交叉部分的面积，m^2；

c——方程（15.31）的指数系数，Pa^{-1}；

$C_{\beta,k}$——液相 β 中组分 k 的浓度，$mol\times L^{-1}$；

C_{β}^{h}——相 β 的比热，$J\times kg^{-1}\times K^{-1}$；

C_i——第 i 个物质的总浓度，$mol\times L^{-1}$；

C_{kl}——第 k 个物质的浓度，$mol\times L^{-1}$；

C_R——油藏岩石的比热，$J\times kg^{-1}\times K^{-1}$；

D_l——液相的扩散系数，$m^2\times s^{-1}$；

F_b——单元面积体积力，Pa；

F_{β}^{k}——相 β 中组分 k 对流的质量或能量通量；

g——重力加速度，$m\times s^{-2}$；

G——剪切模量，Pa；

h_{β}——相 β 的比焓，$J\times kg^{-1}$；

k——绝对渗透率，m^2；

K——热传导系数，$W\times m^{-1}\times K^{-1}$；

K_R——岩石热传导系数，$W\times m^{-1}\times K^{-1}$；

K_{β}——相 β 的热传导系数，$W\times m^{-1}\times K^{-1}$；

$k_{r\beta}$——相 β 的相对渗透率；

M^k——组分 k 的质量或者能量的累积：具体的质量或者热含量，Kg 或者 J；

n——子域表面向外的法向量；

p_c——毛细管压力，Pa；

q_k——质量或能量源汇项，$kg\times S^{-1}$或者 $J\times S^{-1}$；

R_n^k——质量组成或者能量组成的残差；

S_{β}——相 β 的饱和度；

t——时间，s；

T——温度,℃或者 K;

$\overline{u}$——驱替向量，m;

u_β——相 β 的具体的内部能量，$J\times kg^{-1}$;

V_n——网格 n 的体积，m^3;

希腊符号

α——Biot 系数;

β——线性热膨胀系数，$(℃)^{-1}$;

μ_β——相 β 的黏度，$Pa\times s$;

ϕ——孔隙度;

λ——Lame 常数，Pa;

ε——张力;

$\overline{\overline{\varepsilon}}$——张量;

v——泊松比;

σ——正应力，Pa;

σ_m——平均应力，Pa;

$\overline{\overline{\sigma}}$——应力张量，Pa;

σ'——有效应力，Pa;

ρ_R——储层岩石密度，$kg\times m^{-3}$;

ρ_β——相 β 的密度，$kg\times m^{-3}$;

Γ_n——闭合表面的面积，m^2;

参 考 文 献

[1] J. W. Tester, B. J. Anderson, A. S. Batchelor, D. D. Blackwell, R. DiPippo, E. M. Drake, and J. Garnish. The future of geothermal energy. Report 358, Massachusetts Institute of Technology (2006).

[2] US DOE. An evaluation of enhanced geothermal systems technology. In *Geothermal Technology Program*. US Department of Energy, Energy Efficiency and Renewable Energy (2008).

[3] C. -F. Tsang, Linking thermal, hydrological, and mechanical processes in fractured rocks 1, *Annual Review of Earth and Planetary Sciences*. 27 (1), 359-384 (1999).

[4] J. Rutqvist, Y. -S. Wu, C. -F. Tsang, and G. Bodvarsson, A modeling approach for analysis of coupled multiphase fiuid flow, heat transfer, and deformation in fractured porous rock, *Int. J. Rock Mech. Min. Sci.* 39 (4), 429-442 (2002).

[5] A. Kiryukhin, T. Xu, K. Pruess, J. Apps, and I. Slovtsov, Thermal-hydrodynamic chemical (thc) modeling based on geothermal field data, *Geothermics*. 33 (3), 349-381 (2004).

[6] T. Xu, Y. Ontoy, P. Molling, N. Spycher, M. Parini, and K. Pruess, Reactive transport modeling of injection well scaling and acidizing at Tiwi field, Philippines, *Geothermics*, 33 (4), 477-491 (2004).

[7] F. Montalvo, T. Xu, and K. Pruess. TOUGHREACT code applications to problems of reactive chemistry in geothermal production-injection wells. First exploratory model for Ahuachapán and Berlín geothermal fields. In *Proceedings of World Geothermal Congress* 2005, Antalya, Turkey (2005).

[8] Y, Jung, T, Xu, P, F, Dobson, N. Chang, and M. Petro, Experiment-based modeling of geochemical inter-

actions in CO_2-based geothermal systems. In *PROCEEDINGS of Thirty-Eighth Workshop on Geothermal Reservoir Engineering*, Stanford University, Stanford, California (2013).

[9] K. Pruess, C. Oldenburg, and G. Moridis. TOUGH2 user's guide, version 2.0. Report LBL-43134, Lawrence Berkeley Laboratory, Berkeley, CA (1999).

[10] J, C, Jaeger, N. G. W. Cook, and R. W. Zimmerman, *Fundamentals of Rock Mechanics*, 4th edn, (2007).

[11] Y. Xiong, L. Hu, and Y. -S. Wu. Coupled geomechanical and reactive geochemical simulations for fluid and heat flow in enhanced geothermal reservoirs. In *PROCEEDINGS of Thirty-Eighth Workshop on Geothermal Reservoir Engineering*, Stanford University, Stanford, California (2013).

[12] A. C. Lasaga, J, M. Soler, J. Ganor, T. Burch, and K. L, Nagy, Chemical weathering rate laws and global geochemical cycles, *Geochimica et Cosmochimica Acta*. 58 (10), 2361-2386 (1994).

[13] T. N. Narasimhan and P. A. Witherspoon, An integrated finite difference method for analyzing fluid flow in porous media, *Water Resour. Res*. 12 (1), 57-64 (1976).

[14] R. W. Ostensen, The effect of stress-dependent permeability on gas production and well testing, *SPE Formation Evaluation*. 1 (3), 227-235 (1986).

[15] C. R. McKee, A. C. Bumb, and R. A, Koenig, Stress-dependent permeability and porosity of coal and other geologic formations, *SPE Formation Evaluation*. 3 (1), 81-91 (1988).

[16] J. P. Davies and D. K. Davies, Stress-dependent permeability: characterization and modeling, *SPE Journal*. 6 (2), 224-235 (2001).

[17] T. Xu, E. Sonnenthal, N. Spycher, and K. Pruess. TOUGHREACT user' s guide: A simulation program for non-isothermal multiphase reactive geochemical transport in variably saturated geologic media, v1.2.1. Report LBNL-55460-2004, Lawrence Berkeley National Laboratory, Berkeley, CA, USA (2004).

[18] CMG. *STARS Users Guide*, *Advanced Process and Thermal Reservoir Simulator Version* 2010. Calgary, Alberta, Canada (2010).

[19] Itasca. *FLAC3D Manual. Fast Lagrangian Analysis of Continua in Three Dimensions Version* 2.0. Itasca Consulting Group, Minneapolis (1997).

[20] P. Fakcharoenphol, S. Charoenwongsa, H, Kazemi, and Y. -S. Wu, The effect of water-induced stress to enhance hydrocarbon recovery in shale reservoirs, *SPE Journal*. pp. 897-909 (Oct., 2013).

第三部分　材料科学、能源、设备和生物学

前　　言

Robert J. Kee

Mechanical Engineering Department

Colorado School of Mines，Golden，CO，USA

第三部分“材料科学、能源、设备和生物学”包括 7 章。与前两部分相比，第三部分涵盖了相当多样化的主题。虽然这些章节都是通过使用孔隙材料联系的，但是孔隙介质的技术应用和角色是完全不同的。然而，在与各种应用有关的科学和技术上却有有趣的协同作用。

第 16 章，能源研究和技术中的孔隙尺度现象和挑战（Robert Kee，Huayang Zhu，Graham Goldin，Scott Barnett）。本章着重于电化学设备，如燃料电池和电池。在这种技术中，复合电极作为多孔材料而生产。除了在孔隙空间中的扩散流体运移，化学和电化学反应在孔壁上也是活跃的。此外，在孔隙和固体微粒中有离子和电子的转移。

第 17 章，多孔材料结构表征（Brian Gorman）。虽然多孔材料通常被描述由球形微粒组成，但现实可能是完全不同的。本章着重用实验技术来测量和表征实际的微观结构。如聚焦离子束扫描电子显微镜（FIB-SEM）X 射线断层摄影的方法，可以用来重建三维孔隙结构。如第 4 章所讨论的，三维重建为地质构造的实际构造提供了大量的定量洞察力。正如在第 16 章中讨论的，计算模型可以发展到模拟多孔微观结构内的流体、化学和电化学现象。

第 18 章，多孔材料的弹性性质的均匀化方法（John Berger，Steven Geer，William Parnell）。无论是人工设计（例如，电极）还是自然产生（例如，地质结构），实际多孔材料在微观尺度上具有几何复杂性。然而，在实践中，微观结构的细节不能直接实现大尺度模拟。相反，需要通过了解微观结构得到有效的宏观性能。本章讨论的数学均匀化技术，为在大尺度上的应用建立有效的属性。

第 19 章，孔隙特性在水处理和海水淡化新型膜过程的作用（Tzahi Cath）。本章讨论了多孔介质在分离应用上的作用，如水净化和脱盐。合成膜的材料通过功能设计和制造孔隙尺度属性而达到了性能，包括孔隙度、孔径、迂曲度和疏水性。本章讨论了替代的分离策略和孔隙微观结构在实现特定的分离目标所起的作用。

第 20 章，微孔晶体膜及其在 CO_2 分离中的应用（Moises Carreon，Tracy Gardner）。从气体混合物中分离二氧化碳的原因有多种。从天然气井口的天然气中去除 CO_2，以便控制温室气体。广泛的一类称为金属有机框架（MOF）的晶体材料，具有纳米级的通道或孔隙，可以高度选择性地运输或排斥特定分子。有效分离膜可以通过 MOF 薄片的应用或者分子筛薄膜上尺度较大的多孔载体的应用而开发。本章讨论了晶体结构和替代材料的性能所起的作用。还讨论了表征和预测的理论和建模方法。

第 21 章，封闭孔隙域化学特征（Megan Otting，Yazhou Ji，Ryan Richards，Brian Trewyn）。本章认为，纳米孔隙材料内的化学反应与第 20 章中分离用的那些化学反应相似。化学应用范围从细胞尺度生物现象到工业尺度的催化。纳米尺度孔隙促进化学过程，特别是对生产高价值产品有效。本章讨论了材料的合成方法以及化学性能。

第 22 章，血块间隙中的流体和溶质的运移（Adam Wufsus，Keith Neeves）。生物组织是由生物材料组成的孔隙材料。当然，生物材料与地质构造、工程电极或者分离膜有本质区别。然而，与其他材料相比，在表征孔隙微观构造和模拟流体在孔隙体积的运移上，有着有趣的共同的方面。了解和预测这些生物材料的行为，在医疗干预和药物交付技术的发展上具有重大价值。

第 16 章　能源研究和技术中的孔隙尺度现象和挑战

Robert J. Kee and Huayang Zhu

Mechanical Engineering，Colorado School of Mines，Golden，CO 80401，USA

rjkee@ mines. edu

Graham M. Goldin

ANSYS，Inc.，Lebanon，NH 03766，USA

Scott A. Barnett

Materials Science，Northwestern University，Evanston，IL 60208，USA

许多能量转换器件依赖于多孔介质元件的设计和性能。在许多情况下，多孔介质提供多种功能。除了孔隙体积内的流体运输，固相（或多相）可以贡献的基本功能包括结构支持、非均相催化、电荷转移动力学、离子和电子传输等。例如，锂离子电池依赖于多孔电极。在这种情况下，孔隙体积填充的有机电解质溶剂是一个锂离子导体（例如，碳酸乙烯酯）。固相（例如，石墨阳极和 Li_xCoO_2 的阴极）是插层材料，可以储存和释放锂。燃料电池也依赖于多孔电极。例如，固体氧化物燃料电池的阳极，是一个典型的氧化钇—稳定的氧化锆（YSZ）和镍的复合。YSZ 是一种氧化物离子（O^{2-}）导体。镍作为电子导体和非均质重构催化剂。几乎所有的实用多相催化过程都依赖于多孔介质，在填料床加入催化剂或者整块石料通道壁上作为孔隙涂层。除了应用范围非常广泛，还在多孔介质的设计、开发和预测方面有大量的科学和工程通用性。

16.1　引言

本章使用来自不同的技术应用的例子来说明多孔介质运移和化学方面的特征。虽然这里的重点是微观结构的行为（即微米尺度），但是，有必要将微观尺度知识升级到更大的尺度，表征为完整的设备（如电池或者燃料电池）。在所有感兴趣的情况下，孔隙体积充满了化学形式的混合物（即，多组分混合物）。流体可以是液体或气体，在某些情况下可能含有携带电荷的离子。原则上，孔隙体积内的物质运移可能是通过对流（即，由压力梯度驱动的体积流体运动）、扩散（即，由浓度梯度驱动）、迁移（即，由静电势梯度驱动）来完成的。对于诸如燃料电池或锂离子电池的体积流体速度的应用，对流运输可以忽略不计。对于诸如填料催化反应器的流体速度的应用，对流运输是重要的。在大多数的技术中，孔隙体积内的流体参与重大的化学或电化学反应。

在多孔介质的研究中，人们通常主要考虑流体的运移问题。然而，对于大多数的技术，固相起着同样重要的角色。在固体氧化物燃料电池（SOFC）中，多孔复合阳极的固相作为氧化物离子和电子导体。此外，镍的表面作为催化剂，促进非均质燃料重组。在锂离子中，多孔介质的固相插入和去除锂的插层。固相也是电子导体。电化学电荷转移反应在固相和孔隙体积之间的表面进行，这里充满了锂离子—导电电解质。由于电荷转移的化学过程取决于电极和电解质之间的静电电位差，整个过程取决于固相和微观构造内的流体的静电电位。

16.2 固体氧化物燃料电池

固体氧化物燃料电池是一个迅速成熟的技术，有许多潜在的应用，从大型联合循环发电到住宅规模热电联供（CHP）[1]。与更成熟的基于聚合物电解质膜（PEM）燃料电池技术不同，SOFC 电池系统在高温（通常在 800℃）下工作，可以与天然气（主要是甲烷）的重要组分或合成气（H_2—CO 混合物）燃料一起运行。SOFC 技术使用相对低成本的镍的阳极结构，而不是贵金属催化剂（Pt 或 Rh）所需的 PEM 技术。发电的转换效率可以超过 50%，并可以接近 80%为 CHP 使用。

虽然操作原理是相似的，但是几个不同的燃料电池配置正在开发中，包括平面、管状和分段系列架构[2]。图 16.1 的右侧是由 Delphi 开发的平面堆栈的图片。图 16.1 的左侧说明了逆流平板式 SOFC 的堆栈是由德国 Forschungszentrum Jülich 研发的系统驱动的[3]。膜电极组件（MEA）通常是由一个复合多孔 Ni—YSZ 阳极支撑（通常在 1mm 厚）、YSZ 电解质膜（10μm）和一个复合 LSM—YSZ 阴极（20μm）组成。燃料和空气是通过一系列的圆形通道进入。在进料的对面收集排气，并通过类似的圆形通道直接向下排出。形成流道的金属肋也与 MEA 层之间连接的电极接触。燃料在 MEA 的阳极一侧流动，氧化剂在阴极一侧流动。在典型的条件下，每个细胞层在约 0.7 V 条件下工作。典型的堆栈可能由约 50 层串

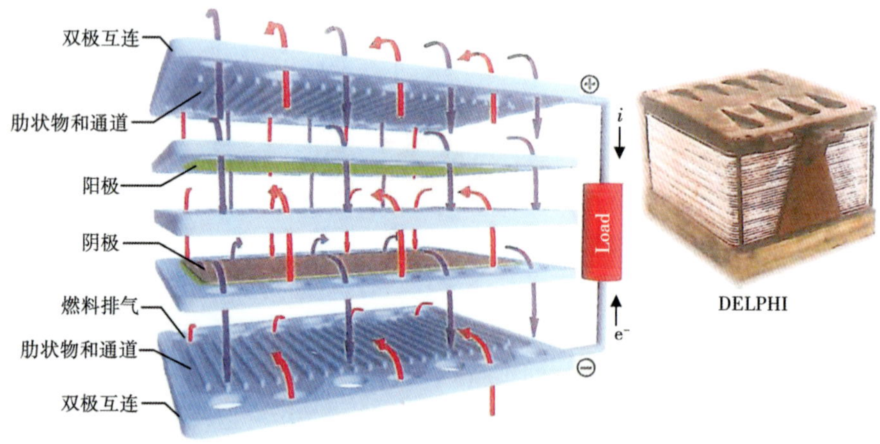

图 16.1 平面逆流 SOFC 堆积 Delphi SOFC 堆积图解

联电连接，产生的堆栈电压约 35 V。在所有的替代品中，平面架构通常提供最高的体积功率密度。

16.2.1 多孔电极

多孔复合电极涉及三个阶段。离子导电相（YSZ 通常用于阳极和阴极）必须是一个良好的氧离子 O^{2-} 导体，具有非常小的电子传导。电子导电相（通常是阳极的镍和阴极的锶掺杂，LSM）必须有良好的电子传导，非常小的离子传导。孔隙相必须促进气体输送。通常这三个阶段中的每一个占总体积的约三分之一。电荷转移反应在三阶段的交叉点形成的三相边界（TPB）进行。固相微粒和孔隙空间通常处于微米级别。

复合电极必须完成几个基本功能。电子导电相必须提供一个从电子产生（或消耗）到电流收集组件的（即，平面配置中的双极板，如图 16.1 所示）低电阻路径。也就是说电子导电相必须透过复合电极的厚度。特别是在几十微米左右的致密电解质的离子导电相必须透过，使离子传导到三相边界[4]。当使用烃燃料时，阳极的镍也作为重组的催化剂。

促进一个功能的多孔结构，有时可以阻碍另一个功能。例如，小微粒和孔隙空间往往增加三相边界长度，这有利于必要的电荷转移化学过程。然而，小孔隙空间也有助于增加气体传输阻力，从而降低性能。小微粒也可以降低有效的离子和电子导电性，这会产生负面影响性能。由于复合电极在不同的区域有不同的功能需求，电极的功能分级可以提高性能。例如，在几十微米附近的致密电解质层电荷转移是最重要的[4]，在这个区域，具有细微粒和小孔隙的功能层是有价值的。然而，远离致密电解质没有电荷转移化学的区域（即，所有可用的电荷已转移到接近致密电解质），在这个区域（通常是大多数的阳极支撑结构），性能可通过使用大孔隙，最大限度地减少气体运输阻力而提高。寻找最佳的电极结构，平衡利弊可能面临挑战。然而，对物理和化学过程的竞争的预测和定量的理解促进了这个过程。

图 16.2 显示了一个阳极支撑的膜电极组件（MEA）放大图。MEA 是由相对较厚的多孔复合阳极（例如，1mm 的 Ni—YSZ）、一层很薄的致密电解质膜（如 20μm 的 YSZ）和一个薄的多孔复合阴极（例如，30μm 的 LSM—YSZ）组成的。致密的电解质只输送氧离子，

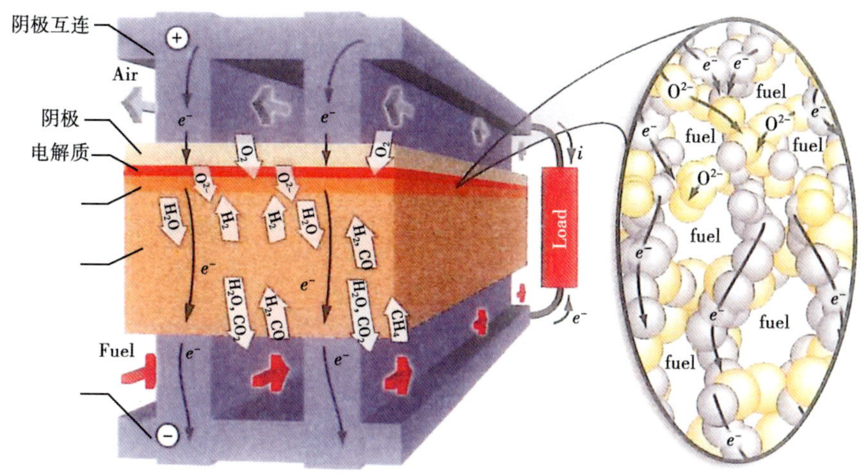

图 16.2　毫米尺度的 SOFC 膜电极装配特写图。右边的放大图显示了粒子尺度下的阳极

对任何气体或电子传输都是不可渗透的。MEA 夹在双极互连板间，也形成燃料和空气通道。流动通道通常有几个毫米的高度和宽度，但可能有几十厘米长。

如图 16.2 所示，电极微尺度为理想球形颗粒。这表示有益于微构造的可视化，并具有一定的实用价值。然而，图 16.3 清楚地表明，实际电极不是简单的球体的组件。

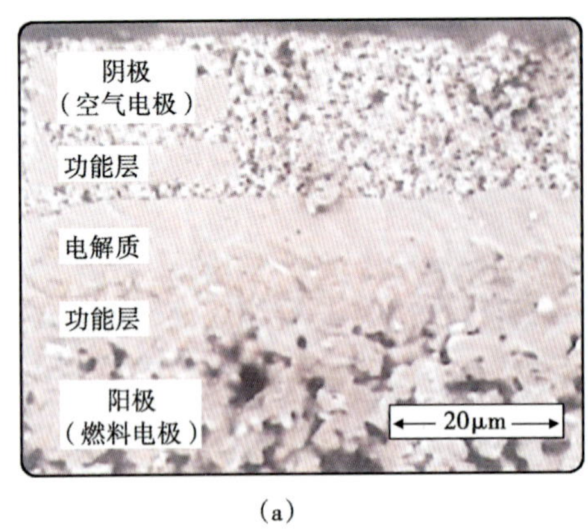

(a)

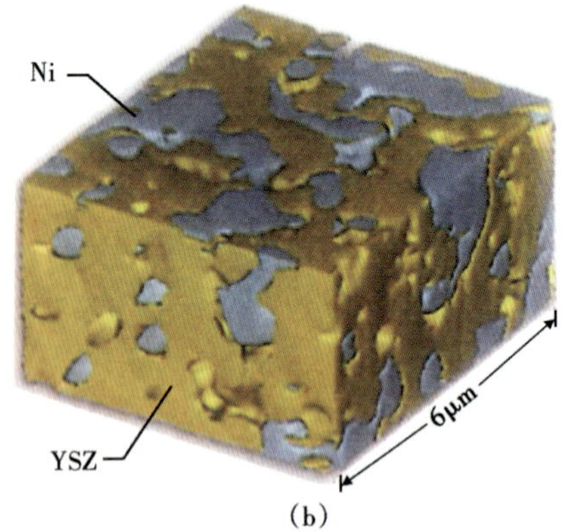

(b)

图 16.3　(a) SOFC 膜电极组成（MEA）的扫描电镜显微图像。只显示了全阳极厚度一小部分。(b) 不同的 SOFC 阳极的微观部分的 FIBSEM 重建

16.2.2　气相输运

电极孔隙相的气相 K_g 的质量连续性方程以及全部的质量连续性方程可以写成如下的瞬态守恒形式：

$$\frac{\partial(\phi_g \rho Y_k)}{\partial t} + \nabla \cdot \boldsymbol{j}_k = W_k \dot{s}_k \tag{16.1}$$

$$\frac{\partial(\phi_g \rho)}{\partial t} + \sum_{k=1}^{K_g} \nabla \cdot \boldsymbol{j}_k = \sum_{k=1}^{K_g} W_k \dot{s}_k \tag{16.2}$$

在这些方程中，ρ 是气相密度，ϕ_g 是孔隙度，Y_k、W_k、$\boldsymbol{j}_k$ 和 $\dot{s}_k$ 分别是气相质量分数、分子量、质量通量以及从热和电化学反应中产生的摩尔速度。

孔隙内局部的气相质量通量 $\boldsymbol{j}_k$ 可以使用尘气模型（DGM）[5,6] 进行评价，气相分子通量 $\boldsymbol{j}_k$、摩尔浓度 $[X_k]$、浓度梯度，以及压力 p 的梯度之间，可以写作如下的隐式关系式：

$$\sum_{l \neq k} \frac{[X_l]\boldsymbol{J}_k - [X_k]\boldsymbol{J}_l}{[X_T]D_{kl}^e} + \frac{\boldsymbol{J}_k}{D_{k,\mathrm{Kn}}^e} = -\nabla[X_k] - \frac{[X_k]}{D_{k,\mathrm{Kn}}^e}\frac{B_g}{\mu}\nabla p \tag{16.3}$$

其中 $[X_T]=p/RT$ 是总的摩尔浓度，B_g 是渗透率，μ 是混合黏度。质量通量 $\boldsymbol{j}_k$ 与摩尔通量 $\boldsymbol{J}_k$ 有关，$\boldsymbol{j}_k = W_k \boldsymbol{J}_k$。Knudsen 扩散表明气相表面碰撞协助了质量运输。Knudsen 扩散系数取决于孔隙介质的微构造，包括孔隙度、平均孔隙半径 r_p 和迂曲度 T_g。有效的二进制和 Knudsen 扩散系数 D_{kl}^e 和 $D_{k,\mathrm{Kn}}^e$ 可以写为：

$$D_{kl}^{e}=\frac{\phi_{g}}{\tau_{g}}D_{kl},\ D_{k,\ Kn}^{e}=\frac{2}{3}\frac{r_{p}\phi_{g}}{\tau_{g}}\sqrt{\frac{8RT}{\pi W_{k}}} \tag{16.4}$$

二进制扩散系数 D_{kl} 和混合黏度 μ 由运动理论决定[7]。渗透率可以从 Kozeny—Carman 关系式写为：

$$B_{g}=\frac{\phi_{g}^{3}d_{p}^{2}}{72\tau_{g}(1-\phi_{g})^{2}} \tag{16.5}$$

其中 d_p 是颗粒直径。DGM 的更多细节和它的数值应用可以在 Zhu 的文献中找到[6]。

气相 $\dot{s}_k$ 的产生速率由热催化化学反应和电化学电荷转移决定。孔隙空间通常是足够小的，最可能的碰撞是在气体分子和表面之间。因此，气相均质运动通常可以忽略不计。一般情况下，产生速率 $\dot{s}_k$ 是温度、气体组分、表面覆盖物，以及电极之间的电位差和电解质相的函数。除了气相，化学过程也取决于表面吸附的物质。表面吸附物的位置 θ_k 随时间的变化可以描述为：

$$\frac{d\theta_{k}}{d_{t}}=\frac{\dot{s}_{k}}{\Gamma},\ k=1,\ \cdots,\ K_{s} \tag{16.6}$$

其中 Γ 是可获得的点密度，K_s 是表面吸附物的数量[7]。

16.2.3　静电势和电荷守恒

由于电荷转移化学过程取决于各相间的局部静电势，因此，组成孔隙介质的电极和电解质相间的静电势的变化起着核心作用。这些变化由 Poisson 方程描述为：

$$\nabla\cdot(\sigma_{ed}^{eff}\nabla\Phi_{ed})=-\dot{s}_{e} \tag{16.7}$$

$$\nabla\cdot(\sigma_{el}^{eff}\nabla\Phi_{el})=\dot{s}_{e} \tag{16.8}$$

电极相可以是一个阳极或者一个阴极。由于必须适应孔隙介质的微观结构，所以有效传导率 σ_{ed}^{eff} 和 σ_{el}^{eff} 可以与固有的材料特性有很大的不同。例如，几何“缩颈”粒子的加入降低了有效传导率。在随后的电池电极的文中讨论了这些关系。源项反应速率 $\dot{s}_e$ 代表电荷通过电荷转移反应跨越相边界的转移量。

16.2.4　边界条件

在孔隙电极构造内，为求解方程（16.1）、方程（16.2）、方程（16.7）和方程（16.8），需要相应的边界条件。在燃料和空气舱界面处适用下列边界条件。

（1）假定气相组合物是大部分燃料或者空气流。

（2）离子导电相内的离子通量必须消失。

（3）在空气侧（阴极），电导相中的静电位要设置成参考电位（例如，$\Phi_c=0V$）。在燃料一侧（阳极），电导相中的静电位要设置成电池操作的电位（如 $E_{cell}=\Phi_c-\Phi_a=0.7V$）。

在孔隙电极和致密电解质膜之间的界面，适用以下边界条件。

（1）气相通量必须消失。

（2）离子电极相内的氧离子通量必须等于通过致密电解质膜的氧离子通量。

（3）孔隙电极的电极导电相内的电子通量必须消失。

Zhu 和 Kee 讨论了关于边界条件和计算实施的细节[4]。

16.2.5 化学和电化学

16.2.5.1 电荷转移反应

在阳极三相边界，燃料被来自电解质的氧离子氧化。在全局范围内，氢气电化学氧化可以写为：

$$H_2\ (g)\ +O^{2-}\ (el)\ \rightleftharpoons H_2O\ (g)\ +2e^-\ (a) \tag{16.9}$$

换句话说，气相氢 H_2（g）与电解质 O^{2-}（el）出现的氧离子反应，在气相 H_2O（g）中形成蒸汽并向阳极提供电子 e^-（a）。在阴极，氧分子减少了，补充了带有氧离子的电解质：

$$\frac{1}{2}O_2\ (g)\ +2e^-\ (c)\ \rightleftharpoons O^{2-}\ (e) \tag{16.10}$$

与物质名称相关联的圆括号表示物质驻留的阶段。由于这些电荷转移反应在三相边界进行，多孔介质的微观结构的一个重要特征是电极单位体积的 TPB 长度。正如接下来所讨论的，这些全局性的反应实际上是许多基本反应的结果。

16.2.5.2 全局重组反应

固体氧化物燃料电池可以用 H_2、CO 和 CH_4 混合物作为燃料。然而，通常是以 H_2 占主导地位的电荷转移化学[6,8,9]。因此，Ni 的阳极结构在将燃料转化为 H_2 方面起着重要的作用。在全局范围内，下面的蒸汽重组和水气变换过程是重要的：

$$CH_4+H_2O \rightleftharpoons CO+3H_2,\ \Delta H\approx 206\text{kJ}\cdot\text{mol}^{-1} \tag{16.11}$$

$$CO+H_2O \rightleftharpoons CO_2+H_2,\ \Delta H\approx -41\text{kJ}\cdot\text{mol}^{-1} \tag{16.12}$$

由于从反应式（16.9）的电化学反应产生的蒸汽向流动通道扩散，它会遇到向内扩散至功能层的小的碳氢化合物和 CO。在高温和适当催化剂（如 Ni）存在的情况下，非均质的化学过程产生 H_2。这有利于 SOFC 的性能，因为 H_2 比 CH_4 或 CO 的电化学活性高。高吸热蒸汽重组过程需要较高的温度（CH_4 需要 800℃以上，高碳氢化合物相对较低），但是水气交换可以在相对较低的温度（低于 600℃），在 Ni 的催化下进行。当燃料蒸汽含有少量碳氢化合物（如甲烷）时，吸热重组可用于辅助控制电池温度。

16.2.5.3 详细的化学和电化学动力学

在 SOFC 的文献中，上文所述的全局化学过程占主导地位。然而，有令人信服的证据表明，实际的化学过程是相当复杂的。两组引领着详细电荷转移反应机理的发展，比更直接的全局反应提供了更好的物理和化学描述。来自加州理工学院和科罗拉多矿业大学的结果[6,9,10]，以及 Bessler 和德国的 Deutschmann 团队[11-15]引领着相似机理，如图 16.4 所示。

当使用 H_2、CO、CO_2 和 CH_4 燃料混合物时，催化化学过程更复杂，可以准确由全局反应（16.11）和（16.12）所描述。如图 16.4 所示，Deutschmann 和他的同事们已经为 Ni 表面的催化重组研究了详细的反应机理[6,12,16]。最近的研究表明，令人信服地证明了详细的催化化学过程影响以全局化学过程不能解释的方式测量的电化学阻抗谱（EIS）[17]。有证据表明，在 SOFC 燃料蒸汽中引入低水平的氧气能够提高性能[18,19]。在孔隙介质阳极结构中催化部分氧化的重要作用不能用全局反应来表示。

Ni 表面

1. H_2（g）+2（Ni）⇌H（Ni）+H（Ni）
2. O_2（g）+（Ni）+（Ni）⇌O（Ni）+O（Ni）
3. CH_4（g）+（Ni）⇌CH_4（Ni）
4. H_2O（g）+（Ni）⇌H_2O（Ni）
5. CO_2（g）+（Ni）⇌CO_2（Ni）
6. CO（g）+（Ni）⇌CO（Ni）
7. O（Ni）+H（Ni）⇌OH（Ni）+（Ni）
8. OH（Ni）+H（Ni）⇌H_2O（Ni）+（Ni）
9. OH（Ni）+OH（Ni）⇌O（NI）+H_2O（Ni）
10. O（Ni）+C（Ni）⇌CO（Ni）+（Ni）
11. O（Ni）+CO（Ni）⇌CO_2（Ni）+（Ni）
12. HCO（Ni）+（Ni）⇌CO（Ni）+H（Ni）
13. HCO（Ni）+（Ni）⇌O（Ni）+CH（Ni）
14. CH_4（Ni）+（Ni）⇌CH_3（Ni）+H（Ni）
15. CH_3（Ni）+（Ni）⇌CH_2（Ni）+H（Ni）
16. CH_2（Ni）+（Ni）⇌CH（Ni）+H（Ni）
17. CH（Ni）+（Ni）⇌C（Ni）+H（Ni）
18. O（Ni）+CH_4（Ni）⇌CH_3（Ni）+OH（Ni）
19. O（Ni）+CH_3（Ni）⇌CH_2（Ni）+OH（Ni）
20. O（Ni）+CH_2（Ni）⇌CH（Ni）+OH（Ni）
21. O（Ni）+CH（Ni）⇌C（Ni）+OH（Ni）

YSZ 表面

22. O_o^{2-}+（x）⇌O^{2-}（x）+V_o
23. H_2O（g）+（Zr）+O^{2-}（x）⇌OH^-（Zr）+OH^-（x）
24. OH^-（x）+（Zr）⇌OH^-（Zr）+（x）
25. H_2（g）+（Zr）+O^{2-}（x）⇌H^-（Zr）+OH^-（x）

三相边界

26. H（Ni）+O^{2-}（x）⇌OH^-（x）+（Ni）+e^-
27. H（Ni）+OH^-（x）⇌H_2O（Ni）+（x）+e^-

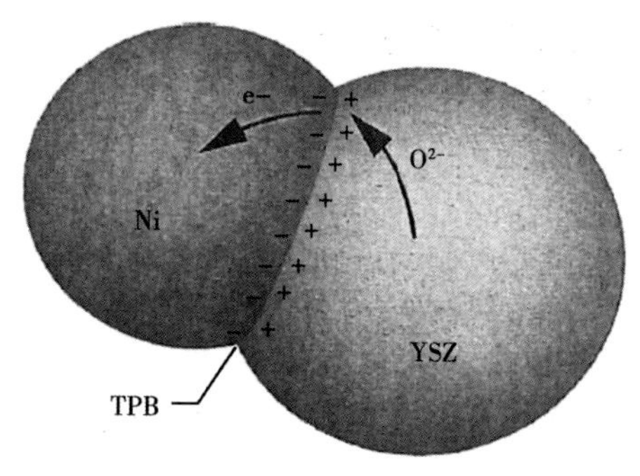

图 16.4 在 Ni 表面、YSZ 表面和三相边界的详细反应

化学和电化学反应一般可以写成：

$$\sum_{k=1}^{K} v'_{ki}\Lambda_k^{zk} \rightleftharpoons \sum_{k=1}^{K} v''_{ki}\Lambda_k^{zk} \tag{16.13}$$

其中，Λ_k^{zk} 是第 k 个物质 z_k 个电荷的化学符号。对于第 k 个物质，第 i 次反应的向前和向后的化学计量系数分别是 v'_{ki} 和 v''_{ki}。每个参与的物质与一个相关联（例如，电解质相如 YSZ，或者电极相如 Ni）。气相物质被推定为不带电（即 $z_k=0$）。当一个反应涉及相之间电荷转移时，反应速率取决于相间的静电电位差。当所有参与的物质是不带电或者处于相同的相时，反应速率只取决于温度和物质间的活性。出现在方程（16.1）、（16.2）和（16.6）中的源项，是在孔隙介质表面进行的化学和电化学反应的结果。

作为一个例子，考虑以下可逆的电荷转移反应：

$$H(Ni) + OH^-(\mathcal{X}) \rightleftharpoons H_2O(Ni) + (\mathcal{X}) + e^-(Ni) \tag{16.14}$$

其中包括两个表面位置。一个是 Ni 表面，另一个是 YSZ 表面的χ位置[10]。阳极（向前）和阴极（向后）的化学计量系数是：

$$v'_{\mathrm{H(Ni)}}=1,\ v'_{\mathrm{OH^-(\chi)}}=1,\ v''_{\mathrm{H_2OWi}}=1,\ v''_{\mathrm{e-}}=1,\ v''_{(\chi)}=1 \tag{16.15}$$

H（Ni），H_2O（Ni）和（χ）被认为是电中性的（即 $z=0$），氢氧基 OH^-（χ）和电子都携带一个负电荷（即 $z=-1$）。

对于第 k 个物质第 i 次反应的净产生速率 $\dot{s}_{ki}$可以根据过程反应速率 q_i 来描述：

$$\dot{s}_{ki}=(v''_{ki}-v'_{ki})q_i=v_{ki}q_i \tag{16.16}$$

其中，净化学计量系数定义为 $v_{ki}=v''_{ki}-v'_{ki}$。每个进程的速率可以评价为：

$$q_i=k_{\mathrm{a}i}\prod_{k=1}^{K}C_k^{v'_{ki}}-k_{ci}\prod_{k=1}^{K}C_k^{v''_{ki}} \tag{16.17}$$

其中，C_k 是参与物质的活性。气相物质的活性是它的摩尔浓度［X_k］。表面吸附物质的活性是摩尔表面覆盖度 $\Gamma_m\theta_{k,m}$，其中 $\theta_{k,m}$ 是物质 k 在位置类型 m 处的位置分数，Γ_m 是位置类型 m 的总的可用的表面位置密度[7,20]。

当阳极产生电子和阴极消耗电子时，电荷转移反应称为阳极反应。按照这里所采用的惯例，正向方向的反应是阳极反应。第 i 次反应的阳极（即产生电子）和阴极（即消耗电子）的速率写成：

$$k_{\mathrm{a}i}=k_{\mathrm{a}i}^{\mathrm{t}}\exp\left[-\beta_{\mathrm{a}i}\frac{F}{RT}\sum_{k=1}^{K}v_{ki}z_k\Phi_k\right] \tag{16.18}$$

$$k_{\mathrm{c}i}=k_{\mathrm{c}i}^{\mathrm{t}}\exp\left[-\beta_{\mathrm{c}i}\frac{F}{RT}\sum_{k=1}^{K}v_{ki}z_k\Phi_k\right] \tag{16.19}$$

阳极和阴极的对称因子分别是$\beta_{\mathrm{a}i}$和$\beta_{\mathrm{c}i}$。对于基本的电荷转移反应（即转移一个电子），$\beta_{\mathrm{a}i}+\beta_{\mathrm{c}i}=1$。法拉第常数和气体常数分别表示为 F 和 R，T 是温度。

每种物质都假设为有一个相关的电荷 z_k；中性电荷物质的 $z_k=0$。每相 m［即方程（16.14）中的 Ni 和 YSZ］假设处于静电势 Φ_m。方程（16.18）和（16.19）中的速率表达式假设每个带电物质 k 都处于驻留相位的静电势。为了计算应用的方便，方程（16.18）和（16.19）将静电势 Φ_k 与物质相关联，而不是直接与相相关联。

阳极（向前）速率表达式的热组分用修正的 Arrhenius 格式写为：

$$k_{\mathrm{a}i}^{\mathrm{t}}=A_iT^{n_i}\exp\left(-\frac{E_i}{RT}\right) \tag{16.20}$$

其中，E_i 代表活化能，A_i 是预指数因子，n_i 是温度指数。为了满足微观可逆性和保持热力学一致性，阴极（反向）速率的热组分通过反应平衡常数 K_i 与向前速率相关：

$$K_i=\frac{k_{\mathrm{a}i}^{\mathrm{t}}}{k_{\mathrm{c}i}^{\mathrm{t}}}=\exp\left(\frac{-\Delta G^{\circ}}{RT}\right) \tag{16.21}$$

其中，ΔG° 是反应在标准状态下的自由能的变化。如何评价 ΔG°，从而评价平衡常数，取决于所有参与物质的定量的热化学性质。对于气相物质，这样的信息是现成的。然而，发现或者估计表面吸附和离子物质的属性是很困难的。

当一个反应中所有物质都处在相同的电位时，或者当所有的参与物质是电中性时，方程（16.18）和（16.19）中的指数因子就变成单位 1 了。在这种情况下，速率表达式恢复到纯热速率表达式。

尽管有明确的证据表明，预测模型受益于化学过程的更高精度的描述，但是广泛使用还有障碍。孔隙介质模型变得更复杂，从而增加了计算执行的复杂性。此外，还包括更多的气相物质，详细的反应机理也必须描述全部孔隙电极结构的局部表面的吸附。虽然没有原理上的问题，但是需要精细的模型和软件实现，能够处理显著增加的化学复杂性。适当的软件包包括 CHEMKIN（最初由 R. J. Kee 和他的同事们研发[7]）、CANTERA（最初由 D. G. Goodwin 研发，https://code.google.com/p/cantera）、DETCHEM（最初由 O. Deutschmann 和他的同事们研发，www.detchem.com）和 DENIS（由 W. Bessler 和他的同事们研发[11]）。

16.2.6　分离阳极实验

模型取决于表征孔隙机制运移和化学过程的许多参数。因此，有必要进行实验，可以帮助建立参数和验证模型。一些参数，如孔隙度，测量相对简单。然而，其他参数，如迂曲度，则不容易测量。复合电极内的催化重组化学过程也必须得到验证。

所谓分离阳极实验（图 16.5），可用于辅助参数估计和 SOFC 阳极结构模型的开

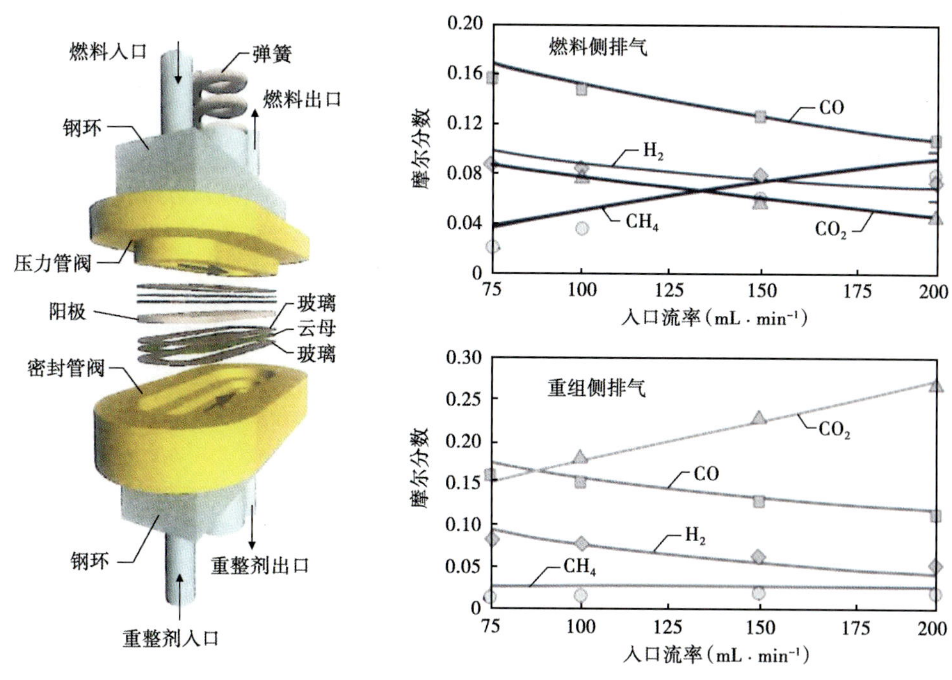

图 16.5　分离阳极实验示意图。图中显示从 CH_4—CO_2 干燥重组实验中，在 Ni—YSZ 阳极支撑下测量和模拟排气的摩尔分数。上图显示了燃料一侧排气，下图显示了重组一侧排气。测量值由符号表示，模拟值由线表示

发[21,22]。一个孔隙复合阳极（通常近似 1mm 厚）夹在两个小的流动通道之间。如图 16.5 所示，燃料（即 H_2、CO、CH_4）进入上通道，重组剂（即 H_2O、CO_2）进入低通道。在实际燃料电池中，重组剂是电化学燃料氧化的产物。燃料和重组剂气相通过孔隙阳极结构交叉扩散，在可操作的燃料电池内复制配置。这种交叉流动运移不同于将燃料和重组剂预混并引入到填充床上的更典型的催化剂实验。

如图 16.5 右侧图所示，两个通道的排气组成是以入口流率的函数来测量的。维持相对高的通道流动速率，保持了动力学机制中的催化化学过程。要验证化学动力反应机制，不应该允许催化过程达到平衡。正如前面的章节中所讨论的，也可以模拟反应的孔隙介质的运移情况。因此，模拟与测量值的比较可以验证模型和子模型，然后用在完全燃料电池模型中。在引入反应气体之前，实验通常用于表征孔隙结构内气相运移的非反应方面。例如，两个不同的惰性气体可以引入到上部和下部通道。在这种情况下，作为入口流动速率的函数，测量非反应的交叉扩散，可以确定如迂曲度（方程 16.4）之类的重要参数。

16.2.7 渗流理论

守恒方程（例如，方程 16.1、16.2、16.7 和 16.8）写成连续性偏微分方程，假设可以建立有效的材料属性。事实上，如图 16.2 和图 16.3 所示，在微观尺度上，电极不是连续介质，而是由离散的互相连接的相组成的。从历史上看，渗流理论被用来估计所需的有效的属性[23-27]。

渗流理论提供了一种预测重要的多孔介质参数的分析方法，这些参数包括有效电导率和三相边界长度。该方法基于大量的随机充填的微粒，其中的一个重要参数是配位数量，代表着某一个粒子与其相邻粒子的接触的数目。渗流的概率表示某些粒子类型（例如，电极或电解质）的群集形成连接的网络的概率，从而穿过多孔介质。如图 16.6 所示，标记

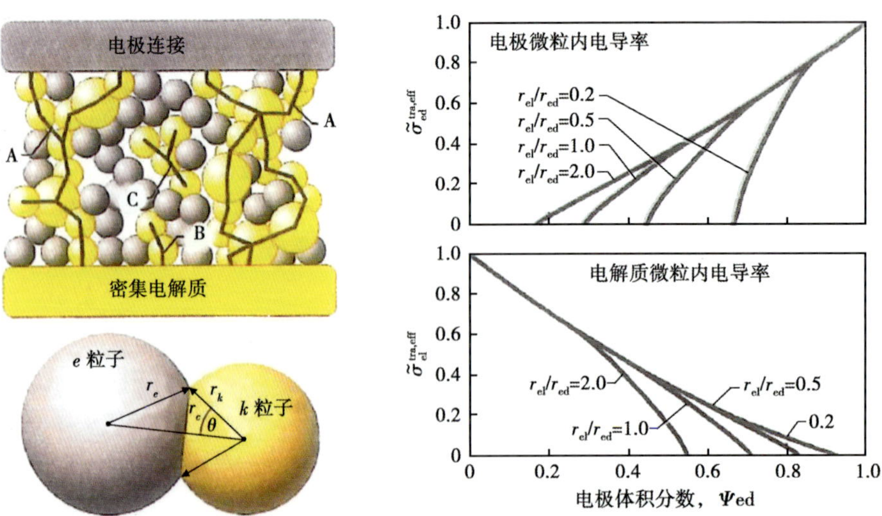

图 16.6　孔隙复合电极内渗流和非渗流粒子簇的示意图。该图显示了在二元混合物中，预测的无量纲微粒内导电性是电极容量负荷 ψ_{ed} 和粒子半径之比 r_{el}/r_{ed} 的函数。上面的图显示电极电导率，下面的图显示电解质电导率

“A” 的簇经过多孔介质渗流。标记 “B” 和 “C” 的簇不经过结构渗流。渗流的可能性取决于很多参数，如微粒尺寸、堆积密度和微粒之间的重叠。

图 16.6 右边显示一个复合 SOFC 电极的粒子内的传导率的预测结果[27]。横坐标是电极体积分数，表示电极粒子的体积相对于总的固相（例如，Ni 加上 YSZ）的比例。曲线簇代表电极和电解质粒子半径的比率。微粒内电导率考虑几何效应，如粒子—粒子交叉点处的面积限制。渗流理论也能够包括粒子间的导电性，例如，在微粒交叉处的晶界电阻[27]。

16.2.8　说明 SOFC 阳极的例子

图 16.7 显示了一个典型的 SOFC 膜电极组件的模拟结果，考虑了在复合电极分布的电荷转移。从外部电路返回的电子进入阴极的电极导电相。在三相边界发生的电荷转移反应（例如，方程 16.10），是使用电子来减少电解质相内气相 O_2 到氧离子的转化。致密电解质膜是一种纯氧化物离子导体。在阳极侧，在三相边界的电荷转移反应使用氧化物离子的电氧化气相燃料（公式 16.9），并且给电子导电相提供电子，连接到外部电路。

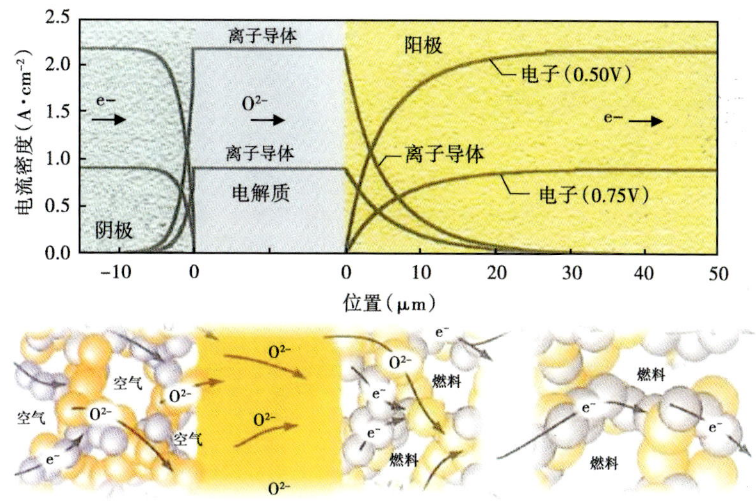

图 16.7　预测的固体氧化物燃料电池膜电极组件中的离子和电子通量。底部的示意图说明了多孔复合电极结构的扩展图。离子导电相显示为淡黄色微粒，电子导电相显示为深蓝色—灰色微粒

总体而言，与整体反应相关的化学电势（例如，$H_2+\frac{1}{2}O_2 \rightleftharpoons H_2O$）用于产生净电流。孔隙电极内的电荷转移区域通常从致密的离子导电膜延伸几十微米。

16.3　锂离子电池

图 16.8 展示了圆柱形的、凝胶卷、18650 格式的（“18650” 表示直径 18mm 以及高 65mm）锂离子电池的阴极区域。在这种电池中，外壳的下部是阳极（负极端子）。典型电池包括在异常操作环境下中断电流的安全特性。过度充电或者其他意外操作后，电解质可以分解，导致较高的内部气压。在这种情况下，安全壁破裂，释放气体压力，并切断电流

路径的阴极端子。正温度系数（PTC）层在正常的操作温度下是导电的材料，但是在高温时变成电绝缘体。因此，当超过一定的电池温度时，电通路被破坏，电池不能继续工作。

如图 16.8 右侧所示，阳极和阴极是薄的多孔复合结构。固相插入夹层 Li 和孔隙体积充满了 Li 离子导电电解质，如碳酸乙烯酯。电极结构通常在 50~100μm 厚。阳极的固相是典型的石墨，阴极的固相是一种典型的材料，如 Li_xCoO_2。阳极和阴极在金属电流收集箔的两侧形成，通常约 20μm 厚。隔板通常是多孔的聚合物，电力地隔离了阳极和阴极。

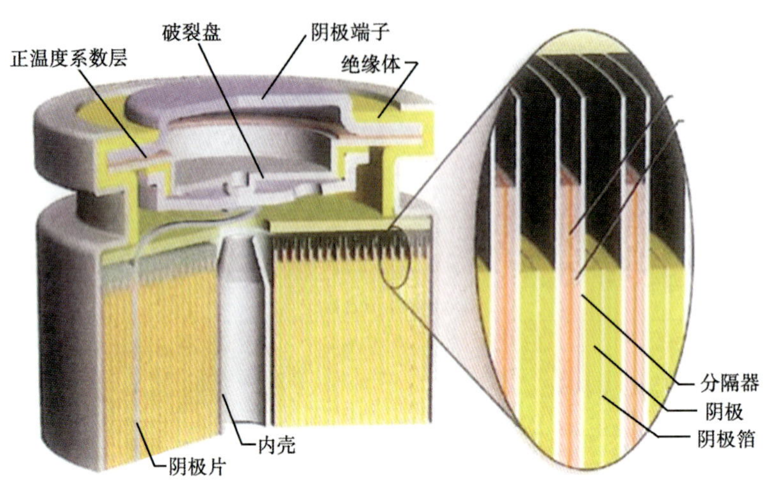

图 16.8　圆柱锂离子电极阴极（正电极）端的说明

图 16.9 说明了一个典型的配置，嵌入电极被描述为理想的球形微粒。锂离子在电解液中是流动的，这是典型的锂离子导电有机溶剂。在电极微粒表面，电荷转移反应使 Li 跨过电极—电解质界面移动，如下：

$$\mathrm{Li}\ [\mathrm{ed}] \rightleftharpoons \mathrm{Li}^+\ [\mathrm{el}]\ +\mathrm{e}^-\ [\mathrm{ed}] \tag{16.22}$$

注意，反应（16.22）的前进方向是阳极（即产生电子），这与随后使用 Butler—Volmer 公式对过程速率的评估有关。

随着 Newman 和他的同事的开创性研究[28-31]，许多研究人员已经开发出基于球形粒子电极模型。这种方法基于求解电解质和电极微粒内的质量和电荷守恒方程。电解质被模拟为多孔介质，使用跨越多孔电极和分隔器的网状网络的有限体积离散。在每个有限单元体中，一个有代表性的电极微粒解决了插层扩散问题。该方法在以下几节中进行了总结。

16.3.1　电解质电荷守恒

电解质相中的电荷守恒可以表示如下[32]：

$$\nabla\cdot\left(\kappa^{\mathrm{eff}}\nabla\Phi_{\mathrm{el}}\right)+\nabla\cdot\left(\kappa_{\mathrm{D}}^{\mathrm{eff}}\nabla\ln C_{\mathrm{Li+(el)}}\right)+A_{\mathrm{s}}\dot{s}_{\mathrm{Li+(el)}}F=0 \tag{16.23}$$

其中，电解质相电势 Φ_{el} 以及锂离子浓度 $C_{Li+(el)}$ 是独立变量。比表面积 A_s 表示复合电极单位体积活性电极粒子的表面积。锂离子通过电荷转移反应的净生产量为 $\dot{s}_{Li+(el)}$，F 是法拉第常数。由于电解质的体积速度被忽略，没有对流贡献。

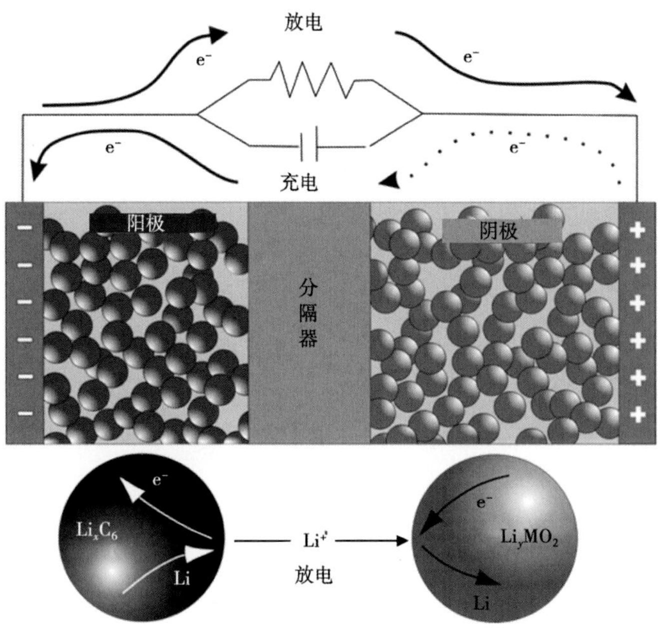

图 16.9　锂离子电池在球形微粒电极的电子分布的说明

电荷通过表面反应进入和离开电解质相（方程 16.23 中的第三项）。在复合电极内，电极微粒与电解液之间形成双电层。电荷转移率取决于电极和电解质相之间的静电电位差。由于充电和放电的双电层的特征时间是毫秒级或更短[28]，双层充电对于典型的充电（放电）的时间尺度来说是可以忽略的。在分隔器内没有电极相，从而消除任何电荷转移反应。

电极相 κ^{eff}的有效离子导电性和有效扩散系数可以写为：

$$\kappa^{\text{eff}} = \kappa\phi_{\text{el}}^{p} \tag{16.24}$$

$$\kappa_{\text{D}}^{\text{eff}} = \frac{2RT\kappa^{\text{eff}}}{F}(t_{\text{Li+(el)}}^{\text{o}} - 1) \tag{16.25}$$

纯电解质相的离子电导率可表示为 κ，电解质相的体积分数（孔隙度）是 Φ_{el}，p 是布鲁格曼孔隙度指数（通常 $p\approx1.5$）。正电荷和负电荷的物质都能产生离子流。迁移数 t_k^{o} 是物质 k 在均匀成分电解质溶液中经运移携带的电流的分数[33]。例如，如果锂离子迁移数 $t_{\text{Li+(el)}}^{\text{o}} = 1$，电荷的运动完全是静电电位梯度的结果。

16.3.2　电极物质守恒

在二元电解质溶液内的锂离子浓度可表示为：

$$\frac{\partial\phi_{\text{el}}C_{\text{Li+(el)}}}{\partial t} = \nabla\cdot(D_{\text{el}}^{\text{eff}}\nabla C_{\text{Li+(el)}}) + (1 - t_{\text{Li+(el)}}^{\text{o}})A_{\text{s}}\dot{s}_{\text{Li+(el)}} \tag{16.26}$$

有效的扩散系数可使用 Bruggeman 表达式近似表示有效孔隙度 ϕ_{el}：

$$D_{el}^{eff}=D_{el}\phi_{el}^{p} \tag{16.27}$$

电解质扩散系数 D_{el} 是电解质相的局部浓度、物质电荷和二元扩散系数的函数。最后一个项代表锂离子进入电解质，在电极表面的非均匀的电荷转移化学的影响。受锂离子转移数为单位 1 的限制，电荷转移化学不影响电解质浓度。因此，电解质组合物将在空间上均匀分布。相反，如果转移数为零，那么电荷转移化学导致锂离子的显著变化[28]。不同于电荷守恒方程（方程 16.23），物质守恒方程（方程 16.26）必须保留瞬态项。通过电解质在物质运输在时间尺度上与充放电时间是相称的。

16.3.3 电极的电荷守恒

固相电极内的电荷守恒可以表示为：

$$\nabla\cdot\left(\sigma_{ed}^{eff}\nabla\Phi_{ed}\right)-A_{s}\dot{s}_{Li+(el)}F=0 \tag{16.28}$$

其中，Φ_{ed} 是电极相电势，σ_{ed}^{eff} 是有效固相传导率。方程 16.28 中第一项代表经电子传导的电荷运输。第二项代表通过电荷转移反应进入固相电极的电荷源（汇）。有效固相传导率可以近似为 $\sigma_{ed}^{eff}=\sigma_{ed}\phi_{ed}^{p}$，其中 ϕ_{ed} 是固相体积分数。然而，渗流理论可以提供一个更准确的近似基础[27]。

16.3.4 微粒嵌入

为了模拟锂离子嵌入电极微粒，粒子之间的锂离子转移可以忽略[30]。也就是说，嵌入的锂离子在球形微粒内扩散，但不在粒子间扩散。此外，电极微粒被假定为球形。有了这些假设，在电极微粒内的嵌入锂离子转移可以表示为一维的球形扩散问题：

$$\frac{\partial C_{Li}}{\partial t}=\frac{1}{r^{2}}\frac{\partial}{\partial r}\left(r^{2}D_{Li}\frac{\partial L_{Li}I}{\partial r}\right) \tag{16.29}$$

其中，C_{Li} 是嵌入的锂的浓度。嵌入的锂的扩散系数 D_{Li} 可以是嵌入锂的浓度的函数[34]，这表示扩散问题是非线性的。瞬态项被保留，因为嵌入的时间尺度与充放电时间是相应的。事实上，嵌入常常是限速过程。

方程 16.29 的解需要一个初始条件（浓度剖面）和两个边界条件。在一个球形粒子的中心，径向梯度消失了。在微粒表面，内部扩散是平衡的，通过嵌入锂经表面反应的净产率如下：

$$D_{Li}\frac{\partial C_{Li}}{\partial r}=\dot{s}_{Li} \tag{16.30}$$

Newman 型模型用于解决球面嵌入问题，考虑电荷和物质的长距离传输时每个单元网格内的一个有代表性的粒子（即方程 16.23、16.24、16.28）。

16.3.5 电荷转移化学

在电解质电极界面的电荷转移化学通常使用 Butler—Volmer 方程建模，其中 Faradaic 电

流密度 i 表示为：

$$i_{BV} = i_0\left[\exp\left(\frac{\alpha_a F_\eta}{RT}\right) - \exp\left(-\frac{\alpha_c F_\eta}{RT}\right)\right] \tag{16.31}$$

在这个表达式中，i_0 是交换电流密度，α_a 和 α_c 分别是阳极和阴极对称因子。活化超电位 η 定义为：

$$\eta = \Phi_{ed} - \Phi_{el} - E^{eq} \tag{16.32}$$

其中，Φ_{ed}和 Φ_{el}分别表示电极和电解质在电极—电解质界面的净电势，E^{eq}是平衡电势差。在 Butler—Volmer 方程中，这两项代表可逆的电荷转移反应的阳极和阴极率之间的差异。电位激活的迹象与正反应一致。平衡电位的差异取决于电极材料和嵌入程度，往往可由经验公式表示[32,34]。锂离子电池的交换电流密度常常表示为：

$$i_0 = k_r F C_{Li^+}^{\alpha_a}(C_{Li}^{max} - C_{Li})^{\alpha_a} C_{Li}^{\alpha_c} \tag{16.33}$$

其中，k_r 是一个常数，C_{Li^+}是电极界面附近电解质中的局部锂离子浓度，C_{Li}是在电极外部边缘嵌入的锂浓度，C_{Li}^{max}是在电极内部饱和的（最大值）嵌入锂浓度。

摩尔生产速率 $\dot{s}_k$（$mol \cdot m^{-2} \cdot s^{-1}$）出现在方程（16.23）、（16.26）和（16.30）中，不是从 Butler—Volmer 表达式（方程 16.31）中直接产生的电流密度 i_{BV}（$A \cdot m^{-2}$）。两者由法拉第常数相关联，$\dot{s}_k = i_{BV}/F$。假设锂电荷转移化学由反应式（16.22）表示，有 $\dot{s}_{Li^+} = i_{BV}/F \cdot \dot{s}_e = i_{BV}/F$，以及 $\dot{s}_{Li} = -i_{BV}/F$。

虽然电池通常使用全局 Butler—Volmer 体系建模，但开发多步的基本反应机理是有好处的[32]。除了主电荷转移化学，描述固体电解质界面（SEI）层的生长需要多个非均质以及电荷转移反应[35,36]。

16.3.6　电池电极的微观结构

球形粒子模型被广泛使用，且通常是合理的近似，现在用它来重建实际电极微观结构。许多学者都使用聚焦离子束扫描电子显微镜（FIB-SEM）和 X 射线断层摄影技术开发三维电极重建[37-42]。图 16.10（a）显示了在一个 FIB-SEM 实验中 Li_xCoO_2 电池正极的离子研磨面[39]。图 16.10（b）显示了由 FIB-SEM 实验数据得到的典型的三维重建[42]。从这些图像中可以看出，实际的电极微观结构与球形微粒有很大的不同。在这样的实际微观结构中对化学和运移建模，可以提供对电池性能显著的新的定量洞察[42]。此外，这种模型可以提供完整的网格建模的开发经验和推广策略。

在许多方面，模拟实际微观结构中使用的控制方程与球形粒子模型中使用的控制方程相似，然而，也有显著差异。在电极内，锂离子守恒和电荷守恒的控制方程是使用浓度解理论表示为[31]：

$$\frac{\partial C_{Li^+}}{\partial t} = \nabla \cdot \left[\left(D_{el} - \frac{2\kappa(1 - t_{Li^+})t_{Li^+}RT}{C_{Li^+}F^2}\right)\nabla C_{Li^+}\right] + \nabla \cdot (\kappa_C \nabla \Phi_{el}) \tag{16.34}$$

$$\nabla \cdot (\kappa \nabla \Phi_{el}) + \nabla \cdot (\kappa_D \nabla \ln C_{Li^+} = 0 \tag{16.35}$$

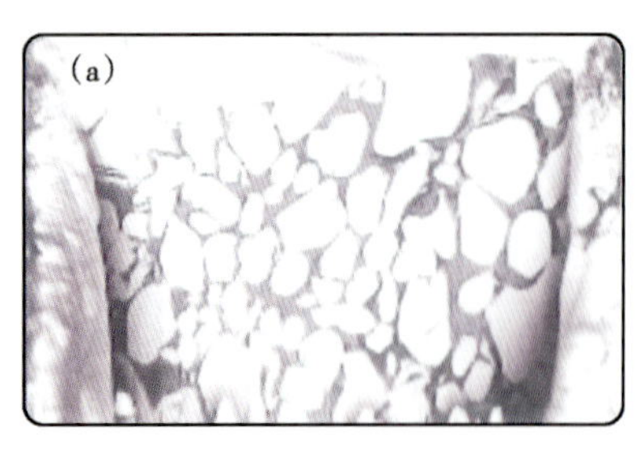

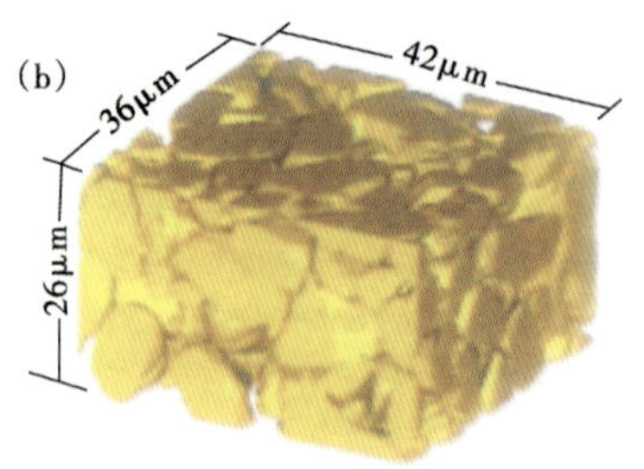

图 16.10 (a) 来自商用锂离子电池阴极的 FIB-SEM 槽（美国西北大学 Scott Barnett 教授）。(b) 从 FIB-SEM 实验的大约 200 个 SEM 图像中重构的三维商业锂离子电池正极

其中，C_{Li^+}是锂离子浓度，D_{el}是实验上测量的电极扩散系数，$\kappa_C=\kappa t_{Li^+}/F$，$\Phi_{el}$是电解相的静电势，$\kappa$ 是离子导电率。扩散传导率 κ_D 可以表示为：

$$\kappa_D=\frac{2RT\kappa}{F}(1-t_{Li^+}) \tag{16.36}$$

其中，t_{Li^+}是锂离子转移数（定义为电流的体积分数，相对于均匀组成的电解质溶液中所有离子的总电流）[28]。

当比较方程（16.23）与方程（16.34），建模方法之间的差异是显而易见的。由于实际微观结构的孔隙和微粒体积得到充分求解，三维模型不涉及诸如孔隙度之类的参数。同样，出现在方程（16.34）的扩散系数是在电解质溶剂中实际的 Li^+扩散系数，并不是一个在方程 16.23 中通过孔隙度的有效的扩散系数。在三维微观结构模式中，电荷转移化学作为边界（或界面）条件，并没有像在方程 16.23 中那样作为源项。

在电极微粒内，锂离子浓度和电子电荷守恒可以表示为：

$$\frac{\partial C_{Li}}{\partial t}=\nabla\cdot(D_{ed}\nabla C_{Li}) \tag{16.37}$$

$$\nabla\cdot(\sigma_{ed}\nabla\Phi_{ed})=0 \tag{16.38}$$

其中，C_{Li}是嵌入的锂离子浓度，D_{ed}是电解质内的锂的扩散系数，Φ_{ed}是电极内的静电势，σ_{ed}是电极内的电子导电性。

方程（16.37）与方程（16.29）相同。然而，在三维模型中锂的扩散是在实际微粒几何形状上模拟的，而不是理想化的球形微粒。另外，锂在粒子之间是自由转移的。使用方程（16.38）中的三维静电势模拟的是在电极微粒内部。在 Newman 类型模型中使用方程（16.28）的静电势没有对电极微粒内进行求解。相反，静电势模拟的跨过多孔电极结构，但是假设单个粒子的空间是一致的。

16.3.7 例证

图 16.11 显示在一个重建的 Li_xCoO_2 阴极上，在 1C 条件下放电过程中预测的锂等值线图，模拟了四个时刻的值。平面显示的是一个三维重建的电极的中部平面。当完全充电时，

阴极嵌入的锂含量低（即锂大部分在阳极）。在放电过程中，阳极微粒没有嵌入的锂，锂离子通过电解质转移，锂嵌入到阴极粒子中。左边的列清楚地表明，小微粒或者微粒的小片段比内部更大的粒子嵌入更快。右边的列表明了电解质内部的锂离子浓度。锂离子浓度在孔隙体积内显然不同。然而，由于锂离子扩散系数相对较高，锂离子的变化相对较小。

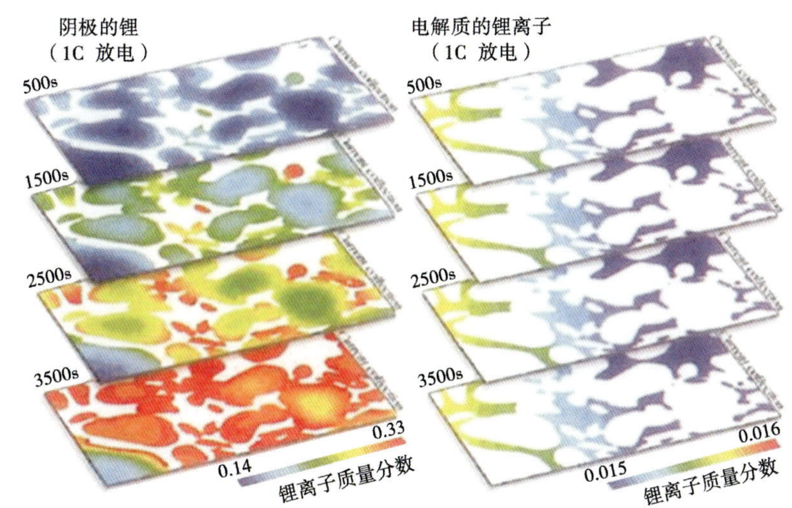

图 16.11　锂离子电池阴极在 1C 放电的三维重建的微观结构模型。颜色等值线来自三维模型的中间平面。左列中显示的是在 Li_xCoO_2 电极粒子中锂的浓度（质量分数）。右列显示电解质溶剂内的锂离子质量分数

了解电极微尺度的物理和化学行为有助于新的洞察。例如，考虑图 16.12 中所示的结果。在放电过程过程中，阳极内静电势减少。图 16.12 左边的等值线图显示微粒内的变化，以及横跨重建电极体积的宽度。右边的图显示体积加权后的静电势的分布。模拟包含电极微粒内的大约一百万个有限体积，其中每一个在放电过程中都有随时间变化的静电势。特别是在高放电速率下（此次 5C），在微尺度的局部静电势与电池终端的大约 100mV 的电压不同。这些微观的变化，对于一个完整单元的充电和放电的设计有显著的影响。

16.3.8　粗化

考虑到可用的，甚至预期的计算资源，很显然，完整的电池模型不能解决复杂的微观结构现象。因此，详细的微观结构模型的一个重要方面是在大尺度模型中获得所需要的经验。例如，Newman 型电池模型取决于多孔电极的有效性能。诸如孔隙度（即相对孔隙体积）的参数很容易地从重建的电极的微观结构中提取，其几何细节是已知的。有效的物理性能，如平均电极密度或热容量，也很容易使用贡献相（例如，固体电极相和孔隙体积内的电解质溶剂）的体积加权平均来评估。

有效的传输特性，如电导率或热导率，评估相对简单，但需要一些计算。图 16.13 显示了在一个三维微观结构立方体中，固定温度加载在两个相反面模拟结果。其余的四个面被假定为对称边界。虽然结构复杂，但是求解线性热方程 $\nabla \cdot (\lambda \nabla T) = 0$ 是相对简单的，

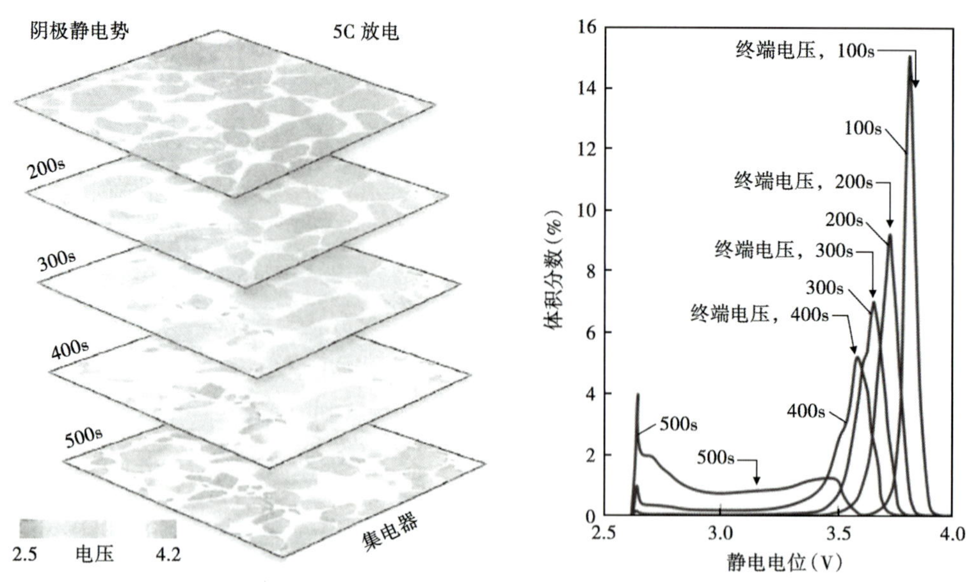

图 16.12 重建的 Li_xCoO_2 阴极的微观结构内部平面上局部静电势变化。该图显示了终端电压以及整个微观结构体积加权静电电势分布

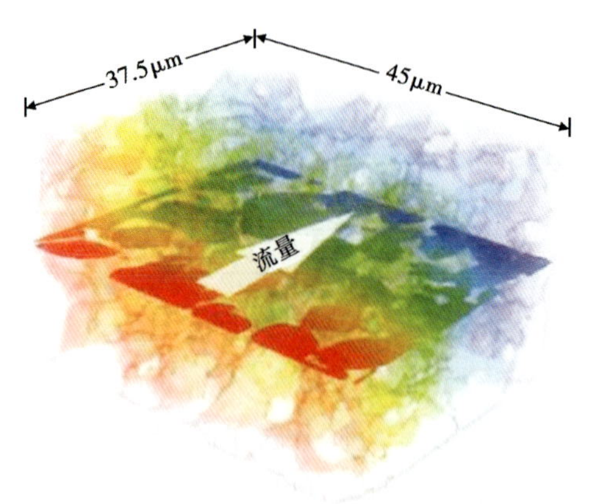

图 16.13 通过三维电极微观结构模拟的扩散

当然前提是假设软件（如 FLUENT）可用来处理复杂几何形体。在这个计算中，每个有限体积的单元被分配给它组成的材料固有的导电性。通过复合材料的净热量 q''可以轻松地从三维解中导出。然后，有效导电性可以评估为：

$$\bar{\lambda} = q'' \frac{L}{\Delta T} \tag{16.39}$$

其中，ΔT 是应用在相对的立方体面上的温度差，L 是相对面之间的距离。对于任何重建立方体（例如，图 16.13），在 x，y 和 z 方向，程序可以执行三次。由于电池电极几乎各向同性，三个有效电导率通常彼此接近。三个值的简单平均可以作为有效电导率。类似的方法可以用来评估通过微观结构的个别相的有效导电率或者扩散系数。

除了电化学功能，电池的安全性和可能的热散逸是锂离子电池的重要考虑因素。图 16.14 说明在意外短路条件下可能发生的阴极微观结构在非常高的放电率（120℃）下的体积热释放和温度等值图。两个物理和化学行为有助于初始阶段的加热。一个是法拉第式的，这是在低效率（极化）下的结果，与电极—电解质界面电荷转移化学不可逆性相关。另一个是欧姆式的，与通过电极相（即“i^2R”加热）传导的电流有关。在微粒边缘的高加热速率下主要是法拉第式的，而电流收集器附近的微粒内部的高加热速率主要是欧姆式的。由于热释放速率取决于温度、电荷的状态、放电率，一般来说，有效的热释放率的评估是困难的。一个潜在的可行的方法是根据预先计算好的表格，在完整的电池模型中检测有效的局部加热率。不过，目前，这种做法正在进行中。

图 16.4（b）展示了在微观结构中局部的温度分布。即使在这个非常积极的短路条件下，在微观结构立方体的温度差也小于 1℃。小的电极结构域和相对高的热导率迅速传播温度。当然，整个电池内的温度可以相差很大，尤其是在异常环境下。因此，微观结构模型的一个重要方面是有效热释放速率的预测，可用于完整的单元模型，来预测宏观温度变化和整体单元性能。

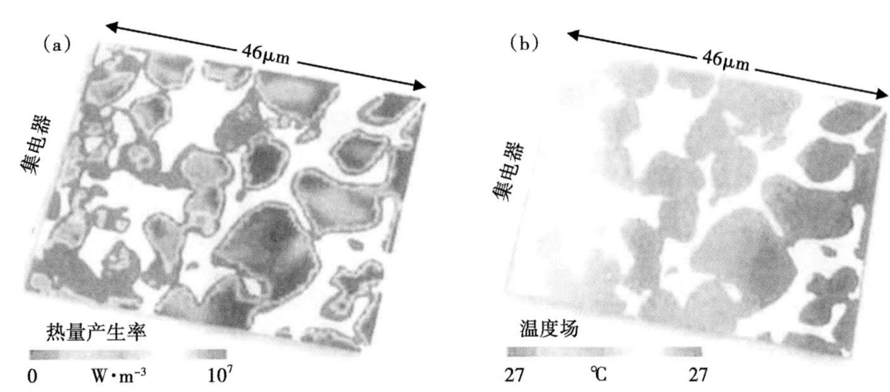

图 16.14　三维阴极微观结构在 1s 内内部短路的平面二维等值线图，导致 120℃下非常高的放电速率。（a）局部体积热产生率 $\dot{q}$，（b）局部温度场

16.4　催化

催化反应器在工业化学处理中应用非常广泛[43]。每辆汽车都有催化转化器，以协助控制环境污染。虽然具体的实现方案可以有很大的不同，但是基本上每一个催化反应器都是在多孔介质中引入催化剂。孔隙结构的一个重要功能是将反应流体暴露于高催化剂表面区域。然而，在孔隙介质内部，高表面积和气体运输限制之间，通常有设计和操作的权衡。

在整体结构中，单个通道的有效直径通常为毫米级。在通道壁的外涂层通常几十微米厚。在填充床的配置，气体在催化剂微粒之间的孔隙中流动（图 16.15）。相对较大的催化剂微粒在微粒内也可以有微观孔隙度。因此，这是一个级联的多尺度的多孔介质的行为。

代表多孔介质化学和运输的基本原则，与前面描述的 SOFC 阳极基本上是相同的。然而，由于宏观反应器配置可以有很大不同，孔隙介质和宏观的流动和传热之间的相互作用可以显著变化。

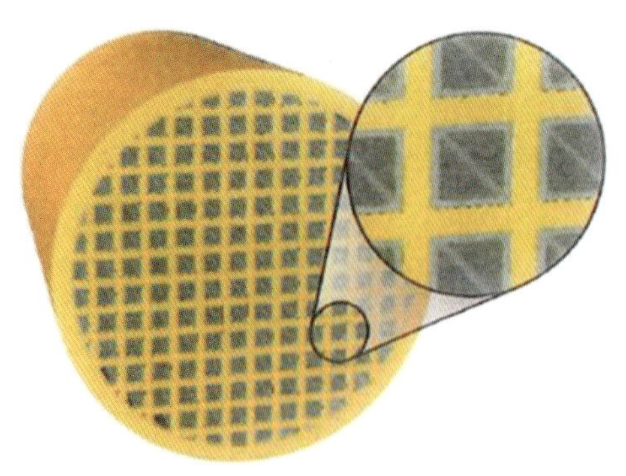
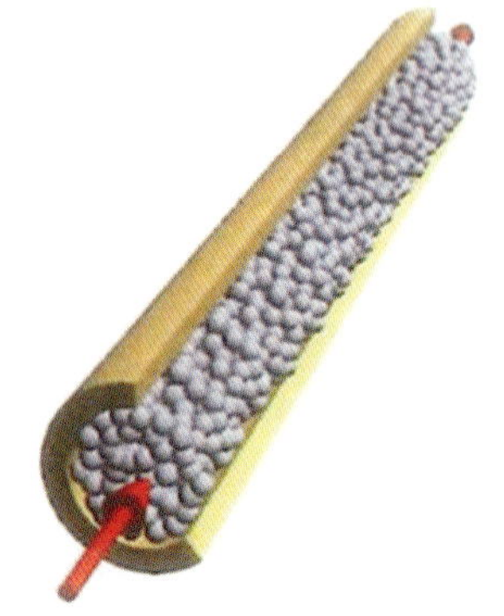

具有催化剂修补涂层的蜂窝整体　　反应器通道与填充床催化剂

图 16.15　两个常规的催化反应器配置。涂层的整体是典型的汽车催化转换器。填充床配置在于广泛的工业过程是相同的

16.5　结论与展望

多孔介质和反应流在非常广泛的实际技术中起着核心作用。表征和理解微尺度下物理、化学和电化学过程的能力，扮演越来越有价值的角色。除了提高基本的理解，新的知识可以被升级来协助宏观上整个设备和部件的优化设计和控制。

实验技术如 FIB-SEM 正在迅速改善，使得能够测量微观结构高分辨率的几何细节。如 X 射线计算机断层扫描（CT）使用同步辐射 X 射线技术，能够实时，现场测量电池功能。复杂微观结构的物理和化学细节的模拟放大了新的实验成像技术的价值。建模也将受益于需要输入模型中的基本的物理和化学性质的独立的测量。此外，在整个系统或组件的宏观测量，在验证模型和粗化策略方面是有价值的。

本章的讨论和例子只集中在少数的技术和应用上。然而，一般方法并非一般，其潜在应用范围从小电源到地质尺度的挑战。

致　谢

我们非常感谢来自海军研究办公室的支持，使得电化学能源技术有广泛的基础和应用研究。

参 考 文 献

[1] R. Braun, T. Vincent, H. Zhu, and R. Kee, Analysis, optimization, and control of solid-oxide fuel cell systems, *Adv. Chem. Eng.* 41, 383-446 (2012).

[2] R. Kee, H. Zhu, R. Braun, and T. Vincent, Modeling the steady-state and dynamic characteristics of solid-oxide fuel cells, *Adv. Chem. Eng.* 41, 331-381 (2012).

[3] A. Gubner, T. Nguyen-Xuan, M. Bram, J. Remmel, and L. de Harrt, Lightweight cassette type SOFC stacks for automotive applications, *European Fuel Cell Forum, Luzern, Switzerland, Paper B042* (2006).

[4] H. Zhu and R. Kee, Modeling distributed charge-transfer processes in SOFC membrane electrode assemblies, *J. Electrochem. Soc.* 155, B175-B729 (2008).

[5] E. Mason and A. Malinauskas, *Gas Transport in Porous Media: The Dusty-Gas Model.* American Elsevier, New York (1983).

[6] H. Zhu, R. Kee, V, Janardhanan, O. Deutschmann, and D. Goodwin, Modeling elementary heterogeneous chemistry and electrochemistry in solid-oxide fuel cells, *J. Electrochem. Soc.* 152, A2427-A2440 (2005).

[7] R. Kee, M. Coltrin, and P. Glarborg, *Chemically Reacting Flow: Theory and Practice.* John Wiley, Hoboken, NJ (2003).

[8] Y. Jiang and A. Virkar, Fuel composition and diluent effect on gas transport and performance of anode-supported SOFCs, *J. Electrochem. Soc.* 150, A942-A951 (2003).

[9] R. Kee, H. Zhu, and D. Goodwin, Solid-oxide fuel cells with hydrocarbon fuels. *Proc. Combust. Inst.* 30, 2379-2404 (2005).

[10] D. Goodwin, H. Zhu, A. Colclasure, and R. Kee, Electrochemical charge-transfer processes for hydrogen-steam mixtures on Ni-YSZ pattern anodes, *J. Electrochem. Soc.* 156. B1004-B1021 (2009).

[11] W. Bessler, A new computational approach for SOFC impedance from detailed electrochemical reaction-diffusion models, *Solid State Ionics.* 176, 997-1011 (2005).

[12] V. Janardhanan and O. Deutschmann, CFD analysis of a solid oxide fuel cell with internal reforming: Coupled interactions of transport, heterogeneous catalysis and electrochemical processes, *J. Powetr Sources.* 162, 1192-1202 (2006).

[13] W. Bessler, J. Warnatz, and D. Goodwin, The influence of equilibrium potential on the hydrogen oxidation kinetics of SOFC anodes, *Solid State Ionics.* 177. 3371-3383 (2007).

[14] M. Vogler, A. Bieberle-Hütter, L. Gauckler, J. Warnatz, and W. Bessler, Modelling study of surface reactions, diffusion, and spillover at a Ni/YSZ patterned anode, *J. Electrochem. Soc.* 156, B663-B672 (2009).

[15] V. Yurkiv, D. Starukhin, H. -R. Volpp, and W. G. Bessler, Elementary reaction kinetics of the CO/CO_2/ Ni/YSZ electrode, *J. Electrochem. Soc.* 158, B15-B10 (2011).

[16] E. Hecht, G. Gupta, H. Zhu, A. Dean, R. Kee, L. Maier, and O, Deutschmann, Methane reforming kinetics within a Ni-YSZ SOFC anode, *Appl. Catal. A.* 295, 40-51 (2005).

[17] H. Zhu, A. Kromp, A. Leonide, E. Ivers-Tiffée, O. Deutschmann, and R. Kee, Model-based interpretation of the influence of anode surface chemistry on solid oxide fuel cell electrochemical impedance spectra, *J. Electrochem. Soc.* 159 F255-F266 (2012).

[18] Y. Lin, Z. Zhan, J. Liu, and S. Barnett, Direct operation of solid oxide fuel cells with methane fuel, *Solid State Ionics*, 176, 1827-1835 (2005).

[19] M. Pillai, Y. Lin, H. Zhu, R. Kee, and S. Barnett, Stability and coking of direct-methane solid oxide fuel cells: Effect of CO_2 and air additions, *J. Power Sources.* 195, 271-279 (2010).

[20] M. Coltrin, R. Kee, and F. Rupley, Surface Chemkin: A generalized formalism and interface for analyzing heterogeneous chemical kinetics at a gas-surface interface, *Int. J. Chem. Kinetics.* 23, 1111-1128 (1991).

[21] G. Gupta, E. Hecht, H. Zhu, A. Dean, and R, Kee, Gas-phase reactions of methane and natural-gas with air and steam in non-catalytic regions of a solid-oxide fuel cell, *J. Power Sources.* 156, 434-447 (2006).

[22] A. Richards, M. McNeeley, R. Kee, and N. Sullivan, Gas transport and internal-reforming chemistry in Ni-YSZ and ferritic-steel supports for solidoxide fuel cells, *J. Power Sources.* 196, 10010-10018 (2011).

[23] D. Bouvard and F. Lange, Relation between percolation and particle coordination in binary powder mixtures, *Acta Metal. Mater.* 39, 3083-3090 (1991).

[24] P. Costamagna, P. Costa, and V. Antonucci, Micro-modelling of solid oxide-fuel cell electrodes, *Electrochimica Acta.* 43, 375-394 (1998).

[25] M. Suzuki and T. Oshima, Comparison between the computer-simulated results and the model for estimating the co-ordination number in a three-component random mixture of spheres, *Powder Technol.* 43, 19-25 (1985).

[26] D. Jeon, J. Nam, and C. Kim, Microstructural optimization of anode-supported solid oxide fuel cells by a comprehensive microscale model, *J. Electrochem. Soc.* 153 (2), A406-A417 (2006).

[27] D. Chen, Z. Lin, H. Zhu, and R. Kee, Percolation theory to predict effective properties of solid oxide fuel-cell composite electrodes, *J. Power Sources.* 191, 240-252 (2009).

[28] M. Doyle, T. Fuller, and J. Newman, The importance of the lithium ion transference number in lithium/polymer cells, *Electrochimica Acta.* 39, 2073-2081 (1994).

[29] M. Doyle, T. Fuller, and J. Newman, The use of mathematical modeling in the design of lithium/polymer battery systems, *Electrochem. Acta.* 40, 2191-2196 (1995).

[30] M. Doyle and J. Newman, Modeling of galvanostatic charge and discharge of the lithium/polymer/insertion cell, *J. Electrochem. Soc.* 140, 1526-1533 (1993).

[31] J. Newman and K. Thomas-Alyea, *Electrochemical Systems.* John Wiley and Sons (2004).

[32] A. Colclasure and R. Kee, Thermodynamically consistent modeling of elementary electrochemistry in lithium-ion batteries, *Electrochimica Acta.* 55, 8960-8973 (2010).

[33] A. Bard and L. Faulkner, *Electrochemical Methods Fundamentals and Applications.* Wiley (2001).

[34] D. Karthikeyan, G. Sikha, and R. White, Thermodynamic model development for lithium intercalation electrodes, *J. Porner Sources.* 185, 1398-1407 (2008).

[35] D. Aurbach, Review of selected electrode-solution interactions which determine the performance of Li and Li-ion batteries, *J. Pozvedr Sources.* 89, 206-218 (2000).

[36] A. Colclasure, K. Smith, and R. Kee, Modeling detailed chemistry and transport for solid-electrolyte-interface (SEI) films in Li-ion batteries, *Electrochimica Acta.* 58, 33-43 (2011).

[37] P, Shearing, L. Howard, P. Jørgensen, N. Brandon, and S. Harris, Characterization of the 3-dimensional microstructure of a graphite negative electrode from a Li-ion battery, *Electrochem. Comm.* 12, 374-377 (2010).

[38] D. Kehrwald, P. Shearing, N. Brandon, P. Sinha, and S. Harris, Local tortuosity inhomogeneities in a lithium battery composite electrode, *J. Electrochem. Soc.* 158, A1393-A1399 (2011).

[39] J. Wilson, J. Cronin, S. Barnett, and S. Harris, Measurements of 3-dimensional microstructure in a $LiCoO_2$ positive electrode, *J. Power Sources.* 196, 3443-3447 (2011).

[40] M. Ender, J. Joos, T. Carraro, and E. Ivers-Tiffée, Three-dimensional reconstruction of a composite cathode for lithium-ion cells, *Electrocherm. Comm.* 13, 166-168 (2011).

[41] T. Hutzenlaub, S. Thiele, R. Zengerle, and C. Ziegler, Three-dimensional reconstruction of a $LiCoO_2$ Li-ion battery cathode, *Electrochem. Solid-State Let.* 15, A33-A36 (2012).

[42] G. Goldin, A. Colclasure, A. Wiedemann, and R. Kee, Three-dimensional particle-resolved models of Li-ion batteries to assist the evaluation of empirical parameters in one-dimensional models, *Electrochimica Acta.* 64, 118-129 (2012).

[43] O. Deutschmann, *Modeling and Simulation of Heterogeneous Catalytic Reactions.* Wiley-VCH, Weinhiem (2012).

第 17 章　多孔材料结构表征

Brian P. Gorman

Department of Metallurgical and Materials Engineering, Colorado School of Mines, Golden, CO, 80401, USA

bgorman@ mines. edu

多孔材料微观结构—特性关系研究实验具有特殊挑战性，人工和自然材料都具有大范围的孔径分布和互联性，从而决定了材料的机械、电气化学和流体传输等性质。这些孔径的完全不同的变化需要多种不同的表征技术，以便充分认识其结构特征，现实和倒易空间技术可在 108 个数量级尺寸上认识多孔材料结构，散射技术利用紫外光、可见光、红外光、X 光或中子可给出大面积抽样孔径尺寸和互联性，三维现实空间表征技术利用连续切片或倾斜系列成像可进行孔隙互联性和迂曲度的定量分析，且当与有限元建模相结合时，可直接研究材料特性。结合成像分析技术可充分认识三维孔隙结构以及孔—固相边界的化学作用。

17.1　引言

正如本章中所揭示的，多种多样的多孔材料从自然科学和工程科学方面进行了全方位研究，其具有一个共同的研究主题，特别是在认识孔隙尺寸、几何形状和连通性上，这些结构特性常决定着材料的热、电、机械和化学性质。

一般而言，理解多孔材料性质的主要参数有密度、孔隙尺寸分布、孔隙间固相厚度、固相连通性和孔隙网络的迂曲度[1]。孔隙结构表征可通过许多技术完成，其选择取决于孔隙规模。近来，多种传统二维表征技术如显微镜已发展到能够给出三维定量信息[2]，多孔材料中的这些信息如此重要以至于可以直接用于建模中，如有限元分析，从而得到有关特性的认识并最终为工程材料改进过程提供反馈[3]。

目前孔隙结构表征领域特别丰富，根据谷歌学术统计，仅从 2013 年到 2014 年，以“多孔”和“层析成像”为标题发表的文章有 11，000 篇之多，搜索其他关键词将进一步打开此类数据库，说明了三维结构表征的重要性。

表征技术的正确选择主要取决于预计的孔隙结构尺度以及表征数据的使用用途[4]。如果仅需要材料密度和孔隙尺寸，非破坏性体积平均技术如散射最为合适，且根据孔隙尺度进行射线选择。如果需要更多的材料特性信息，三维现实空间表征技术诸如连续切片、倾斜系列和分析显微镜可被采用，正确的显微技术选择取决于孔隙结构尺度以及需要的孔—固界面分析内容。

本章将讨论散射技术，如 UV-Vis-NIR、X 光或中子散射，以确定纳米尺度的体积平均密度和孔隙尺寸。散射技术也具有运用数学方法产生纳米尺度孔隙几何形状的真实尺度描述的优势。连续切片技术，诸如与光学显微镜结合的金相抛光或与扫描电镜结合的聚焦离子束切片，也应用于毫米到米级三维真实空间描述。即使某种程度上是非破坏性地，X 光和电子的倾斜系列层析成像也应用于相似长度尺度。分析技术，如透射电镜和原子探测层析成像，也用于微米至亚纳米尺度的孔隙结构定量化，同时附加有孔—固界面化学信息的优势。气体吸附技术如 BET[5] 在本章不涉及。

17.2 光子和中子散射

物质的散射辐射来源于物质界面辐射的相互作用，它往往可由不同瑞利准则[4]来模拟。因为多孔材料本身具有许多固—气界面，散射技术可专门深入这些材料的体积平均结构，散射技术发挥作用的尺度由进入辐射及其与固相的电子或原子核相互作用所决定。在本部分，运用 UV-Vis-Near 红外辐射以及中子散射的例子说明认识纳米级工程陶瓷平均孔隙结构的可行性。

17.2.1 UV- Vis-Near 红外光谱学

运用光波长的光谱学是采取的最直接的措施之一，但从细致分析得到的信息提供了一般很难得到的材料信息[6]，当分析纳米级多孔薄片，运用气体吸附或重量分析技术几乎不可能获得有关孔隙和总密度的纳米结构信息，该论断是特别正确的。

特别地，透射光谱包含与光的散射和吸收有关的信息，可对粒子尺寸和孔隙度效果进行区分[7]，由透射和反射光谱计算折射指数可给出薄片密度信息，且散射可给出粒子和孔隙尺寸信息。然而，这些值不能直接获取，主要是因为需要适当的标准化以得到有关反射或透射强度的定量信息。若透射和反射光谱进行了正确标准化，混合规则提供折射指数和薄片孔隙度间的关系，这用其他技术难以测量。在如下的例子中，UV-Vis-NIR 用于量化纳米多孔 CeO_2 薄片的孔隙部分和粒度尺寸[8]。

通过简单改变煅烧条件，胶状悬浮具有能形成大范围孔隙度和粒子尺寸薄片的优势[9]，在此研究中，CeO_2 胶状悬浮用于薄片制备的初始物[10]，运用沉淀技术进行粉末制备，初始粒度尺寸约为 5nm，水胶状悬浮的稳定性用静电学完成，运用稀硝酸校正溶液 pH 值到 4，薄片以 500 转每分旋转涂敷 30 秒于抛光基面定向蓝宝石双面，然后在空气中以 150℃ 干燥，薄片最终厚度约为 2μm，随后运用不同温度退火以研究这些薄片的稠化过程，并了解 UV-Vis-NIR 在研究这些过程中的应用。

接下来在空气中不同温度下煅烧，运用 Cary- 5UV-vis 近红外（NIR）分光光度计对薄片进行光学表征，尽管研究的主要目标是反射和透射光谱的解释，其他方法也用于检查分光光度计结果的准确性，包括椭圆光度法、机械轮廓测定法和扫描电子显微镜（SEM）。

透射和反射的光谱测量在 3000200nm 波谱的近红外、可见和紫外范围内，然而，感兴趣的光谱范围限于 300700nm，因为折射指数在红外范围不变化且在紫外范围发生强烈的吸收作用。为了进行折射指数的计算，需要对测量的光谱进行标准化以获得透射率和反射率的定量值，该过程很好记录了透射率且按照测量基线通过划分测量强度完成。用未涂层蓝宝石基底反射率计算反射基线。

标准化的反射和透射光谱如图 17.1 所示，光谱中观察到三种不同效应：二氧化铈图层干扰、带隙吸附和二氧化铈粒度散射。基于标准 Fresnel 方程组的计算值，反射和透射光谱的最大值（或最小值）间没有精确匹配[7]，这与图层上光的衰减有关系，在理论模型中需考虑这种衰减。

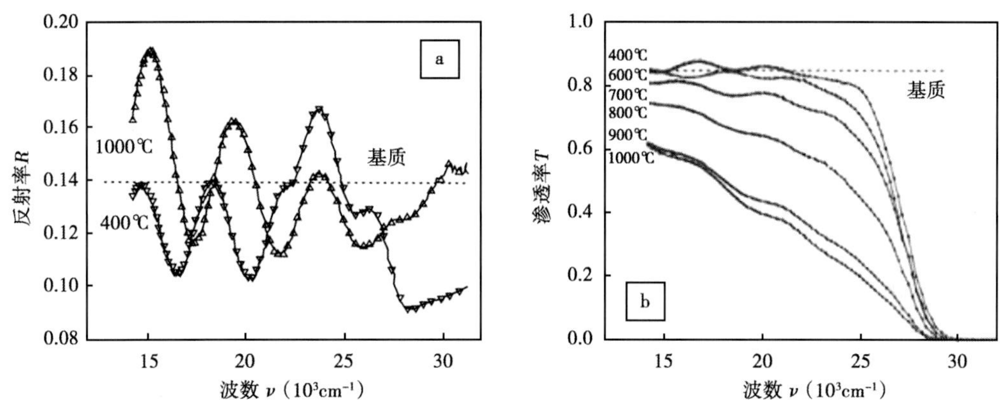

图 17.1　胶状 CeO_2 薄片不同退火温度反射和透射光谱

该模型用于区分这些效应且定量计算二氧化铈层内折射指数、散射和吸附，该层的复杂折射指数计算如下：

$$\hat{n} = n_0 - ik \tag{17.1}$$

复杂折射指数包含实部 n_0，其通过 Lorenz 方程与稠密二氧化铈的折射指数相联系：

$$\frac{n^2 - 1}{n^2 + 2} = \frac{n_0^2 - 1}{n_0^2 + 2}P \tag{17.2}$$

式中 P 为图层氧化物的体积分数，衰减系数 k 为散射系数 k_{scat} 和吸附系数 k_{abs} 之和。

图 17.2 显示了运用方程（17.2）的孔隙度计算值结果，在 400℃热处理后涂层中二氧化铈的初始体积分数为 50%，随煅烧温度增加至 1000℃时达到 85%。然而，在这一孔隙度范围内，乘数（$d \cdot P$）并不变化，因此没有 CeO_2 质量随每一厚度的变化。

计算的衰减系数对波长关系如图 17.3 所示，该衰减与 400～700nm 波长范围内的散射相关，强带隙吸附仅在更短波长时发生，因此不影响衰减系数计算值。光学散射则是这些波长下衰减系数的主要原因，可从中量化 CeO_2 粒子尺寸。如图 17.2 所示，散射强度取决于煅烧温度（即粒子尺寸和孔隙分布）且随波数增加而增加，从而可以从散射中研究粒子几何学参数，然后从衰减系数中减去散射得到二氧化铈粒子的真实吸附。

从理论得知，对散射依赖的振幅和波长主要取决于粒子形状和尺寸[11]。Rayleigh 理论指出，如果粒子尺寸 a 远小于波长 λ，散射强度对小粒子的相关程度是 λ^{-4}，这说明散射系数 k_{scat} 对波长的相关程度是 $(a/\lambda)^3$。对于一维缺陷（如无限圆柱），如果缺陷直径小于 λ，

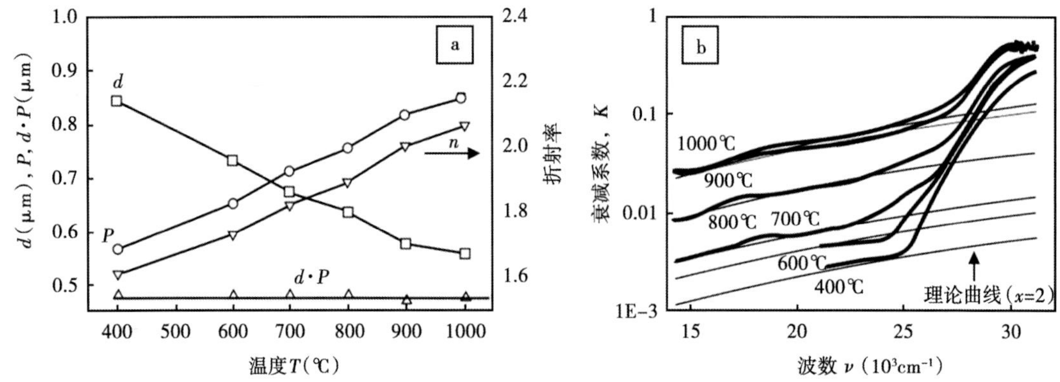

图 17.2 基于 Fresnel 理论和 Lorenz 混合规则，从透射和反射测量计算薄片孔隙度

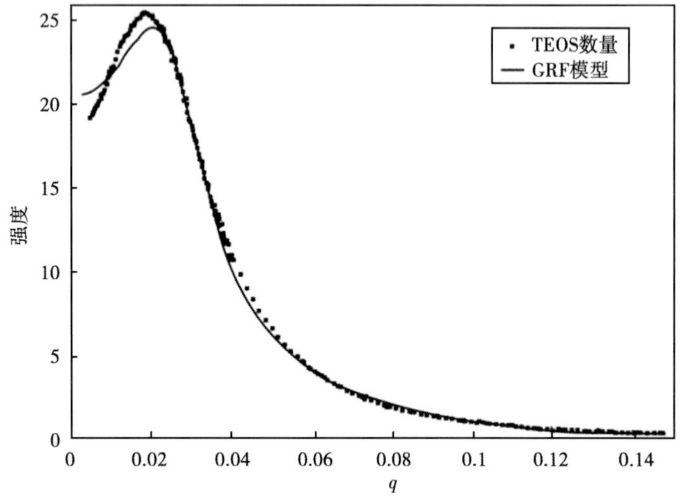

图 17.3 横切模型与 TEOS 实验散射数据的强度曲线

散射系数应与 $(a/\lambda)^2$ 成比例。最后，对于厚度 a 小于 λ 的二维缺陷，它将与 (a/λ) 成比例。

缺陷物理性质由样品结果决定。在当前例子中，涂层孔隙度和孔隙极有可能是稠密二氧化铈基质中的散射缺陷，因为孔隙度处于 1550% 的范围内，从而依赖于散射的波长应与孔隙尺寸和分布相关[11]：

$$k_{scat} = A(n_0)\left(\frac{a}{\lambda}\right)^x(1 - P) \tag{17.3}$$

式中 x 在不大于 13 范围之内，取决于孔隙分布，A 是数值常量，取决于稠密二氧化铈的折射指数 n_0。衰减系数 k 与波数量的理论相关性见图 17.3 中直线。可以看出，斜率等于 2，显式孔隙具有不均一分布且形成线性结构，由方程（17.3）计算的缺陷尺寸与 XRD 峰值加宽和 SEM 图像发现的粒度尺寸相关。

最后，只要薄片厚度和粒子（孔隙）尺寸比散射测量使用的波长更小，纳米多孔薄片密度、厚度、粒子尺寸和孔隙形态就可量化，该技术是一种量化多孔材料结构的简单、无损害方法。

17.2.2　小角度中子散射

UV-Vis-NIR 是测量波长对散射的依赖反应，而运用多种光学的中子和 X 射线散射则是测量角度相关性[11]。然而，得到的信息与体积平均材料密度、粒子尺寸和孔隙几何形状的定量信息相似。

简言之，这些技术利用了从内部界面散射的 X 射线和中子的波属性。每一种散射过程具有与真实空间结构尺寸有关的特征角度，由于它们是倒易空间技术，较小散射角度与较大真实空间结构有关，且反之亦然。X 射线散射强度可与固相材料原子密度线性相关，X 射线光源包括从改自 X 射线衍射仪器的实验室尺度仪器到高度的单色同步加速器光源。

反过来，中子散射强度取决于每个原子的中子横向截面，这与同位素相关，且在元素周期表中没有线性趋势。因此定量小角度中子散射（SANS）分析需要材料成分和同位素比值的先验知识，中子源一般需要反应器或线性加速器，两者在实验室尺度上都不可获取。运用数学建模技术如高斯随机域（GRFs）[12,13]，可将倒易空间数据转为真实空间三维结构。如下的例子将说明运用 SANS 研究多孔硅土气凝胶的微结构和高斯随机域模型，从而认识如何从 SANS 倒易空间数据得到真实空间微结构。应指出小角度 X 射线散射（SAXS）是完成相似研究的知名技术，两种技术都已运用以研究一系列长度尺度并研究网络结构的变化。如下例子说明应用 SANS 和 GRF 分析以认识硅土气凝胶的纳米结构[14]。

实验证明，硅土气凝胶由乙醇中四乙氧基硅烷（TEOS）前驱物（4∶1 乙醇/TEOS 比例），运用碱催化剂（0.1N NH_4OH，pH = 9.6）在 4∶1 碱催化剂/TEOS 比例下合成，形成 23℃下 1cm 直径的凝胶，样品在溶剂中老化三天且在 CO_2 中超临界干燥。SANS 实验在 NIST 中子研究中心的中子指南 NG-7 指导的 SANS 仪器上运行三天，运用的探测距离有 1.2m、4m 和 15.3m，以研究大范围长度尺度，5Å 中子用于解决极小长度尺度。这些气凝胶样品的 Q 空间强度弧线如图 17.3 所示。高斯随机域模型应用这类数据以提取固相和孔隙的平均弦长，详细信息见参考文献［14］。对这种材料量化，GRF 模型给出名义上的 120Å 的孔隙尺寸（弦长）。

图 17.4 是碱催化 TEOS 气凝胶的透射电子显微镜（TEM）图像，主要粒子的松散连接微结构和类似球体形状明显可见。联系 TEM 图像与中子散射拟合数据展示了两种技术间的极好相关性，将图 17.4 与图 17.5 中 GRF 模型的实现相比较时格外明显。

总之，SANS 是量化体积平均孔隙尺寸结构的有效技术，具有易于解决的 12nm 特征。运用数学处理方法如高斯随机域拟合数据，可得到三维纳米结构，该结构可与现实空间成像技术如 TEM 相比较，若运用合适仪器，类似结果也可运用 SAXS 得到。

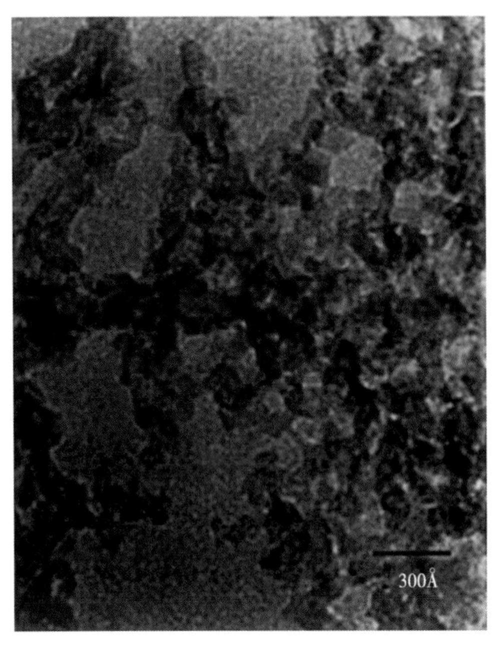

图 17.4 碱催化 TEOS 气凝胶的 TEM 图像

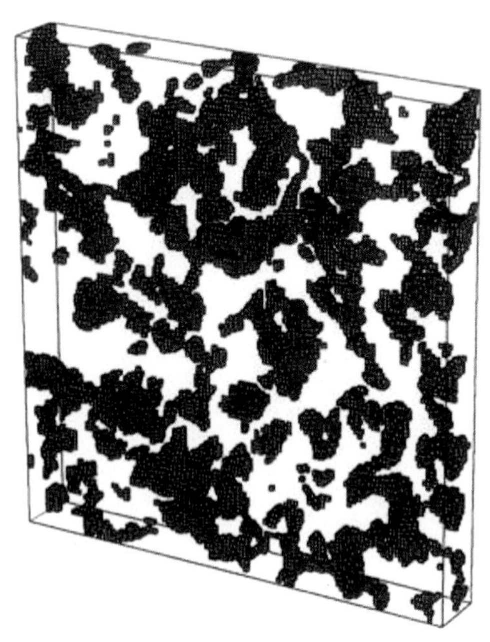

图 17.5 TEOS 横切模型的实现。该实现尺寸为 1500×1500×187.5Å^3。与图 17.3 的比较可理解数学模型在 SANS 数据上的应用

17.3 连续切片

研究材料三维微结构的最为广泛应用技术之一就是连续切片。此项技术中，一种迁移或截切材料表面的方法与现实空间显微成像结合，重复该过程几百至几千次得到可重建现实空间的三维数据集。切片经常运用金相抛光技术[3]或聚焦离子束（FIB）喷射[15]，显微成像可用光学或扫描电子显微镜（SEM）完成。这些技术如偏正光显微镜、背散射电子成像、EDX 能谱仪[16]或电子背散射衍射（EBSD）[17]，可量化不同材料相以及它们的微结构。从连续切片数据重建三维体积很简单，即从一张图像到另一垂直切片匹配置信特征，同时比较 $x-y$ 平面的图像强度，几种商业软件包可用于三维微结构的可视化和量化分析。

17.3.1 光学显微镜连续切片

在绝大部分从毫米到微米空间分辨率连续切片的常用工具中，光学显微镜与金相抛光技术结合最为常见。抛光移除材料已知厚度，一般小于固体微结构尺寸的十分之一。抛光后，其表面可用多种光学显微技术和多种放大率进行光学显微成像。重复该过程多次得到与多孔材料微结构统计相关的体积。目前，一种商业光学显微镜—金相体系可使用。

在文献［3］的如下例子中，连续金相切片与光学显微镜相结合，被用于碳泡沫三维微结构的量化分析。精确重构之后的三角矩阵信息不仅可以对获取的信息进行量化，获得的微结构还可用有限元方法建模判定与过程和微结构相关的机械性质。

碳泡沫运用几种不同技术处理，随后真空渗入低黏度环氧树脂。环氧树脂被用来固化结构以允许抛光，且保持足够光学显微方面的差异。连续切片运用 1.0μm 钻石研磨片抛光，使得抛光速率目标定为大约每切片 3.5μm。总共从该样品取得 310 张图像切片，涵盖泡沫厚度 780μm，因此，成像样品总体积为 2.7mm×2.0mm×0.78mm，即 4.2mm^3。连续切片和图像获取之后，进行图像二值化处理以突出两种不同相（碳和环氧树脂），泡沫等值面如图 17.6 所示，泡沫尺寸为 579μm×606μm×776μm。

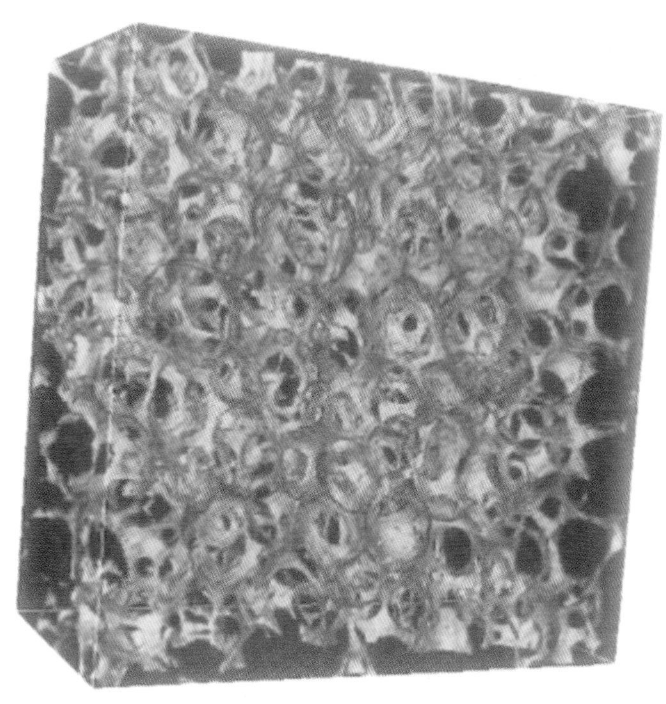

图 17.6　碳泡沫多孔结构的等值面图像。通过金相抛光系列切片和光学显微镜获得数据

二值化后，三维数据可转化为三角网格进行有限元分析（图 17.7）。根据有限元分析，对于这种 90%的多孔泡沫，热导率被确定为 0.034，与实验数据一致。类似地，相同替代模型的应力分析给出总的 154MPa 刚度，再次与文献数据一致。实验表征与测量性质间的一致性说明了表征方法在预测孔隙主控微结构性质的优点。

17.3.2　聚焦离子束和扫描电子显微连续切片

类似于金相—光学显微，运用聚集离子束—扫描电子显微（FIB—SEM）的连续切片在三维表征领域也获得极大关注。特别地，它被用来分析燃料电池电极[15]和页岩沉积[18]的三维微结构。

在大部分基本应用中，离子束附着在样品表面，引起表面喷射，从而截切样品。FIB 体系一般用$^{69}Ga^{+}$离子，其来自加速到 0.5~30kV 间的液态金属离子源[19]，此动力能量允许撞击区域发生碰撞级联，对表面喷射最为有效。FIB 离子柱现可聚焦这些离子至小于 10nm 区域，产生高度局域喷射。在现代 FIB 体系中，样品真空室内附加有 SEM 柱，于是 FIB 光刻

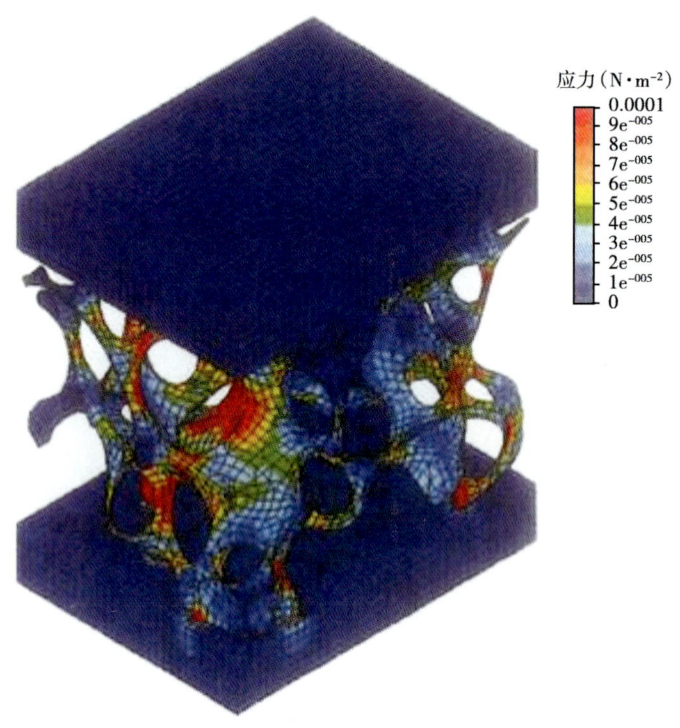

图 17.7 碳泡沫导出的应力状态有限元模型。矩阵由金相抛光连续切片和光学显微计算得到

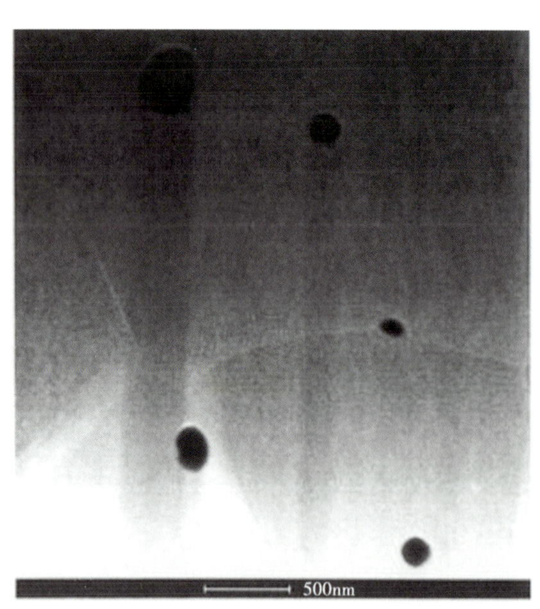

图 17.8 FIB 研磨试样的 STEM-HAADF 图像展示“屏蔽”效应

可立即发生在 SEM 成像之前，即使有时发生在旋转和倾斜阶段之后。这些成像实验的流率可达到每小时 30 张切片，每一片约 50nm。联结 SEM 成像和 EBSD 或 EDS 分析，可显著影响分析时间，运用场发射柱的 SEM 成像可达到 10nm 空间分辨率，允许进行纳米多孔材料的结构分析。

此项技术的主要缺点之一是“屏蔽”效应，当离子束附着在多孔材料上时，固相开始被吹开，直到自由表面（孔隙）出露。在这一点，离子束自由吹开其下的固相，即使在重要波束变宽之后。产生的结构（图 17.8）与剧场窗帘折痕相似，这些效应存在的问题是它们不代表真实微结构特征，并可显著改变三维微结构数据。该连续切片技术及相关建模例子在本卷其他章节中给出[20]。

17.4　倾斜系列层析和分析技术

由于连续切片技术的固有破坏性和散射技术不反映真实空间数据，倾斜系列层析可成为三维表征技术的另一选择。在这些方法中，放射物（代表性的有 X 射线或电子）通过平面或圆柱形样品（更好地）传播，随后的图像以多种样品倾斜角度不低于 90°获取。三维数据集通过数学处理汇集起来，通常为加权反投影或联合迭代重建法（SIRT）。幸运地，这些技术也具有高分辨率能力，从 X 射线的 50nm 到电子的近原子级。圆柱样品通常用于倾斜系列层析实验，以促进近 180°旋转，且消除“失踪楔”效应。

17.4.1　X 射线层析成像（XRT）

许多早期文献中回顾了 XRT2 的一般概念[2,21]，在《材料研究年度回顾》（Annual Review of Materials Research）的最近刊文中已显示了 XRT 对多孔材料的适应性[1]。一般而言，XRT 构建材料固相 X 射线衰减三维图像。如 17.3 部分所指出的，X 射线衰减可与材料平均原子序数和原子密度线性相关。显然地，孔隙空间原子密度比固相低，于是基于衰减的差异通常容易得到。

实验上，XRT 需要一个 X 射线光源、一个旋转台、一个探测器和能执行重建算法的软件。在实践中，XRT 仪器有两种形式：（1）分辨率低至约 1μm 的实验室仪器；（2）基于同步加速具显著较高空间分辨率的仪器[22]。同时运用位于探测器和样品间的相移片相对比图像也可得到，衰减对比在多孔材料中固相和气相间界面为主要关注点地方通常比较明显。图 17.9 显示了多孔材料层析图像的选择结果[1]。

图 17.9　几种高孔固体介观结构的示例

最近文章[23]比较了燃料电池电极样本的 XRT 和 FIB-SEM 连续切片，总体来说，值得注意的是 XRT 产生更多可信数据，这归因于 XRT 大块材料抽样的较大体积。此外，生成物如喷出材料的再沉淀可充填 FIB 光刻时的孔隙空间，从而减少测量孔隙空间体积。尽管未被作者记录，屏蔽效应在 FIB-SEM 中具有可能性，而在 XRT 实验中不存在。奇怪的是，作者提到了 XRT 与 FIB-SEM 相比，需更高花费和时间。然而，需要分析的时间未被量化，通常地，XRT 图像对每个倾斜角度需要约 30 秒，意味着对于 180°数据采集约为 3 个小时。在 FIB-SEM 实验中，180 片可超过 6 小时采集，主要是由于阶段运动和置信调整需要的时间。在任何情况下，获取数据的价值大大超过与数据采集有关的时间消耗。

17.4.2 透射电子显微层析成像

虽然商业 XRT 体系在实验室尺度可得到，它们的分辨率一般限于 50nm，即便体系处于最佳水平。如果孔隙尺寸仍然较小，于是扫描透射电子（STEM）层析成像就可应用[24]，根据样品几何形状，达到原子级别分辨率是可能的。

STEM 图像可在几种不同电子光学几何形状中获得[25]，在生物群落盛行的传统 TEM 模式中，来自透射的、卢瑟福散射的、布拉格衍射的和无弹性散射的电子都对图像差异有贡献。由于布拉格散射电子的强度随样品倾斜变化而变化，仅来自透射的或卢瑟福散射的电子代表性地用于结晶固体，这通过运用具亮场和高角度环形暗场（HAADF）探测器的 STEM 成像完成[25]。当运用 STEM-HAADF 成像时，差异主要来自卢瑟福散射，从而原子序数差异普遍而衍射差异极小。在多孔结晶材料中，STEM-HAADF 现在是 STEM 成像的主要方法。

STEM 层析成像的主要局限是平面样本倾斜通常受物镜极间隙的几何形状限制，专业持有者现允许高达±70°的倾斜。然而，一系列角度投影的缺失导致傅立叶空间信息的“失踪楔”效应，结果引起三维重构中的生成物。为解决该问题，运用 FIB 技术制备的圆柱样本现被使用，虽然随后视域受限，运用专门硬件，倾斜范围可到达 90°。

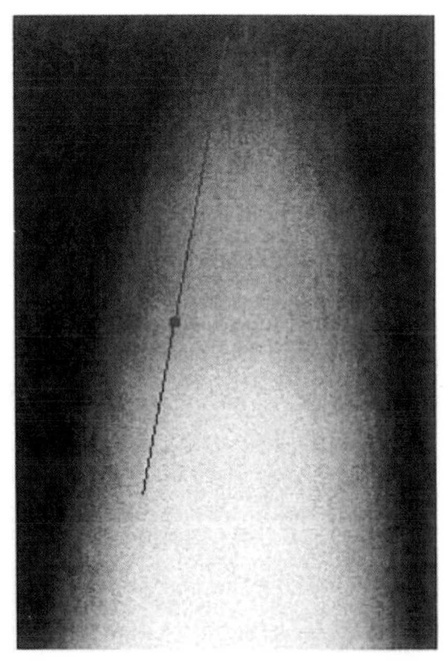

图 17.10 植入 He 离子的块体金属玻璃 STEM-HAADF 成像，差异变化说明了原子密度的变化，场域为 150nm

文献［26］的例子展示了 STEM 层析成像在高倾斜角度的应用以量化来源于化学溶液的 $La_2Zr_2O_7$（LZO）氧化物薄片。圆柱样本通过 FIB 技术制备且数据通过允许 180°旋转的阶段采集，消除任何失踪楔的重构误差。图像在 STEM-HAADF 模式中从 0°～180°每 2°在 200keV 采集，随后通过 20SIRT 迭代重构，得到样本的三维可视化成果，从中可量化纳米结构。通过大倾斜角度使失踪楔效应最小化时，直径小于 10nm 的孔隙就可量化。

17.4.3 分析 TEM

虽然 STEM 层析成像允许纳米级孔隙结构的可视化，分析 STEM 技术，特别是电子能量损失谱（EELS），结合[27]或甚至不结合倾斜系列成像，可用于量化孔隙度。如下的例子展示了运用 EELS 进行纳米尺寸的定量化研究。

图 17.10 是块体金属玻璃（BMG，成分$Cu_{50}Zr_{45}Ti_{5}$）的 STEM-HAADF 成像，其中已植入 140keV 的 $2x10^{17}/cm^2$ He^+[28]，He 离子引起结构的结晶化，也凝聚成“气泡”。为了评价孔隙结构，STEM 成像、EELS 光谱和原子探测层析成像（下节讨论）被采用。

STEM-EELS 通过样本非弹性散射后的电子能量分析工作[29]。通常地，EELS 被用来量化样本化学性质。然而，其他有用信息存在于能谱之中，特别地，弹性散射电子（图 17.11 中零损失峰值处）与非弹性散射电子比例给出了样本非弹性平均自由程长度的量化信息。由于非弹性自由程长度直接与材料原子密度成比例，孔隙结构也可根据位置进行量化。

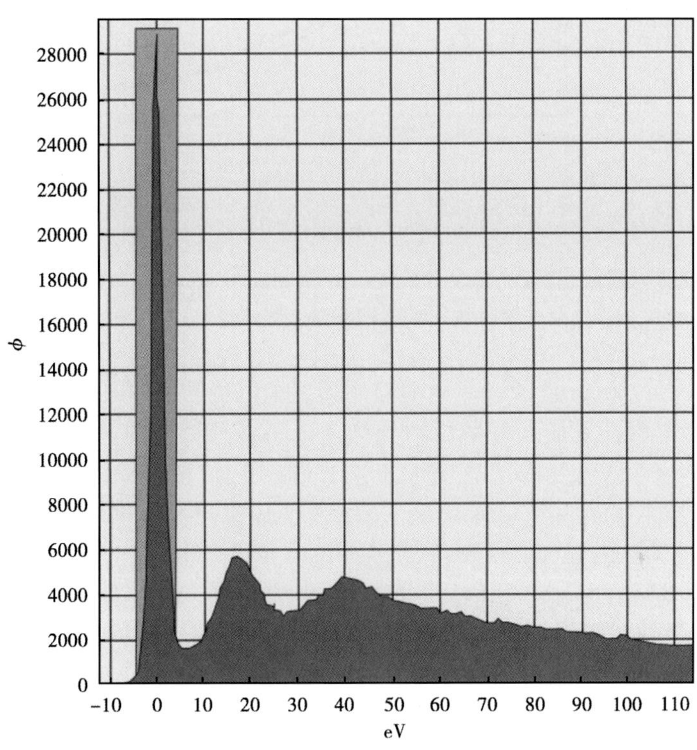

图 17.11　图 17.10 中 BMG 的低损失 EELS 谱，零损失峰值明确显示

图 17.12 是零损失峰值强度与位置函数关系的线性剖面（蓝色踪迹是减掉的背景），其中 x 轴与图 17.10 中的线相对应，虚线框突出了不与样本几何形状有关的零损失峰值强度中的显著变化，运用 Egerton 概述的对数比例方法，样本孔隙度可从该剖面中直接量化。假定厚度为常数，零损失强度变化反倒是由于样本平均自由程长度的变化所引起，在此情况下是由于样本恒定化学性质下存在的孔隙度引起的。运用这些方法，这个样本的孔隙度量化为（33±12）%，与 TEM 成像和原子探测层析成像（下节）较好吻合。

17.4.4　原子探测层析成像

多孔材料表征不仅包括固相和孔隙相尺寸分布和迂曲的三维信息，也包括固—孔界面的化学信息。目前，原子探测层析成像（APT）被定位为完成小于 1～200nm 尺寸的分析，但挑战依然存在。

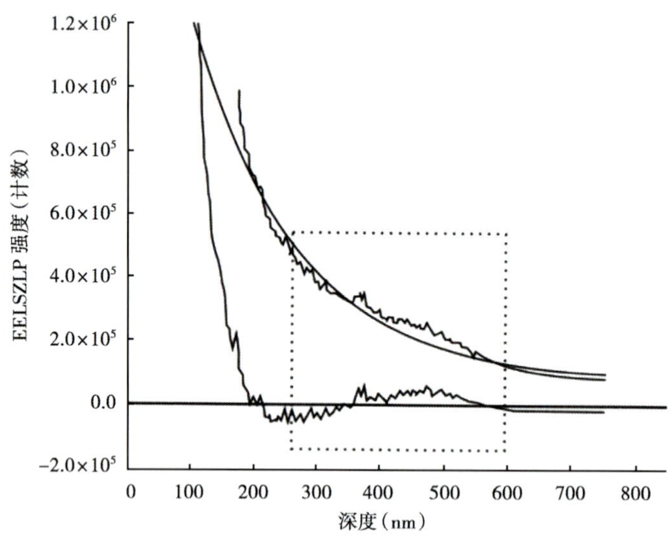

图 17.12　零损失峰值（ZLP）强度为位置的函数的线剖面。x 轴对应于图 17.10 的红线。ZLP 强度的变化是非弹性散射的直接测量，因此也是孔隙密度的直接测量

APT 基于从小于 200nm 直径针形样本控制场离子汽化的原理工作[30]，场汽化可通过脉冲电场或热聚焦激光脉冲完成。测量样本到微通道平板探测器的飞行时间，每个原子或分子的质荷比可以确定，通常具小于 0.1Da 质量分辨率。由于从样本到探测器的放大率大约为 10^7，空间分辨率小于 1nm 可能在 x-y，小于 0.2nm 显示在 z 方向。

应用 APT 于多孔材料呈现巨大挑战，场汽化经常要求的强场（小于 1V/Å）导致孔隙内部电介击穿，导致样本故障。相似地，强场也导致样本里约 3%的电致伸缩应变，导致孔隙机械故障。当原子探测成功完成时，固—孔界面轨迹畸变可导致不准确原子定位。随着固—孔边界在表面顶点暴露，该场可局限于固相周围，引起汽化离子遵循局部场线而不是全样本半径主控的那些。虽有这些挑战，APT 实际在一些例子中是成功的，特别对于孔隙直径小于 5nm 的情况[28,31]。

APT 应用于前面章节阐述的相同 BMG 材料，如图 17.13 所示。APT 可探测 Zr—Ti—Cu 比例的变化（分别展示为黑—灰—橙色等值面），此外，三维孔隙结构也被观察到，即使具

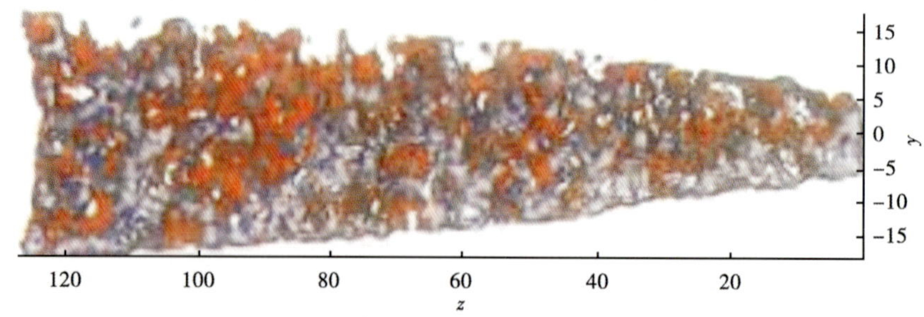

图 17.13　He 离子照射后块体金属玻璃的原子探测重构。孔隙空间在视域里明显可见，不仅孔隙三维结构可量化，而且固—孔界面的化学作用也可在原子尺度上确定

有早前讨论的轨迹畸变的限制。每个孔隙表面可被认为是局部原子密度最小值，以及量化孔隙周围的固相。扩大这些研究至例如地球化学的水—固相或燃料电池电极的气—固相，将指导未来这些材料反应性的认识。

17.5　总结和下步工作

本章中展示了几种不同的量化体积密度、孔隙尺寸分布、固相厚度、三维孔隙迂曲度和孔—固界面化学作用的技术，运用一套从散射到连续切片到倾斜系列层析成像的不同技术，可从毫米至亚纳米尺度进行量化。每一项实验方法存在重要挑战，但通过联合表征和建模得到的科学认识很值得努力克服这些挑战。

孔隙尺度表征的前沿是孔隙结构和固相界面化学作用的综合认识，结合倾斜系列和连续切片层析成像与分析技术，如 X 射线荧光光谱法和电子能量损失能谱法，使用 APT 可提高这些技术空间分辨率以达到对三维表面化学作用的真实基本理解。

参 考 文 献

[1] E. Maire, X-ray tomography applied to the characterization of highly porous materials, *Ann. Rev. Mat. Res.* 42, 163-178 (2012).

[2] G. Möbus and B. J. Inkson, Nanoscale tomography in materials science, *Materials Today*. 10 (12), 18-25 (2007).

[3] B. Maruyama, J. E. Spowart, D. J. Hooper, H. M. Mullens, A. M. Druma, C. Druma, and M. K. Alam, A new technique for obtaining threedimensional structures in pitch-based carbon foams, *Scripta Materialia*. 54 (9), 1709-1713 (2006).

[4] J. Wachtman and Z. Kalman, *Characterizartion of Materials*. Butterworth-Heinemann (1993).

[5] S. Lowell, J. E. Shields, M. Thomas, and M. A. Thommes, *Characterization of Porous Solids and Powders: Surface Area, Pore Size, and Density*. Kluwer (2004).

[6] G. D. Brabson, *Ultraviolet / Visible Absorption Spectroscopy*, In *Handbook of Materials Characterization*, pp. 61-71. ASM International.

[7] O. S. Heavens, *Optical Properties of Thin Solid Films*. Courier Dover Publications (1991).

[8] B. Gorman, V. Petrovsky, H. U. Anderson, and T. Petrovsky, Optical characterization of ceramic thin films: Applications in low-temperature solid oxide fuel-cell materials research, *J. Mat. Res.* 19 (02), 573-578 (2004).

[9] B. P. Gorman and H. U. Anderson, Microstructure development in unsupported thin films, *J. Am. Ceram. Soc.* 85 (4), 981-985 (2002).

[10] V. Petrovsky, B. Gorman, H. Anderson, and T. Petrovsky, Optical properties of ceo2 films prepared from colloidal suspension, *J. Appl. Phys.* 90 (5), 2517-2521 (2001).

[11] D. G. LeGrand, *Small-Angle X-ray and Neutrotn Scattering*, In *Handbook of Materials Characterization*, pp. 402-406. ASM International.

[12] A. P. Roberts, Morphology and thermal conductivity of model organic aerogels, *Phys. Rev. E.* 55 (2), R1286 (1997).

[13] A. P. Roberts and S. Torquato, Chord-distribution functions of threedimensional random media: approximate

first-passage times of gaussian processes, *Phys. Rev. E*. 59 (5), 4953 (1999).

[14] J. Quintanilla, R. F. Reidy, B. P. Gorman, and D. W. Mueller, Gaussian random field models of aerogels, *J. Appl. Phys.* 93 (8), 4584-4589 (2003).

[15] J. R. Wilson, W. Kobsiriphat, R. Mendoza, H. -Y. Cben, J. M. Hiller, D. J. Miller, K. Thornton, P. W. Voorhees, S. B. Adler, and S. A. Barnett, Threedimensional reconstruction of a solid-oxide fuel-cell anode, *Nature Materials*. 5 (7), 541-544 (2006).

[16] K. Scott, J. M. Davis, and E. P. Vicenzi, Three-dimensional microanalysis using fib sem: Variations in technique, *Microscopy and Microanalysis*. 15 (S2), 476-477 (2009).

[17] S. J. Dillon and G. S. Rohrer, Characterization of the grain-boundary character and energy distributions of yttria using automated serial sectioning and ebsd in the fib, *J. Am. Ceram. Soc.* 92 (7), 1580-1585 (2009).

[18] B. Bera, N. S. K. Gunda, S. K. Mitra, and D. Vick, Characterization of nanometer-scale porosity in reservoir carbonate rock by focused ion beamscanning electron microscopy, *Microscopy and Microanalysis*. 18 (01), 171-178 (2012).

[19] L. A. Giannuzzi and F. A. Stevie, *Introduction to Focused Ion Beams: Instrumentation, Theory, Techniques and Practice*. Springer (2005).

[20] R. J. Kee, H. Zhu, G. M. Goldin, and S. A. Barnett. ibid.

[21] P. J. Withers, X-ray nanotomography, *Materials Today*. 10 (12), 26-34 (2007).

[22] J. Baruchel, J. -Y. Buffiere, P. Cloetens, M. Di Michiel, E. Ferrie, W. Ludwig, E. Maire, and L . Salvo, Advances in synchrotron radiation microtomography, *Scripta Materialia*. 55 (1), 41-46 (2006). ISSN 1359-6462.

[23] E. A. Wargo, T. Kotaka, Y. Tabuchi, and E. C. Kumbur, Comparison of focused ion beam versus nano-scale x-ray computed tomography for resolving 3-d microstructures of porous fuel cell materials, *J. Power Sources*. 241, 608-618 (2013).

[24] P. A. Midgley and M. Weyland, 3d electron microscopy in the physical sciences: the development of z-contrast and eftem tomography, *Ultramicroscopy*. 96 (3), 413-431 (2003).

[25] D. B. Williams and C. B. Carter. The transmission electron microscope. In *Transmission Electron. Microscopy*, pp. 3-22. Springer (2009).

[26] E. Biermans, L. Molina, K. J. Batenburg, S. Bals, and G. Van Tendeloo, Measuring porosity at the nanoscale by quantitative electron tomography, *Nano Letters*. 10 (12), 5014-5019 (2010).

[27] G. Möbus, R. C. Doole, and B. J. Inkson, Spectroscopic electron tomography, *Ultramicroscopy*. 96 (3), 433-451 (2003).

[28] L. Shao, B. P. Gorman, A. Aitkaliyeva, N. D. Theodore, and G. Xie, Nanometer-scale tunnel formation in metallic glass by helium ion irradiation, *App. Phys. Lett.* 101 (4), 041901 (2012).

[29] R. Egerton, *Electron Energy-Loss Spectroscopy in the Electron Microscope*. Plenum Press (1996).

[30] M. K. Miller and R. G. Forbes. Atom-probe tomography: The local electrode atom probe. Technical report, Springer (2014).

[31] M. K. Miller, L. Longstreth-Spoor, and K. Kelton, Detecting density variations and nanovoids, *Ultramicroscopy*. 111 (6), 469-472 (2011).

第 18 章　多孔材料弹性性质的均匀化方法

J. R. Berger, S. R. Geer

Department of Mechanical Engineering Colorado School of Mines Golden, CO, 80401, USA

jberger@ mines. edu

William J. Parnell

Department of Mathematics University of Manchester Manchester, UK

本章回顾了多孔介质确定有效弹性常量的均匀化方法。根据定义，这些均匀化的弹性常量涉及应力和应变体积平均值，这需要精确定义表征体积单元，以及边界条件，它从机械和能量角度提供了弹性常量的等效定义。对稀释估计和自洽方法进行了详细说明，且这些方法被用于计算油页岩样品的有效弹性属性。最后，展示了一种基于结构张量的预测方法，结构张量提供了固体中孔隙形状、方向和分布的描述。一个在 PZT（多孔锆钛酸铅）陶瓷中根据孔隙度预测弹性常量的实例应用显式结构张量方法的有效性。

18.1　引言

宏观尺度多孔固体的工程分析一般需要对弹性常量进行均匀化，以便执行应力—应变计算。均匀化弹性常量在空间分布一致，并替代实际材料的有关位置的弹性常量，均匀化弹性常量涉及应力和应变体积平均值。对于应力分析，均匀化弹性常量按如此方式计算以代表微观结构特征，它可能影响固体的应力和应变响应。大部分多孔固体会有一定程度的各向异性，或结构性或材料性，即使基质材料本身可能各向同性，由于材料中空隙的分布和形状，多孔材料可显示结构各向异性。

有许多不同方法可用来均匀化多孔材料，包括 Hill[1]、Kröner[2]、Hashin[3]、Hashin 和 Shtrikman[4] 以及许多学者的早期工作，近期的综述文章[5]提供了均匀化方法的最新水平以及评论。本章中，基于 Eshelby 的包裹体溶液的均匀化方法将被回顾[6]，以及 Zysett 预测方法[7]，它在具孔隙度弹性常量的变化研究中发挥作用。

为了进行均匀化，理解表征体积单元（RVE）概念和边界条件在体积单元上执行的任何计算可发挥的作用比较重要。体积单元须满足遍历性假设：所有关于材料的统计信息须被包括在 RVE 中。以这种情况，RVE 将包含足够统计和微结构信息，以代表非均质固体中取自任何位置的任何相似体积，于是可假定从体积单元上应力和应变体积平均值提取的弹性性质可当作各向同性材料的总体性质。这些有效弹性常量可取自 RVE 实验或数值实验。然而满足 Hill 准则的边界条件必须应用，以使得弹性常量的机械和能量定义相同。这些边界条件的详细信息可在参考文献［8］和［9］中找到。

本章中，对有效弹性常量和视弹性常量的差异进行回顾，这取决于体积单元是否满足遍历性假设。然后，回顾基于等效夹杂方法的均匀化方法，它包括稀释估计和自洽方法。这些方法而后应用于一种地质材料，即一种油页岩。再然后，介绍结构张量的概念，它是表征多孔固体中孔隙形状、尺寸方位分布函数的一种方法。最后，一个多孔 PZT 陶瓷的例子用以说明，随孔隙度变化，预测均匀化弹性常量的计算必要性。

18.2 有效弹性刚度张量和视弹性刚度张量

Huet[10]提出了关于有效弹性常量和视弹性常量的简洁讨论，并在参考文献［11］中进行了简要回顾。若材料体积统计上均匀，则：

$$\langle \sigma_{ij} \rangle = C_{ijkl}^{\mathrm{E}} \langle \varepsilon_{kl} \rangle \tag{18.1}$$

式中系数与笛卡尔坐标系有关，σ_{ij}是应力张量，C_{ijkl}^{E}是有效弹性刚度张量，ε_{kl}是应变张量，且〈〉代表角括弧间数量的体积平均值，即：

$$\langle \sigma_{ij} \rangle = \frac{1}{V}\int_V \sigma_{ij} \mathrm{d}V$$

式中 V 是整合单元的体积。若材料均质，则负荷条件为均匀场下的负荷，则 C_{ijkl}^{E}不依赖于材料体积所呈现的边界条件。

若局部关系为 $\sigma_{ij}=C_{ijkl}\varepsilon_{kl}$，则方程（18.1）可写为：

$$\langle C_{ijkl}\varepsilon_{kl} \rangle = C_{ijkl}^{\mathrm{E}} \langle \varepsilon_{kl} \rangle \tag{18.2}$$

它是 C_{ijkl}^{E}的定义式，可将其写为：

$$\langle C_{ijkl}\varepsilon_{kl} \rangle = \langle C_{ijkl} \rangle \langle \varepsilon_{kl} \rangle + \langle C'_{ijkl}\varepsilon'_{kl} \rangle \tag{18.3}$$

式中〈$C'_{ijkl}\varepsilon'_{kl}$〉代表有关平均值的波动。注意这里〈$C_{ijkl}$〉不等于 C_{ijkl}^{E}，Hill[1]指出〈C_{ijkl}〉是 C_{ijkl}^{E}的上边界，Huet[10]把它称为刚度张量的 Hill—Voigt 上边界。

另外，有效柔度张量形式为：

$$\langle S_{ijkl}\sigma_{kl} \rangle = S_{ijkl}^{\mathrm{E}} \langle \sigma_{kl} \rangle \tag{18.4}$$

它为 S_{ijkl}^{E}的定义式，也可写为：

$$\langle S_{ijkl}\sigma_{kl} \rangle = \langle S_{ijkl} \rangle \langle \sigma_{kl} \rangle + \langle S'_{ijkl}\sigma'_{kl} \rangle \tag{18.5}$$

同样，〈S_{ijkl}〉不等于 S_{ijkl}^{E}，Hill[1]指出〈S_{ijkl}〉是 S_{ijkl}^{E}的上边界，Huet[10]把它称为柔度张量的 Hill—Reuss 上边界，或等效地为刚度张量的下边界。

也可以能量视角通过自由能方程计算应力和应变的体积平均值，来定义有效属性。在 Hill 准则满足的前提下[1]，有效弹性刚度张量的能量定义和机械定义是相同的，即：

$$\langle \sigma_{ij}\varepsilon_{ij} \rangle = \langle \sigma_{ij} \rangle \langle \varepsilon_{ij} \rangle \tag{18.6}$$

注意到高斯定理可用于重塑 Hill 条件为：

$$\int_{\Gamma}(t_i - \langle \sigma_{ij} \rangle n_j)(u_i - \langle \varepsilon_{ij} \rangle x_j)\mathrm{d}\Gamma = 0 \tag{18.7}$$

式中 Γ 是体积边界，且 $t_i = \sigma_{ij} n_j$，u_i，n_j 和 x_j 分别是牵引、替换、标准和位置向量的分量。Hill 准则的该种形式运用边界元素方法直接参与计算，该方法的讨论见参考文献［11］。

若某种边界条件被认为满足 Hill 准则，于是可得到有效弹性刚度张量，它与机械定义和能量定义相同，则在不具有有关体积元的任何统计假设条件下可能会达到，这在体积元小于 RVE 情况时特别重要。应力和应变的关系应与边界条件无关，如果体积尺寸小于 RVE，这一般不再正确。

在许多材料应用中，可用于分析的体积元可能小于 RVE。随之提出的问题是，对于各向同性材料，关于弹性刚度或柔度张量可以表述什么，该问题已在系列论文中进行了研究[8~10,12]，期间视弹性刚度张量和柔度张量的想法被提出。尽管一般小于 RVE 的体积元的刚度—张量结果将取决于所采用的具体边界条件，该边界条件仍然可以被明确，从而使得 Hill 准则得到满足。通常地，这些边界条件被看作是运动均匀边界条件（KUBC）、静止均匀边界条件（SUBC）或混合均匀边界条件（MUBC）。Hill[1] 独创性地确定了 KUBC 和 SUBC，因这些产生了体积中的均匀应变（KUBC）或均匀应力（SUBC）条件，MUBC 由 Hazanov[8, 12] 发展，他也指出对于视弹性刚度张量和柔度张量，有：

$$C_{ijkl}^{\sigma} \leqslant C_{ijkl}^{m} \leqslant C_{ijkl}^{u}，S_{ijkl}^{u} \leqslant S_{ijkl}^{m} \leqslant S_{ijkl}^{\sigma} \tag{18.8}$$

式中 C_{ijkl}^{σ}、C_{ijkl}^{m} 和 C_{ijkl}^{u} 为分别从 SUBC、MUBC 和 KUBC 得到的视刚度张量，其标记法与用于有效柔度张量的相似。MUBC 在参考文献［9］中进一步提炼为周期混合均匀边界条件（PMUBC）。

因此，如果小于 RVE 的体积元被运用，刚度张量或柔度张量的上下边界可通过应用 SUBC 或 KUBC 计算，或在体积元上运用 MUBC 得到一个中间估值。随着体积元增大，这些边界最终收敛到有效刚度张量或柔度张量。

18.3　有效弹性常量确定：等效夹杂方法

本节回顾两个常用均匀化方法：稀释估计（DE）和自洽方法（SCM）。基于这些技术的还有许多其他可采用的方法，以包含诸如黏弹性、多个夹杂等效应，并且这些方法为大多数方法提供了基础。稀释估计（DE）计算花费小、明确，且当运用基于 Eshelby[6] 的开创性工作时相对容易用公式表示。然而，只有基质材料中体积夹杂或孔隙部分相当小时，DE 才具有好的精度。另外，正如夹杂或孔隙的体积部分远小于统一体的假设，这些部分的两种或多种之间的相互关系被忽略，造成较高体积部分的精度减少。然而，如果夹杂非常坚硬，则稀释估计对高体积部分执行很好。

Mori 和 Tanaka[13] 的工作提供了一种考虑粒子互相影响的近似方法。比较许多知名的均匀化方法，Klusemann 和 Svendson[14] 指出不均一浓度多余 30% 就不适合用 Mori—Tanaka

（MT）方法分析。另外，Castañeda 和 Willis[15] 指出 MT 不适于随机定向不均一性。然而，自洽方法（SCM）是一种未解未知有效材料属性的隐式方法，属性的个数取决于材料体系假设的一般行为，例如，各向同性、横向同性、正交异性等[14]，说明 SCM 较好适用于多晶材料。

所有基于等效夹杂的均匀化方法寻求计算应变集中张量，从中可确定有效弹性属性。材料的有效刚度张量可根据组成材料的刚度张量、它们相应的体积分数和应变集中张量[16]来表示。应变集中张量是一种联系合成材料平均应变与夹杂或空隙平均应变的张量，若 $\langle\epsilon\rangle$ 是整个合成材料的平均应变，且 $\langle\epsilon_r\rangle$ 是第 r 项不均一性的平均应变，则：

$$\langle\epsilon_r\rangle = A_r\langle\epsilon\rangle \tag{18.9}$$

式中 A_r 是第 r 项不均一性的四阶应力浓度集中张量。集中张量取决于 Eshelby 的 S 张量方程或 Hill 的 P 张量方法，在此做简要讨论。

对于材料 1 的单不均一性的应变集中张量，假设其内嵌于材料 0 的无限介质中，可由如下关系表示：

$$A_1 = [I + S_1C_0^{-1}(C_1 - C_0)]^{-1} \tag{18.10}$$

式中 I 是四阶单位张量，S_1 是四阶 Eshelby 张量，Eshelby 张量不包括主对称性，即 $S_{ijkl} \neq S_{klij}$；照这样，希望根据 Hill 极化张量来表示应变集中张量，也被称为 Hill 的 P 张量，由 $P=SC_0^{-1}$ 给出。方程（18.10）可表示为：

$$A_1 = [I + P_1(C_1 - C_0)]^{-1} \tag{18.11}$$

关于 S 张量和 P 张量结构的详细信息见参考文献［17］。

为了计算材料中每一个夹杂或空隙的 P 张量，须首先考虑夹杂的几何形状和方向。例如，若基质材料中内嵌了一个球形粒子，P 张量便可轻易计算，对于其它非球形几何形状，计算变得更加复杂。

最后，当涉及的材料展示出比各向同性更加复杂的宏观状态，可方便表示出根据 Hill 张量基准，应用于弹性静力学的四阶张量。更多关于 Hill 张量的信息可在参考文献［1］和［8］中找到。例如，运用该紧缩记法，根据两个常量，可对各向同性材料写出刚度张量 C_{iso}

$$C_{\text{iso}} = (3K,\ 2G) \tag{18.12}$$

式中 K 和 G 分别为体积模量和剪切模量。方程（18.12）可易于转换成熟悉的 6×6 矩阵形式，为：

$$C_{\text{iso}} = 3KI^h + 2GI^d \tag{18.13}$$

$$I^h = \frac{1}{3}\delta_{ij}\delta_{kl} \tag{18.14}$$

$$I^d = \frac{1}{2}[(\delta_{ij}\delta_{kl} + \delta_{il}\delta_{jk}) - \frac{2}{3}\delta_{ij}\delta_{kl}] \tag{18.15}$$

在横向同性（TI）材料中，基于 Hill 张量基准表示性质的难度显著增加，难点是这些

性质必须用六个方程表示。例如，假如 TI 材料旋转对称轴定向为 $X_A=X_3$ 则

$$H_{ijkl}^{1} = \frac{1}{2}\Theta_{ij}\Theta_{kl} \tag{18.16}$$

$$H_{ijkl}^{2} = \Theta_{ij}\delta_{k3}\delta_{l3} \tag{18.17}$$

$$H_{ijkl}^{3} = \Theta_{kl}\delta_{k3}\delta_{j3} \tag{18.18}$$

$$H_{ijkl}^{4} = \delta_{i3}\delta_{j3}\delta_{k3}\delta_{l3} \tag{18.19}$$

$$H_{ijkl}^{5} = \frac{1}{2}(\Theta_{ik}\Theta_{lj} + \Theta_{il}\Theta_{kj} - \Theta_{ij}\Theta_{kl}) \tag{18.20}$$

$$H_{ijkl}^{6} = \frac{1}{2}(\Theta_{ik}\delta_{l3}\delta_{j3} + \Theta_{il}\delta_{k3}\delta_{j3} + \Theta_{jk}\delta_{l3}\delta_{i3} + \Theta_{jl}\delta_{k3}\delta_{i3}) \tag{18.21}$$

$$I_{ijkl} = H_{ijkl}^{1} + H_{ijkl}^{4} + H_{ijkl}^{5} + H_{ijkl}^{6} \tag{18.22}$$

式中 $\Theta_{ij}=\delta_{ij}-\delta_{i3}\delta_{j3}$。根据 TI 张量基准和 Hill 模量 k、l、m 和 p，上面方程组写为：

$$C_{ijkl} = \sum_{n=1}^{6} X_n H_{ijkl}^{n} \tag{18.23}$$

式中 X_n 项定义为：

$$\begin{aligned} X_1 &= 2k \\ X_2 &= l \\ X_3 &= l \\ X_4 &= n \\ X_5 &= 2m \\ X_6 &= 2p \end{aligned} \tag{18.24}$$

Hill[19] 定义方程（18.24）中模量如下：k 为非纵向伸缩的横向扩张平面应变体积模量；m 为任一横向剪切刚性模量；n 为纵向单轴应变模量；l 为相关相交模量；p 和 m 项在弹性静态关系中与剪切—剪切耦合有关。Hill 模量与常用工程常量（体积模量、剪切模量、杨氏模量、泊松比等）的关系取决于研究材料的整体状态。例如，对于各向同性材料，Hill 模量可根据体积模量 K 和剪切模量 G 表示为：

$$k = K + \frac{G}{3}$$

$$l = K - \frac{2G}{3}$$

$$n = K + \frac{4G}{3}$$

$$m = G$$

$$P = G \tag{18.25}$$

根据方程（18.24），与方程（18.23）有关的公式也可写为等价紧缩形式：

$$C = (2k,\ l,\ l,\ n,\ 2m,\ 2p) \tag{18.26}$$

便利的是，运用该方法于各向同性材料组成的TI复合材料使得如下情况变得更简单，即各向同性材料不仅可表示为方程（18.12）形式，也根据方程（18.26），运用第 r 个材料体积模量 K_r 和剪切模量 G_r，得出如下替换形式：

$$X_1^r = 2K_r + \frac{2}{3}G_r$$

$$X_2^r = K_r - \frac{2}{3}G_r$$

$$X_3^r = K_r - \frac{2}{3}G_r$$

$$X_4^r = K_r + \frac{3}{4}G_r$$

$$X_5^r = 2G_r$$

$$X_6^r = 2G_r \tag{18.27}$$

即使基于旋转对称轴 $X_A \equiv X_3$ 的圆柱体的Hill张量公式 H_n 系数呈现不同定义，应变集中张量也可表示为与方程（18.23）相似的形式：

$$A_{ijkl} = \sum_{n=1}^{6} A_n H_{ijkl}^n \tag{18.28}$$

式中：

$$A_1 = 1 + \rho_1 X_1 + 2\rho_2 X_3$$

$$A_2 = \rho_1 X_2 + \rho_2 X_4$$

$$A_3 = \rho_3 X_1 + \rho_4 X_3$$

$$A_4 = 1 + 2\rho_3 X_2 + \rho_4 X_4$$

$$A_5 = 1 + \rho_5 X_5$$

$$A_6 = 1 + \rho_6 X_6 \tag{18.29}$$

方程（18.29）中乘数 ρ_n 的推导可在参考文献［20］对于横向同性材料圆柱体中找到。乘数 ρ_n 为Hill基准相关 P 张量的分量，这里对于球状夹杂物合适，它们对材料宏观横向各向同性起作用，包括圆柱体的有限椭球情况。

以下关系式，也可写为 $X_n = X_n^{\text{inclusion}} - X_n^{\text{matrix}}$，可在 X_n、夹杂材料体积模量 K_r 和剪切模量

G_r，以及 Hill 模量 k、l、n、m、p 间推导：

$$
\begin{aligned}
X_1^r &= 2K_r + \frac{2}{3}G_r - 2k \\
X_2^r &= K_r - \frac{2}{3}G_r - l \\
X_3^r &= K_r - \frac{2}{3}G_r - l \\
X_4^r &= K_r - \frac{4}{3}G_r - n \\
X_5^r &= 2G_r - 2m \\
X_6^r &= 2G_r - 2p
\end{aligned}
\tag{18.30}
$$

最后，它们也可根据横向同性所需要的五个工程常量给出：

$$
\begin{aligned}
k &= \frac{l^2}{n - E_A} \\
l &= \frac{E_T E_A v_A}{E_A - E_A v_T - 2E_T (v_A)^2} \\
n &= \frac{E_A^2 (1 - v_T)}{E_A - E_A v_T - 2E_T (v_A)^2} \\
m &= \frac{E_T}{2(1 + v_T)} \\
p &= G
\end{aligned}
\tag{18.31}
$$

式中 E 和 v 为杨氏模量和泊松比，下标 T 和 A 指示横向和轴向性质，G 为平面外剪切模量。对于泊松比，v_T 为 A 方向拉伸时，T 方向的收缩。

18.3.1　稀释估计

稀释估计（DE），也被称为显式 Eshelby 方法，由包含基质材料和 N 个夹杂混合物的有效刚度张量以常规方式建构：

$$
C_{\text{eff}} = C_0 + \sum_{r=1}^{N} \phi_r (C_r - C_0) A_r \tag{18.32}
$$

式中下标 eff、0 和 r 分别指代有效、基质和第 r 个的夹杂性质。夹杂的体积分数为 ϕ_r，A_r 为第 r 个夹杂的应变集中张量。

本章有关均匀化的工作主要处理横向各向同性，且 TI 张量的 Hill—Walpole 表示，如方程（18.25）和（18.26）中所描绘的，消除一些与寻找有效性质有关的代数杂波。方程

（18.32）中的应变集中张量 A_r，尽管完全可以接受如方程（18.28）中所见的矩阵形式，也可根据其单位分量和张量乘数写为：

$$A_r = [I + P_r(C_r + C_0)]^{-1} \tag{18.33}$$

式中 $I=$（1，0，0，1，1，1），C_r 和 C_0 定义为如方程（18.26）中所见的各自的 Hill 模量，且 $P_r=$（ρ_1，ρ_2，ρ_3，ρ_4，ρ_5，ρ_6）。ρ_n 项由如下关系定义，且具体到纵横比趋于无限（无限圆柱体）夹杂的极限情况：

$$\begin{aligned}
\rho_1 &= \frac{1}{2(k_0 + m_0)} \\
\rho_2 &= 0 \\
\rho_3 &= 0 \\
\rho_4 &= 0 \\
\rho_5 &= \frac{k_0 + 2m_0}{4m_0(k_0 + m_0)} \\
\rho_6 &= \frac{1}{4p_0}
\end{aligned} \tag{18.34}$$

18.3.2 自洽方法

自洽方法（SCM）是一种隐式方法，运用它可估计非均质性材料的有效性质，Qu 和 Cherkaoui[16]给出了一个简单例子说明如何获得非线性代数方程组，其解为两相混合材料的有效弹性常量。进一步地，文献［16］显示，通过对比 Eshelby 方法与 SCM，SCM 对于浓度不限于稀释状态但 ϕ 小于 0.5，给出较好结果。须注意的是广义自洽方法（GSCM）通常用于粒子介质，而 SCM 用于多晶介质。

当运用 SCM 时，应变集中张量 A_r 取决于要求解的未知有效性质，因此该方法是隐式方法，且通常要求迭代数值求解。为了较好近似各相之间的互相影响，SCM 将夹杂内应变近似为夹杂在有效材料中的可感知部分。SCM 基本形式与方程（18.32）非常相似：

$$\overline{C} = C_0 + \sum_{r=1}^{N} \phi_r(C_r - C_0)\overline{A_r} \tag{18.35}$$

式中上划线指示未知张量单元须基于均匀化材料的有效弹性常量计算[17]。由于未知量出现在方程（18.35）的两边，因此 SCM 为隐式方法，应变集中张量可由如下关系呈现：

$$\overline{A_r} = [I + \overline{S_r}\,\overline{C_0^{-1}}(C_r - \overline{C})]^{-1} \tag{18.36}$$

式中 I 为单位张量，$\overline{S_r}$ 为具体问题夹杂几何形状和材料状态的 Eshelby 张量。方程（18.36）可根据 Hill 的 P 张量等价表示为：

$$\overline{A_r} = [I + \overline{P_r}(C_r - \overline{C})]^{-1} \tag{18.37}$$

因此方程（18.35）~（18.37）中的已知项已被定义，这些方程的未知部分须根据未知材料性质代入。对于横向同性（TI）均匀化材料，五个未知性质包括轴向和横向杨氏模量（E_A 和 E_T）、轴向和横向泊松比（v_A 和 v_T），以及反平面剪切模量 P。注意本章中公式遵循参考文献［20］和［21］，且基于假设 TI 混合物材料的对称轴与 $X_A \equiv X_3$ 一致。

方程（18.37）中所示的未知四阶应变集中张量 $\overline{A}_{ijkl}$ 可写为：

$$\overline{A}_{ijkl} = \sum_{n=1}^{6} \overline{A}_n H_{ijkl}^n \tag{18.38}$$

式中：

$$\begin{aligned}
\overline{A_1} &= 1 + \overline{\rho_1}\overline{X}_1 + 2\overline{\rho_2}\overline{X}_3 \\
\overline{A_2} &= \overline{\rho_1}\overline{X}_2 + \overline{\rho_2}\overline{X}_4 \\
\overline{A_3} &= \overline{\rho_3}\overline{X}_1 + \overline{\rho_4}\overline{X}_3 \\
\overline{A_4} &= 1 + 2\overline{\rho_3}\overline{X}_2 + \overline{\rho_4}\overline{X}_4 \\
\overline{A_5} &= 1 + \overline{\rho_5}\overline{X}_5 \\
\overline{A_6} &= 1 + \overline{\rho_6}\overline{X}_6
\end{aligned} \tag{18.39}$$

方程（18.35）~（18.37）中所示形式也可根据 Hill—Walpole 标记表示，在 Hill—Walpole 形式中，P 张量可根据未知有效 Hill 模量写为：

$$P_r = (\overline{\rho_1},\ \overline{\rho_2},\ \overline{\rho_3},\ \overline{\rho_4},\ \overline{\rho_5},\ \overline{\rho_6})$$

式中：

$$\begin{aligned}
\overline{\rho_1} &= \frac{1}{2(\overline{k} + \overline{m})} \\
\overline{\rho_2} &= 0 \\
\overline{\rho_3} &= 0 \\
\overline{\rho_4} &= 0 \\
\overline{\rho_5} &= \frac{\overline{k} + 2\overline{m}}{4\overline{m}(\overline{k} + \overline{m})} \\
\overline{\rho_6} &= \frac{1}{4\overline{p}}
\end{aligned} \tag{18.40}$$

方程（18.39）和（18.40）中乘数 ρ_n 的推导可在参考文献［22］关于横向同性材料圆柱体中找到，乘数 ρ_n 为 Hill 基准的相关 P 张量的分量。如下关系可在 $\overline{X_n}$ 夹杂材料的体积模量 K_r 和剪切模量 G_r，以及未知 Hill 模量 $\overline{k}$、$\overline{l}$、$\overline{n}$、$\overline{m}$ 和 $\overline{p}$ 间推导：

$$
\begin{aligned}
\overline{X}_1 &= 2K_r + \frac{2}{3}G_r - 2\overline{k} \\
\overline{X}_2 &= K_r - \frac{2}{3}G_r - \overline{l} \\
\overline{X}_3 &= K_r - \frac{2}{3}G_r - \overline{l} \\
\overline{X}_4 &= K_r + \frac{4}{3}G_r - \overline{n} \\
\overline{X}_5 &= 2\mu_r - 2\overline{m} \\
\overline{X}_6 &= 2\mu_r - 2\overline{p}
\end{aligned}
\tag{18.41}
$$

根据未知材料性质，运用 SCM 求解，可给出：

$$
\begin{aligned}
\overline{k} &= \frac{\overline{l}^2}{\overline{n} - \overline{E}_A} \\
\overline{l} &= \frac{\overline{E_T E_A}\,\overline{v_A}}{\overline{E_A} - \overline{E_A}\,\overline{v_T} - 2\,\overline{E_T}(\overline{v_A})^2} \\
\overline{n} &= \frac{\overline{E}_A{}^2(1 - \overline{v_T})}{\overline{E_A} - \overline{E_A}\,\overline{v_T} - 2\,\overline{E_T}(\overline{v_A})^2} \\
\overline{m} &= \frac{\overline{E_T}}{2(1 + \overline{v_T})} \\
\overline{p} &= \overline{G}
\end{aligned}
\tag{18.42}
$$

图 18.1 含油岩石矿物—非矿物样品的背散射图像，边缘上约 2.5cm

18.4 地质材料的应用

作为上述均匀化方法的应用，考虑如图 18.1 所示的地质材料样品，图上显示油页岩样品的背散射图像。在此情况中，由背散射图像显示的材料被认为包含两种类型。尽管每种类型的特性和相关性质可任意选择，基质材料被认为是黏土（黑色），夹杂被认为主要是干酪根（白色）。黏土的体积模量和剪切模量分别为 20.9GPa 和 6.85GPa，白色区域被认为是体积模量和剪切模量分别为 2.9GPa 和 2.7GPa 的干酪根。基质和夹杂相的体积分数运用图像处理算法确定，且有效性质运用稀释估计计算（DE），分析结果见表 18.1 中第一列。注意干酪根体积分数与使 DE 求解方法失败的值非常接近，特别是对于标准 Hill 模量 k 和 n。也注意到通过运用方程（18.32）和相关公式及与横向均质材料有关的假设，确定了有效 Hill 模量之后，应用方程（18.32）所示的关系得到了弹性常量。

表 18.1　运用 DE 和 SCM 计算的图 18.1 所示的黏土—干酪根样品有效性质

参数	DE	SCM
干酪根（%）	19.33	19.33
E_A（GPa）	19.16	16.21
E_T（GPa）	14.10	14.78
v_A	0.318	0.330
v_T	0.265	0.308
G（GPa）	5.70	5.76

图 18.1 所示图像下一步遵循自洽方法（SCM）方程（18.35）进行分析。再一次，为保持与前面例子的连续性，基质材料被假定为黏土（黑色）和夹杂干酪根（白色）；黏土体积模量和剪切模量分别赋值为 20.9GPa 和 6.85GPa，干酪根体积模量和剪切模量分别为 2.9GPa 和 2.7GPa。SCM 分析结果见表 18.1 中第二列。考虑标准化 Hill 模量在夹杂体积分数所有值范围内的事实，可认为表 18.1 中样品有效性质的估计是合理的。

18.5　结构张量—弹性刚度关系

除了计算多孔固体的均匀化弹性常量，这些常量随体积分数变化时的特性也是关注点。此情况的一个例子涉及松质骨，由于骨质疏松症，固体体积分数下降。假如可得到空隙结构的方向分布函数，便可根据固体体积分数预测弹性刚度张量，量化这种分布的一个方法是结构张量。结构张量是二阶张量，用于描述多孔固体中空隙尺寸、形状和分布的性质。对于多孔固体，结构张量可从平均截距长度[23]、体积方向分布[24]、星形体积分布[25]或星形长度分布[26]进行构建。定义的结构张量的平均截距长度（MIL）在这里应用，且所有方法在应用中提供相似结果[27]。平均截距长度不过是给定方向上两个固体—孔隙界面间的平均距离，如文献［23］所讨论的，MIL 的分布形成椭球，且提供二阶结构张量 $\boldsymbol{H}$。

文献［23］、［28］和［7］中遇到三种些微不同的二阶结构张量定义：$\boldsymbol{H}$、$\boldsymbol{M}$ 和 $\boldsymbol{G}$，它们通过下式关联：

$$\boldsymbol{M} = \boldsymbol{H}^{-\frac{1}{2}} = v_s \boldsymbol{I} + \boldsymbol{G} \tag{18.43}$$

式中 v_s 为固体体积分数。为了使某些出现于结构张量—刚度张量的常量具有物理意义，$\boldsymbol{M}$ 也须标准化，从而 $\mathrm{Tr}\boldsymbol{M}=3$。按照方程（18.43），标准化结构张量 $\boldsymbol{M}$ 的特征值 m_i 通过下式与结构张量 $\boldsymbol{H}$ 的特征值 h_i 关联：

$$m_i = \frac{3}{\sqrt{h_i}} \frac{\sqrt{h_1 h_2 h_3}}{\sqrt{h_1 h_2} + \sqrt{h_1 h_3} + \sqrt{h_2 h_3}} \tag{18.44}$$

刚度和结构张量之间的关系已运用两种不同方法建立[7,28,29]，这里将按照文献［7］的方法。正交各向异性弹性常量和结构张量间关系由下式给出[7]：

$$E_i = E_0 v_s^k m_i^{2l}$$

$$v_{ij} = v_0 \left(\frac{m_j}{m_i}\right)^t$$

$$G_{ij} = G_0 v_s^k m_i^l m_j^l \tag{18.45}$$

式中 k、l 为常量，E_0、v_0 和 G_0 为基质材料（$v_s=1$）的杨氏模量、泊松比和剪切模量，假如结构张量进行了合适标准化。注意在方程（18.45）中泊松比与 $\boldsymbol{v}_s$ 无关，这被许多实验研究支持，包括文献［30］。方程（18.45）在边界元分析背景下用于文献［31］中，以预测各向异性双材料中固体体积分数在主要应力上的效果。

18.6 陶瓷标本中随孔隙度的弹性常量变化预测

为展示结构张量在预测弹性常量随孔隙度变化的特性，对一种多孔锆钛酸铅（PZT 95/5）铁电陶瓷的显微照片进行了分析，该标本在文献［32］中进行了表征，显微照片如图 18.2 所示。这里将构建结构张量，应用边界元分析计算表面弹性刚度张量，应用方程（18.45）根据固体体积分数预测弹性刚度。

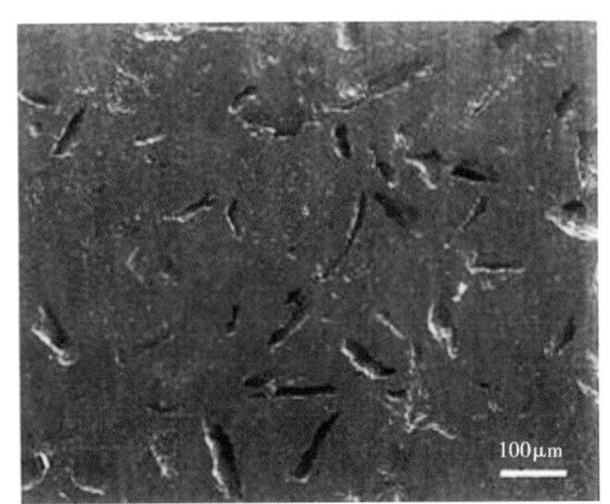

图 18.2 PZT 陶瓷。经 Elsevier 许可重印自参考文献［32］

为建构结构张量，运用商业计算机层析成像软件❶，平均截距长度测量由陶瓷标本的显微照片获得。平均截距长度用于构建结构张量 $\boldsymbol{H}$，然后提取特征值且适当标准化为 m_1 和 m_2，以进行二维分析。对于这里研究的二维问题，设定 $m_2 = m_3$ 以使方程（18.45）中 $E_2 = E_3$、$v_{12} = v_{13}$ 和 $G_{12} = G_{13}$。与结构张量特征值对应的特征向量也提取自图像分析，这些需要知道主要材料轴线的方向相对于由显微照片边界固定的（x，y）坐标，只有在主要材料轴线里，由方程（18.45）给出的关系才有效。以前的研究[29,33,34]已指出结构张量的主要轴线与材料的主要轴线一致。图像分析得到值 $m_1 = 1.0612$、$m_2 = 0.9687$，主要材料轴线的旋转角度 $\theta = 41.13°$。

下一步，将图 18.2 中显示的陶瓷纤维图像进行离散化，运用参考文献［11］中讨论的对称 Galerkin 边界元方法进行分析。如本章中前面讨论的，这些模型服从满足 Hill 准则的边界条件，目前分析应用的具体边界条件如下。

（1）运动一致边界条件（KUBC）。

❶ Quant3D 来自得克萨斯奥斯汀大学高分辨率 X 射线 CT 设备。

施加于点 x_j 的替代值 u_j 属于如下边界条件：

$$u_i = \varepsilon_{ij}^0 x_j, \quad \forall \boldsymbol{x} \in \Gamma_0$$

式中 ε_{ij}^0 为指定的先验条件的应变张量常量。注意该边界条件满足方程（18.6），因其在体积中产生一致应变。

（2）静态一致边界条件（SUBC）。

一个单位拉力 t_i 施加于边界，从而：

$$t_i = \sigma_{ij}^0 n_j, \quad \forall \boldsymbol{x} \in \Gamma_0$$

式中 σ_{ij}^0 为指定的先验条件的应力张量常量。该边界条件在体积中产生均匀应力。

（3）混合一致边界条件（MUBC）。

对于 MUBC，有几种选择将满足由方程（18.7）给出的 Hill 准则形式：

$$(t_i - \sigma_{ij}^0 n_j)(u_i - \varepsilon_{ij}^0 x_j) = 0, \quad \forall \boldsymbol{x} \in \Gamma_0$$

MUBC 的合适选择在文献［9］中进行了回顾。

材料中平均应力和应变从边界元分析计算，服从上面给出的边界条件，这为五个材料性质提供了五个方程的方程组，以计算表面刚度张量。由于表面刚度张量需要在主要材料坐标中计算，用于体积平均中的应力和应变必须转换至主要材料坐标。这是明确的，因为旋转角度从结构张量的特征向量得知。弹性常量结果如表 18.2 所示。

表 18.2　PZT 标本中表面弹性常量结果

边界类型	KUBC	SUBC	MUBC
E_1（GPa）	101.10	91.20	92.76
E_2（GPa）	86.90	80.80	85.32
G_{12}（GPa）	43.11	31.98	35.18
v_{12}	0.25	0.21	0.22

估算表面刚度张量以及结构张量特征值，出现在方程（18.45）中的常量 k、l 现可估算。对于来自文献［32］的 PZT 体各向同性材料性质 E_0、v_0 值，赋予 $E_0 = 165\text{GPa}$ 和 $v_0 = 0.22$，由于体材料被假定为各向同性，G_0 可由 E_0 和 v_0 计算。表 18.2 中 MUBC 结果被用于进行最小二乘估计，得出 $k=0.35$ 和 $l=0.48$。根据孔隙度（$1-v_s$），运用方程（18.45）预测 E_1、E_2 和 G_{12}，估算如图 18.3 所示。

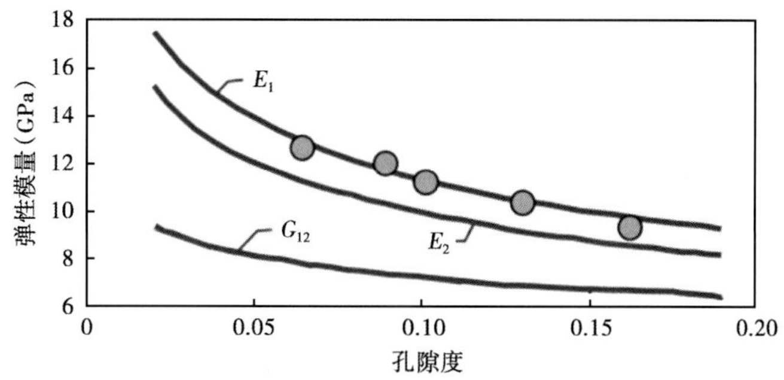

图 18.3　PZT1（不规则孔）弹性模量随孔隙度变化，圆圈代表来自文献［32］的实验测量

18.7 结论

均匀化方法在进行包含空隙和多种成分材料的应力分析中具有很大帮助。回顾了基于弹性夹杂求解的方法，如稀释估计和自洽方法，这些方法应用于地质标本，且提取了有效性质。回顾了其他基于结构张量概念的均匀化方法，且这些方法允许预测随孔隙度弹性常量的变化。结构张量方法在多孔陶瓷的实例应用展示了该方法的用处和精度。

致　谢

作者非常感谢与科罗拉多矿业学院应用数学和统计学院的教授 P. A. Martin 的有益讨论。

参考文献

[1] R. Hill, Elastic properties of reinforced solids: some theoretical principles, *J. Mech. Phys. Solids*. 11, 357-372 (1963).

[2] E. Kröner, Berechnung der elastischen konstanten des vielkristalls aus den konstanten des einkristalls, *Zeitschrift für Physik*. 151, 504-518 (1958).

[3] Z. Hashin, On elastic behaviour of fibre reinforced materials of arbitrary transverse phase geometry, *J. Mech. Phys. Solids*. 13, 119-134 (1965).

[4] Z. Hashin and S. Shtrikman, A variational approach to the theory of the elastic behaviour of multiphase materials, *J. Mech. Phys. Solids*. 11, 127-140 (1963).

[5] M. -J. Pindera, H. Khatam; A. S. Drago, and Y. Bansal, Micromechanics of spatially uniform heterogeneous media: a critical review, *Composites: Part B*. 40, 349-378 (2009).

[6] J. Eshelby, The determination of the elastic field of an ellipsoidal inclusion, and related problems, *Proc. Roy. Soc. London A*. 241, 376-396 (1957).

[7] P. K. Zysset and A. Curnier, An alternative model for anisotropic elasticity based on fabric tensors, *Mech. Mater*. 21: 243-250 (1995).

[8] S. Hazanov and C. Huet, Order relationships for boundary conditions effect in heterogeneous bodies smaller; than the representative volume, *J. Mech. Phys. Solids*. 42, 1995-2011 (1994).

[9] D. H. Pahr and P. K. Zysset, Influence of boundary conditions on computed apparent elastic properties of cancellous bone, *Biomech. Model. Mechan*. 7, 463-476 (2008).

[10] C. Huet, Application of variational concepts to size effects in elastic heterogeneous bodies, *J. Mech. Phys. Solids*. 38, 813-841 (1990).

[11] B. Elmabrouk, J. Berger, A. -V. Phan, and L. Gray, Apparent stiffness tensors for porous solids using symmetric galerkin boundary elements, *Comput. Mech*. 49, 1411-419 (2012).

[12] S. Hazanov and M. Amieur, On overall properties of elastic heterogeneous bodies smaller than the representative volume, *Int. J. Eng. Sci*. 33, 1289-1301 (1995).

[13] T. Mori and K. Tanaka, Average stress in matrix and average elastic energy of materials with misfitting inclusions, *Acta Metall*. 21, 571-574 (1973).

[14] B. Klusemann and B. Svendsen, Homogenization methods for multi-phase elastic composites: Comparisons and benchmarks, *Technische Mechanik*. 30, 374-386 (2010).

[15] P. C. neda and J. Willis, The effect of spatial distribution on the effective behavior of composite materials and cracked media, *J. Mech. Phys. Solids.* 43, 1919-1951 (1995).

[16] J. Qu and M. Cherkaoui, *Fundamentals of Micromechanics of Solids.* John Wiley and Sons, Hoboken New Jersey (2006).

[17] D. G, *Micromechanics of Composite Materials.* Springer Science and Business Media, New York, New York (2013).

[18] L. Walpole, On the overall elastic moduli of composite materials, *J. Mech. Phys. Solids.* 17, 235-251 (1969).

[19] R. Hill, Theory of mechanical properties of fibre-strengthened materials: I. elastic behavior, *J. Mech. Phys. Solids.* 12, 199-212 (1964).

[20] W. Parnell and I. Abrahams, *An Introduction to Homogenization and Its Applications.* Cambridge University Press, Cambridge, United Kingdom (2015).

[21] W. Parnell and C. Calvo-Jurado, On the construction of the hashinshtrikman bounds for transversely isotropic two-phase linearly elastic fibre reinforced composites, *J. Eng. Math.*

[22] K. Markov and L. Preziosi, *Heterogeneous Media: Micromechanics Modeling, Methods and Simulations.* Springer, New York, New York (2000).

[23] T. P. Harrigan and R. W. Mann, Characterization of microstructural anisotropy in orthotropic materials using a second rank tensor, *J. Mat. Sci.* pp. 761-767 (1984).

[24] A. Odgaard, E. B. Jensen, and H. J. G. Gundersen, Estimation of structural anisotropy based on volume orientation: A new concept, *J. Microscopy.* 159, 335-342 (1990).

[25] 1. M. Cruz-Orive, L. M. Karlsson, and S. E. Larsen, Characterizing anisotropy: a new concept, *Micron and Microscopia Acta.* 23, 75-76 (1992).

[26] T. H. Smit, E. Schneider, and A. Odgaard, Star length distribution: a volume-based concept for the characterization of structural anisotropy, *J. Microscopy.* 191, 249-257 (1998).

[27] B. Elmabrouk and J. Berger, Boundary element analysis for effective stiffness tensors: effect of fabric tensor determination method, *Comput. Mech.* 51, 391-398 (2013).

[28] S. C. Cowin, The relationship between the elasticity tensor and the fabric tensor, *Mech. Mater.* 4, 137-147 (1985).

[29] C. H. Turner and S. C. Cowin, Dependence of elastic constants of an anisotropic porous material upon porosity and fabric, *J. Mat. Sci.* 22, 3178-3184 (1987).

[30] L. J. Gibson and M. F. Ashby, *Cellular Solids: Structure and Properties, Second Edition.* Cambridge Solid State Science Series, Cambridge University Press, Cambridge, United Kingdom (1999).

[31] J. R. Berger, Fabric tensor based boundary element analysis of porous solids, *Eng. Anal. Bound. Elem.* 35, 430-435 (2011).

[32] T. Zeng, X. Dong, C. Mao, Z. Zhou, and H. Yang, Effect of pore shape and porosity on the properties of porous pzt 95/5 ceramics, *J. Eur. Cera. Soc.* 27, 2025-2029 (2007).

[33] A. Odgaard, J. Kabel, B. van Rietbergen, M. Dalstra, and R. Huiskes, Fabric and elastic principal directions of cancellous bone are closely related, *J. of Biomech.* 30, 487-495 (1997).

[34] C. H. Turner and S. C. Cowin, Errors induced by off-axis measurements of the elastic properties of bone, *J. Biomech. Eng.* 110, 213-215 (1988).

第 19 章　孔隙特性在水处理和海水淡化新型膜过程的作用

Tzahi Y. Cath

Civil & Environmental Engineering Colorado School of Mines, Golden, CO 80041, USA

tcath@ mines. edu

新式分离过程及能量回收系统的合成膜需要独特的性质及形态来使在这些膜的多孔支撑层中，溶质及溶液的有效质量传输变得容易。膜分离过程的快速发展随着合成薄膜的成功发展而开始，其中合成薄膜可以将高渗透率的溶剂（水）、高度的分离性（溶质溶剂分离）及由薄、稳固、高度多孔聚合状的层提供的高机械强度等结合在一起。传统膜分离过程，反渗透、孔隙纳米过滤、紊流、厚度等，均在质量传输与分离过程中的地位较低。但是新式热驱动、渗透式驱动分离过程的程度得取决于这些多孔支撑层的性质。本章将要介绍两组过程及它们在水处理及基于可再生资源进行能量再利用中潜在的应用价值。研究和发展优化膜在渗透式及热驱动中的膜过程，尤其是它们的多孔结构，对这些技术的广泛应用具有重要作用。

19.1　引言

合成聚合及无机膜正趋向于整体化，并逐渐成为水及污水处理、能量再生及再利用的关键组成部分。一些膜在它们所有深度下都具有多孔特征，其他膜利用多孔材料作为一个基片，用来支撑一个密度大、半渗透的薄层。在一些应用中，仅平均孔隙直径才会在具体成分的分离及排斥中扮演重要角色，但是在具体的新式膜过程中，膜的孔隙度、厚度、疏水性及孔隙形态等均对分离过程的表现及可行性非常重要。

热驱动及渗透驱动的膜过程在 CSM 及世界范围内正被广泛研究，其广泛应用于水脱盐、工业水及污水处理等方面。本部分将会重点介绍孔隙性质在这些膜过程中的主要地位。

19.2　热驱动膜过程

在世界范围内，反渗透（RO）是一个针对含盐水及海水脱盐的重要商业过程。RO 也被越来越多地应用于处理，在污水处理中受损坏的水及污水，并使水的进一步回收及再利用变得容易。但是，RO 过程存在两个主要的缺点，即由高作业压力造成的高能量需求、由有机与无机组成的膜造成的污染及结垢。由于海水的高渗透压及其他的盐水流动，实际海水的脱盐过程效率会被压低到只能大约回收 50%的水（即最后处理成功的纯净水产物体积相当于被处理水体积的一半），因此，将造成巨大体积的盐水。对这些大量盐水的处理体现了在 RO 脱盐之前对海水的前处理不足（即物理及化学过程），也体现了盐水中化学能量的流失（见对压力阻尼渗透的描述）。

与压力驱动膜过程（如 RO）不同，渗透压力对蒸馏过程几乎没有影响。非常令人感兴趣的是，在通过膜的蒸馏过程，其提供了一个很大的面积与体积的比值，以及低成本的建造原料。在热驱动膜过程中[1]，微观、防水的膜被放置于被加热的含盐的原料流与较凉的新鲜水流（蒸馏得到）之间的地方。膜上的蒸汽压力差异使孔隙中水蒸气的扩散变得容易，进而使从超盐性、微加热的流体中提取超纯水的过程也变得容易，如图 19.1 所示。尽管膜蒸馏技术依然处于发展当中，但是许多应用已经取得了试验性的成功，包括海水的高度脱盐回收、矿物质的回收、从冷却塔中排放出的水的处理、生命保障系统中水的回收及再利用（例如空间应用）。

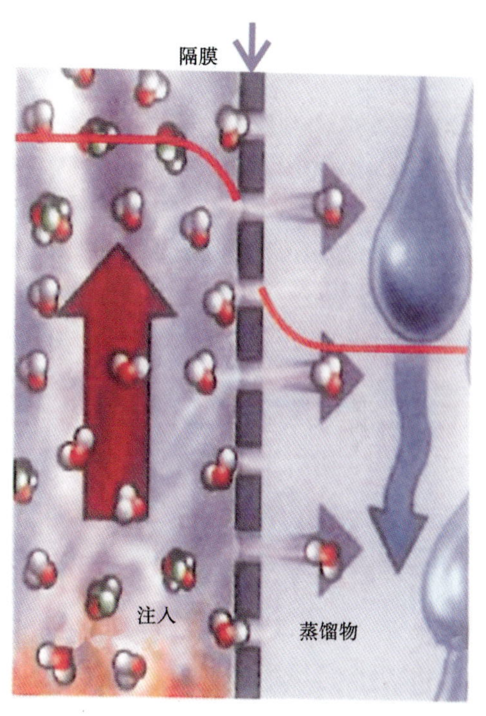

图 19.1　穿过一个蒸馏微孔防水膜的蒸汽质量传输

在膜蒸馏过程中，微孔防水膜在建立蒸汽—液体界面过程中扮演着重要角色，且它可以将穿过膜的有效热及质量传输变得很容易。孔隙度、孔隙迂曲度及尺寸、膜厚度及膜的防水性，都对低成本且有效的脱盐至关重要。蒸馏膜两个最重要的性质是膜的材质及孔隙直径。

19.2.1　膜的材质

微孔蒸馏中的微孔膜必须拥有防水性质，进而能阻止膜材质变湿，也可以阻止孔隙瞬间变湿。膜的防水性及工作流体（供给源及蒸馏源）的高表面张力使入口处的流体蒸汽进入每个膜的孔隙变得很容易。在供给源—膜的界面，水蒸发及扩散穿过处于蒸汽相中的孔隙，直到它到达位于膜的蒸馏一侧的膜—蒸馏源界面。如果膜失去了它的防水性或者水滴的表面张力，那么孔隙将会被液体充满，且膜的分离能力将会失去。需要注意的是，膜的蒸馏是一个形式很多的过程，且可以用来分离水中的挥发化合物。在这种情况下，更多的挥发溶质将会更快地扩散并穿过膜的孔隙，并在膜的蒸馏一侧聚集起来。传统意义上，防水聚合物被用在了蒸馏膜的制作上。这些包括聚四氟乙烯（PTFE）、聚丙烯及聚偏二氟乙烯（PVDF）。其他新式防水材料，包括碳纳米管，也许未来会成为蒸馏膜很好的制作材料。

19.2.2　孔隙尺寸

蒸馏膜的正常孔隙大小及接触着的流体的表面张力，控制着水的进入压力，此压力为破坏在孔隙入口处水—蒸汽界面并将液体充满孔隙时最小的水力压力。针对大部分的目前正在发展的膜的实际用途，孔隙的正常直径在 0. 1~0. 4μm 之间。拥有这种尺寸范围的孔隙的蒸馏膜也分别拥有 80~30psi 的进入压力。

19. 2. 3 孔隙迂曲度及膜厚度

一旦水蒸气开始扩散并穿过孔隙，蒸汽扩散的阻力决定着这个过程的效率，其通过测试水穿过膜的吞吐量或流量来得到。这发生在脱盐过程中，也发生在热的传输并穿过膜的过程中（此过程是由供给源至蒸馏源）。因此，薄的膜（活性膜厚度小于 10μm）及低迂曲度孔隙（接近于圆柱形孔隙）将会很好地匹配膜蒸馏。高度多孔化的膜（孔隙度高于 70%）将可以使来自供给源的高的水流量及低的传导热的流失转移至蒸馏源。

19. 3 热驱动膜过程：新的应用及过程强化

对水需求的增加及提高过程效率的需要，导致了对应用中的膜蒸馏的探索，其应用包括浓缩管理、矿物回收及能量回收。近期在 CSM 的研究集中在了 Great Salt Lake 盐水的膜蒸馏脱盐上，并提高矿物的回收。维持未优化、目前可用的蒸馏膜上的水流量，进而可以使 Great Salt Lake 水的浓度从大约全部可溶解固体中（TDS）的 150000mgL^{-1} 提高到 300000mgL^{-1} TDS（高于海水浓度的 8 倍）。初步的经济评价表明，膜蒸馏要比自然蒸发（目前工业常用的做法）快 150 倍，且一英亩❶的蒸发池可以被一个由 1m 长、直径 20cm 的容器包住的膜组件代替。

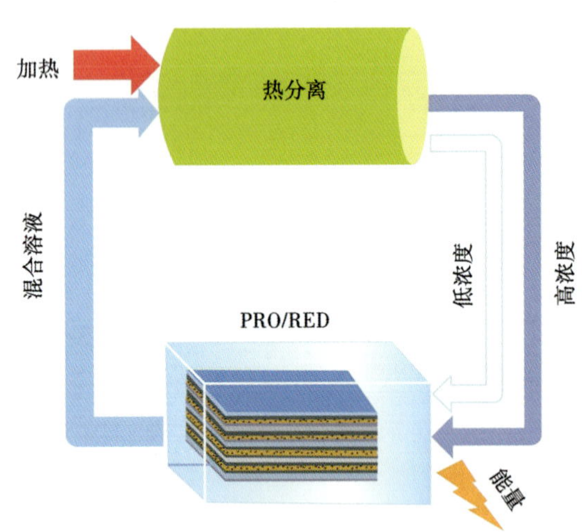

图 19. 2 一个渗透性的热引擎的闭合回路，其包含了膜蒸馏及压力阻尼渗透

一项由 DOE、ARPA-e 资助的研究，由 CSM 操刀，并联合耶鲁大学，分析了在一个新式混合系统中的膜蒸馏，此系统可以将来自工业或者自然的低级热转化为有用的能源。这个新式的闭合回路渗透性热引擎（图 19. 2）可以与一个很完备的过程相媲美，这个过程可以执行并实施有机朗肯循环（ORC），其中使用了在膜蒸馏中的低级热，进而可以生成来自稀释盐水的一种浓缩的盐水及一种蒸馏出的流体。这两种通过膜蒸馏生成的流体正应用于两个过程中（即压力阻尼渗透或反向电渗析）的一个，进而生成有用的能源及稀释盐水。稀释的盐水正在膜蒸馏系统中被应用，进而在下个循环过程生成浓缩盐水

❶ 一英亩约为 4046. 86m^2。

及蒸馏物。在这个混合过程中，其中一个挑战是，优化过的、持久的及稳健性好的膜蒸馏的进展能否顺利进行，此进展能够使这个混合过程运转起来。

19.4　渗透驱动膜过程

在渗透驱动的膜过程中，一个独特的半渗透膜被放置于供给源及浓缩盐水之间（汲取液），且液流之间的渗透压力差异使水分子间的传输变得很容易，此传输是通过从供给源扩散至汲取液来实现的[2]。这两个主要的渗透驱动膜过程分别是正渗透及压力阻尼渗透，如图 19.3 所示。尽管这两个过程使用类似的物理化学准则及过程元素，但是它们在应用方面则非常不同。正渗透利用穿过膜所产生的渗透压力差异，来抽提出纯净水，并浓缩供给源，或者稀释浓缩的汲取液，从而利用最小能量消耗来进行下游的过程（如渗透稀释）。另一方面，压力阻尼渗透使渗透压力差异向水力压力差异转化的过程变得简单，因此当通过涡轮或其他装置来释放水力压力时，可以进行有用的工作（例如，发电）。压力阻尼渗透是一个独特的膜过程，它的主要目标是转化并回收能量，而不是进行化学分离。

正渗透及压力阻尼渗透使用相同类型的半渗透膜，其在结构上与合成薄膜是不同的，合成薄膜是用来进行 RO 及纳米过滤（NF）的。尽管由渗透膜造成的分离可以通过一个很薄且浓密的聚合物膜来完成，但是这些膜的由微孔与纳米孔支撑的层在为薄且密的层，提供机械支持与穿过膜的有效质量传输的两个过程中扮演重要角色。与应用在热驱动过程中的膜的性质相类似的性质，可以在渗透膜内部与外部大幅度地降低浓差极化效应。

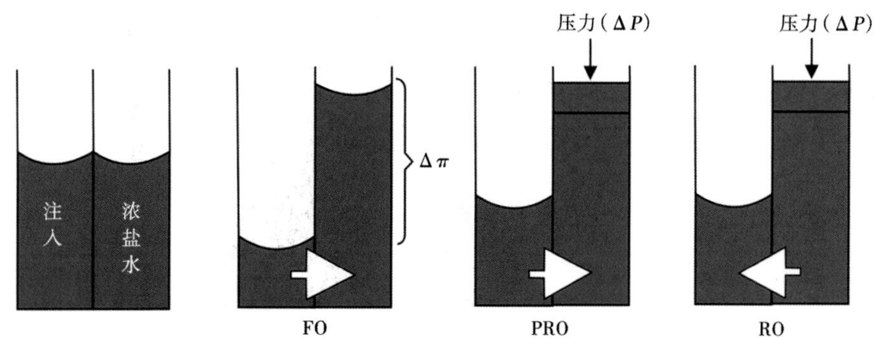

图 19.3　在 FO、PRO、RO 过程中溶剂的流动。对于 FO，ΔP 大约等于 0，此时水向盐含量较多的膜的一侧扩散。对于 PRO，在正压力下（$\Delta\pi>\Delta P$）下，水向含盐量较多的液体扩散。对于 RO，由于水力压力（$\Delta\pi<\Delta P$），水向含盐量较少的一侧扩散

19.5　膜性质对渗透膜行为的影响

通过半渗透膜的水流量（J_W）取决于膜渗透率（A）及驱动力，驱动力一般是穿过膜的渗透压力（π）差异，如下：

$$J_W = A(\pi_D - \pi_F) \tag{19.1}$$

但是，这个方程假定一个没有边界层压力的均匀混合系统，且正渗透及压力阻尼渗透发生在膜的蒸馏源和汲取液一侧及膜的多孔支撑层的内部。文献［3］与［4］提出了一个针对穿过稠密、对称的渗透膜的渗流模型：

$$J_{W} = A\left[\pi_{D,b}\exp\left(\frac{-J_{W}}{k_{D}}\right) - \pi_{F,b}\exp\left(\frac{J_{W}}{k_{F}}\right)\right] \tag{19.2}$$

其中，$\pi_{D,b}$与$\pi_{F,b}$分别为汲取液及蒸馏源的渗透压力，k_D 与 k_F 分别为在膜的汲取液及蒸馏源一侧的质量传输系数。这说明流量模型包含了浓差极化模块，其解释了膜两侧的边界层现象。这些溶质被膜的蒸馏源一侧（稠密活性层）排出，进而导致在膜蒸馏源一侧边界处的局部浓度变高，并稀释了膜的汲取液一侧的浓度，此时穿过膜的水稀释了在下游界面的汲取液。

目前渗透膜均是非对称性的，且包含了一个薄的选择性的层及一个厚的非选择性的多孔支撑层，因此，方程（19.2）在应用中是存在很多缺陷的。因为一个溶液的有效渗透压力仅仅建立在有效层的边界，因此一个膜的非对称结构确保了其中一个边界层可以发生在多孔支撑层的内部，进而导致内部浓差极化（ICP）的发生[3,5,6]。为了解释这种变化，定义一个有效传质系数 k_{eff}，其可以将多孔支撑层对质量传质的影响考虑进去，如下：

$$k_{eff} = \frac{D_{S}\varepsilon}{\tau\delta} = \frac{D_{S}\varepsilon}{\tau t} \tag{19.3}$$

此处，D_S 是汲取液溶质的扩散率，δ 是边界层的厚度（此处被假设为多孔支撑层的厚度），ε，τ，t 分别是膜的多孔支撑层的孔隙度、迂曲度及厚度。

众多文献已经对 ICP 进行了研究，并广泛地认为在对正渗透及压力阻尼渗透过程的研究中，ICP 是一个重要的障碍。渗透中的盐流量在这个过程中也是一个重要的因素。目前研究提供了全面的实验及建模方法，来对穿过半渗透膜的电解液的正、反扩散进行预测，而这些扩散发生在正渗透及压力阻尼渗透过程中[7-12]。一个与水流量 J_W 和反溶质流量 J_S 有关的方程，已经在文献［9］和［13］中提出，如下：

$$\frac{J_{W}}{J_{S}} = \frac{A}{B}nR_{g}T \tag{19.4}$$

其中，B 是膜的全局溶质渗透率系数，n 是汲取液分离出的物质的数目（NaCl 的 n 为 2），R_g 为气体常数，T 为绝对温度。这个关系表明，水流量与反盐流量的比值是膜活性层的传输性质的函数，且独立于支撑层的结构。

从方程（19.1）至方程（19.4）看出，膜传输性质与作业条件对正渗透及压力阻尼渗透有主要的影响。因此，模性质的精确特征对过程预测至关重要，而这些过程是在正渗透及压力阻尼渗透等给定条件下进行的。

19.6 渗透膜过程的新式膜

用于渗透驱动膜过程的新式膜，正在世界范围内快速发展。目前针对这些膜的研究的主要目标是，生成具有薄活性层的膜，其具有化学稳定性（如聚酰胺），还需要生成一个很薄且高度多孔化支撑的层，这个层有很好的 k_{eff} 系数及低结构化参数（D_S/k_{eff}）。目前已经研究出来的膜的例子如图 19.4 所示。这个提供了趋向于一致的迂曲度、高孔隙度、小厚度，所有这些都降低了这个新式膜的结构化参数（$t\tau/\varepsilon$）。但是，针对压力阻尼渗透的膜需要进行稳健化处理，使其能够禁得住高水力压力，此需求与膜尽可能地变薄与多孔状这一需求冲突。

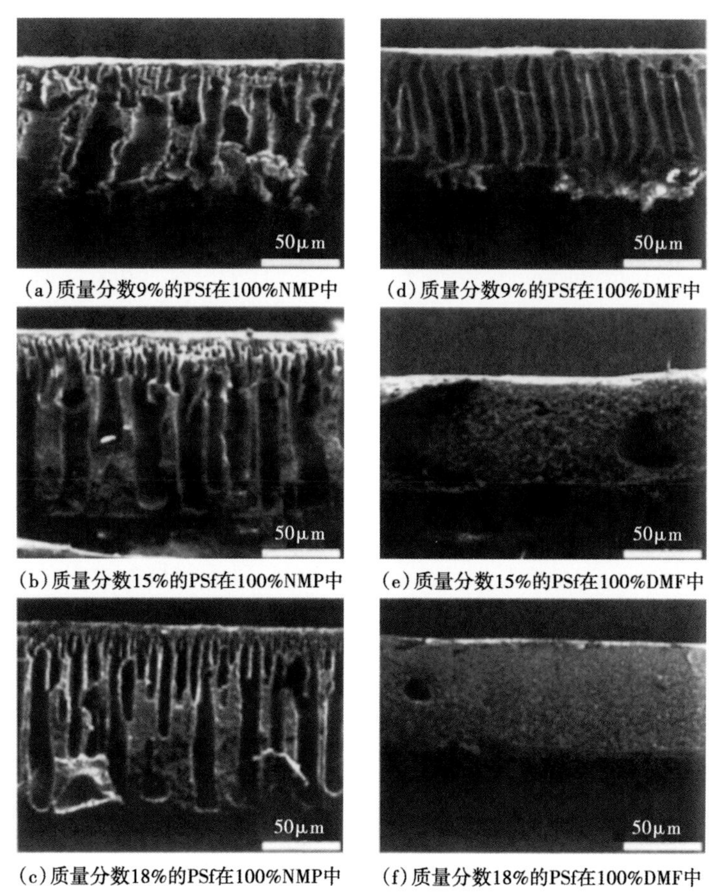

(a) 质量分数9%的PSf在100%NMP中　(d) 质量分数9%的PSf在100%DMF中

(b) 质量分数15%的PSf在100%NMP中　(e) 质量分数15%的PSf在100%DMF中

(c) 质量分数18%的PSf在100%NMP中　(f) 质量分数18%的PSf在100%DMF中

图 19.4　渗透膜新型多孔支撑层的截面图（据耶鲁大学 Elimelech 等）

19.7　结论

尽管渗透及热驱动膜过程与构成膜的材料均有很大区别，但是应用于这些过程的膜的结构，尤其是多孔层，是尤为相似的。目前可以用在膜蒸馏中的膜，其多孔程度仍然不够（孔隙度一般小于 50%），且它们的制作材料的疏水性会在一段时间后降低。目前膜蒸馏的孔隙迂曲度过高，这会降低蒸汽渗透率。这两个多孔膜的性质对这个过程的未来进展至关重要。为了使设计的渗透膜能够成功应用，对孔隙度、迂曲度、厚度及粗糙度的同时优化是非常重要的。在两个情形中，独特的孔隙结构与性质以控制生产的能力，加之不同的制作材料，对这些技术的进展至关重要。这两个新式的过程在未来分离、能源及营养物质回收等应用方面，扮演着重要角色，而目前的膜过程在许多情形下则不行。

致　谢

我们感谢来自于 Advanced Research Projects Agency-Energy（ARPA-E）、美国能源局（Grant DEAR0000306）和国家科学基金会（NSF）（Award CBET-1236846）的支持。

参考文献

[1] K. Lawson and D. Lloyd, Review: Membrane distillation, *J. Memb. Sci.* 124 (1), 1-25 (1997).

[2] T. Y. Cath, A. E. Childress, and M. Elimelech, Forward osmosis: Principles, applications, and recent developments, *J. Mem. Sci.* 281 (1-2), 70-87 (2006).

[3] J. R. McCutcheon and M. Elimelech, Influence of concentrative and dilutive internal concentration polarization on flux behavior in forward osmosis, *J. Memb. Sci.* 284 (1-2), 237-247 (2006).

[4] J. R. McCutcheon and M. Elimelech, Modeling water flux in forward osmosis: implications for improved membrane design, *AIChE Journal.* 53, 1736-1744 (2007).

[5] G. D. Mehta and S. Loeb, Internal polarization in the porous substructure of a semi-permeable membrane under pressure-retarded osmosis, *J. Memb. Sci.* 4, 261 (1978).

[6] G. T. Gray, J. R. McCutcheon, and M. Elimelech, Internal concentration polarization in forward osmosis: role of membrane orientation, *Desalination.* 197 (1-3), 1-8 (2006).

[7] N. T. Hancock, W. A. Phillip, M. Elimelech, and T. Y. Cath, Bidirectional permeation of electrolytes in osmotically driven membrane processes, *Environmental Science and Technology.* 45 (24), 10642 - 10651 (2011).

[8] N. T. Hancock and T. Y. Cath, Solute coupled diffusion in osmotically driven membrane processes, *Environ. Sci. Technol.* 43, 6769-6775 (2009).

[9] W. A. Phillip, J. S. Yong, and M. Elimelech, Reverse draw solute permeation in forward osmosis: modeling and experiments, *Environ. Sci. Technot.* 44, 5170-5176 (2010).

[10] J. Yong, W. Phillip, and M. Elimelech, Coupled reverse draw solute permeation and water fiux in forward osmosis with neutral draw solutes, *J. Memb. Sci.* (2012). 10 . 1016/j . memsci. 2011 . 11 . 020.

[11] X. Jin, C. Y. Tang, Y. Gu, Q. She, and S. Qi, Boric acid permeation in forward osmosis membrane processes: modeling, experiments, and implications, *Environ. Sci. Technol.* 45 (6), 2323-2330 (2011).

[12] A. Achilli, T. Y. Cath, and A. E. Childress, Power generation with pressure retarded osmosis: An experimental and theoretical investigation, *J. Memb. Sci.* 343 (1-2), 42-52 (2009).

[13] C. Y. Tang, Q. She, W. C. L. Lay, R. Wang, and A. G. Fane, Coupled effects of internal concentration polarization and fouling on fiux behavior of forward osmosis membranes during humic acid filtration, *J. Memb. Sci.* 354 (1-2), 123-133 (2010).

第 20 章 微孔晶体薄膜及其在 CO_2 分离中的应用

Moises A. Carreon and Tracy Q. Gardner

Chemical and Biological Engineering Department Colorado School of Mines, Golden, CO 80401, USA

tgardner@ mines. edu

晶体材料如沸石和金属有机骨架材料（MOFs）具有纳米尺寸孔隙和对于多种气体和液体分子的不同亲和能。这些材料的单晶或多晶薄膜，通常在多孔载体上，基于吸附和（或）扩散性质的差异，形成可分离流体混合物的薄膜。本章强调沸石和 MOF 的材料和薄膜的重要特点以及合成方法。这些材料中的运移模型和它们对于 CO_2 从废气、天然气和氢混合物的分离应用的三个重要例子也在讨论范围内。

20.1 引言

从环境和能源来看，电厂、工业生产和天然气钻井中的二氧化碳净化和回收有着巨大的吸引力。二氧化碳是主要的温室气体，其在环境中的聚集导致了全球变暖问题。2007 年美国总的 CO_2 排放预估达到约 6022 百万吨（MMT），占美国那年总温室气体排放的 80%以上[1]。2005 年世界 CO_2 排放估计为 28051MMT 且预计到 2030 年达到 42325MMT[2]。为了缓解大气中 CO_2 聚集，从废气中分离和回收二氧化碳而非排放至空气就很重要。从能源方面看，CO_2 是天然气井中的不良杂质，体积浓度高达 70%，美国国内总天然气的约 17%在被运送至管线之前要去除 CO_2[3]。天然气的管线规格要求 CO_2 浓度低于 2%~3%，而原始天然气可包含多样的超过临界值的 CO_2 浓度。从 CH_4 分离 CO_2 是合适的，因为 CO_2 降低天然气的能量含量且在水存在时具酸性和腐蚀性。另外，回泵 CO_2 至天然气井中可提高 CH_4 的采收率。在美国，CO_2 是主要的增强型采油剂，且用于从煤层中采出 CH_4，以及提高原油储备中的产量。另一种涉及 CO_2 捕集的相关技术包括 CH_4 反应和其他燃料与氧气或空气产生 H_2 和 CO（合成气），在预燃烧过程中，形成的 CO 与水蒸气反应产生 CO_2 和 H_2 的混合气，它必须分离以获得纯氢。优先渗透 CO_2 而非 N_2、CH_4、H_2 和其他轻气体的具较高选择性的薄膜可显著减少负面的环境影响，以及提高天然气钻井、合成气生产和其他工业生产过程的盈利[4]。

用于去除 CO_2 的参照技术是胺吸附，但是胺生产工厂需要高资本和维护成本，且运行复杂和劳动密集[3]。从废气、天然气和预燃烧过程去除 CO_2 涉及处理大量气体体积。与胺吸附相比，薄膜技术可在更简单和便宜地去除 CO_2 中发挥关键作用[5]。因为薄膜过程装备简单且易于操作、控制和扩大，且气体分离过程中更少能源密集，因为不需要进行相变换。

薄膜形式的沸石[6]和金属有机骨架材料（MOFs）[7,8]为晶体微孔材料，具均匀微孔隙、高表面面积以及独特的热和化学稳定性，使得它们成为 CO_2 气体分离的理想备选。本章回顾沸石和金属有机骨架材料薄膜的研究进展，其展示了从不同轻气体分离二氧化碳的能力。尽管这些材料可用于广泛多样的气—液分离，且这里讨论的基本特点和模型可应用于许多不同的分离，由于上面提到的分别在废气处理、天然气净化和氢净化的重要工业应用，本章主要集中在 CO_2—N_2、CO_2—CH_4 和 CO_2—H_2 气分离上。

20.2 沸石和沸石薄膜

沸石为微孔、晶体氧化物矿物，其结构产生于原子的三维网络，通常为 Si 和 Al，尽管其他金属如 Ga、Ge、B、Zn、Be 等也可置换到骨架结构中[9]。这些金属原子被称为“T 原子”，如果架构中每个 T 原子是硅（4+离子）且与另外四个 T 原子通过氧键呈四面体连接，该架构将为中性。例如，若架构中某些 Si^{4+} 被 Al^{3+} 置换，该架构具有净负电荷，则可在每个置换位置容纳相关阳离子（如 Na^+、H^+）。沸石架构的化学组成及相关离子决定了其催化作用和离子交换性质，且晶体结构环中的氧原子个数决定了孔隙尺寸，范围为约 0.3～1.3nm。对于给定的沸石组成和结构，孔隙尺寸可以较好定义，尽管根据其间的客体分子，沸石架构可能些微增大和缩小。一些分子尺寸连通孔和电荷或极性使得沸石在大范围反应和（或）分离应用中起作用。图 20.1 图示包含，初始结构单元（a）——T 原子连接 4 个氧原子，形成均一骨架（b），其连接到沸石结构（c）。

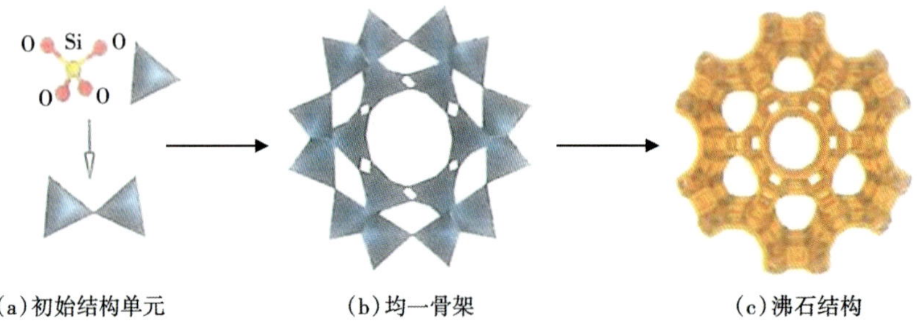

图 20.1 沸石初始结构单元、均一骨架和沸石结构图示。沸石孔隙尺寸范围约 0.3～1.3nm，取决于沸石的结构类型和化学组成

20.2.1 沸石薄膜特点

沸石可自然出现，也可在实验室合成为粉状或薄层形式，沸石晶体的大的单个晶体或致密薄片，或自负载或更一般地在多孔上生长，被称为沸石薄膜。沸石薄膜与聚合物膜在许多应用上更具机械的、热的和化学的稳定性[6]，沸石薄膜的分子筛能力众所周知，且在许多相关气混合分离中得到利用[10-14]。沸石薄膜在分离和某些分离与反应结合的情况中的合成、表征以及应用方面的快速进展可在近期综述中看到[15-22]。

如前所述，沸石薄膜可制备为单晶[23]或自助薄膜[24]，但通常制备为一种多孔负载上的连续多晶层，以保证机械强度[25]。多种多孔材料已用来作为沸石薄膜的负载体，其中多孔铝土[25]和不锈钢[26]最为常用。减少流动阻力是选择负载体的重要因素，特别对于超薄沸石膜，具高强度和低流动阻力的不对称负载体优先考虑。负载体的几何形状也是一个重要考量，在圆盘负载体上生长沸石薄膜可能比在管状负载体上容易，但管状物具较高表面积与体积比，且较容易并入流动模块，使得该几何形状更适合放大。

沸石薄膜合成和相应的薄膜性质将被一些因素影响，如合成凝胶（溶液）构成；凝胶熟化和 pH 值；合成温度、压力和时间；负载体的化学和结构性质；负载体位置和压热器性质。沸石薄膜经常在用于合成沸石粉末相似的条件下制备，这也许不是薄膜形成的理想条件，薄膜合成的目标是形成连续沸石层，且所采用的方法将影响薄膜厚度、晶体方向、缺陷数量和尺寸，甚至沸石本身的化学组成。

理论上，沸石薄膜较薄导致强力流，无缺陷导致高选择性。然而，流量和选择性之间倾向于权衡，正如所提到的它可被如何合成沸石薄膜所影响。制作沸石的合成凝胶常由水基碱性溶液组成，它包含硅铝前驱体和结构导向剂或模板，决定着将要形成的沸石结构。由于热液合成要求的凝胶具有高碱性和高反应温度，铝土负载体可部分溶化成反应液，影响合成沸石的组成[27]。在原位结晶期间，沸石晶体成核并生长在负载体表面，在热液条件下负载体和碱性凝胶前驱体直接接触。为了减少晶间空隙的数量和尺寸以提高选择性，大部分沸石薄膜由不止一个热液合成层制备，这导致较厚薄膜和相应的较低流量。某些制作较薄和（或）多选择性沸石薄膜的创新性合成方法已取得了一些成功。

种子层的二次生长是形成高质量和可重现性负载沸石薄膜和薄层的有效方法[28]，在此二次生长方法中，晶体种子沉淀在负载体上，然后在凝胶前驱体存在时，通过种子负载体的热液处理，生长出一种致密晶体薄层[29]。由二次生长制备的薄膜可相对较薄，甚至有择优取向晶体，因此与非种子沸石薄膜生长相比，潜在地导致较高流量[30]。二次生长方法的一个缺点是薄层可能会有较多缺陷或非沸石孔隙，减少了薄膜的选择性。在一步方法中(孔隙封堵合成)，沸石晶体在一个多孔负载体的孔隙中生长，产生高强度、无缺陷薄膜，但孔隙中沸石层的厚度使其具有相对低的渗透能力（因此低流量）[31]。为了获得较高流量，应该抑制凝胶穿透进入负载体，这可应用分色涂盖技术完成，即在沸石薄膜合成期间，通过在负载表面涂上聚酯纤维（甲基丙烯酸甲酯）（PMMA）层来封堵负载体孔隙[32]。

沸石薄膜分离混合物的原理是，基于分子尺寸的差异（影响扩散性）和（或）沸石中渗透类型的吸附强度[17,33]。尽管术语“分子筛分离”使其听起来像尺寸过滤器，即只基于保留较大分子而使较小分子通过进行分离，但是分离机制更为复杂。对于二元混合气体组分，通过沸石孔隙已识别三种分离形式[34]。如果在给定条件下两种分子具有相似吸附强度，较小分子将倾向于具有较高扩散性，薄膜对那种类型将有选择性；在第二种形式中，吸附差异主导分离，更强吸附分子，有时是较大分子将优先渗透；在第三种形式中，扩散和吸附差异共同在决定薄膜选择性中发挥作用。例如，对于相似碳氢化合物，趋向于吸附强度和扩散性间的平衡，一般较大碳氢化合物吸附更强但扩散性更低。由于这些分离选择性可随操作条件转变，在高温和（或）低压条件下的较小分子，吸附覆盖较低，而在低温和（或）高压条件下的较大分子，吸附覆盖较高。另一方面，对于某些 CO_2 分离，可利用第三种形式的优势，因为 CO_2 比其竞争者吸附更强且扩散更快。

20.2.2 为什么是沸石薄膜用于 CO_2 分离?

二氧化碳在几种沸石上吸附性强，因为它具有强静电四极矩（4.30×10^{-26} esu · cm^2），对其在极性表面的吸附有很大贡献[35]，低温时，来自 CO_2—N_2、CO_2—CH_4 和 CO_2—H_2 混合物的二氧化碳优先渗透通过某些沸石类，因为 CO_2 比其他气体吸附更强。二氧化碳动力学直径（0.33nm）也比 CH_4（0.38nm）和 N_2（0.36nm）小，在较低温度时以第三种形式优先渗透，这里扩散性和竞争吸附的差异联合增强选择性。在较高温度时，CO_2—N_2 或 CO_2—CH_4 混合物可只靠扩散性差异（第一种形式）分离。另外，由于 CO_2 比 CH_4 或 N_2 小，孔隙尺寸接近于 CH_4 动力学直径的小孔沸石类可通过真正分子筛分离 CO_2—CH_4 混合物。例如，孔隙尺寸约 0.38nm 的 SAPO-34、孔隙尺寸约 0.41nm 的 Linde 沸石 T 型沸石、孔隙尺寸 0.36×0.44nm 的 DD3R 和孔隙尺寸约 0.38nm 的 AIPO-18 可用来从 CH_4 或 N_2 中分离 CO_2，特别地，由于扩散性和竞争性吸附的差异组合，这些小孔沸石薄膜已显示出高 CO_2—CH_4 选择性。

20.2.3 沸石中运移建模

由于沸石孔隙尺寸与其间通过的扩散分子相似，分子与表面相互作用（通常很强），且扩散被激活，伴随着与吸附热相关的活化能。这可看成表面扩散，分子从一个地方移动到下一个，尽管是通过材料而非裸露面上。通过沸石孔隙的多分量扩散已被定性和定量为具有 Langmuir 吸附的 Maxwell—Stefan 表面扩散[36-48]。沸石中轻气体如 CO_2、N_2 和 CH_4 的吸附遵循 I 型 Langmuir 或单点吸附状态[41]，其中每点只可容纳一个分子，且可用点上能量等效。基于这些扩散和吸附模型，穿过薄膜厚度的瞬态表面占有率可建模为：

$$\frac{\partial\theta_i}{\partial t} = D_{MS,\ i}\frac{\partial}{\partial z}\left(\frac{1}{1-\theta_i}\frac{\partial\theta_i}{\partial z}\right) \tag{20.1}$$

式中 $D_{MS,i}$ 为 Maxwell—Stefan 扩散系数，θ_i 为分量 i 的局部覆盖，z 为流量方向的尺寸。这里 θ_i 定义为：

$$\theta_i = \frac{q_i}{q_{sat,\ i}} = \frac{b_iP_i}{1+b_iP_i} \tag{20.2}$$

式中 b_i 为吸附平衡常数，P_i 为局部压力，q_i 和 $q_{sat,i}$ 分别为分量 i 的覆盖和饱和度覆盖，吸附平衡常数随温度倒数指数变化：

$$b_i = b_{0,\ i}\left(-\frac{\Delta H_{ads,\ i}}{RT}\right) \tag{20.3}$$

式中 $\Delta H_{ads,i}$ 为沸石上分量 i 的吸收热量。Maxwell—Stefan 扩散系数也依赖于 Arrhenius 型温度：

$$D_{MS,\ i} = D^{o}_{MS,\ i}\exp\left(-\frac{E_{a,\ i}}{RT}\right) \tag{20.4}$$

式中 $E_{a,i}$ 为通过沸石分量 i 的扩散活化能。如上所述，由于扩散机制包含表面吸附、扩散至沸石孔隙、孔隙内点到点扩散和下游侧沸石后退吸附，$E_{a,i}$ 和 $\Delta H_{ads,i}$ 通常相关，通过沸石孔隙的的流量与局部覆盖梯度成比例：

$$J_i = -\rho q_{sat,\ i} \frac{D_{MS,\ i}}{1-\theta_i} \left| \frac{\partial \theta_i}{\partial_Z} \right| Z \tag{20.5}$$

式中 ρ 为沸石密度。注意 Maxwell—Stefan 扩散性被假定为常量，因此，在稳定状态覆盖梯度较陡的地方覆盖较低。即，由于组分的覆盖在进料端大于渗透端，穿过薄膜的覆盖剖面为非线性，且从进料端到渗透端的斜面上降低。

等式（20.5）可在 $Z=0$ 时用于建立进入沸石的流量模型，$Z=\delta$ 时（薄膜厚度）用于建立沸石之外的流量模型。运用该分析，薄膜进料浓度中阶跃变化的瞬态渗透反应可用于确定稳态吸附量[40-44]，该方法用来测量 ZSM-5 沸石薄膜中吸附等温线以及 CO_2、N_2 和 CH_4 的 Maxwell—Stefan 扩散性[41]，这项技术也同双点吸附模型用于测量 ZSM-5 和 ZSM-11 沸石构架和通道中对丁烷异构体的吸附热量[42,44]。运用这种联合的建模和实验技术去定量表征沸石孔隙中基本扩散和吸附性质，允许在将要解释的结构类型间丁烷异构体的选择性上有差异[44]。

20.2.4　沸石薄膜传输建模

当表面扩散在沸石孔隙中占主导地位时，沸石薄膜一般为生长在多孔负载体上的多晶薄膜。在晶体间负载孔隙中和缺陷中，其他类型扩散和传送可与沸石孔隙扩散并列或连续发生。依据负载或缺陷孔隙尺寸和操作条件，体扩散、克努森扩散和黏性流都可有助于传输。由于分压梯度通过的孔隙足够小，当分子与壁面碰撞甚于相互碰撞时，克努森扩散发生。克努森扩散与表面扩散存在差别，因为分子—壁面碰撞被假定为弹性碰撞而非分子吸附和跳跃。当分子平均自由程大于孔隙直径且分子相互碰撞多于与壁面碰撞时，体扩散发生。体扩散和克努森扩散可并行发生，且哪个起主导作用取决于操作条件和孔隙性质[45]，联合扩散通量与分压梯度有关：

$$-\frac{\nabla p_i}{RT} = \sum_{j \neq i}^{n} \frac{y_j J_{d,\ i} - y_i J_{d,\ j}}{D_{ij}} + \frac{J_{d,\ i}}{D_{Kn,\ i}} \tag{20.6}$$

式中 y 为摩尔分数，D_{ij} 为体扩散系数，$D_{Kn,i}$ 为组分 i 的克努森扩散系数，$J_{d,i}$ 为组分 i 的扩散通量。扩散系数取决于操作条件、流体性质和孔隙尺寸，且若一种模式主导或若两者都影响扩散通量，它们的相对大小即可确定。随着分子—分子相互作用增加时，体系压力增加，体扩散变得更为显著。体扩散也可能在大孔隙中占主导地位，因为分子—壁相互作用的贡献说明克努森扩散中变得微不足道[36]，在此情况下，方程（20.6）简化为：

$$-\frac{\nabla p_i}{RT} = \sum_{j \neq i}^{n} \frac{y_j J_{d,\ i} - y_i J_{d,\ j}}{D_{ij}} \tag{20.7}$$

当体系压力低且孔隙小时，克努森扩散占优势，方程（20.6）简化为[36]：

$$J_{\mathrm{Kn},\ i}=-\frac{D_{\mathrm{Kn},\ i}}{RT}\nabla p_i \tag{20.8}$$

理论上黏性流对通过沸石薄膜的组分流量的贡献将是最小的，因为黏性流不具选择性。然而，若沿流量方向有总压降，黏性流将产生。黏性流的流量贡献取决于孔隙中黏性流的黏度 η 和渗透率 B（$B=d_{\mathrm{pore}}^2/32$）：

$$J_{\mathrm{visc},\ i}=-\frac{p_i}{RT}\frac{B}{\eta}\nabla p_i \tag{20.9}$$

注意到黏性流动流量与总压力平方成比例，因为压力是在梯度驱动力和局部压力集中项中。因此，通过一个支持薄膜的流量与压力平方是否成比例，有时被用来指示黏性流是否发生。然而，应注意这种传输机制贡献或影响可随操作条件变化，且即使流量不与压力平方成比例，负载阻力也可影响通过薄膜组分的流量和选择性。事实上，为了降低负载阻力的影响，在负载体两面上沉淀薄膜是有益的[45]。在某些情况下，特别当强吸附组分优先渗透时，如本章中讨论的 CO_2 分离情况，双面沸石薄膜比单个负载薄膜具较高流量和选择性[45]。这可能是正确的，即使与单个负载薄膜相比，具两个薄膜的总薄膜厚度较大[45]。

如前所述，这些多样化传输模式可顺序和并列发生，因此合适的模型应考虑所有潜在相关的模式，以及这些模式可作用的相互间相对位置[36,45]。

20.3 金属有机骨架材料（MOFs）和 MOF 薄膜

金属有机骨架材料（MOFs）包括金属离子或基于金属簇，由有机分子连接形成的晶格结构，客体样本移除后，它可形成多孔性的三维结构[7, 49, 50]。这些晶格材料合成相对容易且便宜，可通过改变金属、配位体和连接体制成特定应用组成 MOF[51]，有机和无机砌块的结合提供了孔隙尺寸（从微孔到介孔）、形状、结构以及功能化和嫁接上几乎无限数量的变化、巨大的灵活性。图 20.2 显示了 MOF 组分和最终结构的一种典型样式。

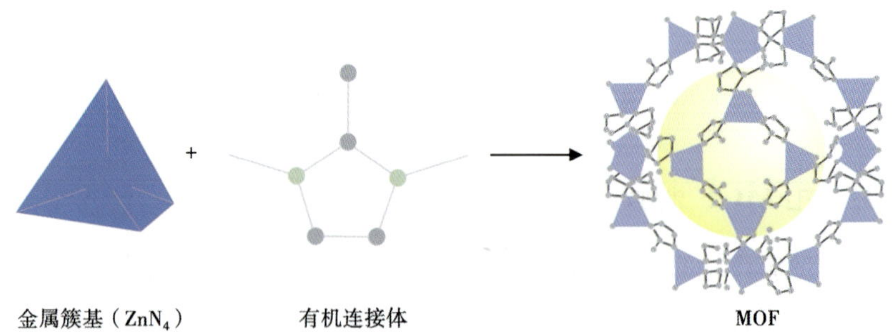

图 20.2　典型的 MOF 结构内金属簇基和有机连接体组成。黄色球形区域表示“开放空间”

20.3.1 MOF 薄膜特点

MOFs 的高外通孔隙（表明高流通量）、大范围孔隙尺寸以及独特和可裁剪的表面性质使其成为处理经典和相关工业分离的理想材料，例如氢或 CO_2 移除、烯烃分离烷烃、支链烷烃和芳烃和较大异构体分离线性烷烃。用于分子气体分离的 MOF 薄膜合成是一个新兴快速发展研究领域[53-75]，主要的挑战包括导致弱选择性的薄膜—负载体界面处微弱共生、水分有限的稳定性和“非空通道”的存在。另外，因有机连接体存在，高架构弹性限制了分子筛能力。就沸石薄膜而言，可再生产制备具有恒定分离性能的 MOF 薄膜也是有挑战的。

与用于制备沸石薄膜相似的合成方法已用于制备 MOF 薄膜，总的来说这些方法包括多孔负载体上 MOF 薄膜的直接合成（现场方法），或用晶体在多孔负载体上播种以促进薄膜生长（二次生长方法）。一般后一种得到青睐，因为其生产的薄膜具有较好的微结构控制。

20.3.2 为什么 MOF 薄膜用于 CO_2 分离?

由于 MOFs 对 CO_2 摄入具有非常高的亲和性、具有大孔隙体积的多孔骨架结构、烃与水（其中一些）存在时的化学稳定性以及几种相关气体分子动力学直径范围内的有限孔径，MOFs 是 CO_2 分离的极好材料。特别地，沸石咪唑酯骨架材料（ZIFs），MOFs 的子类，已成为新型晶体多孔材料，其综合了沸石与 MOFs 微孔、高表面积以及优越的热和化学稳定性的非常理想性能，使其在气体分离应用中成为理想备选[8]。在 ZIFs 中，金属原子如 Zn、Co 和 Cu 经由 N 原子通过咪唑酯（Im）或官能化 Im 链连接形成中性骨架，并提供由 4-环和 6-环 ZnN_4、CoN_4 和 CuN_4 簇形成的可调纳米孔。ZIF 化合物骨架与沸石骨架非常相似，即沸石中 T-O-T 桥（T = Si，Al，P 等）被 M-Im-M 桥（M = Zn，Co，Cu）替换，且两种结构键角都是 145°[76]，因此并不奇怪大部分记录的用于 CO_2 分离的 MOF 薄膜具有 ZIF 组成。

除 ZIFs、MOF-5 之外，由 $[ZnO_4]^6$+簇与苯-1，4-二甲酸（BDC）群八面体式连接构成的晶体结构对于 H_2 和 CO_2 分离与储存特别有趣。近来，金属—腺嘌呤生物金属有机骨架材料（Bio-MOFs）[77-82]也被确定为 CO_2 分离的极好备选，因其具有稳定微孔、高表面积和化学稳定性，同时由于其存在优先吸附 CO_2 的基本生物分子节点。一种典型金属—腺嘌呤生物金属有机骨架材料类型是 Bio-MOF-1Zn_8（ad）$_4$（BPDC）$_6$O · 2Me_2NH_2（其中 ad = 腺嘌呤，BPDC = 联苯双酯）——一种三维多孔 MOF，它具有通过联苯双酯连接体相连的无限锌—腺嘌呤柱状从属节点（SBUs）[80]。BioMOFs 孔隙尺寸可通过选取合适有机连接体进行调整[82]，MOFs 的 CO_2 吸附和分离的综述已在别处报导[83]。

20.3.3 MOFs 和 MOF 薄膜模拟传输

MOFs 和 MOF 薄膜传输也已用 Maxwell—Stefan 扩散模型进行了模拟[84-87]。随着 MOFs 大量的结构、孔隙尺寸、功能等被考虑，无论负载效果是否显著，涵盖所有可能扩散和对流模式的普遍传输模型是必要的。对于混合基质薄膜中特定组分的吸附和扩散性质，需在单个基础上进行表征并组合成普遍模型。分子模拟已用于评估 ZIFs 组分的吸附和扩散性质，本章中用于预测研究气体的理想和混合渗透选择性的结果也来源于分子模拟[88]。

虽然以上描述的详细模型可更好理解微孔和介孔材料分子的基本状态以及预测混合物的流量和选择性，许多实验主义者采用一种更简单的方法来评估穿过沸石和 MOFs 传输性质，运用时滞方法的渗滤实验估计 Fickian 扩散系数 D_i（$m^2 \cdot s^{-1}$），气渗滤实验测量渗透率 $P_{m,i}$（$mol \cdot m^{-1} \cdot s^{-1} \cdot Pa^{-1}$），以及渗透率定义以估计表观溶度 S（$mol \cdot m^{-3} \cdot Pa^{-1}$）[89]：

$$D_i = \frac{\delta^2}{6\tau},\ P_{m,i} = \frac{\delta \dot{n}_i}{A\Delta P_i},\ S_i = \frac{P_{m,i}}{D_i} \tag{20.10}$$

式中 δ 为薄膜厚度（m），τ 为时滞，$\dot{n}_i$ 为通过薄膜组分 i 的稳态摩尔流量，A 为渗滤面积，ΔP_i 为组分 i 跨膜分压驱动力。该分析假设穿过薄膜的 Fickian 扩散具有浓度无关扩散系数（从而沿薄膜厚度 δ 的浓度线性分布）和线性等温吸附特点。而这个等级的分析可有助于确定在给定条件下影响分离的是溶解度还是扩散性差异，引起混合物中渗滤物互相影响的 MOFs 中传输的更严格建模，等温线为线性区域外围的竞争性吸附，以及其他与穿过 MOF 晶体扩散顺序和（或）并行发生的扩散和对流传送模式阐明更多理解。

20.4 通过微孔晶体薄膜分离 CO_2

20.4.1 微孔晶体薄膜从废气中分离 CO_2

如前所述，胺吸附是目前能源部（DOE）和工业从电厂废气中捕获 CO_2 的标杆技术。DOE—NETL 体系分析研究估计，结合乙醇胺体系，运用化学吸附从废气捕获 90%的 CO_2 需增加 75%~85%的平均能量花费（LCOE）服务[90]，这些值刚好高于 2020 DOE—NETL 隔离项目后燃捕获目标[90]。因此，为了保持美国燃煤发电成本效用，发展新型先进 CO_2 捕获技术尤为重要。与胺吸附相比，薄膜工艺流程需求运行能量更少，且无需化学药剂或再生吸附剂[5]，另外，薄膜紧凑且可改装到电厂废气流尾端而无需复杂的整合方案。近来发表的体系分析和可行性研究显示，薄膜是从粉煤发电厂废气排放捕获 CO_2 技术上和经济上的可行选择[91]。对于废气 CO_2 捕获，预期操作环境中的 CO_2 渗透系数和 CO_2—N_2 选择性是确定薄膜能否有效利用的两项基本标准。

聚合物薄膜如醋酸纤维素、聚酰亚胺和聚芳酰胺可从 N_2 混合物中分离 CO_2，但高 CO_2 压力使其塑化，且显著降低分离能力[92]，包含聚酯纤维（环氧乙烷）单元的聚合物薄膜已显现出中等到好的 CO_2—N_2 分离性质[93, 94]。近来，在交联聚酯纤维（乙烯醇）薄膜中，功能化的胺载体对 CO_2—N_2 已显示出卓越的分离性能[95]。尽管当前的薄膜技术由聚合物主导，但这些薄膜受限于低 CO_2 渗透率和选择性，因为它们是基于一种主要根据气体分子小尺寸差异分离的溶液—扩散机理[96, 97]，这些薄膜不适于从电厂废气捕集 CO_2 要求的高温和高湿度条件[96]。

正如前面所提到的，沸石和 MOF 薄膜比聚合物薄膜更具温度、机械和化学稳定性[6]，它们可根据吸附和扩散差异成为分子筛或分离气体，因此也就比聚合物薄膜更具选择性，包括从 N_2 中分离 CO_2。沸石薄膜的分子筛能力众所周知，且已开发用于大量的相关气体混合物分离[10-14]，包括从 N_2 中分离 CO_2。一些已用于此特殊分离的沸石薄膜类型包括 Y [98]、T [99]、ZSM-5 [100]、SAP0-34 [64]、DD3R [101] 和 AlP0-18 [102]，因扩散性和吸附强度的组合，通常这些沸石薄膜具有中到高 CO_2—N_2 选择性，但在这些材料中 CO_2 渗透率倾向于中等。尽管几种 MOFs 的分离能力已在几种气体对中得到展示[57-59, 61-64, 66-68, 70, 103]，包括 CO_2—CH_4、H_2—CH_4、H_2—N_2、H_2—O_2、H_2—CO_2、CO_2—CO，只有少部分报告涉及 MOF 薄膜在 CO_2—N_2 的分离能力[56, 61, 69, 104]，低到中的 CO_2—N_2 选择性在这些 MOF 结构中进行了观察。

图 20.3 总结了沸石薄膜和 MOF 薄膜在 CO_2—N_2 分离上的表现。与 MOF 薄膜相比，沸石薄膜显示更高的 CO_2—N_2 分离选择性，这可能与沸石的分子筛效应有关，因为与有机连接引起的韧性 MOF 结构相比，它们的“刚性晶体孔径”导致了限制 MOFs 分子筛能力的“开门”或“呼吸”效应。另一方面，至少部分由于 MOFs 的韧性骨架类型和较高内部表面，CO_2 渗滤一般在 MOFs 中较高。为清晰起见，只有具有最高 CO_2—N_2 选择性和 CO_2 渗滤的沸石和 MOF 结构在图 20.3 显示。例如在图 20.3（a）中，沸石 Y 显示最高 CO_2—N_2 分离选择性和低 CO_2 渗滤[98]，由于沸石 Y 的孔径为 0.73nm，没有 CO_2 或 N_2 进入孔隙的位阻现象，然而，CO_2 优先与铝硅酸盐骨架和非骨架离子相互作用，形成 CO_2 吸附和流动的有利组合，导致高 CO_2—N_2 分离选择性。另外，据研究，纳米尺寸沸石 Y 有助于晶体紧密排列的形成，形成优质共生薄膜。据报导，最高 CO_2 渗滤穿过 SAPO-34 薄膜，但分离选择性中等[105]，SAPO-34 是一种 0.38nm 孔径的磷酸硅铝，它基本允许 CO_2 分子越过 N_2 筛选，作者将高 CO_2 渗滤归因于高质量（低非选择性孔隙含量）薄膜[105]。MOF 薄膜所显示的选择性［图 20.3（b）］为理想选择性（纯组分渗滤比例），因此混合物的竞争性吸附效应没有考虑。孔径 0.78nm 的沸石咪唑酯骨架 ZIF-69 显示了 MOF 薄膜的最高 CO_2—N_2 选择性[61]，中等选择性归因于表面 CO_2 扩散较低，这是因为 CO_2 对 ZIF-69 的强烈吸附力。0.9nm 孔隙的 Cu 基 MOF 型 HKUST-1 显示出最高 MOFs 的 CO_2 渗滤[60]，这归因于骨架的大孔隙尺寸和大孔隙体积。

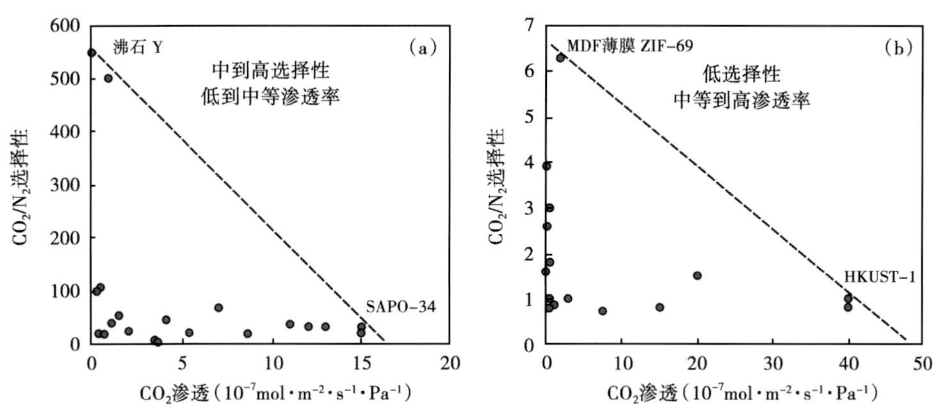

图 20.3　沸石（a）和 MOF 薄膜（b）的 CO_2—N_2 分离选择性与 CO_2 渗滤图，注意（b）中为理想选择性

图 20.4 显示了沸石和薄膜的代表性 SEM 图像，其中显示出 CO_2—N_2 气体混合物的高分离选择性。

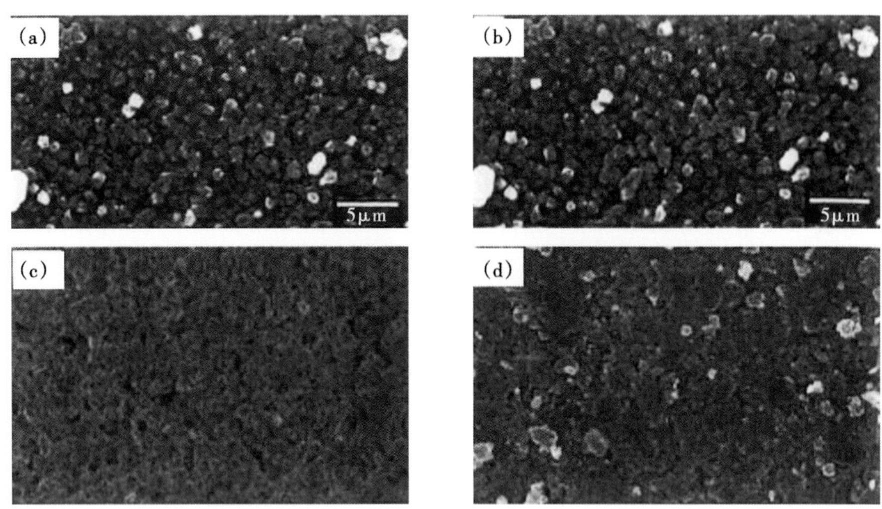

图 20.4 沸石 Y 薄膜的顶视图（a）和截面视图（b），MOF 薄膜顶视图（c）和截面视图（d），用于分离 CO_2—N_2 气体混合物

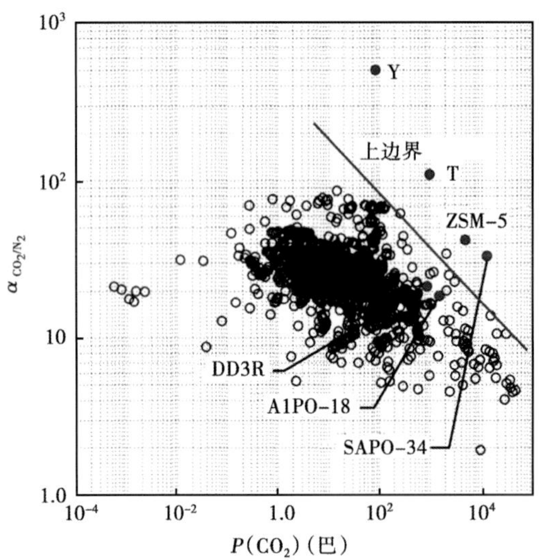

图 20.5 CO_2—N_2 气体混合物 Robeson 图，点代表聚合物薄膜实验数据，包含沸石薄膜用于比较

聚合物薄膜 CO_2—N_2 分离选择性与 CO_2 渗透率的 Robeson 图[106]已广泛用于薄膜性能比较，图 20.5 总结了聚合物和沸石薄膜对于 CO_2—N_2 气体混合物的分离表现。几种沸石包括 Y、T、ZSM-5 和 SAPO-34，好于（上边界以上）任何报导的聚合物薄膜（红点）。尽管几种沸石薄膜表现优于任何其他薄膜结构（包括 MOF 结构），对于这些薄膜，CO_2 渗透率依然需要提高，使其经济上成为废气 CO_2 捕集的可行选项。在最近的研究中，Merkel 等指出废气 CO_2 分离的最佳薄膜的 CO_2—N_2 选择性可低至 30~40[107]，但是 CO_2 渗滤应远大于约 $6.6\times10^{-7}mol\cdot m^{-2}\cdot s^{-1}\cdot Pa^{-1}$（约为 2000GPU），然而，商业可行的 CO_2 选择聚合物薄膜仅有 100GPU 性能[107]，对于废气 CO_2 捕集太低。

20.4.2 微孔晶体薄膜分离天然气中的 CO_2

目前为止，天然气处理是最大的工业气体分离应用[108]，每年约 100 万亿标准立方英尺天然气在全球使用，每年美国天然气消费约占 22 万亿标准立方英尺。正如前所述，天然气在进入管线之前，CO_2 需要去除，聚合物薄膜包括纤维素乙酸酯[109]、聚酰亚胺[110]和全氟基[111]聚合物薄膜也已用于从天然气中分离 CO_2。与废气处理类似，聚合物薄膜可分离 CO_2—CH_4 混合物，但高 CO_2 压力可使其塑化并降低分离能力[92]。

用于分离 CO_2—CH_4 混合物的沸石薄膜类型本质上与用于 CO_2—N_2 分离的 Y[98]、T[99]、ZSM-5[100]、SAPO-34[112-117]、DD3R[101] 和 AlPO-18[102] 型相同。由于 CO_2 和 CH_4 间尺寸大于 CO_2 与 N_2 间尺寸，沸石薄膜因分子筛和优先 CO_2 吸附组合而显示出高 CO_2—CH_4 选择性。然而，其中大部分沸石类型只具有中等 CO_2 渗透率，用于这种分离的任何沸石薄膜类型的最佳分离性能是穿过 SAPO-34 薄膜，它即使在高输送压力时也具有高选择性[115-117]。

几种 MOF 结构已成功制备为薄膜型式，且也已用于 CO_2—CH_4 气混合物分离的评价，这些结构包括：ZIF - 8[57, 58, 62, 68, 70, 118]、HKUST - 1[55, 60]、MOF - 5[53]、MIL - 53[119]、[Cu2L2P]n[120]、SIM - 1[121]、ZIF - 7[59]、ZIF - 22[63]、ZIF - 69[69]、ZIF - 95[122] 和 ZIF - 90[66, 67, 123, 124]。其中一些 MOFs 具有低到中等 CO_2—CH_4 选择性和中到高等的 CO_2 渗滤。再者，MOF 骨架的韧性对低分离选择性具有影响。

图 20.6 总结了沸石薄膜和 MOF 薄膜对于 CO_2—CH_4 分离的表现，与 CO_2—N_2 分离类似，沸石薄膜对于 CO_2—CH_4 分离更具选择性，但 CO_2 渗滤更低。与 MOFs 韧性骨架相比，沸石的刚性小孔使得沸石比 MOFs 具更强选择性但更低渗透性。注意在图 20.6（a）中，沸石 DD3R 具有最高 CO_2—CH_4 分离选择性但低 CO_2 渗滤[101]，DD3R 是一个包含笼架的微孔结构，每一个由八元环的三个窗口形成 0.36nm×0.44nm 孔径的二维孔隙结构连接。也在这里，作者将高分离选择性归因于 DD3R 开窗引起的位阻效应，导致分子筛选和激活传输，以及 CO_2 对 CH_4 的优先吸附效应[101]。总的来说，SAPO-34 薄膜已显示出对 CO_2—CH_4 混合物的最佳分离性能，具高选择性和中到高等的 CO_2 渗滤[112-117]［图 20.6（a）］，也是由于分子筛选和优先 CO_2 吸附，中到高等的 CO_2 渗滤也已通过制备薄膜达到[113, 115-117]。MOF 薄膜最高 CO_2—CH_4 选择性［图 20.6（b）］通过 ZIF-8 实现，一种具有有限孔径 0.34nm 的沸石咪唑酯骨架[58]，ZIF-8 薄膜的高 CO_2 渗滤归因于据狭窄尺寸分布的小晶体，其形成薄的薄膜以及铝土多孔负载体的构造性质。尽管 ZIF-8 包含大的 1.16nm 孔和小的 0.34nm 孔，密度泛函理论模拟数据说明较小孔是 CO_2 分子的优先吸附位置，因此，ZIF-8 小孔径

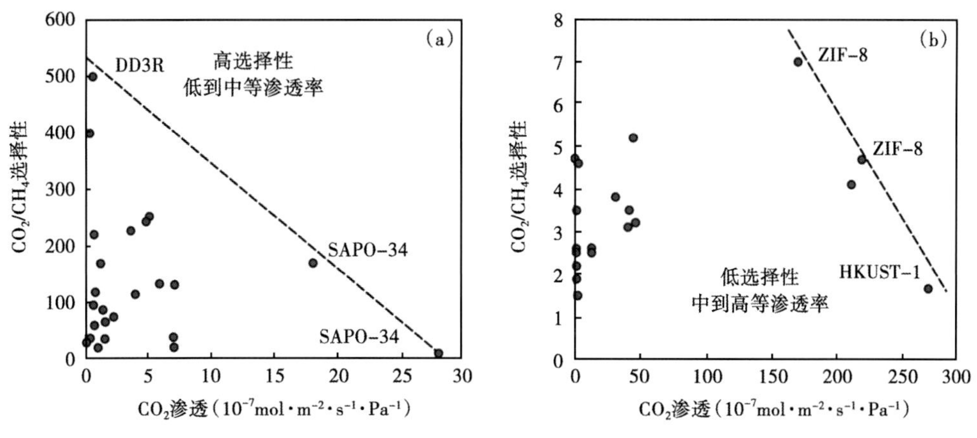

图 20.6　沸石（a）和 MOF（b）薄膜的 CO_2—CH_4 分离选择性与 CO_2 渗滤图

支持 CO_2 扩散甚于 CH_4，导致中等分离选择性。HKUST-1 显示出最高 CO_2 渗滤[60]，但这种 MOF 结构因其大孔径具有低分离选择性。

图 20.7 显示了 SAPO-34（沸石）和 ZIF-8（MOF）薄膜的代表性 SEM 图像，显示出 CO_2—CH_4 气体混合物的最佳分离表现。

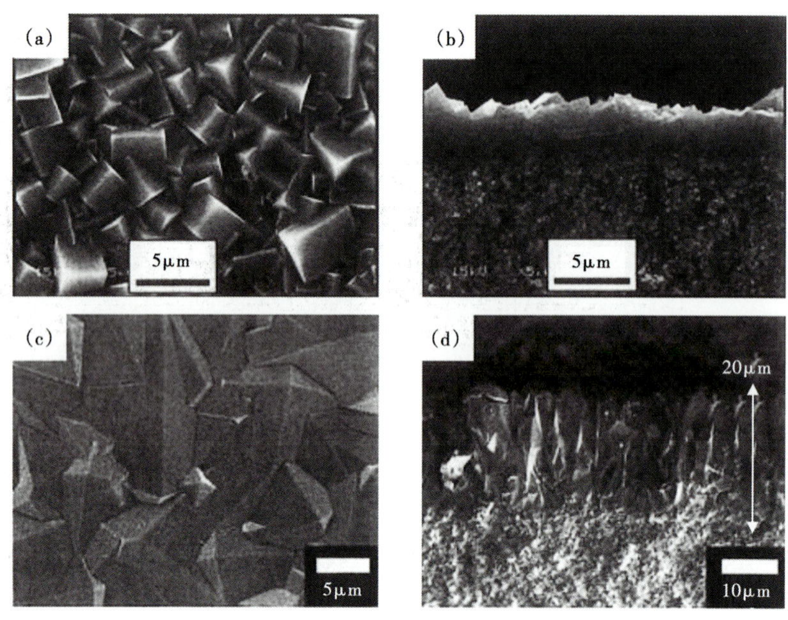

图 20.7　SAPO-34 薄膜的顶面视图（a）和截面视图（b），ZIF-8 薄膜的顶面视图（c）和截面视图（d），用于分离 CO_2—CH_4 气体混合物

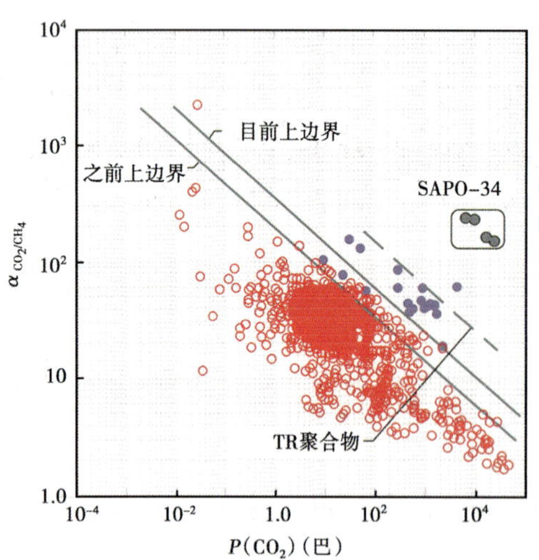

图 20.8　CO_2—CH_4 气体混合物的 Robeson 图，红色点和蓝色点代表聚合物薄膜的实验点，为了比较，加入了 SAPO-34 沸石薄膜

图 20.8 显示了聚合物薄膜 CO_2—CH_4 气体混合物的 Robeson 图，且为了比较，加入了 SAPO-34 薄膜。SAPO-34 薄膜显著高于 Robeson 图的上边界，显示这些沸石薄膜表现优于聚合物或 MOF 薄膜。尽管 SAPO-34 薄膜的分离表现可满足天然气处理，但纯无机膜 SAPO-34 薄膜的成本可能限制其在工业上的应用，目前降低 SAPO-34 薄膜合成成本的努力正在进行中[115, 116]。

20.4.3　微孔晶体薄膜分离 CO_2—H_2

薄膜代表了一种在制氢设备和综合煤气化联合循环（IGCC）电厂上二氧化碳捕集和氢气提纯的替代技术，因为其具有简单的操作模式和潜在低能量消耗[125]。聚合物或致密金属材料的氢选择[96, 126-130]和 CO_2 选择[4, 131-135]薄膜已对此种分离进行了研究，仅有很少的多孔晶体薄膜在 CO_2—H_2（CO_2 选择）分离的例子。二氧化碳选择薄膜已吸引了显著的注意，因为纯氢可在高压端保留，从而避免再压缩成本。特别地，这些薄膜与甲烷蒸气重整的 CO_2—H_2 分离，即通过从合成气渗滤 CO_2 在高压得到纯氢是可取的[4, 130-135]，这与空气吹制气化工艺的 CO_2—H_2 分离，即 CO_2 需要从包含 H_2 和 N_2 的合成气中去除[135]，有很大的相关性。

SAPO-34 薄膜可从 CO_2—H_2 混合物中选择性渗滤 CO_2，具高达 2.5×10^{-7} mol · m^{-2} · s^{-1} · Pa^{-1}的 CO_2 渗滤物和 22 的分离选择性[114]，且 0.3×10^{-7} mol · m^{-2} · s^{-1} · Pa^{-1}渗滤物在室温[114]的分离选择性超过 100[13]。尽管氢在沸石晶体中比大多数分子的扩散性更高，但它吸附弱，导致从其他分子如 CO_2 的混合物中优先渗滤。如图 20.9 所示，SAPO-34 薄膜也在此种分离上比其他聚合物薄膜表现要好，其他用于 CO_2—H_2 分离的沸石薄膜包括 MFI [136, 137]（其中的例子是 ZSM-5）和硅质岩-1 [138]，这些薄膜分离因子为 0.7~12[136-138]。

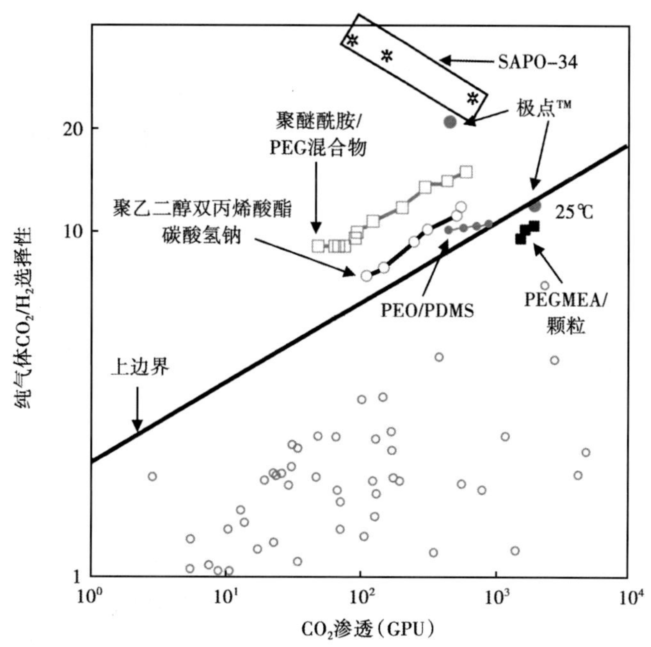

图 20.9　CO_2—H_2 气混合物 Robeson 图（修正自文献［135］），为了比较，包含了 SAPO-34 沸石薄膜，SAPO-34 区域上左边点对应于分离选择性 150

20.5　结语与展望

沸石和 MOF 薄膜都已展示了从其他轻气体如 CH_4、N_2 和 H_2 中分离 CO_2 的能力，每一薄膜族类显示了其对 CO_2 分离的特殊特征。在沸石薄膜例子中，优先吸附和刚性孔隙结构分子筛选导致高 CO_2 分离选择性。一般地，沸石薄膜因其结构和化学组成具有化学、热和机械稳定性，从技术角度看，沸石薄膜合成是一个成熟领域，其中发展相对较好的合成方法（原位生长、二级种子生长）一般形成可再生高质量薄膜。另外，因用于沸石生长的结构导向剂和水相对便宜，低合成成本使沸石合成对于这些薄膜工业应用有潜在比例增加。事实上，SAPO-34 薄膜对于天然气处理的可测量性已得到展示[139]，鉴于它们的卓越分离性能，从天然气中分离 CO_2 的 SAPO-34 接近于商业化。

另一方面，CO_2 分离的 MOF 薄膜是一个快速发展的新兴研究领域，几种极高孔隙度和高表面积的 MOF 薄膜已导致高 CO_2 渗滤。另一个 MOF 薄膜的独特特征与其无比高的 CO_2 摄入有关，这转化为超过其他气体的高 CO_2 理想选择性。与沸石相比，MOFs（若制备成薄膜形式）提供大范围孔隙尺寸，形成几乎无限数量的具韧性孔隙尺寸和结构的构造。最后，由于 MOF 结构中有机连接体的存在，适当的 MOFs 功能化可形成孔隙尺寸控制和吸附性质控制，这基本上可合理设计允许 CO_2 分离的“特制 MOF 薄膜”。

尽管两种类型的微孔晶体薄膜对于从关键气体分离 CO_2 具有前景，但仍需要考虑可能会阻止这些薄膜在 CO_2 相关工业分离前景应用上的实际挑战。首先要注意到，即使一种材料以制备的粉状或粒子状表现出独特和显著的分离性质，相同的材料可能不适合于薄膜制备，这是由于来自合成方法等的薄膜对负载体的有限粘连、相当大的吸附诱导应力、弱晶体共生、大晶体尺寸导致非连续薄膜、弱可再生。

致力于提高薄膜共生、控制厚度和降低“非选择孔”浓度的薄膜合成方法可形成有利于气体混合物有效分离 CO_2 的高质量薄膜，这些合成方法应尝试：（1）薄膜生长期间，生产允许较好“晶体堆积”的具狭窄尺寸分布的小型微孔晶体；（2）通过化学、物理、热或其他种子技术提高薄膜共生；（3）促进有效薄膜—负载体相互作用。潜在允许厚度、晶体尺寸和共生控制的新型 MOF 薄膜合成方法包括电化合成[140, 141]和蒸发诱导自组装[142-144]。

最后，对于沸石和 MOF 薄膜实际工业应用要考虑的重要挑战包括以下内容。

（1）可再生性。弱薄膜可再生性是一种普遍问题，特别对于 MOF 薄膜。

（2）长期性和化学稳定性。有限研究已探索了在真实废气和天然气条件下的薄膜稳定性（杂质的存在、温度影响和压力）。

（3）经济性。总的来说，沸石薄膜对于从废气或天然气中捕集 CO_2 并不具备好的经济性，薄膜模块的成本至少比用于此类特殊分离的最先进聚合物薄膜贵一个数量级[3, 107]。

（4）可测量性。据所知最新情况，仅有一例沸石或 MOF 薄膜成功运用的实例已得到报导（天然气处理的 SAPO-34 薄膜）。

若这些挑战得到恰当处理，预见在不久的将来其中一些微孔薄膜可在工业条件下有效应用于 CO_2 分离。

参考文献

[1] DOE/EIA. *EIA Estimates on Global Warming Potential: Intergovernmental Panel on Changes, Climate Change: The Physical Science Basis*, Cambridge UK, Cambridge University Press.（2007）.

[2] Annual Energy Outlook, 0383（June, 2008）.

[3] R. W. Baker, Future directions of membrane gas separation technology, *Ind. Eng. Chem. Res.* 41（6）, 1393-1411（Mar., 2002）. ISSN 0888-5885.

[4] H. Lin, E. Van Wagner, B. D. Freeman, L. G. Toy, and R. P. Gupta, Plasticization-enhanced hydrogen purification using polymeric membranes., *Science（New York, N. Y.）* 311（5761）, 639-42（Mar., 2006）.

ISSN 1095-9203.

[5] S. Stern, Polymers for gas separations: The next decade, *J. Memb. Sci.* 94, 1-64 (1994).

[6] E. Thompson, R. W. (H. G. Karge, J. Weitkamp, *Recent Advances in the Understanding of Zeolite synthesis*, *Molecular Sieves Vol.* 1, Springer, Berlin Heidelberg, (1998).

[7] O. M. Yaghi, M. O' Keeffe, N. W. Ockwig, H. K. Chae, M. Eddaoudi, and J. Kim, Reticular synthesis and design of new materials., Naure. 423 (6941), 705-14 (June, 2003). ISSN 0028-0836.

[8] K. S. Park, Z. Ni, A. P. Cote, J. Y. Choi, R. Huang, F. J. Uribe-Romo, H. K. Chae, M. O' Keeffe, and O. M. Yaghi, Exceptional chemical and thermal stability of zeolitic imidazolate frameworks., *Proceedings of the National Academy of Science of the United States of America.* 103 (27), 10186-91 (July, 2006). ISSN 0027-8424.

[9] J. Cejka, *Introduction to Zeolite Molecular Sieves*, *3th Edition*, Elsevier, (2007).

[10] T. C. Bowen, R. D. Nobel, and J. L. Falconer, Fundamentals and applications of pervaporation through zeolite membranes, *J. Memb. Sci.* 245 (1-2), 1-33 (Dec., 2004). ISSN 03767388.

[11] K. Aoki, K. Kusakabe, and S. Morooka, Separation of Gases with an A-Type Zeolite Membrance, *Ind. Eng. Chem. Res.* 39 (7), 2245-2251 (July, 2000). ISSN 0888-5885.

[12] M. A. Snyder and M. Tsapatsis, Hierarchical nanomanufacturing: from shaped zeolite nanoparticles to high-performance separation membranes., *Angewandte Chemie* (International ed. In English). 46 (40), 7560-73 (Jan., 2007). ISSN 1433-7851.

[13] M. Hong, S. Li, J. L. Falconer, and R. D. Noble, Hydrogen purification using a SAPO-34 membrane, *J. Memb. Sci.* 307 (2), 277-283 (Jan., 2008). ISSN 03767388.

[14] C. D. Baertsch, H. H. Funke, J. L. Falconer, and R. D. Noble, Permeation of Aromatic Hydrocarbon Vapors through Silicalite Zeolite Membranes, *J. Phys. Chem.* 100 (18), 7676-7679 (Jan., 1996). ISSN 0022-3654.

[15] A. Tavolaro and E. Drioli, Zeolite Menbranes, *Adv. Mat.* 11 (12), 975-966 (Aug., 1999). ISSN 0935-9648.

[16] T. Bein, Synthesis and Applications of Molecular Sieve Layers and Membranes, *Chen. Mater.* 8 (8), 1636-1653 (Jan., 1996). ISSN 0897-4756.

[17] J. Caro, M. Noack, P. Kolsch, and R. Schafer, Zeolite menbranes-State of their development and perspective, *Microporous Mesoporous Mater.* 38 (1), 3-24 (July, 2000). ISSN 13871811.

[18] E. McLeary, J. Jansen, and F. Kapteijn, Zeolite based films, membranes and membrane rezctors: Progress and prospects, *Microporous Mesoporous mate.* 90 (1-3), 198-220 (Mar., 200). ISSN 13871811.

[19] M. J. C. Noack, *Handbook of Porous Solids*, P. 2478. Wiley-VCH (2002).

[20] J. Caro, M. Noack, and P. Kolsch, Zeolite Membranes: From the Laboratory Scale to Technical Applications, *Adsorption.* 11 (3-4), 215-227 (July, 2005). ISSN 0929-5607.

[21] J. Ramsay, S. Kallus, and N. Kanellopoulos, *Recent Advances in Gas Separation by Microporous Ceramic Membranes*, *Membrane Science and Technology.* Elsevier p. 373 (2000).

[22] A. Julbe, Zeolite Membranes-A short overview *Stud. Sur. Sci. Catal.* (157), 135 (2005).

[23] J. E. Lewis, G. R. Gavalas, and M. E. Davis, Permeation studies on oriented single-crystal ferrierite membranes, *AIChE Journal.* 43 (1), 83-90 (Jan., 1997). ISSN 0001-1541.

[24] Y. Wang, Y. Tang, A. Dong, X. Wang, N. Ren, W. Shan, and Z. Gao, Self-supporting porous zeolite membranes with sponge-like architecture and zeolitic microtubes, *Adv. Mater.* 14 (13-14), 994-997 (July, 2002). ISSN 0935-9648.

[25] J. Choi, H. -K. Jeong, M. A. Snyder, J. A. Stoeger, R. I. Masel, and M. Tsapatsis, Grain boundary defect

elimination in a zeolite membrane by rapid thermal processing., *Sciernce* (New York, N. Y.). 325 (5940), 590-3 (July, 2009). ISSN 1095-9203.

[26] G. Zhu, J. Wang, Y. Zhang, J. Lu, and J. Xiu, Preparation and permeability of ZSM-35 zeolite membranes on porous stainless steel tubes, *Frontiers of Chemical Engineering in China*. 1 (3), 217-220 (July, 2007). ISSN 1673-7369.

[27] A. Chiang and K. -j. Chao, Membranes and films of zeolite and zeolite-like materials, *J. Phys. Chem. Solids*. 62 (9-10), 1899-1910 (Sept., 2001). ISSN 00223697.

[28] M. P. Bernal, G. Xomeritakis, and M. Tsapatsis, Tubular MFI zeolite membranes made by secondary (seeded) growth, *Catal. Today*. 67 (1-3), 101-107 (May, 2001). ISSN 09205861.

[29] Y. Takata, T. Tsuru, T. Yoshioka, and M. Asaeda, Gas permeation properties of MFI zeolite membranes prepared by the secondary growth of colloidal silicalite and application to the methylation of toluene, *Microporous Mesoporous Mater*. 54 (3), 257-268 (July, 2002). ISSN 13871811.

[30] Z. Tang, S. -J. Kim, X. Gu, and J. Dong, Microwave synthesis of MFI-type zeolite membranes by seeded secondary growth without the use of organic structure directing agents, *Microporous Mesoporous Mater*. 118 (1-3), 224-231 (Feb., 2009). ISSN 13871811.

[31] Y. Li, M. Peratitus, G. Xiong, W. Yang, E. Landrivon, S. Miachon, and J. Dalmon, Nanocomposite MFI-alumina membranes via pore-plugging synthesis: Genesis of the zeolite material, *J. Membr. Sci*. 325 (2), 973-981 (Dec., 2008). ISSN 03767388.

[32] J. Hedlund, F. Jareman, A. -J. Bons, and M. Anthonis, A masking technique for high quality MFI membranes, *J. Membr. Sci*. 222 (1-2), 163-179 (Sept., 2003). ISSN 03767388.

[33] M. Yang, B. Crittenden, S. Perera, H. Moueddeb, and J. -A. Dalmon, The hindering effect of adsorbed components on the permeation of a nonadsorbing component through a microporous silicalite membrane: the potential barrier theory, *J. Membr. Sci*. 156 (1), 1-9 (Apr., 1999). ISSN 03767388.

[34] J. C. Poshusta, V. A. Tuan, E. A. Pape, R. D. Noble, and J. L. Falconer, Separation of light gas mixtures using SAPO-34 membranes, *AIChE Journal*. 46 (4), 779-789 (Apr., 2000). ISSN 00011541.

[35] X. Xu, X. Zhao, L. Sun, and X. Liu, Adsorption separation of carbon dioxide, methane, and nitrogen on Hβ and Na-exchanged , β-zeolite, *J. Nat. Gas Chem*. 17 (4), 391-396 (Dec., 2008). ISSN 10039953.

[36] R. Krishna, A unified approach to the modelling of intraparticle diffusion in adsorption processes, *Gas Sep. Purifi*. 7 (2), 91-104 (Jan., 1993). ISSN 09504214.

[37] R. Krishna and L. van den Broeke, The Maxwell-Stefan description of mass transport across zeolite membranes, *Chem. Eng. J. Bioch. Eng. J*. 57 (2), 155-162 (Apr., 1995). ISSN 09230467.

[38] R. Krishna and J. Wesselingh, The Maxwell-Stefan approach to mass transfer, *Chem. Eng. Sci*. 52 (6), 861-911 (Mar., 1997). ISSN 00092509.

[39] R. Krishna, Diffusion of binary mixtures across zeolite membranes: entropy effects on permeation selectivity, *Int. Commun. Heat Mass Transf*. 28 (3), 337-346 (Apr., 2001). ISSN 07351933.

[40] T. Q. Gardner, A. I. Flores, R. D. Noble, and J. L. Falconer, Transient measurements of adsorption and diffusion in H-ZSM-5 membranes, *AIChE Journal*. 48 (6), 1155-1167 (June, 2002). ISSN 00011541.

[41] T. Q. Gardner, J. L. Falconer, and R. D. Noble, Adsorption and diffusion properties of zeolite membranes by transient permeation, *Desalirnation*. 149 (1-3), 435-440 (Sept., 2002). ISSN 00119164.

[42] T. Q. Gardner, J. B. Lee, R. D. Noble, and J. L. Falconer, Adsorption and diffusion properties of butanes in ZSM-5 zeolite membranes, *Ind. Eng. Chem. Res*. 41, 4094-4105 (2002).

[43] T. Q. Gardner, J. L. Falconer, R. D. Noble, and M. M. P. Zieverink, Analysis of transient permeation fluxes

into and out of membranes for adsorption measurements, *Chem. Eng. Sci.* 58 (10), 2103-2112 (May, 2003). ISSN 00092509. doi: 10. 1016/S0009-2509 (03) 00016-2.

[44] T. Q. Gardner, J. L. Falconer, and R. D. Noble, Transient permeation of butanes through ZSM-5 and ZSM-11 zeolite membranes, *AIChE Journal.* 50 (11), 2816-2834 (Nov., 2004). ISSN 0001-1541. doi: 10. 1002/aic. 10217.

[45] T. Q. Gardner, J. G. Martinek, J. L. Falconer, and R. D. Noble, Enhanced flux through double-sided zeolite membranes, *J. Memb. Science.* 304 (1-2), 112-117 (Nov., 2007). ISSN 03767388.

[46] S. Li, J. G. Martinek, J. L. Falconer, R. D. Noble, and T. Q. Gardner, High-Pressure CO_2/CH_4 Separation Using SAPO-34 Membranes. *Ind. Eng. Chem. Res.* 44 (9) pp. 3220-3228 (2005).

[47] J. G. Martinek, T. Q. Gardner, R. D. Noble, and J. L. Falconer, Modeling transient permeation of binary mixtures through zeolite membranes, *Ind. Eng. Chem. Res.* 45 (17), 6032-6043 (2006).

[48] B. Smit and R. Krishna, Molecular simulations in zeolitic process design, *Chem. Eng. Sci.* 58 (3-6), 557-568 (Feb., 2003). ISSN 00092509.

[49] G. Férey, Hybrid porous solids: past, present, future., *Chem. Soc. Rev.* 37 (1), 191-214 (Jan., 2008). ISSN 0306-0012.

[50] L. MacGillivray, *Metal Organic Framework: Design and Application.* John Wiley & Sons (2010).

[51] U. Mueller, M. Schubert, F. Teich, H. Puetter, K. Schierle-Arndt, and J. Pastré, Metal-organic frameworks—prospective industrial applications, *J. Mater. Chem.* 16 (7), 626 (Feb., 2006). ISSN 0959-9428.

[52] J. Gascon and F. Kapteijn, Metal-organic framework membranes-high potential, bright future?, *Angewandte Chemie* (International ed. in English). 49 (9), 1530-2 (Feb., 2010). ISSN 1521-3773.

[53] Y. Liu, Z. Ng, E. A. Khan, H. -K. Jeong, C. -b. Ching, and Z. Lai, Synthesis of continuous MOF-5 membranes on porous α-alumina substrates, *Microporous Mesoporous Mater.* 118 (1-3), 296-301 (Feb., 2009). ISSN 13871811.

[54] Y. Yoo, Z. Lai, and H. -K. Jeong, Fabrication of MOF-5 membranes using microwave-induced rapid seeding and solvothermal secondary growth, *Microporous Mesoporous Mater.* 123 (1-3), 100-106 (July, 2009). ISSN 13871811.

[55] H. Guo, G. Zhu, I. J. Hewitt, and S. Qiu, "Twin copper source" growth of metal-organic framework membrane: Cu (3) (BTC) (2) with high permeability and selectivity for recycling H (2)., *Journal of the Am. Chem. Soc.* 131 (5), 1646-7 (Feb., 2009). ISSN 1520-5126.

[56] R. Ranjan and M. Tsapatsis, Microporous metal organic framework membrane on porous support using the seeded growth method, *Chem. Mater.* 21 (20), 4920-4924 (Oct., 2009). ISSN 0897-4756.

[57] H. Bux, F. Liang, Y. Li, J. Cravillon, M. Wiebcke, and J. Caro, Zeolitic imidazolate framework membrane with molecular sieving properties by microwave-assisted solvothermal synthesis., *J. Am. Chem. Soc.* 131 (44), 16000-1 (Nov., 2009). ISSN 1520-5126.

[58] S. R. Venna and M. A. Carreon, Highly permeable zeolite imidazolate framework-8 membranes for CO_2/CH_4 separation., *J. Am. Chem. Soc.* 132 (1), 76-8 (Jan., 2010). ISSN 1520-5126.

[59] Y. -S. Li, F. -Y. Liang, H. Bux, A. Feldhoff, W. -S. Yang, and J. Caro, Molecular sieve membrane: supported metal-organic framework with high hydrogen selectivity., *Angewandte Chemie (lnternational ed. in English).* 49 (3), 548-51 (Jan.: 2010). ISSN 1521-3773.

[60] V. V. Guerrero, Y. Yoo, M. C. McCarthy, and H. -K. Jeong, HKUST-I membranes on porous supports using secondary growth, *J. Mater. Chem.* 20 (19), 3938 (May, 2010). ISSN 0959-9428.

[61] Y. Liu, E. Hu, E. A. Khan, and Z. Lai, Synthesis and characterization of ZIF-69 membranes and separation

for CO_2/CO mixture; *J. Memb. Sci.* 353 (1-2), 36-40 (May, 2010). ISSN 03767388.

[62] M. C. McCarthy; V. Varela-Guerrero, G. V. Barnett, and H. -K. Jeong, Synthesis of zeolitic imidazolate framework films and membranes with controlled microstructures., *Langmuir.* 26 (18), 14636-41 (Sept., 2010). ISSN 1520-5827.

[63] A. Huang, H. Bux, F. Steinbach, and J. Caro, Molecular-sieve membrane with hydrogen permselectivity: ZIF-22 in LTA topology prepared with 3-aminopropyltriethoxysilane as covalent linker., *Angewandte Chemie (International ed. in English)*. 49 (29), 4958-61 (July, 2010). ISSN 1521-3773.

[64] Y. Li, F. Liang, H. Bux, W. Yang, and J. Caro, Zeolitic imidazolate framework ZIF-7 based molecular sieve membrane for hydrogen separation, *Journal of Membrane Science.* 354 (1-2), 48-54 (May, 2010). ISSN 03767388.

[65] S. Takamizawa, Y. Takasaki, and R. Miyake, Single-crystal membrane for anisotropic and efficient gas permeation.; *J. Am. Chem.* Soc. 132 (9), 2862-3 (Mar., 2010). ISSN 1520-5126.

[66] A. Huang, W. Dou, and J. Caro, Steam-stable zeolitic imidazolate framework ZIF-90 membrane with hydrogen selectivity through covalent functionalization., *J. Am. Chem. Soc.* 132 (44), 15562-4 (Nov., 2010). ISSN 1520-5126.

[67] A. Huang and J. Caro, Covalent post-functionalization of zeolitic imidazolate framework ZIF-90 membrane for enhanced hydrogen selectivity., *Angewandte Chemie* (International ed. in English). 50 (21), 4979-82 (May, 2011). ISSN 1521-3773.

[68] H. Bux, A. Feldhoff, J. Cravillon, M. Wiebcke, Y. -S. Li, and J. Caro, Oriented Zeolitic Imidazolate Framework-8 Membrane with Sharp H_2/C_3H_8 Molecular Sieve Separation, *Chem. of Mater.* 23 (8), 2262-2269 (Apr., 2011). ISSN 0897-4756.

[69] Y. Liu, G. Zeng, Y. Pan, and Z. Lai, Synthesis of highly c-oriented ZIF-69 membranes by secondary growth and their gas permeation properties, *J. Membr. Sci.* 379 (1-2), 46-51 (Sept., 2011). ISSN 03767388.

[70] Y. Pan and Z. Lai, Sharp separation of C_2/C_3 hydrocarbon mixtures by zeolitic imidazolate framework-8 (ZIF-8) membranes synthesized in aqueous solutions., *Chem. Comm.* (*Cambridge, England*). 47 (37), 10275-7 (Oct., 2011). ISSN 1364-548X.

[71] J. A. Bohrman and M. A. Carreon, Synthesis and CO_2/CH_4 separation performance of Bio-MOF-1 membranes., . Chem. Comm. (*Cambridge, England*). 48 (42), 5130-2 (May, 2012). ISSN 1364-548X.

[72] X. Dong, K. Huang, S. Liu, R. Ren, W. Jin, and Y. S. Lin, Synthesis of zeolitic imidazolate framework-78 molecular-sieve membrane: defect formation and elimination, *J. Mater. Chem.* 22 (36), 19222 (Aug., 2012). ISSN 0959-9428.

[73] O. Tzialla, C. Veziri, X. Papatryfon, K. Beltsios, A. Labropoulos, B. Iliev, G. Adamova, T. Schubert, M. Kroon, M. Francisco, L. Zubeir, G. Romanos, and G. N. Karanikolos, Zeolite Imidazolate Framework-Ionic Liquid Hybrid Membranes for Highly Selective CO_2 Separation, *J. Phys. Chem. C.* 117 (36), 18434-18440 (Sept., 2013). ISSN 1932-7447.

[74] K. Huang, S. Liu, Q. Li, and W. Jin, Preparation of novel metal-carboxylate system MOF membrane for gas separation, *Sep. Purif. Technol.* 119, 94-101 (Nov., 2013). ISSN 13835866.

[75] Z. Xie, T. Li, N. L. Rosi, and M. A. Carreon, Alumina-supported cobaltadeninate MOF membranes for CO_2/CH_4 separation, *J. Mater. Chem. A.* 2 (5), 1239 (Dec., 2014). ISSN 2050-7488.

[76] H. Hayashi, A. P. Côté, H. Furukawa, M. O'Keeffe, and O. M. Yaghi, Zeolite A imidazolate frameworks., *Nature Materials.* 6 (7), 501-6 (July, 2007). ISSN 1476-1122.

[77] J. An, R. P. Fiorella, S. J. Geib, and N. L. Rosi, Synthesis, structure, assembly, and modulation of the CO_2

adsorption properties of a zinc-adeninate macrocycle., *J. Am. Chem. Soc.* 131 (24), 8401-3 (June, 2009). ISSN 1520-5126.

[78] J. An, S. J. Geib, and N. L. Rosi, Cation-triggered drug release from a porous zinc-adeninate metal-organic framework., *J. Am. Chem. Soc.* 131 (24), 8376-7 (June, 2009). ISSN 1520-5126.

[79] J. An, S. J. Geib, and N. L. Rosi, High and selective CO_2 uptake in a cobalt adeninate metal-organic framework exhibiting pyrimidine-and amino-decorated pores., *J. Am. Chem. Soc.* 132 (1), 38-9 (Jan., 2010). ISSN 1520-5126.

[80] J. An and N. L. Rosi, Tuning MOF CO_2 adsorption properties via cation exchange., *J. Am. Chem. Soc.* 132 (16), 5578-9 (Apr., 2010). ISSN 1520-5126.

[81] J. An, C. M. Shade, D. A. Chengelis-Czegan, S. Petoud, and N. L. Rosi, Zinc-adeninate metal-organic framework for aqueous encapsulation and sensitization of near-infrared and visible emitting lanthanide cations., *J. Am. Chem. Soc.* 133 (5), 1220-3 (Mar., 2011). ISSN 1520-5126.

[82] T. Li, D. -L. Chen, J. E. Sullivan, M. T. Kozlowski, J. K. Johnson, and N. L. Rosi, Systematic modulation and enhancement of CO_2: N2 selectivity and water stability in an isoreticular series of bio-MOF-11 analogues, *Chem. Sci.* 4 (4), 1746 (Mar., 2013). ISSN 2041-6520.

[83] J. -R. Li, Y. Ma, M. C. McCarthy, J. Sculley, J. Yu, H. -K. Jeong, P. B. Balbuena, and H. -C. Zhou, Carbon dioxide capture-related gas adsorption and separation in metal-organic frameworks, *Coord. Chem. Rev.* 255 (15-16), 1791-1823 (Aug., 2011). ISSN 00108545.

[84] R. Krishna and J. van Baten, Unified Maxwell-Stefan description of binary mixture diffusion in micro- and meso-porous materials, *Chem. Eng. Sci.* 64, 3159-3178 (2009).

[85] R. Krishna and J. M. van Baten, Highlighting pitfalls in the Maxwell-Stefan modeling of water-alcohol mixture permeation across pervaporation membranes, *J. Mermb. Sci.* 360, 476-482 (2010).

[86] R. Krishna and J. M. van Baten, Investigating the potential of MgMOF-74 membranes for CO_2 capture, *J. Memb. Sci.* 377, 249-260 (2011).

[87] R. Krishna and J. M. van Baten, Maxwell-Stefan modeling of slowing-down effects in mixed gas permeation across porous membranes, *J. Memb. Sci.* 383, 289-300 (2011).

[88] C. Sitprasert, F. Wang, V. Rudolph, and Z. Zhu, Ideal and mixture permeation selectivity of flexible prototypical zeolitic imidazolate framework-8 Membranes, *Chem. Eng. Sci.* 108, 23-32 (2014).

[89] M. Arjmandi and P. Majid, Mixed matrix membranes incorporated with cubic-MOF-5 for improved polyetherimide gas separation membranes: Theory and experiment, *J. Ind. Eng. Chem.* in press (2014).

[90] Existing plants - Emissions and capture program goals NETL (2009).

[91] E. Favre, Carbon dioxide recovery from post-combustion processes: Can gas permeation membranes compete with absorption?, *J. Memb. Sci.* 294 (1-2), 50-59 (May, 2007). ISSN 03767388.

[92] W. J. Koros and R. Mahajan, Pushing the limits on possibilities for large scale gas separation: Which strategies?, *J. Memb. Sci.* 175 (2), 181-196 (2000). ISSN 0376-7388.

[93] H. Lin and B. Freeman, Gas solubility, diffusivity and permeability in poly (ethylene oxide), *J. Memb. Sci.* 239 (1), 105-117 (Aug., 2004). ISSN 03767388.

[94] H. Okamoto, K. -I.; Umeo, N.; Okamyo, S.; Tanaka, K.; Kita, Selective permeation of carbon dioxide over nitrogen through polyethylene oxide containing polyimide membranes, *Chem. Lett.* 22, 225-228 (1993).

[95] J. Huang, J. Zou, and W. S. W. Ho, Carbon Dioxide Capture Using a CO_2- Selective facilitated transport membrane, *Ind. Eng. Chem. Res.* 47 (4), 1261-1267 (Feb., 2008). ISSN 0888-5885.

[96] R. Bredesen, K. Jordal, and O. Bolland, High-temperature membranes in power generation with CO_2 capture,

Chem. Eng. and Process.: *Process Intensification*. 43 (9), 1129-1158 (Sept., 2004). ISSN 02552701.

[97] G. Zolandz, R. R.; Ho, W. S. W.; Sirkar, K. K., Eds.;, In Fleming Membrane Handbook, Chapman and Hall, New York, (1992).

[98] J. C. White, P. K. Dutta, K. Shqau, and H. Verweij, Synthesis of ultrathin zeolite Y membranes and their application for separation of carbon dioxide and nitrogen gases., *Langmuir* 26 (12), 10287-93 (June, 2010). ISSN 1520-5827.

[99] Y. Cui, H. Kita, and K. -i. Okamoto, Preparation and gas separation performance of zeolite T membrane, *J. Mater. Chem.* 14 (5), 924 (Feb., 2004). ISSN 0959-9428.

[100] D. W. Shin, S. H. Hyun, C. H. Cho, and M. H. Han, Synthesis and CO_2/N_2 gas permeation characteristics of ZSM-5 zeolite membranes, *Microporous Mesoporous Mater.* 85 (3), 313-323 (Nov., 2005). ISSN 13871811.

[101] J. van den Bergh, W. Zhu, J. Gascon, J. Moulijn, and F. Kapteijn, Separation and permeation characteristics of a DD3R zeolite membrane, *J. Memb. Sci.* 316 (1-2), 35-45 (May, 2008). ISSN 03767388.

[102] M. L. Carreon, S. Li, and M. A. Carreon, AlPO-18 membranes for CO_2/CH_4 separation., *Chem. Comm.* (*Cambridge*, *England*). 48 (17), 2310-2 (Mar.; 2012). ISSN 1364-548X.

[103] Y. -S. Li, H. Bux, A. Feldhoff, G. -L. Li, W. -S. Yang, and J. Caro, Controllable synthesis of metal-organic frameworks: From MOF nanorods to oriented MOF membranes., *Advanced Materials* (*Deerfield Beach*, *Fla.*). 22 (30), 3322-6 (Aug., 2010). ISSN 1521-4095.

[104] Z. Zhao, X. Ma, A. Kasik, Z. Li, and Y. S. Lin, Gas Separation Properties of Metal Organic Framework (MOF-5) Membranes, *Ind. Eng. Chem. Res.* 52 (3), 1102-1108 (Jan., 2013). ISSN 0888-5885.

[105] S. Li and C. Q. Fan: High-Flux SAPO-34 Membrane for CO_2/N_2 Separation, *Ind. Eng. Chem. Res.* 49 (9), 4399-4404 (May, 2010). ISSN 0888-5885.

[106] L. M. Robeson, The upper bound revisited, *J. Memb. Sci.* 320 (1), 390-400 (2008).

[107] T. C. Merkel, H. Lin, X. Wei, and R. Baker, Power plant post-combustion carbon dioxide capture: An opportunity for membranes, *J. Memb. Sci.* 359 (1-2), 126-139 (Sept., 2010). ISSN 03767388.

[108] R. W. Baker and K. Lokhandwala, Natural gas processing with membranes: An Overview, *Ind. Eng. Chem. Res.* 47 (7), 2109-2121 (Apr., 2008). ISSN 0888-5885.

[109] R. W. Spillman, Economics of gas separation by membranes, *Chem. Eng. Progress*. 85, 41 (1989).

[110] S. I. S. H Ohya , V V Kudryavsev, *Polyimide Membranes*: *Applications*, *Fabrications and Properties*, *CRC Press* (1997).

[111] R. Baker, I. Pinnau, Z. He, K. Amo, A. DaCosta, and R. Daniels. Nitrogen gas separation using organic vapor resistant membranes. Technical report, US Patent 6, 572, 680 (2003).

[112] S. R. Venna and M. A. Carreon, Amino-Functionalized SAPO-34 Membranes for CO_2/CH_4 and CO_2/N_2 Separation., *Langmuir* 27 (6), 2888-94 (Mar., 2011). ISSN 1520-5827.

[113] M. A. Carreon, S. Li, J. L. Falconer, and R. D. Noble, Alumina-supported SAPO-34 membranes for CO_2/CH_4 separation., *J. Am. Chem. Soc.* 130 (16), 5412-3 (Apr., 2008). ISSN 1520-5126.

[114] M. Carreon, S. Li, J. Falconer, and R. Noble, SAPO-34 Seeds and Membranes Prepared Using Multiple Structure Directing Agents, *Adv. Mater.* 20 (4), 729-732 (Feb., 2008). ISSN 09359648.

[115] R. Zhou, E. W. Ping, H. H. Funke, J. L. Falconer, and R. D. Noble, Improving SAPO-34 membrane synthesis, *J. Memb. Sci.* 444, 384-393 (Oct., 2013). ISSN 03767388.

[116] E. W. Ping, R. Zhou, H. H. Funke, J. L. Falconer, and R. D. Noble, Seeded-gel synthesis of SAPO-34 single channel and monolith membranes, for CO_2/CH_4 separations, *J. Memb. Sci.* 415-416, 770-775

(Oct., 2012). ISSN 03767388.

[117] H. H. Funke, M. Z. Chen, A. N. Prakash, J. L. Falconer, and R. D. Noble, Separating molecules by size in SAPO-34 membranes, *J. Memb. Sci.* 456, 185-191 (Apr., 2014). ISSN 03767388.

[118] S. R. Venna, M. Zhu, S. Li, and M. A. Carreon, Knudsen diffusion through ZIF-8 membranes synthesized by secondary seeded growth, *J. Porous Materials.* 21 (2), 235-240 (Dec., 2014). ISSN 1380-2224.

[119] Y. Hu, X. Dong, J. Nan, W. Jin, X. Ren, N. Xu, and Y. M. Lee, Metalorganic framework membranes fabricated via reactive seeding., *Chem. Comm.* (Cambridge, England). 47 (2), 737-9 (Jan., 2011). ISSN 1364-548X.

[120] A. Bétard, H. Bux, S. Henke, D. Zacher, J. Caro, and R. A. Fischer, Fabrication of a CO_2-selective membrane by stepwise liquid-phase deposition of an alkylether functionalized pillared-layered metal-organic framework [Cu2L2P] n on a macroporous support, *Microporous Mesoporous Mater.* 150, 76-82 (Mar., 2012). ISSN 13871811.

[121] S. Aguado, C. -H. Nicolas, V. Moizan-Baslé, C. Nieto, H. Amrouche, N. Bats, N. Audebrand, and D. Farrusseng, Facile synthesis of an ultramicroporous MOF tubular membrane with selectivity towards CO_2, *New Journal of Chemistry.* 35 (1), 41 (Jan., 2011). ISSN 1144-0546.

[122] A. Huang, Y. Chen, N. Wang, Z. Hu, J. Jiang, and J. Caro, A highly permeable and selective zeolitic imidazolate framework ZIF-95 membrane for H_2/CO_2 separation., *Chem. Comm.* (Cambridge, England). 48 (89), 10981-3 (Nov., 2012). ISSN 1364-548X.

[123] A. J. Brown, J. R. Johnson, M. E. Lydon, W. J. Koros, C. W. Jones, and S. Nair, Continuous polycrystalline zeolitic imidazolate framework-90 membranes on polymeric hollow fibers., *Angewandte Chemie* (International ed. in English). 51 (42), 10615-8 (Oct., 2012). ISSN 1521-3773.

[124] A. Huang, Q. Liu, N. Wang, and J. Caro, Organosilica functionalized zeolitic imidazolate framework ZIF-90 membrane for CO_2/CH_4 separation, *Microporoas Mesoporous Mater.* 192, 18-22 (July, 2014). ISSN 13871811.

[125] T. C. Merkel, M. Zhou, and R. W. Baker, Carbon dioxide capture with membranes at an IGCC power plant, *J. Memb. Sci.* 389, 441-450 (Feb., 2012). ISSN 03767388.

[126] Y. Ma, *Advanced Membrane Technology and Applications*, chapter Hydrogen separation membranes, pp. 671-684. John Wiley & Sons (2008).

[127] A. Y. Ku, P. Kulkarni, R. Shisler, and W. Wei, Membrane performance requirements for carbon dioxide capture using hydrogen-selective membranes in integrated gasification combined cycle (IGCC) power plants, *J. Memb. Sci.* 367 (1-2), 233-239 (Feb., 2011). ISSN 03767388.

[128] F. Guazzone, J. Catalano, I. P. Mardilovich, J. Kniep, S. Pande, T. Wu, R. C. Lambrecht, S. Datta, N. K. Kazantzis, and Y. H. Ma, Gas permeation field tests of composite Pd and Pd-Au membranes in actual coal derived syngas atmosphere, *Int. J. Hydrogen Energ.* 37 (19), 14557-14568 (Oct., 2012). ISSN 03603199.

[129] P. K. Liu, M. Sahimi, and T. T. Tsotsis, Process intensification in hydrogen production from coal and biomass via the use of membrane-based reactive separations, *Curr. Opin. Chem. Eng*: 1 (3), 342-351 (Aug., 2012). ISSN 22113398.

[130] K. Ramasubramanian, Y. Zhao, and W. Winston Ho, CO_2 capture and H_2 purification: Prospects for CO_2-selective membrane processes, *AIChE Journal.* 59 (4), 1033-1045 (Apr., 2013). ISSN 00011541.

[131] V. I. Bondar, B. D. Freeman, and I. Pinnau, Gas transport properties of poly (ether-b-amide) segmented block copolymers, *J. Polym. Sci. Part B*: *Polym. Phys.* 38 (15), 2051-2062 (Aug., 2000). ISSN 0887-

6266.

[132] W. Yave, A. Car, J. Wind, and K. -V. Peinemann, Nanometric thin film membranes manufactured on square meter scale: ultra-thin films for CO_2 capture., *Nanotechnology*. 21 (39), 1-7 (Oct., 2010). ISSN 1361-6528.

[133] W. Yave, A. Car, and K. -V. Peinemann, Nanostructured membrane material designed for carbon dioxide separation, *J. Membr. Sci.* 350 (1-2), 124-129 (Mar., 2010). ISSN 03767388.

[134] S. R. Reijerkerk, K. Nijmeijer, C. P. Ribeiro, B. D. Freeman, and M. Wessling, On the effects of plasticization in CO_2/light gas separation using polymeric solubility selective membranes, *J. Membr. Sci.* 367 (1-2), 33-44 (Feb., 2011). ISSN 03767388.

[135] H. Lin, Z. He, Z. Sun, J. Vu, A. Ng, M. Mohammed, J. Kniep, T. C. Merkel, T. Wu, and R. C. Lambrecht, CO_2-selective membranes for hydrogen production and CO_2 capture—Part I: Membrane development, *J. Membr. Sci.* 457, 149-161 (May, 2014). ISSN 03767388.

[136] J. Lindmark and J. Hedlund, *From Zeolites to Porous MOF Materials - The 40th Anniversary of International Zeolite Conference, Proceedings of the 15th International Zeolite Conference*. vol. 170, *Studies in Surface Science and Catalysis*, Elsevier (2007).

[137] J. Lindmark, J. Hedlund, S. K. Wirawan, D. Creaser, M. Li, D. Zhang, and X. Zou, Impregnation of zeolite membranes for enhanced selectivity, *J. Membr. Sci.* 365 (1-2), 188-197 (Dec., 2010). ISSN 03767388.

[138] W. J. Bakker, F. Kapteijn, J. Poppe, and J. A. Moulijn, Permeation characteristics of a metal-supported silicalite-1 zeolite membrane, *J. Membr. Sci.* 117 (1-2), 57-78 (Aug., 1996). ISSN 03767388.

[139] S. Li, M. A. Carreon, Y. Zhang, H. H. Funke, R. D. Noble, and J. L. Falconer, Scale-up of SAPO-34 membranes for CO_2/CH_4 separation, *J. Membr. Sci.* 352 (1-2), 7-13 (Apr., 2010). ISSN 03767388.

[140] M. Li and M. Dincă, Selective formation of biphasic thin films of metalorganic frameworks by potential-controlled cathodic electrodeposition, *Chem. Sci.* 5 (1), 107 (Nov., 2014). ISSN 2041-6520.

[141] C. R. Wade, M. Li, and M. Dinca, Facile deposition of multicolored electrochromic metal-organic framework thin films., *Angewandte Chemie* (International ed. in English). 52 (50), 13377-81 (Dec., 2013). ISSN 1521-3773.

[142] C. J. Brinker, Y. Lu, A. Sellinger, and H. Fan, Evaporation-Induced Self-Assembly: Nanostructures Made Easy, *Adv. Mater.* 11 (7), 579-585 (May, 1999). ISSN 0935-9648.

[143] D. Grosso, F. Cagnol, G. Soler-Illia, E. Crepaldi, H. Amenitsch, A. Brunet-Bruneau, A. Bourgeois, and C. Sanchez, Fundamentals of Mesostructuring Through Evaporation-Induced Self-Assembly, *Adv. Funct. Mater.* 14 (4), 309-322 (Apr., 2004). ISSN 1616-301X.

[144] M. Carreon and V. Guliants, *Nanoporous Solids, Recent Advances and Prospects*, chapter Mesostructuring Metal Oxides through Evaporation Induced Self-Assembly: Fundamentals and Applications, pp. 407-432. Number 16. Elsevier (2008).

第 21 章　封闭孔隙域化学特征

Megan M. Otting, Yazhou Ji, Ryan M. Richards,
Brian G. Trewyn

Department of Chemistry and Geo chemistry Colorado School of Mines, Golden, CO, 80401

rrichard@ mines. edu, btrewyn@ mines. edu

近年来，已看到分子捕集和分离、生物分子至动物和植物细胞运移和多相催化中介孔纳米粒子材料合成和应用上的进步，科罗拉多矿业学院（CSM）的研究者正在研究不同组成和特殊表面化学的介孔纳米粒子，并将合成方法扩展到控制形态和表面功能，以显著增加其潜在应用数量。笔者不仅已经研究了介孔的排放，也有各种很高价值和增值生物分子的吸收和封存，这些生物分子由包括微藻、细菌、酵母菌和真菌的微生物产生。另外，多孔负载体上多中心和单中心催化处于研究的前沿。

21.1　引言

设计、开发和合成具有明确定义的孔隙结构、约束的形态和可调表面化学的功能材料，是一个迅速发展的正经历材料化学变革的研究领域。目前的研究工作聚焦于催化、选择分离，至介孔二氧化硅（MS）与有序介孔碳（OMC）材料的动植物细胞生物分子运移的合成、表征和应用。

美孚石油公司 Kresge 领导的科学家（MCM-41）和日本早稻田大学 Kuroda 领导的课题组首先在二十世纪九十年代早期探索了 MS 材料的合成[1, 2]，两个小组展示了一种涉及有机和无机物种的超分子合成机制，物种里硅聚合物的组织由阳离子铵胶束指示（图 21.1）。OMC 材料的合成利用预先合成的 MS 粒子作为“硬性”样板形成介孔骨架，伴随碳前体热处理充填孔隙，随后通过 HF 或 OH^- 处理去除硅质。这些材料的独特结构特征是催化、分离和生物活性分子与基因载体上应用的关键前提。这些材料应具有如下理想特征，以充分发挥功能：

（1）化学、热和机械稳定性；

（2）有序孔隙和约束的孔隙形态；

（3）大表面积和可调孔隙尺寸；

（4）功能化的内外表面。

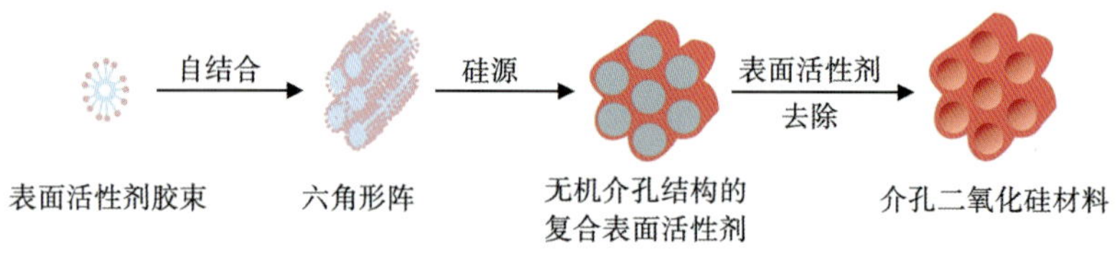

图 21.1 介孔硅质材料形成机制

21.2 合成和性质

利用结构导向样板（阳离子和非离子表面活性剂），孔隙结构通过加入硅前体形成于酸性或碱性水溶液中，期间发生水解，随后缩合聚集在样板周围。在进行可变热液处理后，对合成的 MS 材料进行过滤和清洗。通过高温煅烧或酸化乙醇清洗（乙醇—甲醇）有机孔隙形成表面活性剂，就得到开放孔隙（图 21.1）。当包含共价键表面功能有机配体时，后者就比较关键，否则其会经过煅烧随表面活性剂被裂解。

对于孔径范围 6~12nm 的非离子表面活性剂模板 MS 材料，一般性合成方法形成的表面积范围为 400~700$m^2 \cdot g^{-1}$，对孔径范围 2.5~4 nm 的阳离子表面活性剂模板 MSN，形成的表面积范围为 900~1200$m^2 \cdot g^{-1}$。MS 材料的一个重要性质是其单个制备样品的独特小孔径分布和均一粒子形态，产品产生变化，但典型研究尺度制品产生于 MS 粒子 2~4g 的任何范围，这取决于具体合成方法。对于每一项具体应用，粒子形态和孔径的变化常被要求，例如，有装载生物分子（蛋白质和肽链）进入孔隙的程序以利于分子传送进入细胞。在这些情况下，有意合成这样的孔隙是比较重要的，其足够大以适应酶不变性，但也不会大到它们轻易地在装载过程中扩散进出[3-5]。已建立了操纵孔径的方法，包括混入分子膨胀剂（即将其嵌入映衬孔隙的微胶粒有机区域）和热液处理，不同孔径合成的 MS 材料透射电镜（TEMs）可在图 21.2 上观察到，MS 模板的电子显微图与相应的 OMC 可在图 21.3 观察到，MS 模板［图 21.3（a）和 21.3（c）］清晰指示了 OMC 材料的形态［图 21.3（b）和 21.3（d）］，化学和元素分析已确认在酸或碱腐蚀过程中二氧化硅被完全去除。OMC 材料合成和应用的具体内容见下一节。

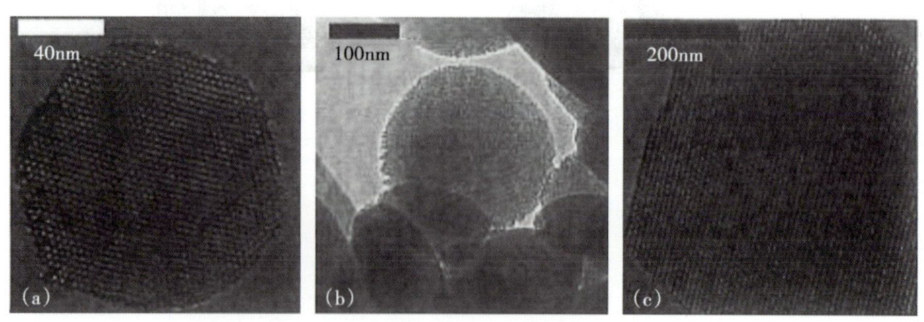

图 21.2 介孔二氧化硅粒子透射电子显微镜照片，孔径调至（a）3nm、（b）5nm、（c）10nm

图 21.3　用作 OMC 材料（b，d）模板的 MS 材料（a，c）扫描电子显微照片

为利用这些材料进行上述应用，具有控制有机功能化程度的成型方法较为关键。尽管 MS 和 OMC 材料的有机功能化可共价或不共价，大部分应用宁愿共价固定以避免不必要的表面调整分子过滤。有两种常用技术随有机基团用于功能化介孔二氧化硅表面，以负载有机官能团。第一种方法为合成后移植，是一种广为流行的方法，因其在进入制备时较少的合成变量。如图 21.4（a）所示，调整均质催化剂或无金属有机配体通过硅烷化反应共价固定于预合成介孔负载体表面，一般在不含水分环境下，水分缺失对避免有机硅烷自缩合作用比较关键。多孔结构保持完整，配体（催化剂）的安置可能不均匀，倒是更聚焦于外表面和孔口附近，这种现象一般取决于孔径和官能团运输进入孔隙的自由度。表面硅羟基

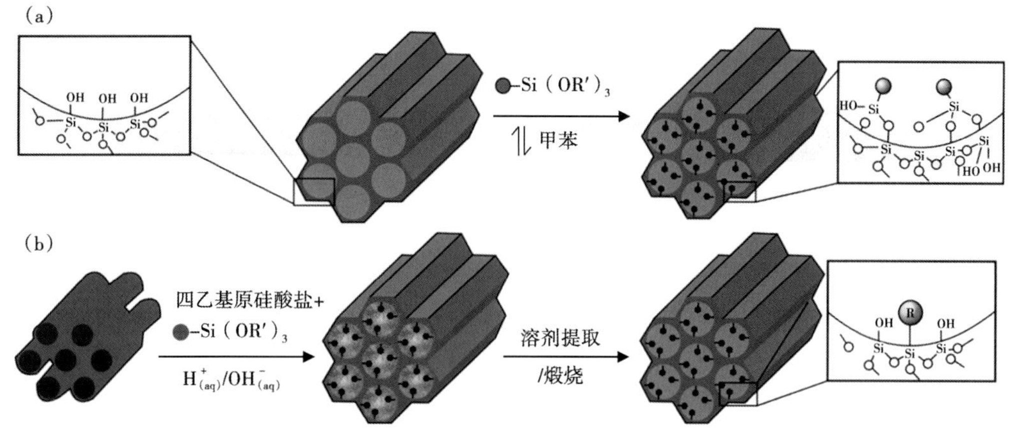

图 21.4　两种介孔材料表面功能化最常用技术示意图。(a) 合成后移植方法，(b) 原位共缩合方法

的反应是一种扩散相关特性，且动力学上大部分可进入区域在内表面和孔口上。另一种方法是原位共缩合，是一种直接合成方法，其中有机官能团（有机烷氧基硅烷）随硅醇前体（即正硅酸乙酯，TEOS）被引入模板成形表面活性剂的水溶液（酸性或碱性），见图 21.4（b）中说明。有机烷氧基硅烷和 TEOS 的缩合同时发生（共缩合），导致多孔材料表面上有机配位体的均匀分布。除了二氧化硅表面的更均匀功能化外，MCM-41 类型二氧化硅材料形态可随有机配位体具体类型和浓度改变。例如，通过氨基丙基-三甲氧基硅烷（APTMS）与 TEOS 的共凝，形成了介孔二氧化硅纳米棒（AP-MS）。合成系列功能化 MSN 材料显示，与疏水的有机烷氧基硅烷共缩合形成的粒子比非功能化 MS 材料要小，而亲水的配位体选择性地产生更大粒子（图 21.5）[6,7]。可是，该方法有一定局限性，官能团在水溶液中须可溶且能容忍 pH 极限，因为这种合成通过碱或酸催化以促进硅酸盐水解，大量有机官能团的合并并不总是成功的，因为基团干扰二氧化硅缩合。最后，在对结构完整性无负面效应下，这种方式并入介孔材料官能团的数量不能超过表面覆盖度的 25%。

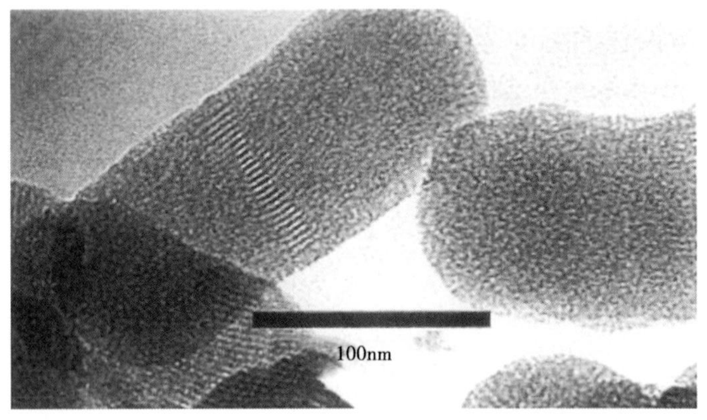

图 21.5 共缩合反应条件下合成的 AP-MS 纳米棒 TEM 图像

纳米结构的催化剂基于其尺寸、形状和组成提供了调整性质的潜力，且已应用于广泛的商业过程中。在纳米尺度（10^{-9}m，比人类头发丝小 6×10^4 倍），金属粒子展现出块体或原子尺度上不常观察到的化学和物理性质。自从 Haruta 首次揭示出纳米尺度黄金对一氧化碳氧化展现高催化活性后，就引起对黄金催化广度的不断探索[8-12]。相较于 Pt 和 Pd 催化剂，Au 对乙醇的水相有氧催化氧化具有最高选择性且不易于被强吸附副产品金属过滤、过氧化和自中毒[13]。据报导，较高选择性和催化剂去活化的缺乏可能是由于相较于其他活性金属，Au 一般具有较弱的氧、氢、反应物和产物的吸附[14, 15]。另外，Au 的吸附和催化活性强烈依赖于粒子尺寸，这可由制备方法控制[16]。然而，作为一种软金属，黄金基催化剂广泛应用的障碍是黄金极易于聚集和丧失活性，在减小催化剂聚集和烧结的努力中，负载材料上纳米尺度粒子弥散是一种有前景的方法。

机能性非有机纳米粒子或多部位活性金属与金属氧化物样本的合并是利用 MS 材料进行非均质催化作用的重要方面。类似于有机配位体的功能化，非有机样本可通过原位或合成后方法合并，本文展示了贵金属纳米粒子的结合，特别是黄金和地球中丰富的以金属氧化物、硫化物和磷化物形式存在的元素，在不需要观察不同相的情况下，通过这种原位方法并入二氧化硅[17, 18]。在利用多孔二氧化硅的热和化学稳定性提高纳米结构催化剂持久性、活性和选择性以及获得有关关系基本认识的愿景下，已探求了多种连接这些材料的策略。初始方法是修改介孔二氧化硅 SBA-15 的表面和固定黄金纳米粒子[19]。尽管该方法产生对环己烷氧化具有高转化率的催化剂体系，但它们的持久性也受限制。对于乙醇有氧氧化作用，黄金纳米粒子限制于介孔二氧化硅壁内，也在以前进行了报导，然而，这些催化剂显示出不规则形状和孔隙[20]。

为获得并入介孔二氧化硅的金属纳米粒子，要么有机官能团通过植入或共缩合在 MS 材料上进行点缀，以对粒子成核调整表面化学和螯合金属，要么金属直接与表面上的硅烷醇阴离子螯合。在黄金纳米粒子（Au NP）功能化例子中，有机基团和纳米粒子间相互影响提高了金属的固定性，然而对于 Pd，有机配位体不是必需的，这说明金属的独特性。结合合成方法（共缩合和金属螯合作用），Richards 通过首次合成硫醚点缀的介孔二氧化硅表面，能够在介孔二氧化硅骨架（GMS）中插入黄金（即，在孔隙内壁中选择性并入 Au NPs[18]），这形成了更加强劲的催化材料，但具有同 Au NPs 注入表面等效的催化活性。另外，过滤成为合成后注入方法中一个主要因素，且通过在骨架中嵌入纳米粒子充分得到避免。当前的研究是调查二氧化硅负载体的热和热液稳定性，以优化合成作用时完全缩合条件。贵金属纳米粒子并入 MS 催化剂的例子可在图 21.6 和图 21.7 中看到，这些合成方法允许对并入 MS 材料孔隙的金属数量进行控制。通过调整孔隙的表面化学，要么通过加入差不多的有机官能团，要么通过调整 pH 值对差不多表面硅醇去质子化，围绕活性催化剂的孔隙环境可进行微调。

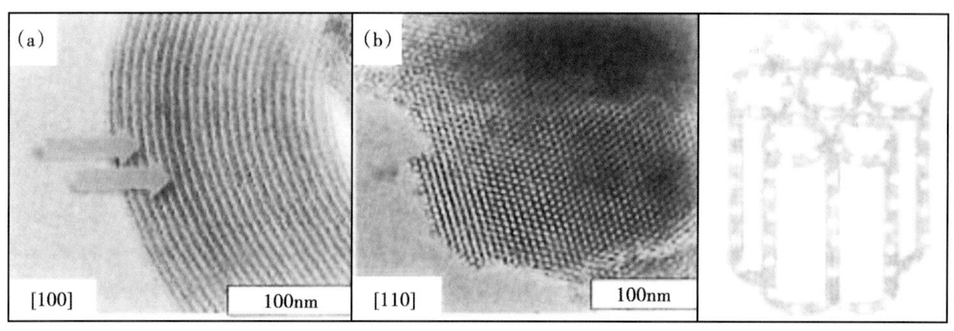

图 21.6　2-2-GMS HRTEM 图像（a）和纳米反应器模型（b）

然而，在保持周期介孔结构的同时，定位介孔材料骨架纳米粒子仍然有价值且充满挑战。尽管许多在该领域的研究描述了在介孔二氧化硅孔壁上固定纳米粒子的方法，但关于插入纳米粒子于介孔材料孔壁中的报导却有限，Garcia 等曾将 γ-FeO 纳米粒子并入铝硅酸盐孔壁[21]，2009 年发表了两篇有关通过应用硫醚基团将黄金纳米粒子插入介孔二氧化硅孔壁的报导[18, 22]。然而，这些报导主要为概念研究检验，且许多关于硫醚药剂在催化位点形态、黄金装载范围和确切性质的作用问题依然存在。最为重要的是，纳米粒子选择定位的主要限制是有少量硫醚基团吸引黄金，而相较之下，硫醚基团前体（TESPTS）可随共聚合物模板（P123）形成微乳剂，从而可破坏或改变二氧化硅周期介孔结构。这种“过犹不及”类型也在利用 TESPTS 和四甲氧基硅烷（TMOS）作为二氧化硅前体的硫醚桥键介孔有

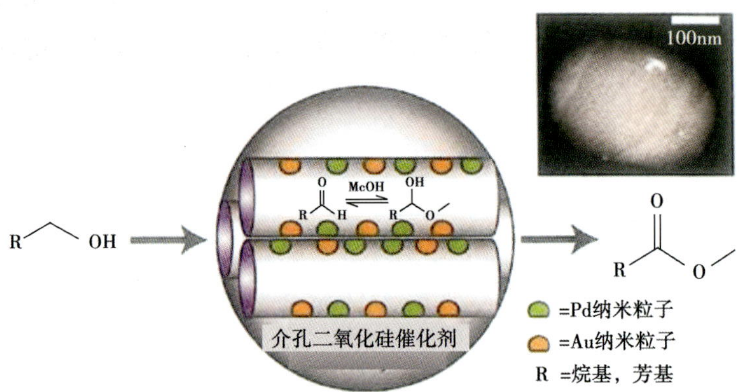

图 21.7 植入 MS 材料催化纳米粒子示意图，表现为将乙醇转化为酯的非均相氧化催化剂和植入 MS 催化剂纳米粒子的 TEM 和 STEM 图像

机硅制备中进行了讨论[23]。

如前所述，MS 材料被用作有序介孔碳材料的模板，合成包括重复热液处理和碳前体热焙烧（即，蔗糖和糠醛），随后经 HF 或碱处理以蚀刻掉二氧化硅模板[24]。由笔者方法合成的典型 OMC 表面积在 800～1100$m^2 \cdot g^{-1}$范围和调整的孔径在 3.5～7nm 之间，且研究尺度产品产量约 2～4g。对大部分应用，重要的是，OMC 材料在高和低 pH 值中热液稳定，且根据广泛的 Raman 光谱学分析，是石墨的和传导的。生产 OMC 材料的独特合成方法考虑到形态和粒径控制，OMC 粒子形态预示 MS 模板正如图 21.3 显而易见得非常之好。事实上，当采用热液处理在以孔壁厚度损失的情况下扩展模板中孔隙时，由于 OMC 的形成是通过 MS 粒子的反向制模，OMC 粒子的孔径通过 MS 模板的合成管理而控制。

21.3 表征

由于涉及负载体和催化剂之间的互相影响、活性位点的分布、催化表面的均匀性和每次反应涉及的机制，非均化催化体系和功能化 MS 体系都比较复杂。为了阐明催化体系如何工作，包括活性和选择性，需要多种先进的定性和定量技术的运用。这一部分的目的是简要概述用于表面、结构、孔隙和官能团性质评价的大部分常用技术。首先，由粉末 X 射线衍射（XRD）、氮吸附分析、扫描和投射电子显微镜（分别为 SEM 和 TEM）对表面、结构和孔隙性质进行评估。一般地，XRD 衍射的 2θ 峰值范围在 1°～10°，提供了有关介孔二氧化硅材料孔隙排列的信息。例如，对应于［100］、［110］、［200］和［210］平面的反射，可观察到 MCM-41 和 SBA-15 型材料，与孔隙的六角形排列一致[2, 25]。氮吸附分析给出了介孔材料的表面积、孔隙容量、孔径分布和孔隙表面性质的有价值信息。一般情况，对介孔材料 IUPAC IV 型等温线进行具有可用于预测介孔形状的滞后回线观察[26]，随同等温线，基于多层吸附理论的 Brunauer—Emmett—Teller（BET）表面积和基于 Kelvin 方程的 Barrett—Joyner—Halenda（BJH）孔隙体积通常都进行了报导[27, 28]。运用电子显微镜对形态、组成和结构特征进行可视化，扫描电子显微镜用于获取介孔材料整个微粒形态及尺寸和形状上的均匀性，为了得到详细结构信息，需要透射电子显微镜。TEM 优于 XRD 以确定介孔材料中孔隙结构和次序[29, 30]。

当阐明结构特性的重要性时，关于介孔材料化学和组成的信息通常也相当重要。能量分散 X 射线光谱经常与 SEM 和 TEM 一起来形成材料成分的化学图像，当分析功能化介孔材料时这特别有用。另一项用于表征非均相催化剂的技术是化学吸附作用，其可探测活性位点。尽管一定量催化剂可出现在于负载体上，但很难知道有多少催化剂可催化反应物。多种探测流体可引入催化剂体系，然后以一种控制方式移除，从而显示活性位点、这些活性位点的强度以及氧化和还原剖面的数量。固态核磁共振（ssNMR）的最新发展包括脉冲技术、横向极化（CP）和魔角自旋（MAS），已使其成为研究非均相催化剂的有用工具，包括阐明负载表面—催化剂互相影响上信息[31]。有关催化剂结构的细节可运用 ssNMR 得到，例如，二氧化硅负载体的结构细节可运用 29Si ssNMR 观察[6, 32]。通常，催化剂材料运用 13C 和 1H（就有机金属化合物催化剂来说）或审视各自金属位点，如 195Ft[33, 34]。结构稳定性、催化剂连接和无机—有机界面只是可用 ssNMR 研究的非均相催化剂诸多特征中的一些。装载进入负载材料的配位体和催化剂通常用电感耦合等离子体（ICP）质谱或热重量分析（TGA）进行表征。ICP 质谱对表征装载入介孔负载材料的金属数量特别有用。伴随高灵敏度（高达万亿分之几），ICP 也对反应后从催化剂确定金属过滤有用。TGA 是一项常用来确定配位体装载的技术，其通过监测官能团热降解期间的质量损失来实现。运用二氧化硅负载体特别有益，因为二氧化硅在高温时也能保持稳定，但有机官能团在超过温度范围时降解。傅立叶变换红外分光镜（FTIR）用于有机基团改性剂化学组成的定性分析，特别是反应性官能团和负载体连接键的性质（即静电、共价等）。最后，X 射线光电子能谱（XPS）主要用于确定催化剂材料表面上活性金属种类的氧化状态。符合特殊状态的结合能，例如 Pt（Ⅱ）、Pt（Ⅳ）、C-C 或 C=C，可应用这项技术观察，结合能的转换帮助确定催化剂如何与负载体表面相互作用，且峰强度可用于定量确定存在的金属种类数量。

21.4　应用

前文已说明通过改变 MS 材料，它们可用于传送化学物质、蛋白质和基因材料至动物细胞、植物细胞和植物原生质体[35, 36]。笔者设计了一种体系，其合并了 Au NP 管帽以覆盖孔隙末端，在介孔中捕获化学物质和蛋白质，且非共价结合至基因材料外表面。正如上面提到的，植物细胞间传送纳米技术的应用非常有限，为了研究该领域 MS 纳米粒（MSN）的潜在应用，一系列功能化 MSN 材料在原生质体和植物细胞内合成和测试。观察到当原状 MSNs 不能通过烟草叶肉原生质体内化时，随三甘醇（TEG）点缀表面后，则有可能内化纳米粒子，通过应用质体 DNA 的释放这得到进一步证实，其将绿色荧光蛋白质（GFP）的表达编码作为一种策略，以观察载体的内化。为了处理植物细胞的内化，合成了一种黄金纳米粒子封住的 MSN 体系（Au-MSNs），该载体运用基因枪引入植物细胞，正如后面将会详细描述的，质体 DNA 和基因表达启动子的释放是植物细胞中 Au-MSNs 高效吸收的证明（图 21.8）[37]。随着这项工作的延续，通过化学引发的金盐还原增加了表面上 MSN 和电镀的 Au

NPs 孔径[38]。这些 MSN 材料保持高表面积（约 $300m^2 \cdot g^{-1}$）、大孔隙体积（$0.88mL \cdot g^{-1}$），且即使黄金在表面上被负载，孔径也足够大到能容纳蛋白质。运用这些材料，成功证实通过基因枪，蛋白质和 DNA 可传送至完整植物细胞，这些实验对于植物科学研究意义深远，因为本文首次证实多孔粒子可修改用作化学物质、蛋白质和基因材料传送至植物细胞的载体（图 21.8）。

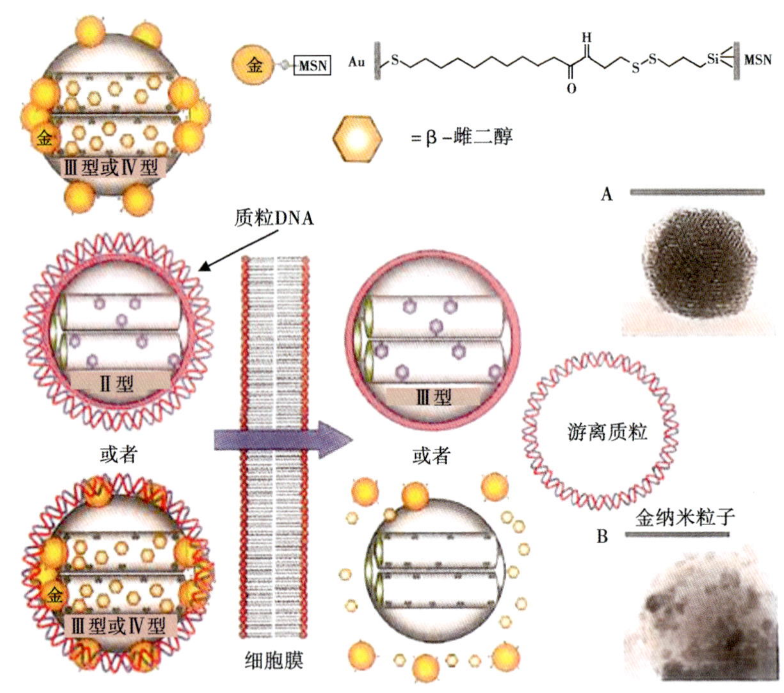

图 21.8　植物细胞内化的介孔二氧化硅纳米粒子及Ⅱ型和Ⅳ型 MSN 的 TEMs（A 和 B）

另一项 MSN 表面功能化的优势是在许多生物燃料原料包括微藻油脂和菜籽油中发现的选择性隔绝高值分子的能力。已经证实，可调整 MSN 的物理性质（孔径、表面化学）以选择性瞄准游离脂肪酸、ω-3 脂肪酸、维生素 E 和一些甾醇类[39, 40]，这些分子是制药、保健和化妆品公司的商业关注点。

MS 和 OMC 负载催化剂可分成两种主要类型：单位点非均相催化作用（SSHC）和多位点非均相催化作用（MSHC）。尽管它们为一般性类型，它们也适于此类检验且均在 CSM 研究实验室中开发。多点非均相催化作用，也称为连接位点，被定义为活性金属、金属氧化物、合金或罕有的卤化物的原子紧密堆积。空间不相干不是这类催化剂和活性位点间发生的强相互作用的特点，使得动力学和热力学分析极具挑战性。运用前述方法，证实了活性催化类型可吸收至 MS 和 OMC 材料中。首先，通过预先合成铑纳米粒子（2~3nm 直径），使这些催化剂为来自合成气（CO 和 H_2）选择性乙醇产品提供活性，并且，既然 NPs 处于二氧化硅骨架中而不是在表面，它们就能从高温和高压烧结中得到保护[41]。

近来，一种新合成催化剂体系的方法得到了报导，其间黄金纳米粒子高度分散且所有可获得证据（氮气物理吸附、X 射线衍射、投射电子显微镜）表明它们被限制在介孔二氧化硅壁中，而不是在通道中（图 21.6）[18]。因此，通道不会被阻塞，且黄金纳米粒子在煅烧（高达 650℃）或与其他二氧化硅负载黄金体系相比的反应条件下明显更耐烧结。进一步地，这些催化剂在乙醇氧化下提供极好催化性能，黄金介孔二氧化硅（2-2-GMS）材料对非常窄孔径分布的 SBA-15 有相似氮吸附等温线，这对介孔材料具有典型性。2-2-GMS 表面积为 $800m^2 \cdot g^{-1}$，孔径为 5.6nm。此外，在壁厚达 4~8nm 时，材料对高温异乎寻常地稳定，为了证实这个体系的热稳定性，样本被加热 3h 至 400 和 650℃，并由氮吸附和 XRD 表征。

如图 21.9 所示，多孔网络和黄金纳米粒子的完整性不受热处理影响，推断插层给予了黄金—介孔二氧化硅体系热稳定性。催化活性度检查提供了有关根据制备过程和结果形态的金属可接入性信息，对于 GMS 材料的催化活性，研究首先集中在苯甲醇的氧化，因为该反应经常被看作是乙醇氧化的模型实验。苯甲醇氧化的反应途径为：（1）苯甲醇被氧化成苯甲醛；（2）苯甲醛进一步被氧化成苯甲酸；（3）苯甲醇和苯甲酸相互作用并产生苯甲酸苄酯。这些负载催化剂表现得与非负载 Au 催化剂一样好或更优[42-46]。

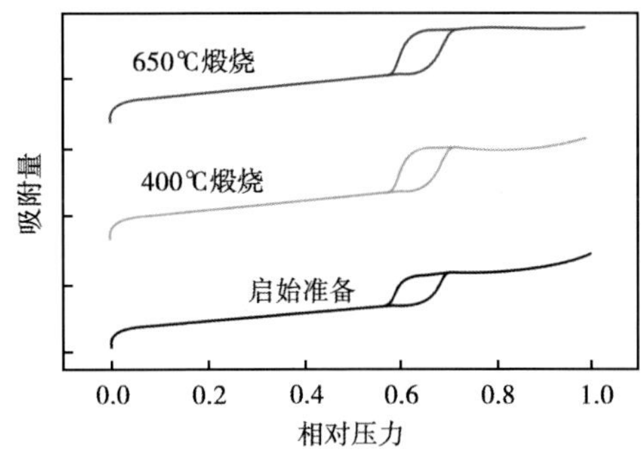

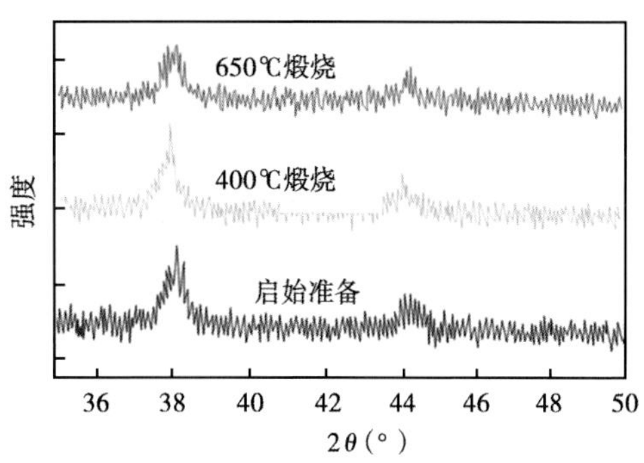

图 21.9　氮吸附等温线和 GMS 的 XRD 模式

笔者也对负载在 OMC 材料之上的催化剂开发进行了广泛的研究，由于采用介孔二氧化硅作为模板，有多种方法可以获得以纳米粒子形式负载在 OMC 上的活性催化剂。例如，一种方法是在 MSN 表面上负载 NPs，然后通过碳前体、热液和高热处理的反复输注，形成现在内嵌于 OMC 的活性 NP 催化剂。无论将 NPs 内嵌于 MS 二氧化硅中或内嵌于 OMC 碳中，它们在 pH 和极限温度时得到保护且更具稳定性。然而，这种方法限制了活性剂的显露表面积。有趣的是，本文已建立另一种方法在 OMC 上联合活性金属类型，为了最大化地暴露催化剂 NPs 表面积，笔者合成自己的活性剂，使其内嵌于 MS 模板的二氧化硅中，形成具最小暴露催化剂的 MS。通过遵循 OMC 的制备步骤，以及用 NaOH 或 HF 消除二氧化硅，可合成嵌入金属纳米粒子的 OMC，它能控制化学进入的活性催化剂的数量。

相比之下，SSHC 由空间独立活性位点组成，且缺乏活性位点间的相互影响，使得每个负载活性位点和反应物间的相互影响等效。本章将讨论负载于多种介孔材料上的 SSHC，且集中在近期已在同行评审文献中发表的几种突破性研究上。SSHC 的两种重要的结构特征是活性位点结构的空间分离和一致性，这保证了每个活性位点和反应物间恒能相互反应，从而最小化了复杂催化研究的额外变量。许多条件下，在活性位点间显著能量相互反应导致额外现象（即，振荡和混沌状态，使得化学即使对于简单化学过程的解释和理解变得枯燥乏味）。这些催化剂优于 SSHC，尽管表征这些催化剂仍然有挑战性。SSHC 的计算和动力学测量比紧密堆积非均相催化剂的问题少，由这些催化剂提供的显著特征之一是介孔材料孔隙的空间限制，这已被用于不对称催化。例如，通过共价键改性调整孔隙表面化学，孔隙环境可能疏水，控制了哪些分子可分散到多孔网络里面和外面，将此孔隙环境控制与催化剂配对，酯化作用的副产物水因极性过强而不能留在疏水孔隙中，酯化平衡转向右边，这抑制了逆反应[47]。随着粒子和孔隙形态上化学和合成控制的进步，已证实更复杂的有机金属分子催化剂可在 MS 材料表面上功能化，这增加了稳定性且显著改变了产物产量分布。例如，笔者正使用的一种催化剂与乙烯和苯在 100℃反应形成乙苯（图 21.10），通过修改及固定分子催化剂至 MS 材料，催化剂稳定性增加，并在温度大于 150℃时保持高活性，且聚合物工业的一种主要商品苯乙烯成为这些高温时的重要产物。

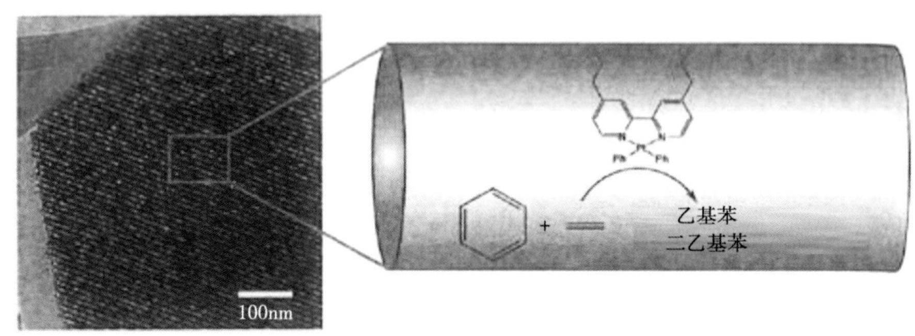

图 21.10　MS 材料上负载的 C-H 键活化催化剂示意图

笔者已开发了负载于 MS 粒子上的第一细胞内催化生物反应器，利用内孔捕获底物，将酶共价结合至外表面[48]。当催化剂位于介孔里面时，可从细胞还原环境得到保护，再在活细胞中保持活性。

Stack 已为介孔二氧化硅表面功能化开发了一种新的两步“点击”化学合成方法，其适用于大范围的有机官能团[49]。通过叠氮基三乙氧基硅烷与 SBA-15 的首次共缩合，一种叠氮基团分布被装载至表面之上，可调的表面覆盖为 2%～50%。此后，铜催化叠氮炔环加成反应（“点击”化学）被用于固定介孔负载体表面上多种官能团。通过监测固定芘基团的荧光，它们能够显示基团分布遵循随机分布而不是均匀表面分布。这种介孔二氧化硅表面有机功能共缩合效应的观点形成了对催化剂—负载体互相影响的较好理解[49]。

利用新型化学，本文已建立了基于单点催化剂功能化石墨 OMC 的方法[24]，该方法包括 OMC 表面上 C—C 键的锂化，随后通过溴化的配位体共价连接，然后配位体金属化以取得负载活性催化剂（图 21.11）。OMC 的优势是机械稳定性、热液和高与低 pH 稳定性，以及传导性。尽管目前对这些催化剂仅分析热催化作用，但可以确信它们将是对电催化作用有活性的催化剂。

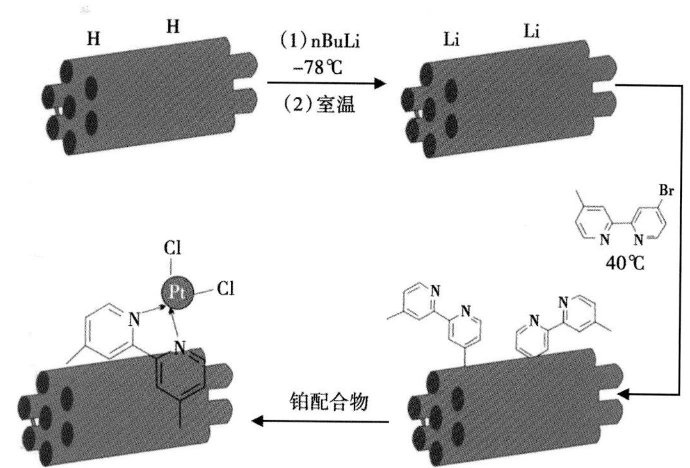

图 21.11　运用单点催化作用连接共价配位体，以活化 OMC 表面的新方法示意图

21.5　结论和展望

综上所述，笔者已花费数年时间来推进介孔二氧化硅以及最近以来有序介孔碳材料的知识和化学能力。笔者已证实在生物燃料产业中，这些材料如何用于高价值分子吸收，以及它们如何被引入水净化工业中，利用高吸附能力选择性去除污染物和有害物。另外，这些材料利用基因枪技术用于植物科学研究，传输化学物质、蛋白质和基因至完整植物细胞，这是在植物生物学研究中利用 MSN 的最近发展。最后，负载和组织催化活性类型（多点或单点）在 MS 和 OMC 材料上已得到广泛证实，笔者已着力于发现新的合成方法以吸收稳定金属和金属氧化物纳米粒子至 MS 和 OMC 材料骨架中和表面上。利用不同合成技术，建立了吸收位点隔离配位体共价于 MS 和 OMC 材料表面上方法，以提高分子有机金属催化剂的稳定性和多样化产率。

此外，多孔结构中耐用纳米粒子的研究对于催化作用领域是可转换的，因为这可提供一种范式，将这些材料用于严格反应条件中，该条件下它们会典型性聚集。进一步地，这种方法提供了一种可伸缩途径以潜在独立地改变催化剂和多孔环境。因为催化过程具有重要的经济意义（约占世界总产值的 35%），其益处可能更深远。一种理想“绿色”催化剂在缺乏溶剂或额外启动子时，利用空气作为氧化剂能够进行氧化。最后，这种材料可能耐用且可循环利用。发展“绿色”催化剂的能力可能对环境具有深远积极影响，并提高重要工业过程的经济可行性和资源效率。作为一种理念的检验，GMS 的重点研究已证实了可对正十六烷和苯甲醇氧化显著提高催化活性的稳定纳米金—介孔二氧化硅复合原型的合成作用。物理吸附和透射电子显微镜表征推断出黄金插入了多孔二氧化硅的孔壁中。该催化剂体系具有化学和机械耐用性，易于分离，且可重复使用，因此展示出有吸引力的实际应用潜力。

致　谢

Y. J. 和 R. M. R 感谢 NSF（CHE-1214068）。M. M. O 和 B. G. T. 感谢 CSM 职业发展提供的资金支持。

参考文献

[1] S. Inagaki, Y. Fukushima, and K. Kuroda, Synthesis of highly ordered mesoporous materials from a layered polysilicate, *Chem. Commun.* 8, 680-682 (1993).

[2] C. Kresge, M. Leonowicz, W. Roth, J. Vartuli, and J. Beck, Ordered mesoporous molecular sieves synthesized by a liquid-crystal template mechanism, *Nattrre.* 359, 710-712 (1992).

[3] M. Joglekar, R. Roggers, Y. Zhao, and B. Trewyn, Interaction Effects of mesoporous silica nanoparticles with different morphologies on human red blood cells, *RSC Adv.* 3, 2454-2461 (2013).

[4] I. Slowing, B. Trewyn, and V. -Y. Lin, Mesoporous silica nanoparticles for intracellular delivery of membrane-impermeable proteins, *J. Am Chem.* Soc. 129, 8845-8849 (2007).

[5] Y. Zhao, X. Sun, G. Zhang, B. Trewyn, I. Slowing, and V. -Y. Lin, Interaction of mesoporous silica nanoparticles with human red blood cell membranes: Size and Surface Effects, *ACS Nano.* 5, 1366-1375 (2011).

[6] S. Huh, J. Wiench, J. -C. Yoo, M. Pruski, and V. -Y, Lin, Organic functionalization and morphology control of mesoporous silicas via a co-condensation synthesis method, *Chem.. Mater.* 15, 4247-4256 (2003).

[7] S. Huh, J. Wiench, B. Trewyn, S. Song, M. Pruski, and V. -Y. Lin, Tuning of particle morphology and pore properties in mesoporous silicas with multiple organic functional groups, *Chem. Commun.* pp. 2364-2365 (2003).

[8] M. Daniel and D. Astruc, Gold nanoparticles: assembly, supramolecular chemistry, quantum-size-relatad properties, and applications toward biology, catalysis, and nanotechnology, *Chem. Rev.* 104, 293-346 (2004).

[9] M. Haruta, Gold as a novel catalyst in the 21st century: preparation, working mechanism and applications, *Gold Bull.* 37, 27-36 (2004).

[10] M. Haruta, T. Kobayashi, H. Sano, and N. Yamada, Novel gold catalysts for the oxidation of carbon monoxide at a temperature far below 0℃, *Chem. Lett.* 16, 405-408. (1987).

[11] A. Hashmi, K. Stephen, and G. Hutchings, Gold catalysis, *Angew*, *Chem Int. Ed.* 45, 7896-7936 (2006).

[12] C. Lui, Y. Guan, E. Hensen, J. Lee, and C. Yang, Nanocomposites as catalysts for direct propylene epoxidation with O and H mixtures, *J. Catal.* 282, 94-102 (2011).

[13] C. Ma, B. Dou, J. Li, J. Cheng, Q. Hu, Z. Hao, and S. Qiao, Catalytic oxidation of benzyl alcohol on au or au-pd nanoparticles confined in mesoporous silica, *Appl. Catal.*, B. 92, 202-208 (2009).

[14] F. Boccuzzi, A. Chiorino, M. Manzoli, D. Andreeva, and T. Tabakova, FTIR Study of the low-temperature water-gas shift reaction on Au/Fe_2O_3 and Au/TiO_2 Catalysts, *J. Catal.* 188, 176-185 (2003).

[15] M. Bron and R. Holze, Spectroelectrochemical Investigation of the Adsorption and oxidation of unsaturated C4-alcohols, *Surf. Sci.* 457, 178-184 (2000).

[16] C. Baker, B. Shedd, R. Tseng, A. Martinez-Morales, C. Ozkan, M. Ozkan, Y. Yang, and R. Kaner, Size control of gold nanoparticles grown on polyaniline nanofibers for bistable memory devices, *ACS Nano.* 5, 3469-3474 (2011).

[17] S. Budhi, C. Peeraphatdit, S. Pylypenko, V. Nguyen, E. Smith, and B. Trewyn, enhanced metal loading in

SBA-15-type catalysts facilitated by salt addition: synthesis, characterization and catalytic epoxide alcoholysis activity of molybdenum incorporated porous silica, *Appl. Catal.*, A. 475, 469-476 (2014).

[18] L. Chen, J. Hu, and R. Richards, Intercalation of aggregation-free and well-dispersed gold nanoparticles into the walls of mesoporous silica as a robust green catalyst for nalkane oxidation, *J. Am. Chem. Soc.* 131, 914-915 (2009).

[19] K. Zhu, J. Hu, and R. Richards, Aerobic oxidation of cyclohexane by gold nanoparticles immobilized upon mesoporous silica, *Cat. Lett.* 100, 195-199 (2005) .

[20] J. Hu, L. Chen, K. Zhu, A. Suchapar, and R. Richards, Aerobic oxidation of alcohols catalyzed by gold nanoparticles confined in the walls of mesoporous silica, *Cat. Today.* 122, 277-283 (2007).

[21] C. Garcia, Y. Zhang, F. DiSalvo, and U. Wiesner, Mesoporous aluminosilicate materials with superparamagnetic partticles embedded in the walss, *Angew. Chem. Int.* Ed. 42, 1526-1530 (2003).

[22] E. Besson, A. Mehdi, C. Reye, and R. Corriu, Soft route for monodisperse gold nanoparticles confined within SH-functionalized walls of mesoporous silica, *J. Mater. Chem.* 19, 4746-4752 (2009).

[23] J. Liu, Q. Yang, L. Zhang, D. Jiang, X. Shi, J. Yang, H. Zhong, and C. Li, Thioether-Bridged mesoporous organosilicas: mesophase transformations induced by the bridged organosilane precursor, *Adv*, *Funct. Mater.* 17, 569-576 (2007) .

[24] M. Joglekar, S. Pylypenko, M. Otting, J. Valenstein, and B. Trewyn, Universal and versatile route for selective covalent tethering of single-site catalysts and functional groups on the surface of ordered mesoporous carbons, *Chem Mater.* 26, 2873-2882 (2014).

[25] Z. Yuan, Q. Luo, J, Liu: T. Chen, J. Wang, and H. Li, Synthesis and characterization of boron-containing MCM-48 cubic mesoporous molecular sieves, *Microporous Mesoporous Mater*. 42, 289-297 (2001).

[26] F. Rouquerol, J. Rouquerol, and K. Sing, *Adsorption by Powders and Porous Solids*: *Principles*, *Methodology and Applications.* Academic Press, San Diego, CA (1999).

[27] E. Barrett, L. Joyner, and P. Halenda, The determination of pore volume and area distributions in porous substances. I. Computations from nitrogen isotherms, *J. Am. Chem. Soc.* 73, 373-380 (1951).

[28] S. Brunauer, P. Emmett, and E. Teller, Adsorption of gases in multimolecular layers, *J. Am. Chem*, *Soc.* 60, 309-319 (1938).

[29] I. Daiz and A. Mayoral, TEM studies of zeolites and ordered mesoporous materials, *micron.* 42, 512-527 (2011).

[30] O. Terasaki and T. Ohsuna. Structural study of microporous and mesoporous materials by transmission electron microscopy. In eds. S. M. Auerbach, K. A. Carrado, and P. K. Dutta, *Handbook of Zeolite Science and Technology.* CRC Press (2003).

[31] C. Bonhomme, C. Coelho, N. Baccile, C. Gervais, T. Azais, and F. Bobonneau, Advanced solid state NMR techniques for characterization of sol-gel-derived materials, *Acc. Chem. Res.* 40d, 738-746 (2007).

[32] J. Tresboc, J. Wiench, S, Huh, V. -Y. Lin, and M. Pruski, Studies of organically functionalized mesoporous silicas using heteronuclear solid-state correlation NMR spectroscopy under fast magic angle spinning, *J. Am. Chem. Soc.* 127, 7587-7593 (2005).

[33] N. Adachi Yoshia, Structural perameter of argonne coal samples. solid-state carbon-13 NMR spectroscopy, *Adv. Chem. Ser.* 229, 269-279 (1993).

[34] S. Shylesh, A. Wagner, A. Siefert, S. Ernst, and W. Thiel, Cooperative acidbase effects with functionalized mesoporous silica nanoparticles: application in carbon-carbon bond formation reactions, *Chem. -Eur. J.* 15, 7052-7062 (2009).

[35] B. Trewyn, S. Giri, I. Slowing, and V. -Y. Lin, Mesoporous silica nanoparticle based controlled release, drug delivery, and biosensor systems., *Chem. Commun.* pp. 3236-3245 (2007).

[36] B. Trewyn, I. Slowing, S. Giri, H. -T, Chen, and V. -Y. Lin, Synthesis and functionalization of a mesoporous silica nanoparticle: based on the sol-gel process and applications in controlled release., *Acc. Chem. Res.* 40, 846-853 (2007).

[37] F. Torney, B. Trewyn, V. -Y. Lin, and K. Wang, Mesoporous silica nanoparticles deliver dna and chemicals into plants, *Nat Nanotechnol.* 2, 295-300 (2007).

[38] S. Martin-Ortigosa, J. Valenstein, V. -Y, Lin, B. Trewyn, and K. Wang, Gold functionalized mesoporous silica nanoparticle mediated protein and dna codelivery to plant cells via the biolistic method, *Adv. Funct. Mater.* 22, 3576-3582 (2012).

[39] Y. Lee, R. Leverence, E. Smith, J. Valenstein, K. Kandel, and B. Trewyn, High-throughput analysis of algal crude oils using high resolution mass spectrometry., *Lipids.* 48, 297-305 (2013).

[40] J. Valenstein: K. Kandel, F. Melcher, I. Slowing, V. -Y. Lin, and B. Trewyn, Functional mesoporous silica nanoparticles for the selective sequestration of free fatty acids from microalgal oil, *ACS Appl. Mater. Interf*, 4, 1003-1009 (2012).

[41] Y. Huang, W. Deng, E. Guo, P. Chung, S. Chen, B. Trewyn, R. Brown, and V. -Y Lin, Mesoporous silica nanoparticle-stabilized and manganese-modified rhodium nanoparticles as catalysts for highly selective synthesis of ethanol and acetaldehyde from syngas, *Chem Cat Chem.* 4, 674-680 (2012).

[42] A. Abad, P. Concepcion, A, Corma, and H. Garcia., A collaborative effect between gold and a support induces the selective oxidation of alcohols, *Angew. Chem Int. Ed.* 44, 4066-4069 (2005).

[43] V. Choudhary, A. Dhar, P. Jana, R. Jha, and B. Uphade, A green process for chlorine-free benzaldehyde from the solvent-free oxidation of benzyl alcohol with molecular oxygen over a supported nano-size gold catalyst, *Green Chem.* 7, 768-770 (2005).

[44] D. Enache, J. Edwards, P. Landon, B. Solsona-Espriu, A. Carley, A. Herzing, M. Watanabe, C. Kiely, D. Knight, and G. Hutchings, Solvent-free oxidation of primary alcohols to aldehydes using Au-Pd/TiO_2 catalysts, *Science.* 311, 362-365 (2006).

[45] D. Enache, D. Knight, and G, Hutchings Solvent-free oxidation of primary alcohols to aldehydes using supported gold catalysts, *Cat. Lett.* 103, 43-52 (2005).

[46] B. Guan, D. Xing, G. Cai, X. Wan, N. Yu, Z. Fang, L. Yang, and Z, Shi, Highly selective aerobic oxidation of alcohol catalyzed by a gold (Ⅰ) complex with an anionic ligand, *J. Am. Chem, Soc.* 127 (2005).

[47] C. Tsai, H. -T. Chen, S. Althaus, K. Mao, T. Kobayashi, M. Pruski, and V. S. -Y. Lin, Rational catalyst design: A multifunctional mesoporous silica catalyst for shifting the reaction equilibrium by removal of byproduct, *ACS Catal.* 1, 729-732 (2011).

[48] X. Sun, Y. Zhao, V. -Y. Lin, I. Slowing, and B. Trewyn, Luciferase and luciferin Co-immobilized mesoporous silica nanoparticle materials for intracellular biocatalysis., *J. Am. Chem. Soc.* 133, 18554-18557 (2011).

[49] J. Nakazawa, B. Smith, and T. Stack, Discrete complexes immobilized onto click-sba-15 silica: Controllable loadings and the impact of surface coverage on catalysis, *J. Am. Chem. Soc.* 134, 2750-2759 (2012).

第 22 章　血块间隙中的流体和溶质的运移

Adam R. Wufsus and Keith B. Neeves

Department of Chemical and Biological Engineering

Colorado School of Mines，Colden，Co 80401，USA

kneeves @ mines. edu

生物组织可被描述为由颗粒细胞和纤维细胞外基质组成的多孔介质，通过细胞间隙的流体和溶质运移调节了许多生理和病理过程。在血块例子中，溶质进出凝块内核的能力影响了生长和溶解，支配流体和溶质运移速度的两种物理性质是水力渗透率和扩散率。本文报告了大范围血块成分上这两种性质的实验测量，水力渗透率通过测量恒压梯度时通过血块间隙流体速度来计算，渗透率变化高达 5 个数量级，跨越 $10^{-5}\sim10^{-1}$D 范围，取决于细胞（血小板）和纤维蛋白（血纤维）的绝对和相对体积分数。血块渗透率可利用低细胞体积分数无序纤维介质中 Stokes 流和具有中到高细胞体积分数血块 Brinkman 方程求解进行预测。在纤维蛋白凝胶中运用漂白后荧光恢复（FRAP）可测量大分子示踪剂的分散率，在低纤维体积分数（小于 0.05）时，大分子扩散受阻。这些数据是在血块成分的生理范围上进行的首次渗透率和分散率测量，从而允许较好的凝块生长建模和预测。这些发现对破坏凝块形成和增强凝块溶解的药物输送策略的发展具有重要影响。

22.1　引言

生物组织由细胞、血液、淋巴管，以及细胞外间隙组成，这种结构构建了至少两种长度尺度的多孔介质。一种长度尺度由细胞定义，细胞的直径为 1~25μm，且其体积分数范围为 0.01~0.9，细胞间隙可从几纳米到数百微米变化，组织如软骨几乎无细胞，而脑细胞体积一般大于 80%。第二种长度尺寸由细胞外基质（ECM）定义，这是一群直径 1~100nm 的纤维蛋白和糖，外细胞基质体积上大部分是水（大于 90%）且极度压缩，细胞外基质中纤维空间可从 10nm 变化至 100μm。一并考虑，这些结构产生一种混合多孔弹性介质，一套大致球形物体（细胞）被一种纤维介质（ECM）分离。许多组织中，渗流由血管和淋巴管间存在的压力梯度引起，这些流动一般较小（$0.1\sim1\mathrm{cm\cdot s^{-1}}$），但对营养和代谢废料交换、药物输送和保留，以及初生组织和血管至关重要[1]。

血块形成于血管损伤位置，以阻止血液从血管中流失，这一过程称为止血（图 22.1）。过量或不足的凝块形成、血栓和出血均是死亡的主要因素[2]。通过提供阻止血液细胞粘合的惰性表面，血管内衬有保持血管通畅的内皮细胞，内皮细胞也通过分泌负责凝块形成的主要血细胞血小板静态的可溶性物质（例如一氧化氮），积极阻止凝块形成。在血管损伤位置，内皮细胞衬里受损或妥协，暴露出内皮下基质，这种基质通过血小板粘附，主要是胶原和暴露的促凝蛋白（例如组织因子）提供粘附表面，促进凝块形成，其引发一系列生化反应称为凝血。凝血由一种被称为组织因子的蛋白质引发，它存在于血管壁内细胞表面上，也在白血球、癌细胞和叫做微粒的细胞碎片表面上在血液中循环。凝血通过凝血酶的蛋白质中产生爆裂的酵素复合物，在血小板表面扩大。凝血酶对称为纤维蛋白的纤维聚合物聚合，既是血小板激动剂又是催化剂。

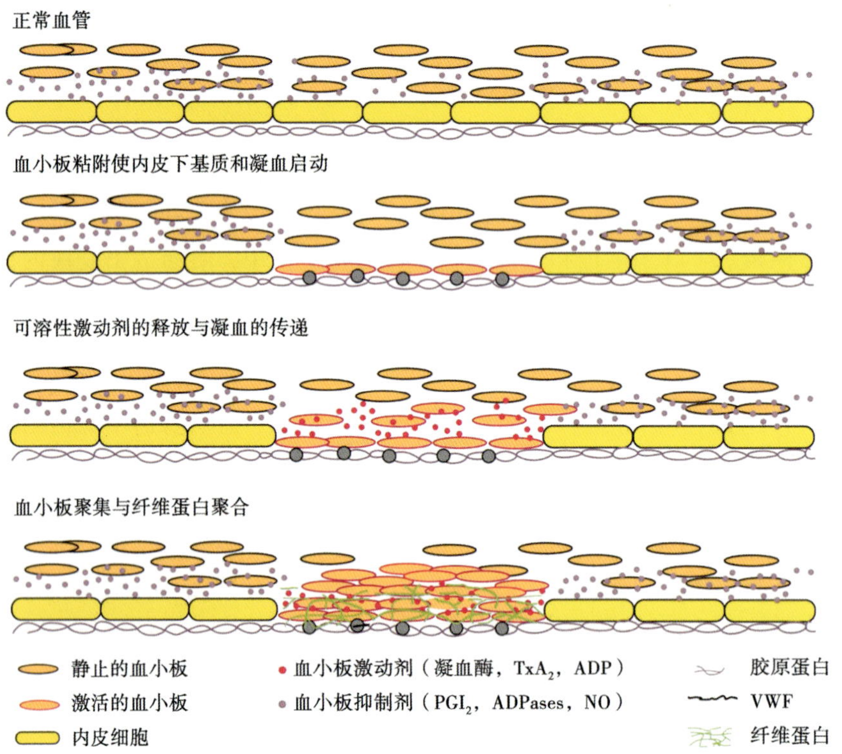

图 22.1　凝块形成示意图。内皮细胞分泌保持血小板静态的血小板抑制剂，这包括环前列腺素（PGI_2）、三磷酸酶和一氧化氮（NO）。在受伤位置，内皮细胞被移除且血小板粘附并活化于内皮下基质上，其含有多种类型的胶原蛋白和粘附蛋白 von Willebrand 因子（VWF）。一旦活化血小板分泌可溶性激动剂如二磷酸腺苷（ADP）和血栓素 A_2（TxA_2）。这些激动剂活化新血小板，然后它们在凝块处与现存血小板聚集，血小板以高剪切应力在这些激动剂缺失处也可聚集。同时，称为凝结的生化反应发生在内皮下基质中凝血分子上和血小板表面上，凝结的产物是一种凝血酶，其充当了血小板激动剂和生物聚合物纤维聚合的催化剂

血块组成取决于局部血流速度、损伤性质和程度，以及损伤血管床。在血流快的大动脉中，凝块往往血小板丰富，因为血小板可以在高剪切压力下粘附和聚集而凝结产物趋于被稀释。这些“白色血块”具有形成于动脉粥样硬化斑块破裂位置处的心肌梗塞特点。在血流慢的手足静脉中，凝块往往纤维蛋白和红血球丰富，因为凝结反应和纤维聚合在诸如静脉瓣膜袋的循环流动区域有更大的停留时间，纤维蛋白带走红血球以产生“红色凝块”。然而，这种白色凝块式红色凝块的术语过于简单化了凝块的结构，因为两种凝块类型都包

含了血小板和纤维蛋白，只是相对密度不同。凝块组成也高度非均质，形成于大型血管的凝块具有一种层状结构，这种结构包含一系列血小板富集层和纤维蛋白富集层，被称为 Zahn 衬里。甚至在较小长度尺度下，凝块也可形成血小板富集和纤维蛋白富集区域，尽管聚集机理并不清楚（图 22.2）。

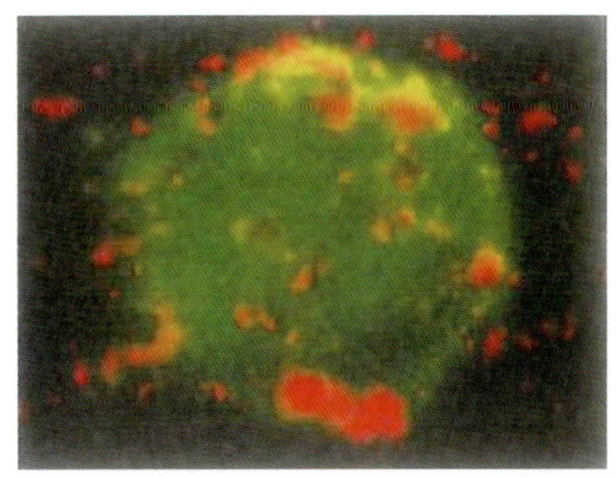

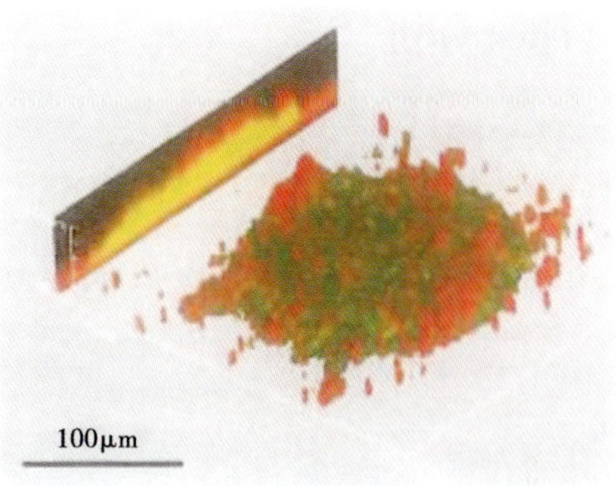

图 22.2　体外血管损伤模型中形成的凝块激光扫描共焦荧光图像。人体全血以 300s^{-1}的壁剪力灌注到含有胶原蛋白和促凝血蛋白组织因子的微斑上。血小板被标记为红色，纤维蛋白（原）被标记为绿色。左边是凝块顶视图，右边是三维复原图。注意均匀促凝表面上血小板和纤维蛋白非均匀分布

纤维蛋白沉降和血小板聚集导致一种类似于前面描述的其他生物组织的混合多孔介质结构，聚焦离子束研磨凝块的扫描电镜照片显示了体外流形成凝块的血小板富集和纤维蛋白富集区域内的微米尺度孔隙（图 22.3）。沿凝块外围流动的血液形成压力梯度，使这些孔隙中存在渗流。越来越多的证据说明凝块孔隙空间内流体和溶质运移在其生长、捕获和溶解中发挥作用[3, 4]。然而，在控制传输的凝块物理性质上缺乏数据，包括水力渗透率和溶质分散率，以及构成关系的确定。已在纤维蛋白和血小板浓度上收集到数据，其数量级小于已在体外形成的凝块中公布的结果[5, 6]。

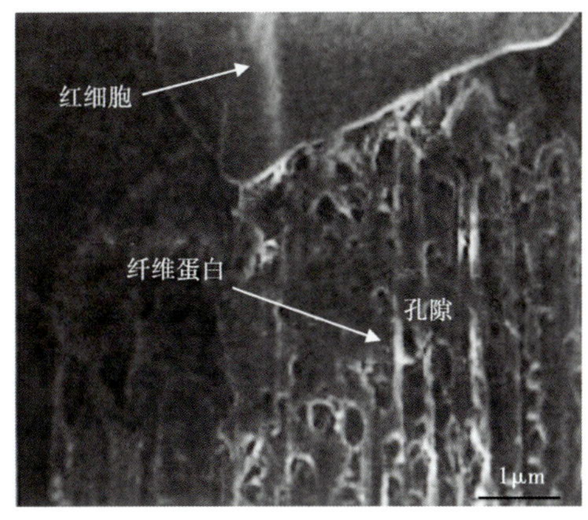

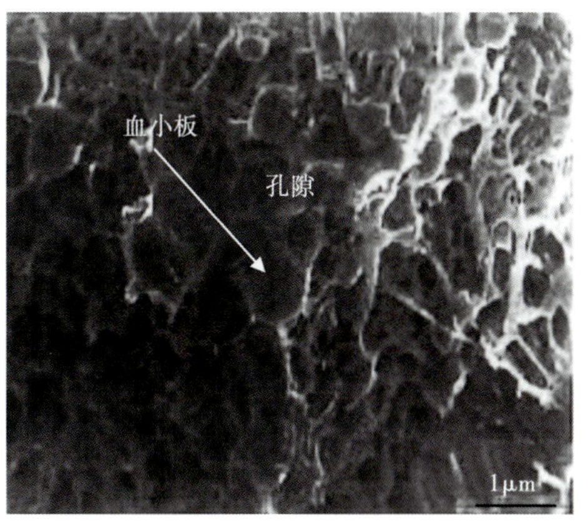

图 22.3　胶原组织因子底物上 100s^{-1}体外形成血块聚焦离子束扫描电子显微照片。左：凝块纤维蛋白富集区域中间隙，一个红细胞（RBC）悬挂在凝块顶部上。右：凝块血小板富集区域中间隙

本章用血块作为研究组织中多孔介质传输一般特征的载体，描述了在显微和组织长度尺度上测量流体流动和溶质传输的方法，实验数据被用于导出水力渗透率和分散率与纤维蛋白和血小板密度的构成关系，这些发现的意义在出血和血栓病理生理学和给药的背景下进行了讨论。

22.2 理论分析

多孔介质渗透率可由 Darcy 定律计算：

$$v = -\frac{K}{\mu}\nabla p \tag{22.1}$$

式中 v——间隙流体速度；

K——渗透率；

μ——渗透流体黏度；

p——压力。

渗透率是固体体积分数、孔径和纤维或细胞（细胞聚集）尺寸的函数。凝块的两种成分—纤维蛋白和血小板的相对密度控制了间隙流体传输。

穿过凝块的溶质分散率可由 Fick 定律计算：

$$j = -D\nabla c \tag{22.2}$$

式中 j——流量；

c——浓度；

D——分散率。

穿过薄膜的分散率是溶质尺寸和固体体积分数、孔径以及纤维或细胞（细胞聚集）尺寸的函数。方程（22.1）和（22.2）被用于从实验数据计算渗透率和分散率，然后这些实验测量与下述穿过多孔介质的流体和溶质传输构成模型进行比较。

许多分析、计算和经验关系已经建立，被用来预测纤维介质的渗透率[7-14]，这些关系大部分具有如下一般形式：

$$\frac{K_{\mathrm{f}}}{a_{\mathrm{f}}^{2}} = f(\phi_{\mathrm{f}}) \tag{22.3}$$

式中 K_{f}——渗透率；

a_{f}——纤维半径；

ϕ_{f}——纤维体积分数。

更为成功预测纤维介质渗透率的两种模型是 Davies 方程和 Clague 的格子 Boltzmann（LB）模拟[7, 15, 16]。Davies 方程是基于低雷诺数通过纤维介质空气流的经验关系：

$$\frac{K_{\mathrm{f}}}{a_{\mathrm{f}}^{2}} = \left[16\phi_{\mathrm{f}}^{1.5}(1 + 56\phi_{\mathrm{f}}^{3})\right]^{-1} \tag{22.4}$$

Clague 模型是从流体通过随机多孔介质的 LB 模拟得到的：

$$\frac{K_f}{a_f^2} = 0.51\left[\left(\frac{\pi}{4\phi_f}\right)^{0.5} - 1\right]^2 e - 1.8\phi_f \tag{22.5}$$

这些模型均需要纤维半径 a_f 和纤维体积分数 ϕ_f 的估计值。

在血小板富集凝块中，血小板表面上的黏滞损失连同纤维蛋白纤维损失将促使形成通过凝块的整体动力阻力。血小板也增加了纤维蛋白凝胶里面的表观速度，并增加迂曲度。血小板富集凝块具有颗粒状（血小板）和纤维状（纤维蛋白）介质成分，与上述纤维蛋白凝胶处理类似，用两类模型对此类混合多孔介质进行了讨论。在第一类模型中，颗粒状和纤维状介质成分被看作是独立水力阻力，加入等式中：

$$\frac{1}{K_t} = \frac{1}{K_p} + \frac{1}{K_f} \tag{22.6}$$

式中　K_t——整体渗透率；

K_p——血小板渗透率；

K_f——纤维蛋白渗透率。

将方程（22.6）归为并联电阻模型，这个关系是不同半径纤维双峰混合物中渗透率平均的最准确方法[11]。从贫血小板血浆中直接测量 K_f，应用 Kozeny—Carmen 方程对填充床层估算 K_p[17]：

$$K_p = \frac{\Psi^2(2a_p)^2(1 - \phi_p)^3}{150\phi_p^3} \tag{22.7}$$

式中　Ψ——球度；

ϕ_p——血小板体积分数；

a_p——血小板半径。

血小板直径约为 1μm，球度通过假设血小板为直径 1μm 和高度 100nm 的平直圆柱进行计算。

本文考虑的第二类模型由 Ethier 提出，考虑了具有显著不同纤维半径的二组分纤维介质[18]。这个模型与血块特别相关，因为纤维蛋白纤维的半径（50～100nm）比单个血小板的尺寸（1μm）小得多。在该模型中，穿过介质的流体应用高阶 Brinkman 方程而非 Darcy 定律描述：

$$\mu\nabla^2 v - \frac{\mu}{K_f} - \nabla p = 0 \tag{22.8}$$

式中　μ——流体黏度；

v——流体速度；

K_f——纤维蛋白渗透率；

p——压力。

在 Ethier 模型中，复合介质可被看作是嵌有大型固体内含物的细纤维基质，这些大型内含物上无滑移边界条件在方程（22.8）中拉普拉斯项满足。PRC 渗透率实验测量与文献中［18］的图 3b 中的单元匹配进行比较。注意到方程（22.8）只适用于压力梯度由速度拉普拉斯项平衡的长度尺度上，这种长度常被称为 Brinkman 或有效筛选长度，并等于渗透率的平方根 $\sqrt{K_f}$。

溶质的分散将在纤维蛋白凝胶和血小板凝块中受到阻碍，这是由于孔壁附近增加的有效黏度和溶质直径大于孔隙直径。一种用于描述溶质受阻分散的模型是有效介质模型[19]，其声明有效分散率是孔径的函数，因此应直接关系到渗透率。Phillips 对有效介质导出了一个关系式，将多孔介质渗透率与受阻分散系数联系起来[20]：

$$\frac{D}{D_0}=\left(1+\sqrt{\frac{d^2}{4K}}+\frac{d^2}{12K}\right)^2 \tag{22.9}$$

式中 D——凝块中溶质的分散系数；

D_0——自由溶液中溶质的分散系数；

K——凝块测量渗透率；

d——溶质直径。

22.3 实验方法

根据早先制订的科学实验计划，通过将 10nM α-凝血酶加入含有 3~156 mg/mL 的纤维蛋白原和（0~5）$\times10^7\mu L^{-1}$ 血小板的溶液中形成凝块[21]。为了测量渗透率，纤维蛋白凝胶和血小板富集凝块（PRC）形成于 3mL 注射器中，这作为渗透腔体。恒压通过这些凝块的 Tris 缓冲液（TBS）流速被用来计算渗透率，运用 Darcy 定律计算。纤维直径（$2a_f$）通过扫描电子显微镜测量，且对纤维蛋白原浓度范围在 7~156mg/mL 相对不敏感。对于所有的纤维蛋白原聚集体，测量的纤维直径大体位于 50~60nm 间。血小板聚集尺寸通过标记有反-CD41 荧光抗体的血小板共聚焦显微镜进行测量。

荧光漂白恢复（FRAP）通常被用来测量诸如脂质双层生物体系中，或细胞内腔隙中的分散系数。待测量的溶质被荧光团标记，该荧光团在合适的激光强度下易于光漂白。分散至漂白区域的荧光分子随时间测量，且荧光瞬态恢复被用来计算分散系数。这里，用 FRAP 测量纤维蛋白凝胶中 FITC 标记的直径 12nm、29nm 和 54nm 的右旋糖苷扩散，分散系数运用 Jönsonn 提出的 Matlab 代码从瞬态恢复剖面进行计算[22]。由于血小板会引起光散射，故不能用将 FRAP 用于血小板富集凝块，反而用一种前人所述的定制隔膜扩散池[23]。

22.4 结果及讨论

在纤维体积分数范围 0.02~0.54 上，纤维蛋白凝胶渗透率跨越三个数量级（表 22.1），渗透率对 0.02~0.18 的稀释至半稀释范围内体积分数尤为敏感（图 22.4），渗透率对 0.18~0.54 的体积分数范围不甚敏感，降低值小于一个数量级。纤维蛋白凝胶测量的无量纲渗透率（K_f/a_f^2）与前面讨论的两类模型预测值进行比较，Davies 方程和 LB 模拟在整个体积分数范围上均与实验数据很好吻合，由于 LB 模拟更加复杂，其值稍微更准确（图 22.4）。基于这些比较，可总结出 0.02~0.54 的纤维体积分数上，纤维蛋白凝胶通过均一直径无序圆柱模型得到较好描述。由 3~10mg/mL 纤维蛋白原制作的凝胶包含纤维，纤维在给定平面中相隔约 10μm（图 22.5），这些凝胶的有效水力屏蔽长度，估算为渗透率的平方根，为 148~346nm（表 22.1）。20~40mg/mL 纤维蛋白原凝胶包含稠密纤维垫，纤维在给定光学平面中相隔约 1μm，这些凝胶具有 58~83nm 的有效水力屏蔽长度。67mg/mL 和更大的凝胶在显微镜分辨率下不具有可识别多孔构造，且具有 27nm 或更少的有效水力屏蔽长度。

表 22.1　纤维蛋白凝胶渗透率

ϕ_f	c_{Fbg} ($mg\cdot mL^{-1}$)	a_f (nm)	K_f (SE) (10^{-3}D)	有效屏蔽长度 (nm)
0.02	3	60	120 (15)	346
0.03	7	58	52 (14)	228
0.04	10	57	22 (3)	148
0.08	20	55	7.0 (0.2)	84
0.10	24	55	3.4 (0.6)	58
0.18	48	53	0.73 (0.02)	27
0.25	67	52	0.57 (0.07)	24
0.27	72	52	0.51 (0.07)	23
0.32	89	52	0.44 (0.04)	21
0.35	96	52	0.33 (0.09)	18
0.43	121	51	0.27 (0.12)	16
0.54	156	51	0.15 (0.02)	12

纤维蛋白凝胶运用 10nM 凝血酶和 2.5 mM $CaCl_2$ 由纤维蛋白原溶液制成。水合纤维半径 a_f 从 SEM 照片测量，流动由纤维蛋白凝胶中的范围为 10^4~10^6Pa/m 的压力梯度引发，渗透率用方程（22.1）来拟合，采用标准差（SE）的不确定性估计，有效屏蔽长度为测量渗透率的平方根

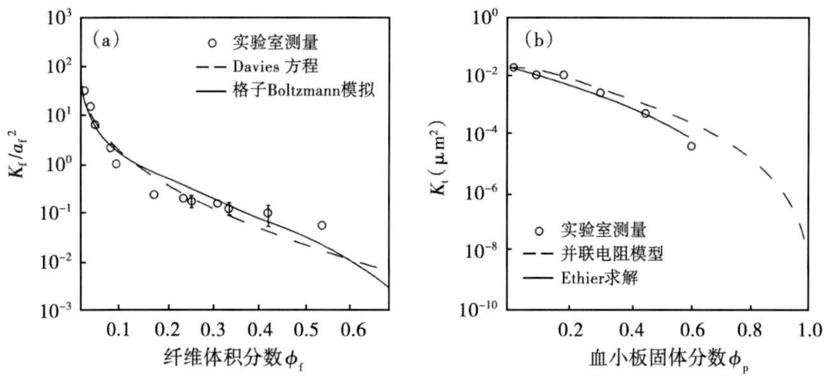

图 22.4（a）　纤维蛋白凝胶渗透率与纤维介质模型的比较。纤维蛋白凝胶实验测量（o）无量纲渗透率（K_f/a_f^2）与 Davies 方程比较，方程（22.4）（-）；格子 Boltzmann 模拟结果，方程（22.5）（—）。（b）血小板富集凝块渗透率与混合多孔介质模型比较。血小板富集凝块实验测量（o）渗透率 K_t 与并联电阻模型比较，方程（22.6）（-）；$K_f/a^2_{coarse}=1$ 的 Ethier 求解（-）。误差线代表 n=3~4 的标准偏差[21]

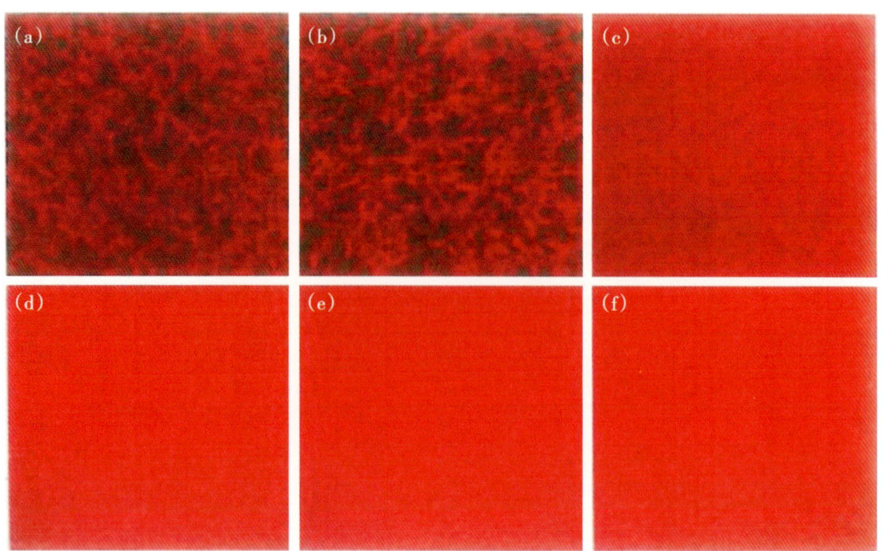

图 22.5 根据纤维蛋白密度的纤维蛋白凝胶形态。纤维蛋白凝胶运用 10nM 凝血酶在多种纤维蛋白原浓度下制成，并由共聚焦显微镜成像。凝胶包含未标记纤维蛋白凝胶和荧光标记纤维蛋白凝胶，未标记与标记比例为 500:1。最终凝胶的纤维蛋白原浓度：（a）3mg/mL；（b）10mg/mL；（c）20mg/mL；（d）40mg/mL；（e）60mg/mL；（f）100mg/mL。比例尺为 20μm[21]

PRC 渗透率在 0.01~0.61 的血小板体积分数范围内降三个数量级（表 22.2），血小板体积分数从激光扫描共聚焦显微镜图像计算（图 22.6）。血小板缺失下，10 nM 凝血酶凝结的牛血浆渗透率为（$1.2\times10^{-2}\pm0.6\times10^{-2}$）D。尚没有观察到血小板对体积分数小于 0.19 的血小板的贡献（表 22.2）。在血小板体积分数为 0.19~0.31 时，与纯纤维蛋白凝胶相比，血小板对渗透率约有 50%减少量的一点微薄贡献。在较高血小板体积分数（大于 0.31）时，血小板的贡献开始控制整个流体阻力，体积分数 0.37 的 PRC 渗透率比纯纤维蛋白凝胶的小一个数量级，从 1.5×10^{-2}D 降低到 1.1×10^{-3}D。

表 22.2 血小板富集凝块渗透率

ϕ_p	ρ_p (μL^{-1})	a_p (μm)（SD）	K_t（SE） (10^{-3}D)	有效屏蔽长度 (nm)
0.01	7×10^5	1（0.2）	11（1）	105
0.05	1×10^6	1（0.3）	12（1）	110
0.19	7×10^6	4（4）	6.7（0.8）	82
0.31	1×10^7	8（3）	6.1（0.7）	78
0.37	2×10^7	16（5）	1.1（0.5）	33
0.45	4×10^7	17（6）	0.20（0.02）	14
0.61	5×10^7	26（6）	0.015（0.002）	4

血小板富集凝块（PRC）由贫血小板血浆中不同血小板密度 ρ_p 的悬浮液制成，且在 2.5mM $CaCl_2$ 存在时与 10nM 凝血酶凝结。血小板体积分数 ϕ_p 由共聚焦显微镜图像计算，流动由凝块中的范围为 $10^4\sim10^6$Pa/m 的压力梯度引发，血小板和血小板聚集物半径 a_p 由 PRC 的共聚焦显微图像估算，渗透率 K_t 用方程（22.1）来拟合，采用标准差（SE）的不确定性估计，有效屏蔽长度为测量渗透率的平方根[21]

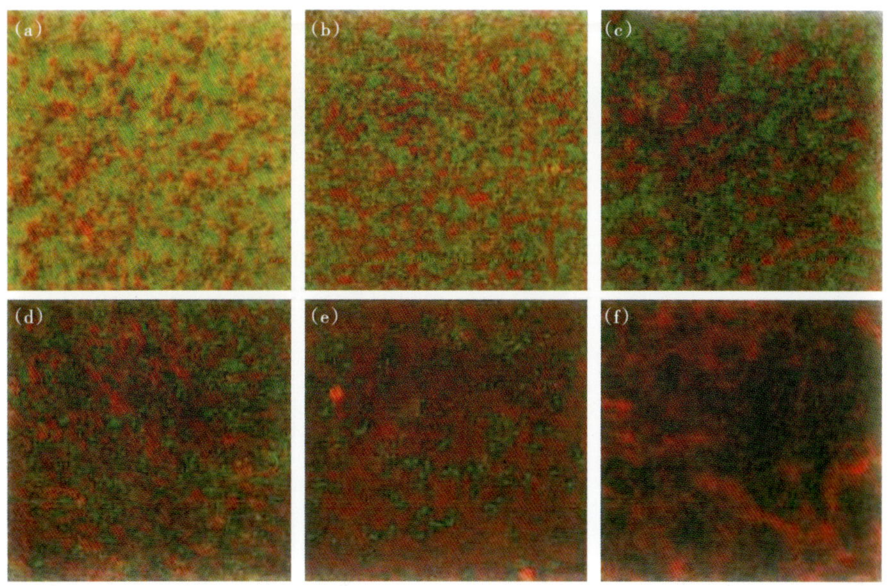

图 22.6　根据血小板密度得到的血小板富集凝块形态图。血小板富集凝块由血小板（绿色）稀释成含有标记的纤维蛋白凝胶（红色）的血浆，并由共聚焦显微镜成像，凝块由 10nM 凝血酶引发。每一格血小板体积分数 ϕ_p 为：(a) 0.61；(b) 0.45；(c) 0.31；(d) 0.19；(e) 0.05；(f) 0.01。比例尺为 20μm

本文比较了 PRC 与两类混合多孔介质模型的渗透率；即并联电阻模型，方程（22.6），以及对两类不同半径纤维介质 Brinkman 方程的 Ethier 数值计算（图 22.4）。并联电阻模型把 PRC 看作是两种独立和无相互影响介质的纤维介质，由纤维蛋白和通过增加每一平行介质阻力计算总渗透率的粒状介质组成。并联电阻模型提供了大部分血小板体积分数范围上一个好的渗透率估计，但当血小板体积分数增加超过 0.3 时开始偏离。将数据与 Ethier 模型比较，显示 PRC 作为 Brinkman 介质可很好描述，这说明随血小板体积分数增加，Brinkman 方程提供了纤维蛋白和血小板间相互作用的一个较好定性评估。特别地，血小板体积分数的增加不仅导致血小板表面上黏滞损失，也导致流动路径迂曲度的增加，以及穿过纤维蛋白凝胶流体表观速度增加。

与自由溶液相比，纤维蛋白凝胶和 PRC 中溶质分散系数受阻。在 100mg/mL 纤维蛋白凝胶中，分别观察到 12nm、29nm 和 54nm 溶质（70kDa、500kDa、2000 kDa 右旋糖苷）的分散系数降低了 60%、66% 和 85%。与渗透率观察到的趋势相似，分散率受阻对范围为 0.02~0.18 上体积分数最为敏感，这正是所预料的，因为渗透率为孔径的间接测量，通过将测试渗透率作为模型输入［图 22.7（a）］，有效介质模型（方程 22.9）被用来预测分散系数。有效介质模型对 29nm 和 54nm 探测能较好地预测受阻分散率，但高估了在较高纤维蛋白凝胶浓度为 12nm 探测的扩散率。随体积分数上升到 0.61，PRC 中 70kDa 右旋糖苷的扩散系数与自由溶液相比降低 93%。运用测量渗透率作为模型输入，有效介质模型被用来准确预测受阻程度［图 22.7（b）］，与渗透率中观察到的趋势类似，大多数受阻发生在血小板体积分数 0.3 以上。

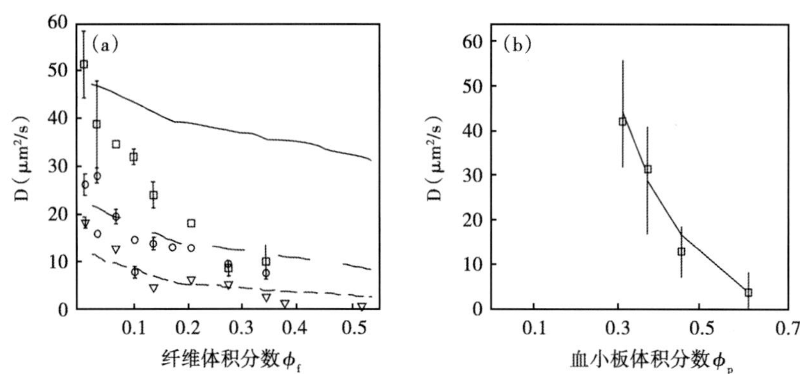

图 22.7　纤维蛋白凝胶和血小板富集凝块扩散图。纤维蛋白凝胶（a）和血小板富集凝块（b）中 12nm（□）、29nm（○）、54nm（▽）探测（70kDa、500kDa、2000kDa 右旋糖苷）的测量扩散率，与有效介质模型方程（22.9）作比较

22.5　结论

这些研究的主要目的是确定物理性质，其决定了流体和溶质基于它们的组成在凝块中的传输，这些数据提供了酶原和纤维蛋白溶解剂在不同组成凝块中能深入多远的界限。例如，在典型的大型人体动脉压力下，大概要排除纤维蛋白溶解剂，如组织纤维蛋白溶酶原激活剂（tPA）1h 以上深入血小板富集凝块内部不超过约 100μm，这对于大多数临床应用太慢，且纤维蛋白溶解在血小板富集凝块上成功的实例很有限[24]。另外，凝血蛋白和血小板激动剂传输出凝块受阻是凝块生长捕集的潜在机理，本团队在血浆和整个血液系统上的实验显示了凝块和纤维蛋白凝胶的自限生长证据，这不能单纯地通过凝血抑制加以说明[25, 26]。例如，对于相同的 100μm 凝块，期望凝血酶能够在约 50s 时间内从血管壁扩散至内腔。然而，由稠密血小板凝块引起的受阻将时间增加到近 12min，在这段时间，它很可能吸附于纤维蛋白或被抗凝血酶Ⅲ抑制。最后，这里所展示的物理性质可用于近似凝块孔隙直径 d_p，这提供了物理排除在凝块内部区域之外的酶原尺寸数据。例如，对于稠密血小板凝块 $d_p = 4$nm，这与近期的动物血栓模型研究相吻合，发现小型探测（2.7nm）能够深入稠密血小板核心，但大型探测（6.4 nm）受限[4]，这些数据将有助于发展凝块形成计算模型，其到目前为止已依赖于半经验相关性，这对于真实凝块中发现的大范围固体部分是无效的[27]。

致　谢

该工作获得美国心脏病协会助学金、国家科学基金会职业奖、美国国立卫生研究院（R21NS082933 和 R01HL120728）、拜耳血友病奖计划和美以两国科学基金的支持。

参考文献

[1] M. A, Swartz and M. E. Fleury, Interstitial Flow and Its Effects in Soft Tissues, *Ann. Rev. Biomed. Eng.* 9 (1), 229-256 (Aug., 2007).

[2] A. S. Go, D. Mozaffarian, V. L. Roger, E. J, Benjamin, J. D. Berry, W. B. Borden, D. M; Bravata, S. Dai, E. S. Ford, C. S. Fox, S. Franco, H. J. Fullerton, C. Gillespie, S. M. Hailpern, J. A. Heit, V. J. Howard, M. D. Huffman, B. M. Kissela, S. J. Kittner, D. T. Lackland, J. H. Lichtman, L. D. Lisabeth, D. Magid, G. M. Marcus, A. Marelli, D, B. Matchar, D. K. McGuire, E, R. Mohler, C. S. Moy, M. E. Mussolino, G. Nichol, N. P. Paynter, P. J. Schreiner, P. D. Sorlie, J. Stein, T. N. Turan, S. S. Virani, N. D. Wong, D. Woo, and M. B. Turner, The "Heart Disease and Stroke Statistics-2013 Update" and the need for a national cardiovascular surveillance system, *Circulation*,. 127 (1), 21-23 (Jan., 2013).

[3] K. Leiderman and A. L. Fogelson, Grow with the flow: a spatial-temporal model of platelet deposition and blood coagulation under flow, *Math*, *Med. Biol.* 28 (1). 47-84 (Mar., 2011).

[4] T. J. Stalker, E. A. Traxler, J. Wu, K. M. Wannemahcer, S. L. Cermignano, R. Voronov, S. L. Diamond, and L. F. Brass, Hierarchical organization in the hemostatic response and its relationship to the platelet-signaling network, *Blood*, 121 (10), 1875-1885 (Mar., 2013).

[5] S. He, H. Cao, A. Antovic, and M. Blomback, Modifications of flow measurement to determine fibrin gel permeability and the preliminary use in research and clinical materials, *Blood Coagul. Fibrinolysis.* 16 (1), 61-67 (2005).

[6] R. C. Spero, R. K. Sircar, R. Schubert, R. M. Taylor, II, A. S. Wolberg, and R. Superfine, nanoparticle diffusion measures bulk clot permeability, *Biophys. J.* 101 (4), 943-950 (Aug., 2011).

[7] D. Clague, B. Kandhai, R. Zhang, and P. Sloot, Hydraulic permeability of (un) bounded fibrous media using the lattice Boltzmann method, *Phys. Retv. E.* 61 (1), 616 (2000).

[8] J. Drummond and M. Tahir, Laminar viscous flow through regular arrays of parallel solid cylinders, *Int. J. Multiph. Flow.* 10 (5), 515-540 (1984).

[9] J. Higdon and G. D. Ford, Permeability of three-dimensional models of fibrous porous media, *J. Fluid Mech.* 308, 341-361 (1996).

[10] G. Jackson and D. F. James, The permeability of fibrous porous media, *The Canadian J. Chem*, *Eng.* 64 (3), 364-374 (1986).

[11] K. J. Mattern and W. M. Deen, "Mixing rules" for estimating the hydraulic permeability of fiber mixtures, *AIChE Journal.* 54 (1), 32-41 (2007).

[12] A. Sangani and A. Acrivos, Slow flow past periodic arrays of cylinders with application to heat transfer, *Int J. Multiph. Flow.* 8 (4), 343-360 (1982).

[13] T. Stylianopoulos, A. Yeckel, J. J. Derby, X. -J. Luo, M. S. Shephard, E. A. Sander, and V. H. Barocas, Permeability calculations in three-dimensional isotropic and oriented fiber networks, *Phys. Fluids.* 20 (12), 123601 (2008).

[14] K. E. Thompson, Porescale modeling of fluid transport in disordered fibrous materials, *AIChE Journal*, 48 (7), 1369-1389 (2002).

[15] C. N. Davies, The Separation of Airborne Dust and Particles., *Arhiv za Higijenu Rada.* 1 (4), 393-427 (1950).

[16] D. S. Clague and R. J. Phillips, A numerical calculation of the hydraulic permeability of three-dimensional disordered fibrous media, *Phys. Fluids* 9, 1562-1572 (1997).

[17] W. L. McCabe, J. C. Smith, and P. Harriott, *Unit Operation. in Chemical Engineering*. McGraw-Hill College (1993).

[18] C. Ethier, Flow through mixed fibrous porous materials, *AIChE Journal*. 37 (8), 1227-1236 (1991).

[19] D. L. Koch and J, F. Brady, The effective diffusivity of fibrous media, *AIChE Journal*. 32 (4), 575-591 (1986).

[20] R. J. Phillips, W. M. Deen, and J. F. Brady, Hindered transport of spherical macromolecules in fibrous membranes and gels, *AIChE Journal*. 35 (11), 1761-1769 (Nov., 1989).

[21] A. R. Wufsus, N. E. Macera, and K. B. Neeves, The hydraulic permeability of blood clots as a function of fibrin and platelet density, *Biophy. J*. 104 (8), 1812-1823 (Apr., 2013).

[22] P. Jönsson, M. P. Jonsson, J. O. Tegenfeldt, and F. Höök, A method improving the accuracy of fluorescence recovery after photobleaching analysis, *Biophy. J*. 95 (11), 5334-5348 (Dec., 2008).

[23] E. L. Cussler, *Diffusion: Mass Transfer in Fluid Systems*, 2nd edn. Cambridge University Press (1997).

[24] J. Vidmar, A. Blinc, E. Kralj, J. Balažic, F. Bajd, and I. Sersa, An MRI study of the differences in the rate of thrombolysis between red blood cell-rich and platelet-rich components of venous thrombi ex vivo, *J. Magn. Reson. Im*. 34 (5), 1184-1191 (Aug., 2011).

[25] A, A. Onasoga-Jarvis, T. J. Puls, S. K. O' Brien, L. Kuang, H. J. Liang, and K. B. Neeves, Thrombin generation and fibrin formation under flow on biomimetic tissue factor rich surfaces, *J. Thromb. Haemost*. 12 (3), 373-382 (2014).

[26] A. A. Onasoga-Jarvis, K. Leiderman, A. L. Fogelson, M. Wang, M, J. Manco-Johnson, J. A, Di Paola, and K. B. Neeves, The effect of factor VIII deficiencies and replacement and bypass therapies on thrombus formation under venous flow conditions in microfluidic and computational models, *PLoS ONE*. 8 (11), e78732 (Nov., 2013).

[27] A. L. Fogelson, Y. H. Hussain, and K. Leiderman, Blood clot formation under flow: The importance of factor XI depends strongly on platelet count, *Biophy. J*. 102 (1), 10-18 (Jan., 2012).